Raimond Dallmann

Baustatik 3

Theorie II. Ordnung und computerorientierte Methoden der Stabtragwerke

Mit 216 Bildern, 41 Beispielen und 28 Aufgaben mit Lösungen

Fachbuchverlag Leipzig
im Carl Hanser Verlag

Autor
Prof. Dr.-Ing. Raimond Dallmann
Hochschule Wismar
Fachbereich Bauingenieurwesen
http://www.bau.hs-wismar.de/Dallmann

Bibliografische Information der Deutschen Nationalbibliothek
Die Deutsche Nationalbibliothek verzeichnet diese Publikation in der Deutschen Nationalbibliografie; detaillierte bibliografische Daten sind im Internet über http://dnb.d-nb.de abrufbar.

ISBN 978-3-446-41773-1

Fachbuchverlag Leipzig im Carl Hanser Verlag

Internet: http://www.hanser.de

Lektorat: Christine Fritzsch
Herstellung: Franziska Kaufmann
Satz: Raimond Dallmann, Tressow
Covergestaltung: Stephan Rönigk
Druck und Binden: Druckhaus „Thomas Müntzer“ GmbH, Bad Langensalza
Printed in Germany

Vorwort

Der dritte Band dieser Lehrbuchreihe vermittelt die grundlegenden Kenntnisse der Theorie II. Ordnung und von computerorientierten Verfahren der Baustatik. Ein großer Teil des Inhalts entspricht den von mir an der Hochschule Wismar gehaltenen Lehrveranstaltungen.

Das Buch richtet sich an Studierende eines Masterstudiengangs Bauingenieurwesen. Vorausgesetzt werden Kenntnisse der Berechnung statisch bestimmter und unbestimmter Tragwerke, die in Band 1 und 2 behandelt wurden. Insbesondere sollte das Drehwinkelverfahren für die Berechnung von Stabtragwerken bekannt sein. Weiterhin sind Grundkenntnisse der höheren Mathematik notwendig.

Der qualifizierte Einsatz des Computers bei der Berechnung von Baukonstruktionen erfordert das Verständnis der den Berechnungsverfahren zugrunde liegenden Methoden. Es ist ein Ziel dieses Buches, das Verständnis der Theorie II. Ordnung zu vermitteln und einen ersten Zugang zu den abstrakteren Verfahren der Baustatik zu ermöglichen.

Es werden in Kapitel 1 zunächst die Grundlagen der Berechnung nach Theorie II. Ordnung dargestellt. Nach der Herleitung der Grundgleichungen erfolgt für einfache Systeme eine Berechnung durch Lösung der Differenzialgleichung, die einen Einblick in das Wesen der Lösung ermöglicht. Am Beispiel einfacher statisch bestimmter Tragwerke wird die Iteration über die Verformungen dargestellt, da diese Methode sehr anschaulich ist. Das Drehwinkelverfahren als klassische Methode der Baustatik wird auf die Anwendung der Theorie II. Ordnung erweitert. Abschließend erfolgt die Erweiterung der Differenzialgleichung des Balkens zur Berücksichtigung einer elastischen Bettung.

Das Allgemeine Weggrößenverfahren in matrizieller Darstellung wird in Kapitel 2 behandelt, wobei auf einen möglichst anschaulichen Zugang Wert gelegt wird. Das Verfahren wird auf Beispiele nach Theorie I. und II. Ordnung angewandt.

Kapitel 3 ist den Näherungsverfahren der Baustatik gewidmet. Auf Grundlage des Prinzips der virtuellen Arbeiten wird das grundlegende Konzept der Finite Element Methode für Probleme der Balkenbiegung in einer Weggrößen- und einer gemischten Formulierung dargestellt. Anhand einfacher Beispiele wird gezeigt, welchen Einfluss unterschiedliche Näherungsansätze auf die erzielten Ergebnisse haben.

Das 4. Kapitel behandelt das Reduktionsverfahren der Übertragungsmatrizen, das eine wertvolle Ergänzung zum Weggrößenverfahren darstellt.

In jedem Kapitel wird die Anwendung der theoretischen Grundlagen anhand zahlreicher vollständig durchgerechneter Beispiele erläutert.

Auch in diesem Buch sind Übungsaufgaben enthalten, um das eigenständige Üben des Lehrstoffes zu ermöglichen. Die Lösungen sind am Ende des Buches angegeben. Die vollständigen Lösungswege sind im Internet unter *http://www.bau.hs-wismar.de/Dallmann* zu finden.

Ich hoffe, dass dieses Buch den Lesern Verständnis für die dargestellten Inhalte vermitteln kann und zu einer weitergehenden Auseinandersetzung mit dem Lehrstoff motiviert. Verbesserungsvorschläge zum Inhalt des Buches sind jederzeit willkommen.

Frau Christine Fritzsch und Frau Franziska Kaufmann vom Carl Hanser Verlag danke ich sehr herzlich für die sehr freundliche und angenehme Zusammenarbeit.

Mein ganz besonderer Dank gilt Frau Bianca Hennings für die vielen wichtigen Hinweise und Anregungen bei der Kontrolle des Manuskripts.

Tressow, im Frühjahr 2009

Raimond Dallmann

Inhaltsverzeichnis

1 Berechnung von Stabtragwerken nach Theorie II. Ordnung

1.1 Einführung

Jedes Tragwerk verformt sich infolge seiner Belastung. Wir sind in Baustatik 1 und Baustatik 2 davon ausgegangen, dass die Verformungen bei der Formulierung der Gleichgewichtsbedingungen vernachlässigt werden können. Man nennt dies eine Berechnung nach *Theorie I. Ordnung*.

Bei vielen Problemstellungen der Baustatik ist diese Annahme jedoch nicht gerechtfertigt. Selbst wenn die Verformungen des Tragwerks im Verhältnis zu seinen Abmessungen sehr klein sind, muss bei großen Druck- oder Zugkräften der Einfluss der Verformungen auf das Gleichgewicht berücksichtigt werden.

Diese Berücksichtigung der Verformungen bei der Formulierung der Gleichgewichtsbedingungen wird als *Theorie II. Ordnung* bezeichnet. Zusammengefasst ergibt sich die folgende Unterscheidung:

- Theorie I. Ordnung: Formulierung der Gleichgewichtsbedingungen am unverformten System.
- Theorie II. Ordnung: Formulierung der Gleichgewichtsbedingungen am verformten System.

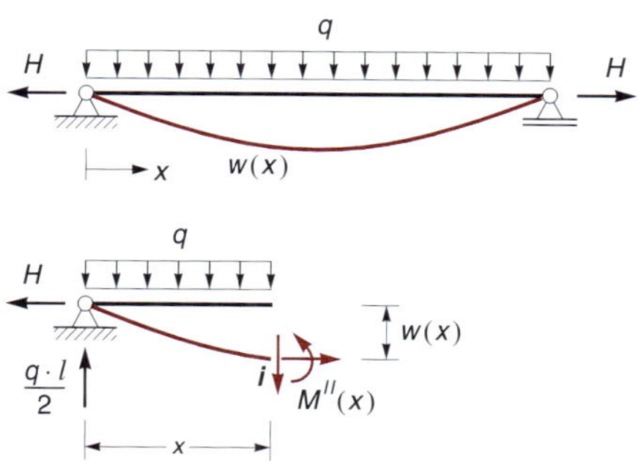

Bild 1.1 Balken mit Längskraft unter Querbelastung

Der Balken in *Bild 1.1* wird durch eine konstante Streckenlast sowie eine Horizontalkraft beansprucht. Für die Berechnung des Biegemomentes an einer beliebigen Stelle x bilden wir die Momentensumme bezüglich des Punktes *i*. Aufgrund der Durchbiegung des Balkens hat die horizontale Auflagerkraft den Abstand $w(x)$ zur Balkenachse und geht mit in die Momentensumme ein. Damit folgt:

$$M^{II}(x) = \frac{q \cdot l}{2} \cdot x - q \cdot \frac{x^2}{2} - H \cdot w(x)$$

$$M^{II}(x) = M_q^I - H \cdot w(x) \qquad (1.1)$$

Der Anteil am Biegemoment ohne den Einfluss der Horizontalkraft ist in vorheriger Gleichung mit M_q^I bezeichnet.

Die Theorie II. Ordnung berücksichtigt zwar die Verformungen bei der Formulierung der Gleichgewichtsbedingungen, ist aber eine geometrisch lineare Theorie, da wir weiterhin die Linearisierung der kinematischen (geometrischen) Beziehung beibehalten, also von kleinen Verformungen ausgehen.

Die exakte Beziehung zwischen Krümmung des Balkens und der 2. Ableitung der Biegelinie lautet:

$$\kappa = \frac{1}{\rho} = \frac{-w''}{(1 + w'^2)^{3/2}}$$

Für kleine Verformungen ist $w'^2 \ll 1$ und kann gegenüber eins vernachlässigt werden. Es gilt also weiterhin die lineare Beziehung $\kappa = -w''$.

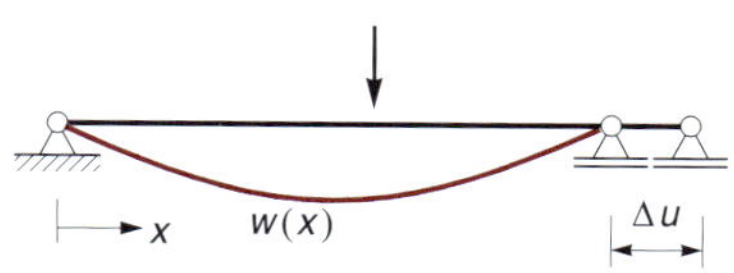

Bild 1.2 Berücksichtigung der horizontalen Auflagerverschiebung bei Theorie III. Ordnung

Bild 1.2 zeigt einen unter der Wirkung einer Kraft verformten Balken. Da die Balkenachse nicht gedehnt wird, also nicht länger wird, muss sich das rechte Auflager nach links verschieben. Dieser Effekt lässt sich nur durch eine geometrisch nichtlineare Theorie erfassen. Man spricht von einer Theorie III. Ordnung. Für kleine Verformungen ist die Verschiebung Δu gegenüber der Durchbiegung w vernachlässigbar klein.

Entsprechendes gilt für das Beispiel in *Bild 1.3*. Der Balken ist an beiden Enden horizontal gehalten, so dass infolge der Balkendurchbiegung eigentlich horizontale Auflagerkräfte entstehen, die nur durch Theorie III. Ordnung erfasst werden können.

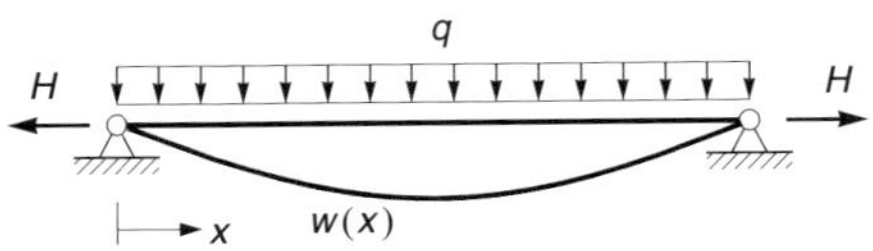

Bild 1.3 Berücksichtigung der Membranwirkung bei Theorie III. Ordnung

1.2 Differenzialgleichung der Theorie II. Ordnung

Wir gehen zunächst von Gl. (1.1) aus und bilden die zweifache Ableitung nach x. Unter der Voraussetzung, dass H konstant ist, folgt:

$$M = M^I(q) - H \cdot w(x)$$

$$M'' = (M^I)'' - H \cdot w''(x) \qquad (1.2)$$

Auf den hochgestellten Index *II* wird verzichtet, unter M ist also das Moment nach Theorie II. Ordnung zu verstehen. Für den Zusammenhang zwischen Moment und Biegelinie gilt unverändert die Beziehung:

$$EIw'' = -M \qquad (1.3)$$

da der Einfluss der Theorie II. Ordnung nur in die Gleichgewichtsbedingungen eingeht. Durch zweimaliges Ableiten von Gl. (1.3) und Einsetzen von Gl. (1.2) folgt:

$$(EIw'')'' = -M'' = -(M^I)'' + H \cdot w''(x)$$

Mit der Beziehung

$$(M^I)'' = -q$$

folgt die Differenzialgleichung 4. Ordnung:

$$(EIw'')'' = q + H \cdot w'' \text{ bzw. } (EIw'')'' - H \cdot w'' = q$$

Herleitung am differenziellen Element

Zur Herleitung der Differenzialgleichungen am differenziellen Element betrachten wir das infinitesimale Balkenelement der Länge dx in *Bild 1.4*. Die Zerlegung der resultierenden Schnittkraft erfolgt dabei bezüglich der unverformten Balkenachse.

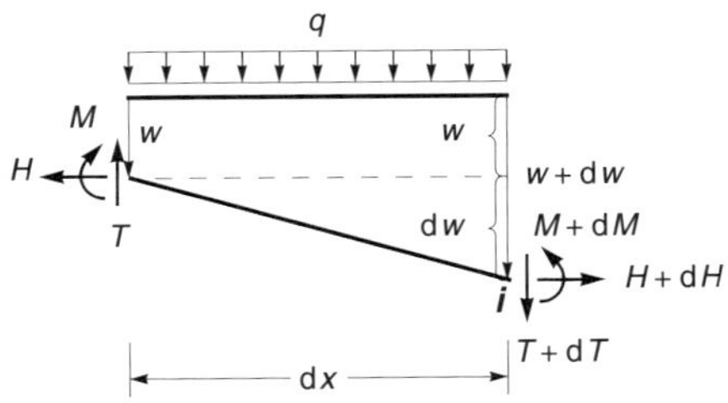

Bild 1.4 Differenzielles Element mit Verformung

$$\sum V = 0: \quad -T(x) + T(x) + dT + q(x)dx = 0$$

$$\Rightarrow \frac{dT}{dx} = T' = -q(x)$$

$$\sum M_{(i)} = 0: \quad -M(x) + M(x) + dM - T(x)dx$$

$$+ H(x)dw - q(x)dx\frac{dx}{2} = 0$$

Unter Vernachlässigung der Produkte differenzieller Größen als von „höherer Ordnung klein" folgt:

$$dM - T(x)dx + H(x)dw = 0$$

$$\frac{dM}{dx} - T(x) + H(x)\frac{dw}{dx} = 0$$

$$M' = T - Hw' \qquad (1.4)$$

$$M'' = T' - (Hw')' \qquad (1.5)$$

mit $EIw'' = -M$ bzw. $(EIw'')'' = -M''$ folgt:

$$(EIw'')'' = -T' + (Hw')'$$

mit $T' = -q$ ergibt sich die Differenzialgleichung 4. Ordnung:

$$(EIw'')'' - (Hw')' = q \qquad (1.6)$$

Aus Gl. (1.4) folgt:

$$T = M' + Hw' = -EIw''' + Hw' \qquad (1.7)$$

Der Zusammenhang zwischen den Schnittkräften N und V bezüglich der verformten Achse und den Schnittkräften H und T bezüglich der unverformten Achse ist in *Bild 1.5* abzulesen.

$$V = T \cdot \cos\varphi + H \cdot \sin\varphi$$
$$N = -T \cdot \sin\varphi + H \cdot \cos\varphi$$

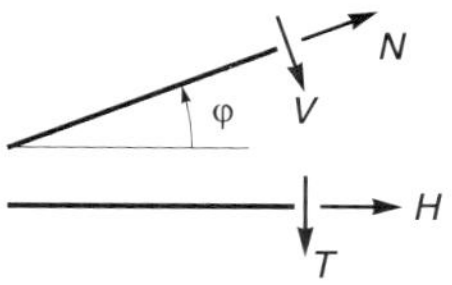

Bild 1.5 Zerlegung der Schnittkräfte

Für kleine Verformungen gilt: $\cos\varphi \approx 1$, $\sin\varphi \approx \varphi$. Damit ergibt sich in linearisierter Form:

$$V = T + H \cdot \varphi$$
$$N = -T \cdot \varphi + H$$

Mit der Beziehung $\varphi = -w'$ folgt:

$$V = T - H \cdot w'$$
$$N = T \cdot w' + H \qquad (1.8)$$

Da wir kleine Verformungen voraussetzen, ist die Verdrehung $w' = -\varphi$ sehr klein und das Produkt $T \cdot w'$ ist vernachlässigbar, wenn die Horizontalkraft H viel größer ist als die Transversalkraft. Dann gilt näherungsweise:

$$N \approx H \qquad (1.9)$$

Aus Gl. (1.4) folgt:

$$M' = T - Hw' = V = -EIw'''$$

Die Differenzialgleichungen des Balkens nach Theorie II. Ordnung sind in *Tabelle 1.1* zusammengestellt.

Tabelle 1.1 Differenzialgleichungen des Balkens nach Theorie II. Ordnung

Differenzial-gleichung	Gleichgewicht	Stoffgesetz	Kinematik
1. Ordnung	$T' = -q$ $M' = T - Hw'$	$\varphi' = \frac{M}{EI} + \alpha_T \frac{\Delta T}{h}$	$w' = \gamma - \varphi$
2. Ordnung	$M'' = -q - (Hw')'$	$\kappa = \frac{M}{EI} + \alpha_T \frac{\Delta T}{h}$	$\kappa = -w''$
		$w'' = -\frac{M}{EI} - \alpha_T \frac{\Delta T}{h}$	
4. Ordnung	$(EIw'')'' - (Hw')' = q$		

Die Änderung gegenüber Theorie I. Ordnung betrifft nur die Spalte des Gleichgewichts.

Lösung der Differenzialgleichung

Wir gehen davon aus, dass die Biegesteifigkeit EI und die Horizontalkraft H bereichsweise konstant sind. Damit folgt die Differenzialgleichung:

$$EIw'''' - Hw'' = q$$

Dies ist eine lineare Differenzialgleichung mit konstanten Koeffizienten. Allgemein ergibt sich die Lösung aus der Summe von homogener Lösung w_h und Partikularlösung w_p:

$$w = w_h + w_p$$

- Homogene Lösung

Die homogene Differenzialgleichung lautet:

$$EIw'''' - Hw'' = 0 \qquad (1.10)$$

Mit dem Ansatz:

$$w = c \cdot e^{\lambda x}$$
$$w'' = \lambda^2 \cdot c \cdot e^{\lambda x}$$
$$w'''' = \lambda^4 \cdot c \cdot e^{\lambda x}$$

folgt durch Einsetzen in Gl. (1.10):

$$EI \cdot \lambda^4 \cdot c \cdot e^{\lambda x} - H \cdot \lambda^2 \cdot c \cdot e^{\lambda x} = 0$$
$$(EI \cdot \lambda^4 - H \cdot \lambda^2) \cdot c \cdot e^{\lambda x} = 0$$

Da $c \cdot e^{\lambda x}$ ungleich null ist, folgt nach Division der Gleichung durch EI die charakteristische Gleichung:

$$\lambda^4 - \mu^2\lambda^2 = 0 \text{ mit } \mu^2 = \frac{H}{EI}$$

Die Nullstellen der charakteristischen Gleichung sind:

$$\lambda_{1.2} = 0$$
$$\lambda_{3.4} = \pm\sqrt{\mu^2}$$

Es sind nun zwei Fälle zu unterscheiden:

1. $H > 0$ (Zug)

$$\lambda_{1.2} = 0, \; \lambda_{3.4} = \pm\mu \text{ mit } \mu = \sqrt{\frac{H}{EI}}$$

$$w_h = c_1 + c_2 x + \tilde{c}_3 e^{\mu x} + \tilde{c}_4 e^{-\mu x}$$

Die Terme c_1 und $c_2 x$ folgen aus der doppelten Nullstelle $\lambda_{1.2} = 0$.

Mit den Beziehungen:

$$e^{\alpha x} = \cosh \mu x + \sinh \mu x$$
$$e^{-\alpha x} = \cosh \mu x - \sinh \mu x$$

ergibt sich:

$$w_h = c_1 + c_2 x + \tilde{c}_3(\cosh \mu x + \sinh \mu x) + \tilde{c}_4(\cosh \mu x - \sinh \mu x)$$

$$w_h = c_1 + c_2 x + (\tilde{c}_3 + \tilde{c}_4)\cosh \mu x + (\tilde{c}_3 - \tilde{c}_4)\sinh \mu x$$

Die Integrationskonstanten werden umbenannt:

$$c_3 = \tilde{c}_3 + \tilde{c}_4$$
$$c_4 = \tilde{c}_3 - \tilde{c}_4$$

Damit folgt:

$$w_h = c_1 + c_2 x + c_3 \cosh \mu x + c_4 \sinh \mu x$$

2. $H < 0$ (Druck)

$$\lambda_{1.2} = 0\,,\ \lambda_{3.4} = \pm i\mu \ \text{ mit } \mu = \sqrt{\frac{|H|}{EI}}$$

$$w_h = c_1 + c_2 x + \tilde{c}_3 e^{i\mu x} + \tilde{c}_4 e^{-i\mu x}$$

Nach Euler/Moivre gilt:

$$e^{i\mu x} = \cos \mu x + i \sin \mu x$$
$$e^{-i\mu x} = \cos \mu x - i \sin \mu x$$

Durch Einsetzen und Umbenennen der Integrationskonstanten folgt:

$$w_h = c_1 + c_2 x + c_3 \cos \mu x + c_4 \sin \mu x \qquad (1.11)$$

- Partikularlösung

Für eine konstante Streckenlast folgt die Partikularlösung aus dem Ansatz:

$$w_p = c_5 x^2$$

Einsetzen in die Differenzialgleichung (1.6) ergibt:

$$-H \cdot c_5 \cdot 2 = q \Rightarrow c_5 = -\frac{q}{2H}$$

Damit lautet die Partikularlösung:

$$w_p = -\frac{q}{2H} x^2$$

Für weitere Belastungen kann die Partikularlösung durch Variation der Konstanten ermittelt werden.

Für den Fall einer Druckkraft ($H < 0$) ergibt sich die Gesamtlösung $w = w_h + w_p$ zu:

$$w = c_1 + c_2 x + c_3 \cos \mu x + c_4 \sin \mu x - \frac{q}{2H} x^2 \qquad (1.12)$$

Für eine Zugkraft gilt entsprechend:

$$w = c_1 + c_2 x + c_3 \cosh \mu x + c_4 \sinh \mu x - \frac{q}{2H} x^2 \qquad (1.13)$$

Die Integrationskonstanten werden durch Anpassen der Gesamtlösung an die Randbedingungen der jeweiligen Problemstellung ermittelt, wie in den nachfolgenden Beispielen gezeigt wird.

Beispiel 1.1

Für den in *Bild 1.6* dargestellten Balken sind die Zustandsgrößen nach Theorie II. Ordnung durch Lösung der Differenzialgleichung zu ermitteln.

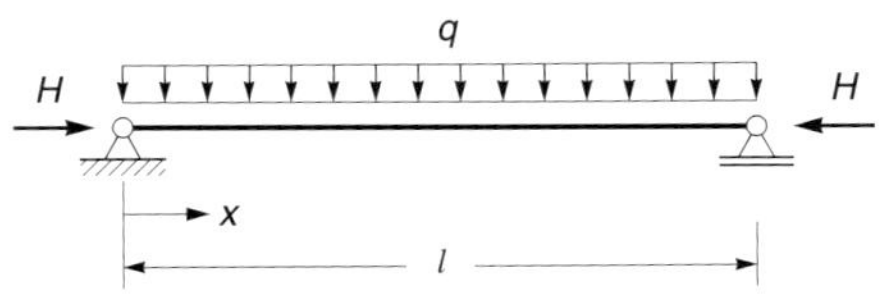

Bild 1.6 System mit Randbedingungen

Aufgrund der beidseitig gelenkigen Lagerung des Balkens sind am Anfangs- und Endpunkt des Balkens die Durchbiegung und das Moment gleich null. Die vier Integrationskonstanten in Gl. (1.12) sind so zu bestimmen, dass diese Randbedingungen erfüllt sind. Die vier Randbedingungen für das vorliegende Problem lauten:

1. $w(0) = 0$
2. $M(0) = 0$
3. $w(l) = 0$
4. $M(l) = 0$

Es ergeben sich vier Gleichungen für vier Unbekannte. Die Randbedingungen für das Moment werden mit der Beziehung $EIw'' = -M$ durch die 2. Ableitung der Biegelinie ausgedrückt. Sie ergibt sich zu:

$$w' = c_2 - c_3 \mu \sin \alpha x + c_4 \mu \cos \mu x - \frac{q}{H} x$$

$$w'' = -c_3 \mu^2 \cos \mu x - c_4 \mu^2 \sin \mu x - \frac{q}{H}$$

Damit lauten die vier Randbedingungen:

$$w(0) = c_1 + c_3 = 0$$

$$w''(0) = -c_3\mu^2 - \frac{q}{H} = 0$$

$$w(l) = c_1 + c_2 l + c_3 \cos\mu l + c_4 \sin\mu l - \frac{q}{2H}l^2 = 0$$

$$w''(l) = -c_3\mu^2\cos\mu l - c_4\mu^2 \sin\mu l - \frac{q}{H} = 0$$

In Matrizendarstellung lautet das Gleichungssystem zur Bestimmung der Integrationskonstanten:

$$\begin{bmatrix} 1 & 0 & 1 & 0 \\ 0 & 0 & -\mu^2 & 0 \\ 1 & l & \cos\mu l & \sin\mu l \\ 0 & 0 & -\mu^2\cos\mu l & -\mu^2\sin\mu l \end{bmatrix} \begin{bmatrix} c_1 \\ c_2 \\ c_3 \\ c_4 \end{bmatrix} = \frac{q}{2H}\begin{bmatrix} 0 \\ 2 \\ l^2 \\ 2 \end{bmatrix} \tag{1.14}$$

Mit der Lösung:

$$\begin{bmatrix} c_1 \\ c_2 \\ c_3 \\ c_4 \end{bmatrix} = \frac{q}{\mu^2 H}\begin{bmatrix} 1 \\ \frac{l}{2}\mu^2 \\ -1 \\ \frac{\cos\mu l - 1}{\sin\mu l} \end{bmatrix}$$

Mit der Beziehung:

$$\frac{\cos\mu l - 1}{\sin\mu l} = -\tan\mu\frac{l}{2}$$

folgt:

$$\begin{bmatrix} c_1 \\ c_2 \\ c_3 \\ c_4 \end{bmatrix} = \frac{q}{\mu^2 H}\begin{bmatrix} 1 \\ \frac{l}{2}\mu^2 \\ -1 \\ -\tan\mu\frac{l}{2} \end{bmatrix}$$

Damit ergibt sich für die Biegelinie und ihre Ableitungen:

$$w(x) = \frac{q}{\mu^2 H}\left(1 + \frac{l}{2}\mu^2 x - \cos\mu x - \tan\mu\frac{l}{2}\sin\mu x - \frac{\mu^2}{2}x^2\right)$$

$$w'(x) = \frac{q}{\mu^2 H}\left(\frac{l}{2}\mu^2 + \mu\sin\mu x - \mu\tan\mu\frac{l}{2}\cos\mu x - \mu^2 x\right)$$

$$w''(x) = \frac{q}{H}\left(\cos\mu x + \tan\mu\frac{l}{2}\sin\mu x - 1\right)$$

$$w'''(x) = \frac{q}{H}\left(-\mu\sin\mu x + \mu\tan\mu\frac{l}{2}\cos\mu x\right)$$

$$M(x) = -EIw'' = -EI\frac{q}{H}\left(\cos\mu x + \tan\mu\frac{l}{2}\sin\mu x - 1\right)$$

$$M_{max} = M\left(\frac{l}{2}\right) = -EI\frac{q}{H}\left(\cos\mu\frac{l}{2} + \tan\mu\frac{l}{2}\sin\mu\frac{l}{2} - 1\right)$$

$$= -EI\frac{q}{H}\left(\frac{\cos^2\mu\frac{l}{2} + \sin^2\mu\frac{l}{2}}{\cos\mu\frac{l}{2}} - 1\right)$$

$$M_{max} = EI\frac{q}{H}\left(1 - \frac{1}{\cos\mu\frac{l}{2}}\right) \tag{1.15}$$

Aus Gl. (1.15) ist zu erkennen, dass der Betrag des maximalen Momentes unendlich groß wird, wenn der Nenner des Bruchs in der Klammer gleich null ist. Damit folgt:

$$\cos\mu\frac{l}{2} = 0 \Rightarrow \mu\frac{l}{2} = \frac{\pi}{2}$$

$$\Rightarrow \mu = \sqrt{\frac{H}{EI}} = \frac{\pi}{l} \Rightarrow H = \frac{\pi^2 EI}{l^2}$$

Dies ist die aus der Festigkeitslehre bekannte *Eulersche Knicklast* für den beidseitig gelenkig gelagerten Balken. Im Falle einer Zugkraft erhält man analog:

$$M_{max} = M\left(\frac{l}{2}\right) = EI\frac{q}{H}\left(1 - \frac{1}{\cosh\mu\frac{l}{2}}\right)$$

In diesem Fall ist M_{max} immer endlich, da gilt:

$$\frac{1}{\cosh\mu\frac{l}{2}} \le 1$$

Wie aus Gl. (1.15) deutlich wird, ist bei einer konstanten Horizontalkraft das Moment proportional zur Streckenlast q, es besteht also ein linearer Zusammenhang.

Bei einer *gleichzeitigen* Steigerung von q *und* H ergibt sich jedoch ein nichtlinearer Zusammenhang, da H durch den Parameter μ als Argument in die Kosinusfunktion eingeht.

1.3 Spannungs- und Stabilitätsproblem

Ist bei einem Tragwerk eine Einwirkung vorhanden, die schon bei geringer Intensität eine Verformung erzeugt, so wird diese Verformung durch den Einfluss einer vorhandenen Druckkraft vergrößert. Dieser Fall wird als *Spannungsproblem* bezeichnet. Fehlt eine solche Einwirkung, so liegt ein *Stabilitätsproblem* vor. Die beiden Fälle sind in *Bild 1.7* am Beispiel eines Einfeldbalkens dargestellt.

Links im Bild ist der Balken durch eine Einzelkraft quer zur Balkenachse beansprucht. Diese Einzelkraft erzeugt von Anfang an eine Durchbiegung, die infolge der Druckkraft H vergrößert wird. Es liegt ein Spannungsproblem vor.

Rechts im Bild ist zunächst eine reine Normalkraftbeanspruchung vorhanden, der Balken wird bei idealer Geometrie nicht gebogen. Wird nun die Druckkraft H gesteigert, so erfolgt ein plötzliches seitliches Ausweichen des Balkens, wenn die Kraft eine bestimmte Größe erreicht. Dieses Phänomen wird als Knicken bezeichnet, es liegt ein Stabilitätsproblem vor.

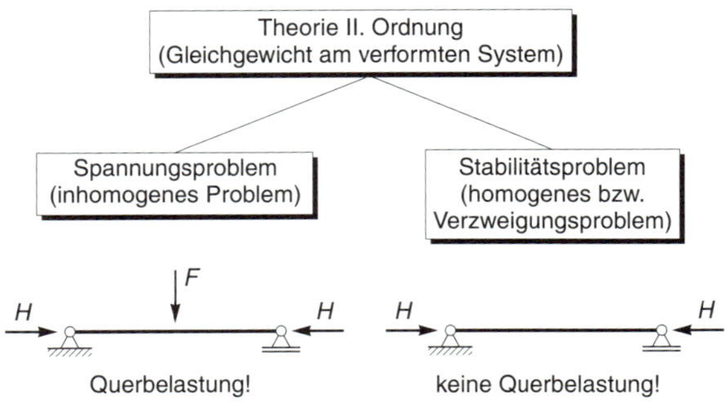

Bild 1.7 Spannungs- und Stabilitätsproblem

Mathematisch ist das Stabilitätsproblem dadurch charakterisiert, dass die Differenzialgleichung homogen ist.

Bild 1.8 zeigt den grundsätzlichen Verlauf des Last-Verformungsdiagramms für Druck- und Zugbeanspruchung. Dargestellt ist die Durchbiegung w der Kragarmspitze in Abhängigkeit des Faktors λ, mit dem sowohl die Horizontalkraft H, als auch die Vertikalkraft F gesteigert werden. Ist die Vertikalkraft F ungleich null, liegt ein Spannungsproblem vor, und es ergeben sich die beiden gekrümmten Verläufe. Im Falle einer Druckkraft nehmen die Verformungen überproportional zu, im Fall einer Zugkraft ist die Verformungszunahme unterproportional.

Im Fall des Stabilitätsproblems ist keine Vertikalkraft vorhanden, und es entsteht zunächst keine Verformung w. Bei einer Steigerung der Horizontalkraft bis zur Größe der Knicklast versagt der Kragarm schlagartig, und es ist kein Gleichgewichtszustand möglich. Wie in *Bild 1.8* eingetragen ist, wird dieser Punkt als *Verzweigungspunkt* bezeichnet, da eine Verzweigung von einem stabilen zu einem instabilen Gleichgewichtzustand erfolgt. Die Last-Verformungskurve für das Spannungsproblem bei einer Druckkraft nähert sich asymptotisch der Knicklast, während bei einer Zugkraft keine Grenzlast existiert. Beide Kurven haben im Ursprung die Steigung der Geraden nach Theorie I. Ordnung.

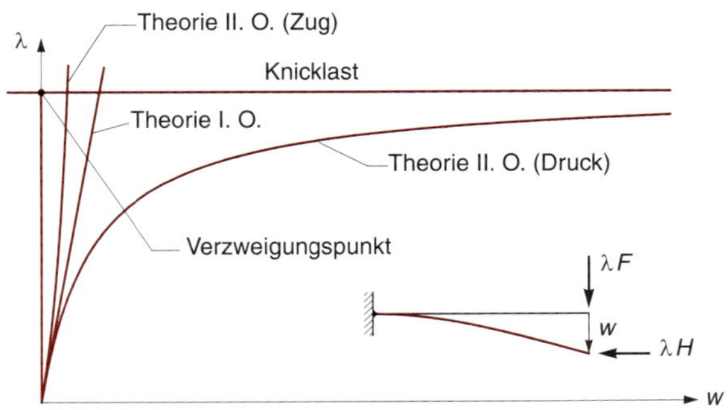

Bild 1.8 Last- Verformungsdiagramm für Theorie I. und II. Ordnung

Die mechanische Bedeutung der Steigung ist die einer Steifigkeit. Eine Steifigkeit ist die Kraftgröße, die sich infolge einer Verformung der Größe eins ergibt. Da der auf der Ordinate aufgetragene Wert γ die Größe der Kraft darstellt, hat demnach die Ableitung $d\gamma/dw$ die Bedeutung einer Steifigkeit. Daraus folgt, dass eine Druckkraft das System weicher macht, eine Zugkraft hingegen versteifend wirkt.

Wie wir bereits in *Beispiel 1.1* gesehen haben, besteht bei einer *gleichzeitigen* Steigerung von Querlast und Horizontalkraft ein nichtlinearer Zusammenhang, so dass das Superpositionsprinzip nicht mehr gilt. Dies hat zur Folge, dass eine Berechnung nach Theorie II. Ordnung für jede Lastkombination durchzuführen ist!

In *Beispiel 1.1* hatten wir aus der Lösung für M_{max} in Gl. (1.15) gesehen, dass das Moment unendlich groß wird, wenn der Wert μ eine bestimmte Größe hat. Wir betrachten nun dieses Beispiel nochmals unter dem Aspekt des Stabilitätsproblems.

In diesem Fall ist keine Streckenlast vorhanden, die Differenzialgleichung ist also homogen. Das Gleichungssystem (1.14) zur Bestimmung der Integrationskonstanten lautet daher:

$$\begin{bmatrix} 1 & 0 & 1 & 0 \\ 0 & 0 & -\mu^2 & 0 \\ 1 & l & \cos\mu l & \sin\mu l \\ 0 & 0 & -\mu^2\cos\mu l & -\mu^2\sin\mu l \end{bmatrix} \begin{bmatrix} c_1 \\ c_2 \\ c_3 \\ c_4 \end{bmatrix} = \begin{bmatrix} 0 \\ 0 \\ 0 \\ 0 \end{bmatrix}$$

Da wir voraussetzen, dass die Druckkraft ungleich null ist, kann die zweite und vierte Zeile des homogenen Gleichungssystems durch $-\mu^2$ dividiert werden.

$$\begin{bmatrix} 1 & 0 & 1 & 0 \\ 0 & 0 & 1 & 0 \\ 1 & l & \cos\mu l & \sin\mu l \\ 0 & 0 & \cos\mu l & \sin\mu l \end{bmatrix} \begin{bmatrix} c_1 \\ c_2 \\ c_3 \\ c_4 \end{bmatrix} = \begin{bmatrix} 0 \\ 0 \\ 0 \\ 0 \end{bmatrix} \qquad (1.16)$$

$$\boldsymbol{A}\boldsymbol{c} = \boldsymbol{0}$$

Dies ist ein lineares, homogenes Gleichungssystem. Nichttriviale Lösungen existieren nur dann, wenn die Determinante der Koeffizientenmatrix gleich null ist.

Aus der Bedingung $\det \boldsymbol{A} = 0$ erhält man eine Gleichung für den Parameter μ. Die Lösungen dieser Gleichung sind die Eigenwerte des Problems.

Die Determinante ergibt sich z.B. durch Entwicklung nach der zweiten Zeile:

$$\det \boldsymbol{A} = \begin{vmatrix} 1 & 0 & 1 & 0 \\ 0 & 0 & 1 & 0 \\ 1 & l & \cos\mu l & \sin\mu l \\ 0 & 0 & \cos\mu l & \sin\mu l \end{vmatrix} = -1 \cdot \begin{vmatrix} 1 & 0 & 0 \\ 1 & l & \sin\mu l \\ 0 & 0 & \sin\mu l \end{vmatrix}$$

$$= -1 \cdot \begin{vmatrix} l & \sin\mu l \\ 0 & \sin\mu l \end{vmatrix} = -l\sin\mu l$$

$$\sin\mu l = 0 \rightarrow \mu l = n\pi \qquad n = 1, 2, \ldots$$

Es gibt also unendlich viele Eigenwerte, von denen allerdings nur der kleinste Eigenwert $(n = 1)$ von Interesse ist, da daraus die kleinste kritische Knicklast folgt. Für $n = 1$ ergibt sich:

$$\mu l = \pi$$

$$\sqrt{\frac{H}{EI}}\, l = \pi \rightarrow H_{krit} = \frac{\pi^2 EI}{l^2}$$

Wir setzen nun die Lösung $\mu = n\frac{\pi}{l}$ in das Gleichungssystem (1.16) ein und erhalten:

$$\begin{bmatrix} 1 & 0 & 0 & 0 \\ 0 & 0 & 1 & 0 \\ 1 & l & \cos n\frac{\pi}{l}l & \sin n\frac{\pi}{l}l \\ 0 & 0 & \cos n\frac{\pi}{l}l & \sin n\frac{\pi}{l}l \end{bmatrix} \begin{bmatrix} c_1 \\ c_2 \\ c_3 \\ c_4 \end{bmatrix} = \begin{bmatrix} 0 \\ 0 \\ 0 \\ 0 \end{bmatrix}$$

$$\begin{bmatrix} 1 & 0 & 0 & 0 \\ 0 & 0 & 1 & 0 \\ 1 & l & 1 & 0 \\ 0 & 0 & 1 & 0 \end{bmatrix} \begin{bmatrix} c_1 \\ c_2 \\ c_3 \\ c_4 \end{bmatrix} = \begin{bmatrix} 0 \\ 0 \\ 0 \\ 0 \end{bmatrix}$$

Da die vierte Spalte nur aus Nullen besteht, ist die Lösung unabhängig von der Unbekannten c_4. Das Gleichungssystem ist für beliebige Werte c_4 erfüllt. Aus der zweiten bzw. vierten Zeile folgt sofort $c_3 = 0$. Damit verbleibt das folgende Gleichungssystem für die Unbekannten c_1 und c_2:

$$\begin{bmatrix} 1 & 0 \\ 1 & l \end{bmatrix} \begin{bmatrix} c_1 \\ c_2 \end{bmatrix} = \begin{bmatrix} 0 \\ 0 \end{bmatrix}$$

Da die Determinante der Koeffizientenmatrix ungleich null ist, ist auch $c_1 = c_2 = 0$. Damit folgt für die homogene Lösung Gl. (1.11):

$$w = c_4 \sin\frac{n\pi}{l}x$$

Diese Funktionen sind die Eigenformen oder mechanisch formuliert, die Knickfiguren des Systems. Die ersten vier dieser unendlich vielen Eigenformen sind in *Bild 1.9* dargestellt. Da die Konstante c_4 beliebig ist, ist die Knickfigur nur qualitativ bestimmt.

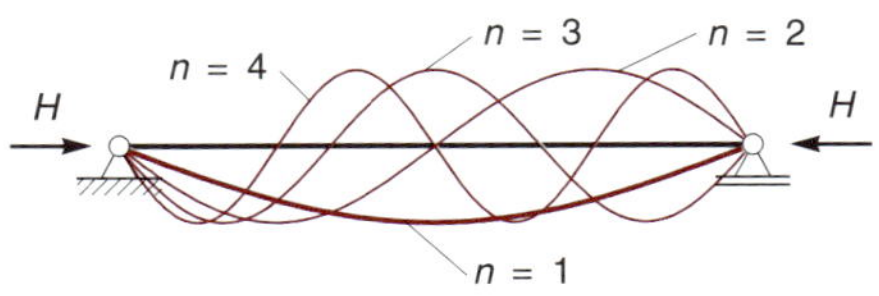

Bild 1.9 Eigenformen des beidseitig gelenkigen Balkens

Zur weiteren Verdeutlichung der Zusammenhänge betrachten wir nun den starren Stab in *Bild 1.10*, der im Punkt *a* drehelastisch gelagert ist. Dieser Stab hat einen Freiheitsgrad, nämlich den Drehwinkel φ. Die am rechten Rand angreifenden Kräfte enthalten den Faktor λ, mit dem beide Kräfte gleichzeitig gesteigert werden. Im verformten Zustand ergeben sich die angegebenen Abmessungen, wenn wir von beliebig großen Verformungen ausgehen.

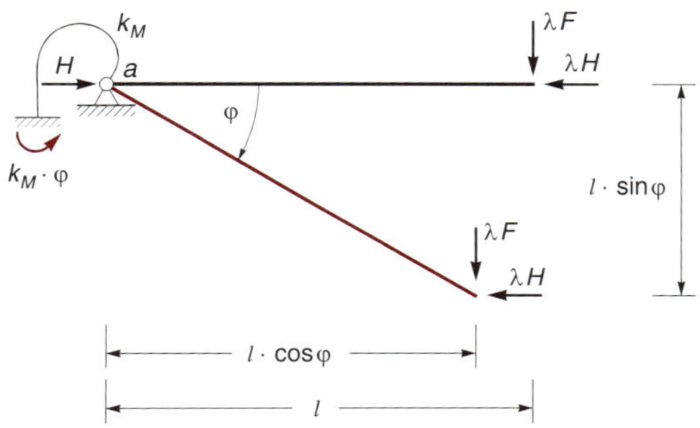

Bild 1.10 Drehelastisch gelagerter starrer Stab

Die Gleichgewichtsbedingung $\sum M_{(a)} = 0$ ergibt unter Berücksichtigung der Verformungen:

$$k_M \cdot \varphi - \lambda F \cdot l \cdot \cos\varphi - \lambda H \cdot l \cdot \sin\varphi = 0 \qquad (1.17)$$

$$\lambda = \frac{k_M \cdot \varphi}{F \cdot l \cdot \cos\varphi + H \cdot l \cdot \sin\varphi}$$

Durch Einführen der Parameter:

$$\alpha = \frac{F}{H} \text{ und } \beta = \frac{k_M}{H \cdot l} \text{ folgt:}$$

$$\lambda(\varphi) = \frac{\beta \cdot H \cdot l \cdot \varphi}{\alpha \cdot H \cdot l \cdot \cos\varphi + H \cdot l \cdot \sin\varphi}$$

$$= \frac{\beta \cdot \varphi}{\alpha \cdot \cos\varphi + \sin\varphi} \qquad (1.18)$$

Werden kleine Verformungen vorausgesetzt, gilt:

$\sin\varphi \approx \varphi$ und $\cos\varphi \approx 1$

und Gl. (1.17) vereinfacht sich zu:

$$k_M \cdot \varphi - \lambda F \cdot l - \lambda H \cdot l \cdot \varphi = 0 \qquad (1.19)$$

Entsprechend folgt aus Gl. (1.18)

$$\lambda(\varphi) = \frac{\beta \cdot \varphi}{\alpha + \varphi} \text{ bzw. } \varphi(\lambda) = \frac{\lambda\alpha}{\beta - \lambda} \qquad (1.20)$$

Die Gleichungen (1.17) und (1.18) stellen Beziehungen nach Theorie III. Ordnung dar, da keine geometrische Linearisierung durchgeführt wurde. Die linearisierten Gleichungen (1.19) und (1.20) entsprechen der Theorie II. Ordnung.

Betrachten wir nun das Stabilitätsproblem. In diesem Fall ist die Kraft *F* bzw. α gleich null und aus Gl. (1.18) folgt:

$$\lambda = \frac{\beta \cdot \varphi}{\sin\varphi} \qquad (1.21)$$

Aus Gl. (1.20) folgt für $\alpha = 0$:

$$\lambda(\varphi) = \frac{\beta \cdot \varphi}{\varphi} = \beta \qquad (1.22)$$

Die Last-Verformungskurven für die vorherigen Beziehungen sind in *Bild 1.11* dargestellt. Die Drehfedersteifigkeit ist durch den Parameter $\beta = 20$ festgelegt. Für das Spannungsproblem sind zwei Kurven mit $\alpha = 0.1$ und $\alpha = 0.2$ eingetragen.

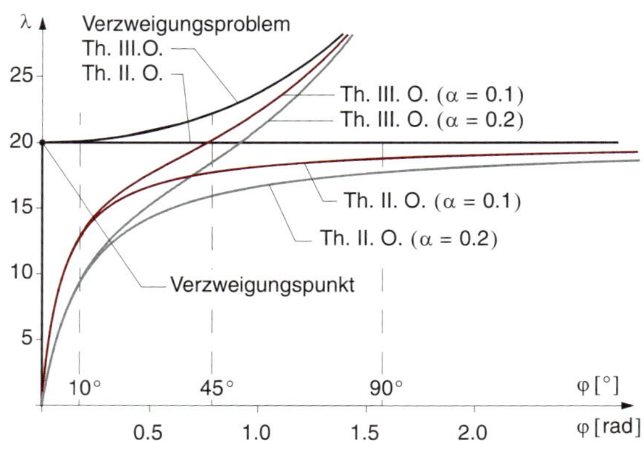

Bild 1.11 Theorie II. und III. Ordnung

Die gewählten Parameter entsprechen z. B. folgenden konkreten Zahlenwerten:

$k_M = 10000$ kNm $\quad H = 100$ kN

$l = 5$ m $\quad F = 10$ kN $(\alpha = 0.1)$

$F = 20$ kN $(\alpha = 0.2)$

Wie in *Bild 1.11* erkennbar ist, sind die Unterschiede zwischen Theorie II. und III. Ordnung für kleine Werte von φ gering. Für einen Winkel von $10°$ folgt nach Theorie III. Ordnung aus Gl. (1.18) mit $\varphi = \frac{\pi}{180}10 = 0.1745$:

$$\lambda = \frac{\beta \cdot \varphi}{\alpha \cdot \cos\varphi + \sin\varphi} = \frac{20 \cdot 0.1745}{0.1 \cdot \cos 0.1745 + \sin 0.1745} = 12.827$$

Nach Theorie II. Ordnung aus Gl. (1.20):

$$\lambda = \frac{\beta \cdot \varphi}{\alpha + \varphi} = \frac{20 \cdot 0.1745}{0.1 + 0.1745} = 12.715$$

Dies entspricht einer Differenz von

$$\frac{12.827 - 12.715}{12.827}100 = 0.876\ \%$$

Obwohl bei einem Winkel von $10°$ die Auslenkung am rechten Stabende 0.87 m beträgt, beträgt der Unterschied zwischen Theorie II. und III. Ordnung weniger als ein Prozent.

Erst bei größeren Verformungen sind signifikante Unterschiede sichtbar. Während sich die Kurven nach Theorie II. Ordnung asymptotisch der horizontalen Grenzlinie der Knicklast nähern, kann die Belastung bei Berücksichtigung der Theorie III. Ordnung noch erheblich gesteigert werden.

Ein grundsätzlicher Unterschied zwischen beiden Theorien ist auch beim Stabilitätsproblem erkennbar. Zwar ist in beiden Fällen derselbe Verzweigungspunkt vorhanden, jedoch existiert nach Theorie III. Ordnung bei Überschreiten dieses Punktes eine stabile Gleichgewichtslage mit einem definierten Verformungszustand.

Weiterhin wird in *Bild 1.11* der Einfluss des Parameters α sichtbar, der das Verhältnis von Querlast zu Horizontalkraft angibt. Je größer die Querlast ist, desto größer ist die anfängliche Verformung.

Beispiel 1.2

Für den in *Bild 1.12* dargestellten Kragträger sind die Zustandsgrößen nach Theorie II. Ordnung durch Lösung der Differenzialgleichung zu ermitteln.

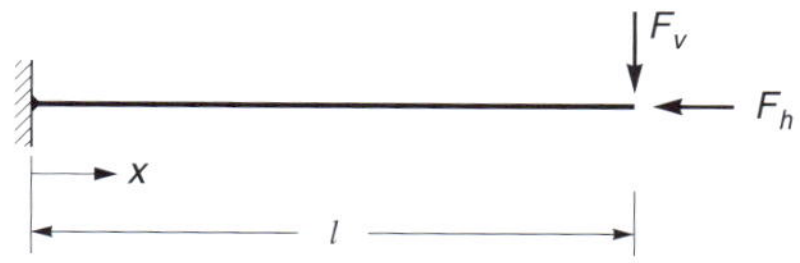

Bild 1.12 Kragträger mit Belastung

Da die angreifende Vertikalkraft am Ende des Balkens wirkt, ergibt sich die Lösung nur aus dem homogenen Anteil. Grundsätzlich gehen Einzelkräfte nur durch die Rand- oder Übergangsbedingungen in die Lösung ein. Die homogene Lösung Gl. (1.11) sowie die Ableitungen sind gegeben durch:

$$\begin{aligned} w &= c_1 + c_2 x + c_3 \cos\mu x + c_4 \sin\mu x \\ w' &= c_2 - c_3\mu \sin\mu x + c_4\mu \cos\mu x \\ w'' &= -c_3\mu^2 \cos\mu x - c_4\mu^2 \sin\mu x \\ w''' &= c_3\mu^3 \sin\mu x - c_4\mu^3 \cos\mu x \end{aligned} \tag{1.23}$$

Die Bestimmung der Integrationskonstanten erfolgt durch Anpassung der Lösung an die Randbedingungen. Die Randbedingungen zur Bestimmung der Integrationskonstanten lauten für das vorliegende Problem:

1. $w(0) = 0$

$$c_1 + c_2 0 + c_3 \cos\mu 0 + c_4 \sin\mu 0 = c_1 + c_3 = 0$$

2. $w'(0) = 0$

$$c_2 - c_3\mu \sin\mu 0 + c_4\mu \cos\mu 0 = c_2 + c_4\mu = 0$$

3. $M(l) = 0$, bzw. $w''(l) = 0$

$$-c_3\mu^2 \cos\mu l - c_4\mu^2 \sin\mu l = 0$$

Da μ^2 ungleich null ist, kann die Gleichung durch $-\mu^2$ dividiert werden.

$$c_3 \cos\mu l + c_4 \sin\mu l = 0$$

4. $T(l) = F_v$

Diese Randbedingung ergibt sich nach *Bild 1.13* aus der Gleichgewichtsbedingung $\sum V = 0$ am Kragarmende.

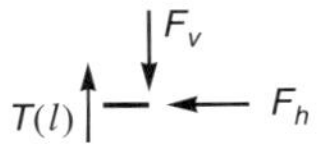

Bild 1.13 Freigeschnittenes Kragarmende

Mit Gl. (1.7) kann die Transversalkraft durch Ableitungen der Biegelinie ausgedrückt werden:

$$T(l) = -EIw'''(l) + Hw'(l)$$

Mit $H = -F_h$ und $T(l) = F_v$ ergibt sich:

$$-EIw'''(l) - F_h w'(l) = F_v$$

$$w'''(l) + \frac{F_h}{EI} w'(l) = -\frac{F_v}{EI}$$

$$w'''(l) + \mu^2 w'(l) = -\frac{F_v}{EI}$$

Durch Einsetzen des Ansatzes für w''' und w' folgt:

$$c_3\mu^3 \sin\mu l - c_4\mu^3 \cos\mu l$$
$$+\mu^2(c_2 - c_3\mu\sin\mu l + c_4\mu\cos\mu l) = -\frac{F_v}{EI}$$

und es verbleibt:

$$c_2\mu^2 = -\frac{F_v}{EI}$$

Aus dieser Randbedingung ergibt sich durch die Transversalkraft ein Term ungleich null auf der rechten Seite der Gleichung, wodurch das Gleichungssystem nicht homogen ist.

Aus den vier Gleichungen folgt das Gleichungssystem zur Ermittlung der Integrationskonstanten:

$$\begin{bmatrix} 1 & 0 & 1 & 0 \\ 0 & 1 & 0 & \mu \\ 0 & 0 & \cos\mu l & \sin\mu l \\ 0 & 1 & 0 & 0 \end{bmatrix} \begin{bmatrix} c_1 \\ c_2 \\ c_3 \\ c_4 \end{bmatrix} = -\frac{F_v}{\mu^2 EI} \begin{bmatrix} 0 \\ 0 \\ 0 \\ 1 \end{bmatrix}$$

Mit der Lösung:

$$\begin{bmatrix} c_1 \\ c_2 \\ c_3 \\ c_4 \end{bmatrix} = \frac{F_v}{\mu^3 EI} \begin{bmatrix} \tan\mu l \\ -\mu \\ -\tan\mu l \\ 1 \end{bmatrix}$$

Damit sind die Integrationskonstanten bekannt und die Funktion der Biegelinie und ihre Ableitungen ergeben sich zu:

$$w = \frac{F_v}{\mu^3 EI}(\tan\mu l - \mu x - \tan\mu l \cos\mu x + \sin\mu x)$$

$$w' = \frac{F_v}{\mu^2 EI}(-1 + \tan\mu l \sin\mu x + \cos\mu x)$$

$$w'' = \frac{F_v}{\mu EI}(\tan\mu l \cos\mu x - \sin\mu x) = -\frac{M}{EI}$$

$$w''' = \frac{F_v}{EI}(-\tan\mu l \sin\mu x - \cos\mu x) = -\frac{V}{EI}$$

Die Durchbiegung ist am freien Rand des Kragträgers maximal, sie folgt aus:

$$w_{max} = w(l) = \frac{F_v}{\alpha^3 EI}(\tan\mu l - \mu l - \tan\mu l \cos\mu l + \sin\mu l)$$
$$= \frac{F_v}{\mu^3 EI}(\tan\mu l - \mu l)$$

Das Moment an der Einspannung ergibt sich aus:

$$M_{max} = M(0) = -EIw''(0)$$
$$= -EI\frac{F_v}{\mu EI}(\tan\mu l \cos\mu 0 - \sin\mu 0) = -\frac{F_v}{\mu}(\tan\mu l)$$

- Ermittlung der Knicklast

Die Knicklast folgt wiederum aus der Bedingung, dass die Determinante der Koeffizientenmatrix zur Bestimmung der Integrationskonstanten gleich null sein muss.

$$\det \boldsymbol{A} = \begin{vmatrix} 1 & 0 & 1 & 0 \\ 0 & 1 & 0 & \mu \\ 0 & 0 & \cos\mu l & \sin\mu l \\ 0 & 1 & 0 & 0 \end{vmatrix} = 1 \cdot \begin{vmatrix} 1 & 0 & \alpha \\ 0 & \cos\mu l & \sin\mu l \\ 1 & 0 & 0 \end{vmatrix}$$
$$= 1 \cdot \begin{vmatrix} \cos\mu l & \sin\mu l \\ 0 & 0 \end{vmatrix} + 1 \cdot \begin{vmatrix} 0 & \mu \\ \cos\mu l & \sin\mu l \end{vmatrix}$$
$$= \mu\cos\mu l$$

$$\cos\mu l = 0 \rightarrow \mu l = n\frac{\pi}{2} \qquad n = 1, 3, 5, \ldots$$

Die kritische Knicklast folgt aus:

$$\mu l = \frac{\pi}{2}$$

$$\sqrt{\frac{H}{EI}}\,l = \frac{\pi}{2} \rightarrow H_{\text{krit}} = \frac{\pi^2 EI}{4l^2}$$

Zur Ermittlung der Knickbiegelinie setzen wir den ermittelten Wert in das homogene Gleichungssystem ein, es folgt:

$$\begin{bmatrix} 1 & 0 & 1 & 0 \\ 0 & 1 & 0 & \frac{\pi}{2} \\ 0 & 0 & \cos\frac{\pi}{2} & \sin\frac{\pi}{2} \\ 0 & 1 & 0 & 0 \end{bmatrix} \begin{bmatrix} c_1 \\ c_2 \\ c_3 \\ c_4 \end{bmatrix} = \begin{bmatrix} 0 \\ 0 \\ 0 \\ 0 \end{bmatrix}$$

$$\begin{bmatrix} 1 & 0 & 1 & 0 \\ 0 & 1 & 0 & \frac{\pi}{2} \\ 0 & 0 & 0 & 1 \\ 0 & 1 & 0 & 0 \end{bmatrix} \begin{bmatrix} c_1 \\ c_2 \\ c_3 \\ c_4 \end{bmatrix} = \begin{bmatrix} 0 \\ 0 \\ 0 \\ 0 \end{bmatrix}$$

Aus der dritten bzw. der vierten Zeile folgt unmittelbar $c_2 = 0$ bzw. $c_4 = 0$. Damit verbleibt nur die erste Zeile, die für beliebige Werte von $c = c_1 = -c_3$ erfüllt wird. Aus der homogenen Lösung:

$$w = c_1 + c_2 x + c_3 \cos\mu x + c_4 \sin\mu x$$

folgt damit die in *Bild 1.14* dargestellte Knickbiegelinie mit:

$$w = c - c\cos\alpha x = c(1 - \cos\alpha x)$$

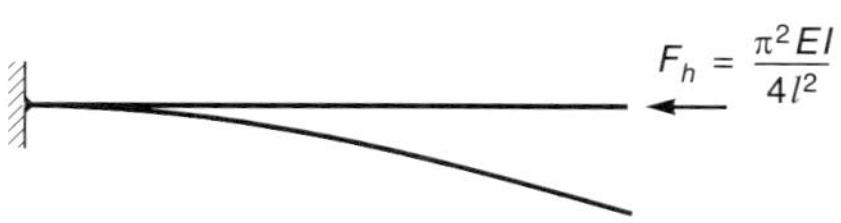

Bild 1.14 Knickfigur des Kragträgers

- Fall Zug

$$w = c_1 + c_2 x + c_3 \cosh\mu x + c_4 \sinh\mu x$$

$$w' = c_2 + c_3\mu \sinh\mu x + c_4\mu \cosh\mu x$$

$$w'' = c_3\mu^2 \cosh\mu x + c_4\alpha^2 \sinh\mu x$$

$$w''' = c_3\mu^3 \sinh\mu x + c_4\mu^3 \cosh\mu x$$

1. $w(0) = 0$

$$w(0) = c_1 + c_2 0 + c_3 \cosh\mu 0 + c_4 \sinh\mu 0 = c_1 + c_3 = 0$$

2. $w'(0) = 0$

$$w'(0) = c_2 + c_3\mu \sinh\mu 0 + c_4\mu \cosh\mu 0 = c_2 + c_4\mu = 0$$

3. $M(l) = 0$, bzw. $w''(l) = 0$

$$w''(l) = c_3\mu^2 \cosh\mu l + c_4\mu^2 \sinh\mu l = 0$$

$$c_3 \cosh\mu l + c_4 \sinh\mu l = 0$$

4. $T(l) = F_v$

Aus Gl. (1.7) folgt:

$$T(l) = -EIw'''(l) + Hw'(l)$$

$$-EIw'''(l) + F_h w'(l) = F_v$$

$$w'''(l) - \frac{F_h}{EI} w'(l) = -\frac{F_v}{EI}$$

$$w'''(l) - \mu^2 w'(l) = -\frac{F_v}{EI}$$

$$c_3\mu^3 \sinh\mu l + c_4\mu^3 \cosh\mu l$$

$$-\mu^2(c_2 + c_3\mu \sinh\mu l + c_4\mu \cosh\mu l) = -\frac{F_v}{EI}$$

$$\mu^2 c_2 = \frac{F_v}{EI} \Rightarrow c_2 = \frac{F_v}{\mu^2 EI}$$

Das Gleichungssystem zur Ermittlung der Integrationskonstanten lautet:

$$\begin{bmatrix} 1 & 0 & 1 & 0 \\ 0 & 1 & 0 & \mu \\ 0 & 0 & \cosh\mu l & \sinh\mu l \\ 0 & 1 & 0 & 0 \end{bmatrix} \begin{bmatrix} c_1 \\ c_2 \\ c_3 \\ c_4 \end{bmatrix} = \frac{F_v}{\mu^2 EI} \begin{bmatrix} 0 \\ 0 \\ 0 \\ 1 \end{bmatrix}$$

$$\begin{bmatrix} c_1 \\ c_2 \\ c_3 \\ c_4 \end{bmatrix} = \frac{F_v}{\mu^3 EI} \begin{bmatrix} -\tanh\mu l \\ \mu \\ \tanh\mu l \\ -1 \end{bmatrix}$$

$$w = \frac{F_v}{\mu^3 EI}(-\tanh\mu l + \mu x + \tanh\mu l \cosh\mu x - \sinh\mu x)$$

Die maximale Durchbiegung am Kragarmende folgt mit:

$$w_{max} = w(l)$$
$$= \frac{F_v}{\mu^3 EI}(-\tanh\mu l + \mu l + \tanh\mu l \cosh\mu l - \sinh\mu l)$$
$$= \frac{F_v}{\mu^3 EI}(\mu l - \tanh\mu l)$$

Beispiel 1.3

Für den in *Bild 1.15* dargestellten beidseitig eingespannten Balken sind die Zustandsgrößen infolge einer eingeprägten Auflagerdrehung nach Theorie II. Ordnung durch Lösung der Differenzialgleichung zu ermitteln.

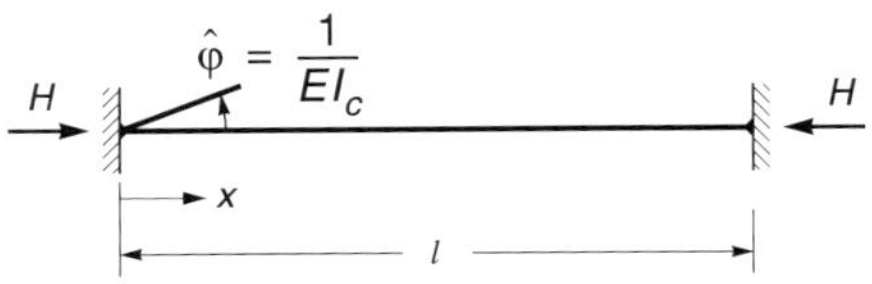

Bild 1.15 Beidseitig eingespannter Balken mit eingeprägter Auflagerdrehung

Da keine Stabbelastung vorhanden ist, ist die Partikularlösung gleich null und die Gesamtlösung entspricht der homogenen Lösung in Gl. (1.23).

Die Integrationskonstanten werden wieder durch Anpassen der Lösung an die Randbedingungen bestimmt. Die Randbedingungen für das vorliegende Problem lauten:

1. $w(0) = 0$

$$w(0) = c_1 + c_2 0 + c_3\cos\mu 0 + c_4\sin\mu 0 = c_1 + c_3 = 0$$

2. $w'(0) = -\hat{\varphi}$

$$w'(0) = c_2 - c_3\mu\sin\mu 0 + c_4\mu\cos\mu 0 = c_2 + c_4\mu = -\hat{\varphi}$$

3. $w(l) = 0$

$$w(l) = c_1 + c_2 l + c_3\cos\mu l + c_4\sin\mu l = 0$$

4. $w'(l) = 0$

$$w'(l) = c_2 - c_3\mu\sin\mu l + c_4\mu\cos\mu l = 0$$

Es ergibt sich das folgende Gleichungssystem zur Ermittlung der Integrationskonstanten:

$$\begin{bmatrix} 1 & 0 & 1 & 0 \\ 0 & 1 & 0 & \mu \\ 1 & l & \cos\mu l & \sin\mu l \\ 0 & 1 & -\mu\sin\mu l & \mu\cos\mu l \end{bmatrix} \begin{bmatrix} c_1 \\ c_2 \\ c_3 \\ c_4 \end{bmatrix} = \begin{bmatrix} 0 \\ -\hat{\varphi} \\ 0 \\ 0 \end{bmatrix}$$

Mit der Lösung:

$$\begin{bmatrix} c_1 \\ c_2 \\ c_3 \\ c_4 \end{bmatrix} = \frac{\hat{\varphi}}{2\mu(\cos\mu l - 1) + \mu^2 l\sin\mu l} \begin{bmatrix} -(\sin\mu l - \mu l\cos\mu l) \\ -\mu(\cos\mu l - 1) \\ \sin\mu l - \mu l\cos\mu l \\ 1 - \cos\mu l - \mu l\sin\mu l \end{bmatrix}$$

$$w''(0) = -c_3\mu^2 = -\frac{\sin\mu l - \mu l\cos\mu l}{(2(\cos\mu l - 1) + \mu l\sin\mu l)\mu}\hat{\varphi}\mu^2$$
$$= \frac{\sin\mu l - \mu l\cos\mu l}{2(1 - \cos\mu l) - \mu l\sin\mu l}\hat{\varphi}\mu$$

$$M(0) = -EIw''(0) = -EI\frac{\sin\mu l - \mu l\cos\mu l}{2(1 - \cos\mu l) - \mu l\sin\mu l}\hat{\varphi}\mu$$

Mit $\mu l = \varepsilon$ und $\hat{\varphi} = \frac{1}{EI_c}$ folgt:

$$M(0) = -EI\frac{\sin\varepsilon - \varepsilon\cos\varepsilon}{2(1 - \cos\varepsilon) - \varepsilon\sin\varepsilon}\frac{1}{EI_c}\frac{\varepsilon}{l}$$
$$= -\frac{\sin\varepsilon - \varepsilon\cos\varepsilon}{2(1 - \cos\varepsilon) - \varepsilon\sin\varepsilon}\frac{I}{I_c}\frac{\varepsilon}{l}$$
$$= -\frac{\varepsilon\sin\varepsilon - \varepsilon^2\cos\varepsilon}{2(1 - \cos\varepsilon) - \varepsilon\sin\varepsilon}\frac{1}{l'} = -\frac{\alpha}{l'}$$

Mit $\alpha = \frac{\varepsilon\sin\varepsilon - \varepsilon^2\cos\varepsilon}{2(1 - \cos\varepsilon) - \varepsilon\sin\varepsilon}$

$$w''(l) = -c_3\mu^2\cos\mu l - c_4\mu^2\sin\mu l$$
$$= -\frac{\hat{\varphi}(\sin\mu l - l\mu\cos\mu l)}{2\mu(\cos\mu l - 1) + \mu^2 l\sin\mu l}\mu^2\cos\mu l$$
$$-\frac{\hat{\varphi}(1 - \cos l\mu - \mu l\sin\mu l)}{2\mu(\cos\mu l - 1) + \mu^2 l\sin\mu l}\mu^2\sin\mu l$$
$$= \mu\hat{\varphi}\frac{\mu l\cos^2\mu l + \mu l\sin^2\mu l - \sin\mu l}{2(\cos\mu l - 1) + \mu l\sin\mu l}$$
$$= \mu\hat{\varphi}\frac{\mu l - \sin\mu l}{2(\cos l\mu - 1) + l\mu\sin\mu l}$$

$$M(l) = -EIw''(l) = -EI\frac{\mu l - \sin\mu l}{2(\cos\mu l - 1) + \mu l\sin\mu l}\hat{\varphi}\mu$$

Mit $\mu l = \varepsilon$ und $\hat{\varphi} = \dfrac{1}{EI_c}$ folgt:

$$M(l) = -EIw''(l) = -EI\frac{\varepsilon - \sin\varepsilon}{2(\cos\varepsilon - 1) + \varepsilon\sin\varepsilon}\frac{1}{EI_c}\frac{\varepsilon}{l}$$

$$= -\frac{\varepsilon - \sin\varepsilon}{2(\cos\varepsilon - 1) + \varepsilon\sin\varepsilon}\frac{I}{I_c}\frac{\varepsilon}{l}$$

$$= \frac{\varepsilon^2 - \varepsilon\sin\varepsilon}{2(1-\cos\varepsilon) - \varepsilon\sin\varepsilon}\frac{1}{l'} = \frac{\beta}{l'}$$

Mit $\beta = \dfrac{\varepsilon^2 - \varepsilon\sin\varepsilon}{2(1-\cos\varepsilon) - \varepsilon\sin\varepsilon}$

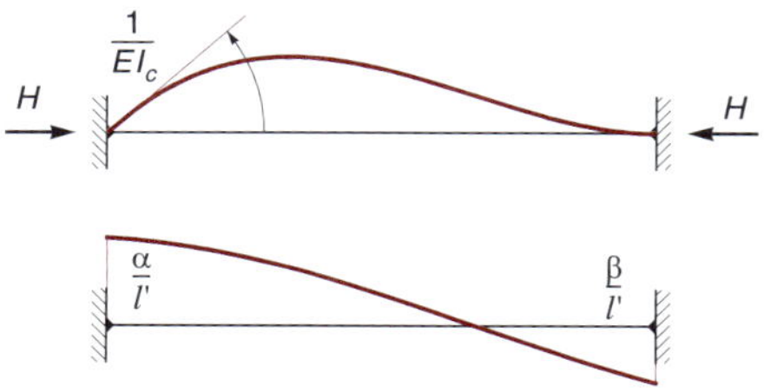

Bild 1.16 Zustandslinien infolge eingeprägter Auflagerdrehung

Die in *Bild 1.16* dargestellten Zustandslinien entsprechen dem Einheitsverdrehungszustand des Drehwinkelverfahrens für den beidseitig eingespannten Stab. Der Unterschied zu Theorie I. Ordnung besteht darin, dass die Stabendmomente nun α/l' und β/l' statt $4/l'$ und $2/l'$ betragen.

Beispiel 1.4

Für den in *Bild 1.17* dargestellten beidseitig eingespannten Balken sind die Zustandsgrößen infolge einer konstanten Streckenlast nach Theorie II. Ordnung durch Lösung der Differenzialgleichung zu ermitteln.

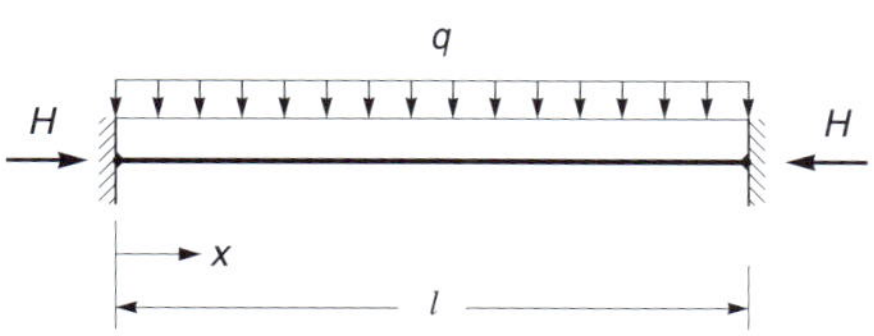

Bild 1.17 Beidseitig eingespannter Balken

Die Lösung in Gl. (1.12) ist an die Randbedingungen des Balkens anzupassen. Zur Bestimmung der vier Integrationskonstanten werden vier Randbedingungen benötigt. Die Randbedingungen für das vorliegende Problem lauten:

1. $w(0) = 0$
2. $w'(0) = 0$
3. $w(l) = 0$
4. $w'(l) = 0$

Damit ergeben sich vier Gleichungen für vier Unbekannte.

$$w = c_1 + c_2x + c_3\cos\mu x + c_4\sin\mu x - \frac{q}{2H}x^2$$

$$w' = c_2 - c_3\mu\sin\mu x + c_4\mu\cos x\mu - \frac{q}{H}x$$

$$w'' = -c_3\mu^2\cos\mu x - c_4\mu^2\sin\mu x - \frac{q}{H}$$

Die vier Randbedingungen lauten:

$$w(0) = c_1 + c_3 = 0$$

$$w'(0) = c_2 + c_4\mu = 0$$

$$w(l) = c_1 + c_2 l + c_3\cos\mu l + c_4\sin\mu l - \frac{q}{2H}l^2 = 0$$

$$w'(l) = c_2 - c_3\mu\sin\mu l + c_4\mu\cos\mu l - \frac{q}{H}l = 0$$

In Matrizendarstellung lautet das Gleichungssystem zur Bestimmung der Integrationskonstanten:

$$\begin{bmatrix} 1 & 0 & 1 & 0 \\ 0 & 1 & 0 & \alpha \\ 1 & l & \cos\mu l & \sin\mu l \\ 0 & 1 & -\mu\sin\mu l & \mu\cos\mu l \end{bmatrix} \begin{bmatrix} c_1 \\ c_2 \\ c_3 \\ c_4 \end{bmatrix} = \frac{ql}{2H}\begin{bmatrix} 0 \\ 0 \\ l \\ 2 \end{bmatrix}$$

mit der Lösung:

$$\begin{bmatrix} c_1 \\ c_2 \\ c_3 \\ c_4 \end{bmatrix} = \frac{ql}{2\mu H}\begin{bmatrix} -\dfrac{\sin\mu l}{\cos\mu l - 1} \\ \mu \\ \dfrac{\sin\mu l}{\cos\mu l - 1} \\ -1 \end{bmatrix}$$

Die Biegelinie ergibt sich zu:

$$w(x) = c_1 + c_2 x + c_3 \cos\mu x + c_4 \sin\mu x - \frac{q}{2H}x^2$$

$$= \frac{ql}{2\mu H}\left(-\frac{\sin\mu l}{\cos\mu l - 1} + \mu x + \frac{\sin\mu l}{\cos\mu l - 1}\cos\mu x - \sin\mu x - \frac{\mu}{l}x^2\right)$$

Damit folgt für die zweite Ableitung der Biegelinie:

$$w''(x) = -c_3\mu^2\cos\mu x - c_4\mu^2\sin\mu x - \frac{q}{H}$$

$$= -\frac{ql}{2\mu H}\frac{\sin\mu l}{\cos\mu l - 1}\mu^2\cos\mu x + \frac{ql}{2\alpha H}\mu^2\sin\mu x - \frac{q}{H}$$

$$= \frac{ql}{2H}\left(-\frac{\mu\sin\mu l}{\cos\mu l - 1}\cos\mu x + \mu\sin\mu x - \frac{2}{l}\right)$$

$$M(x) = -EIw''$$

$$= -EI\frac{ql}{2H}\left(-\frac{\mu\sin\mu l}{\cos\mu l - 1}\cos\mu x + \mu\sin\mu x - \frac{2}{l}\right)$$

$$M(0) = -EI\frac{ql}{2H}\left(-\frac{\mu\sin\mu l}{\cos\mu l - 1} - \frac{2}{l}\right)$$

$$= EI\frac{ql}{2H}\left(\frac{\mu\sin\mu l}{\cos\mu l - 1} + \frac{2}{l}\right)$$

Die Horizontalkraft ist in der Lösung als Zugkraft vorausgesetzt. Im Fall einer Druckkraft gilt: $H = -|H|$.

Damit folgt:

$$M(0) = EI\frac{ql}{2(-|H|)}\left(\frac{\mu\sin\mu l}{\cos\mu l - 1} + \frac{2}{l}\right)$$

Mit $\varepsilon = \mu l$ und $\frac{EI}{|H|} = \frac{1}{\mu^2} = \frac{l^2}{\varepsilon^2}$ ergibt sich:

$$M(0) = -\frac{ql^2}{2\varepsilon^2}\left(\frac{\varepsilon\sin\varepsilon}{\cos\varepsilon - 1} + 2\right) = -\frac{ql^2}{2\varepsilon^2}\left(-\frac{\varepsilon\sin\varepsilon}{1 - \cos\varepsilon} + 2\right)$$

$$= -\frac{ql^2}{2\varepsilon^2}\left(-\frac{\varepsilon\sin\varepsilon}{1 - \cos\varepsilon} + \frac{2(1 - \cos\varepsilon)}{1 - \cos\varepsilon}\right)$$

$$= -\frac{ql^2}{2}\frac{2(1 - \cos\varepsilon) - \varepsilon\sin\varepsilon}{\varepsilon^2(1 - \cos\varepsilon)}$$

$$= -\frac{ql^2}{2}\frac{1}{\frac{\varepsilon^2(1 - \cos\varepsilon)}{2(1 - \cos\varepsilon) - \varepsilon\sin\varepsilon}} = -\frac{ql^2}{2(\alpha + \beta)}$$

Der Verlauf der Momentenlinie ist in *Bild 1.18* dargestellt. Qualitativ besteht kein Unterschied zur Lösung nach Theorie I. Ordnung.

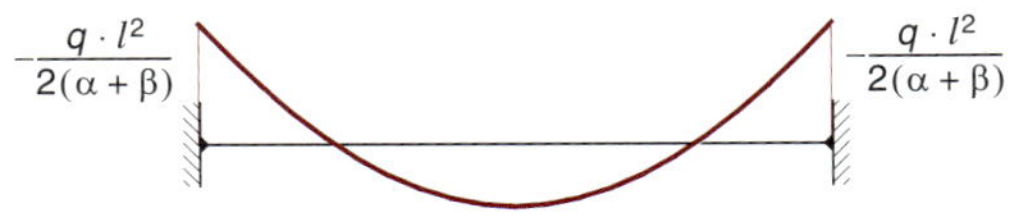

Bild 1.18 Momentenlinie infolge konstanter Streckenlast nach Theorie II. Ordnung

Der für die vorherigen Beispiele gezeigte Lösungsweg durch exaktes Lösen der Differenzialgleichung ist nur für relativ einfache Systeme sinnvoll.

Schon für den in *Bild 1.19* dargestellten recht einfachen Zweifeldträger erweist sich dieses Vorgehen als aufwendig und fehleranfällig. Für jeden der beiden Bereiche muss die Differenzialgleichung gelöst werden, wobei jeweils vier Integrationskonstanten auftreten. Die insgesamt 8 Konstanten müssen durch die Formulierung der Rand- und Übergangsbedingungen ermittelt werden.

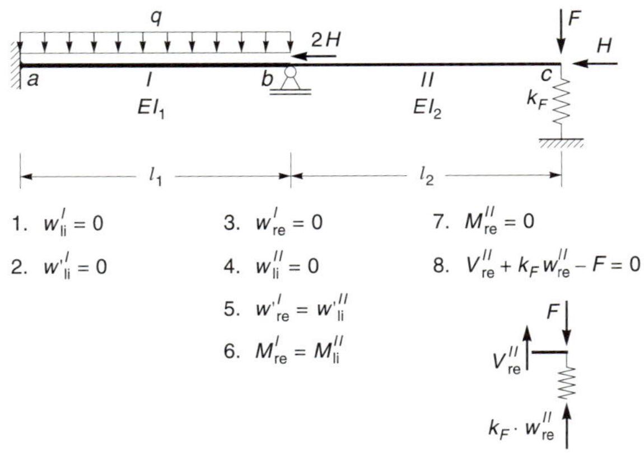

Bild 1.19 Zweifeldträger mit Rand- und Übergangsbedingungen

1.4 Geometrische Imperfektionen

Jedes reale Tragwerk ist imperfekt. Die Abweichung von der Idealisierung des geraden Stabes ist bei der Berechnung zu berücksichtigen. In den Normen des Konstruktiven Ingenieurbaus sind geometrische und strukturelle Imperfektionen zu berücksichtigen. Geometrische Imperfektionen sind z. B. Vorkrümmungen von Stäben oder

Abweichungen von der planmäßigen Geometrie des Tragwerks. Beispiele für strukturelle Imperfektionen sind Streuungen der Werkstoffeigenschaften oder Eigenspannungen, die durch den Herstellungsprozess oder das Schweißen von Stahlkonstruktionen entstehen. Zur Berücksichtigung von sowohl geometrischen als auch strukturellen Imperfektionen sind geometrische *Ersatzimperfektionen* anzusetzen, die beide Einflüsse abdecken.

Wird eine Berechnung nach der Spannungstheorie II. Ordnung durchgeführt, so muss kein Stabilitätsnachweis geführt werden, wenn Vorverformungen des Systems berücksichtigt werden, die in den Normen festgelegt sind. Die nach den Normen anzusetzenden Vorverformungen sind so anzusetzen, dass sie ungünstig wirken. Insbesondere ist gefordert, dass die angesetzte Vorverformung zumindest einen Anteil der zur niedrigsten Knicklast gehörenden Knickfigur (Eigenform) enthält. Aus diesem Grund ist es von großer Bedeutung, Knickfiguren abschätzen zu können. Ein Ansatz von zur Knickfigur affinen Vorverformungen ist aus Gründen der Vereinfachung nicht gefordert, weil die Ermittlung einer Eigenform mit erheblichem Rechenaufwand verbunden ist.

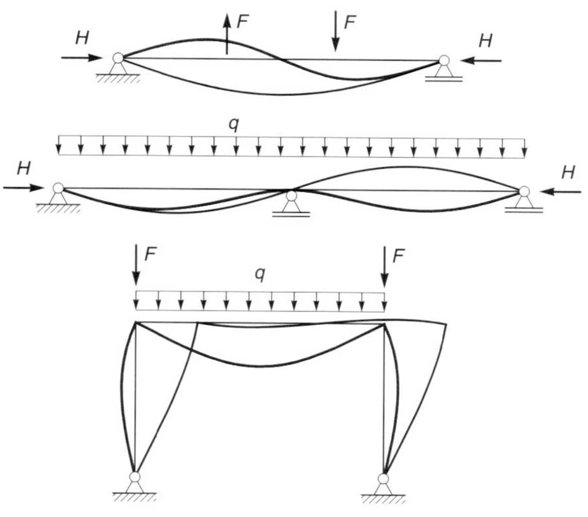

—— Verformungsfigur des Spannungsproblems
—— Knickfigur der niedrigsten Knicklast

Bild 1.20 Verformungen und Knickfiguren

In *Bild 1.20* sind Gegenbeispiele dargestellt, bei denen die Belastung eine Verformung erzeugt, die keinen Anteil an der zur niedrigsten Knicklast gehörenden Knickfigur enthält.

Es werden zwei Formen geometrischer Imperfektionen unterschieden, nämlich Vorkrümmungen und Schiefstellungen. In beiden Fällen handelt es sich um spannungsfreie Vorverformungen, die die Ausgangsgeometrie des Tragwerks darstellen.

Wir betrachten nun das differenzielle Element in *Bild 1.21*, um den Einfluss der Vorverformung auf die Formulierung des Gleichgewichts zu berücksichtigen. Die obere farbige Linie ist die Vorverformung des Stabes, die spannungsfrei ist und die Referenzkonfiguration, d.h. die Ausgangslage für die tatsächliche Verformung, darstellt.

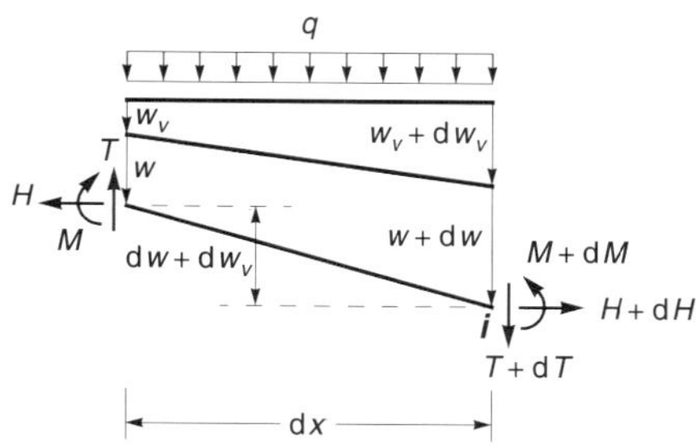

Bild 1.21 Differenzielles Element mit Verformung und Vorverformung

Da wir mit der Kräftezerlegung bezüglich der unverformten Stabachse arbeiten, hat die Verformung keinen Einfluss auf die Kräftesumme.

In der Gleichgewichtsbedingung $\sum M = 0$ ändert sich nur der Anteil infolge der Horizontalkraft, weil die Hebelarme der vertikalen Kräfte unverändert sind. Bezüglich des Punktes i hat die Horizontalkraft den Hebelarm $\mathrm{d}w + \mathrm{d}w_v$. Gegenüber der Herleitung in Abschnitt ist also der Anteil $\mathrm{d}w_v$ hinzugekommen. Damit lautet die Gleichgewichtsbedingung $\sum M_{(i)} = 0$:

$$-M(x) + M(x) + \mathrm{d}M - T(x)\mathrm{d}x$$

$$+ H(x)(\mathrm{d}w + \mathrm{d}w_v) - q(x)\mathrm{d}x\frac{\mathrm{d}x}{2} = 0$$

Unter Vernachlässigung der Produkte differenzieller Größen als von „höherer Ordnung klein" folgt:

$$dM - T(x)dx + H(x)(dw + dw_v) = 0$$

$$\frac{dM}{dx} - T(x) + H(x)\frac{dw + dw_v}{dx} = 0$$

$$M' = T - H(w' + w_v') \quad (1.24)$$

$$M'' = T' - (H(w' + w_v'))' \quad (1.25)$$

Da die Vorverformung spannungsfrei ist, ändert sich der Zusammenhang zwischen Moment und Krümmung nicht, so dass weiterhin gilt:

$$EIw'' = -M$$

Damit folgt:

$$(EIw'')'' - (H(w' + w_v'))' = q$$

Die Vorverformung w_v ist eine vorgegebene, also bekannte Funktion, darum kann sie auf die rechte Seite gebracht werden und ergibt eine zusätzliche Belastung.

$$(EIw'')'' - (Hw')' = q + (Hw_v')' \quad (1.26)$$

Wir zeigen die Anwendung am Beispiel des beidseitig gelenkig gelagerten Trägers in *Bild 1.22* für eine parabolische sowie für eine sinusförmige Vorkrümmung.

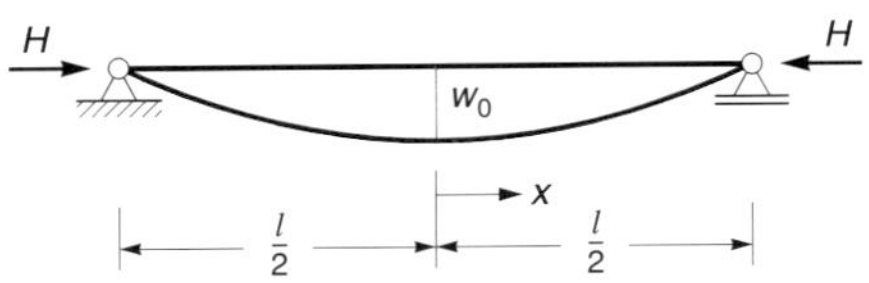

Bild 1.22 Einfeldbalken mit Vorkrümmung

Parabolische Vorkrümmung

$$w_v(x) = w_0\left(1 - 4\frac{x^2}{l^2}\right)$$

$$w_v'(x) = -8\frac{x}{l^2}w_0$$

$$w_v''(x) = -8\frac{w_0}{l^2}$$

Damit ergibt sich bei konstanten Koeffizienten H und EI ein konstanter Term, der als fiktive Ersatzbelastung aufgefasst werden kann.

Aus Gl. (1.26) folgt:

$$EIw'''' - Hw'' = -8\frac{Hw_0}{l^2} = q^* \quad (1.27)$$

Aus dem maximalen Moment für eine konstante Streckenlast nach Gl. (1.15) folgt:

$$M_{max} = EI\frac{q}{H}\left(1 - \frac{1}{\cos\alpha\frac{l}{2}}\right) = -8EI\frac{w_0}{l^2}\left(1 - \frac{1}{\cos\alpha\frac{l}{2}}\right)$$

Sinusförmige Vorkrümmung

$$w_v(x) = w_0\cos\frac{\pi x}{l}$$

$$w_v'(x) = -w_0\frac{\pi}{l}\sin\frac{\pi x}{l}$$

$$w_v''(x) = -w_0\frac{\pi^2}{l^2}\cos\frac{\pi x}{l}$$

Die Partikularlösung wird durch einen Ansatz vom Typ der rechten Seite ermittelt:

$$w_p(x) = c_5\cos\frac{\pi x}{l}$$

$$w_p'(x) = -c_5\frac{\pi}{l}\sin\frac{\pi x}{l}$$

$$w_p''(x) = -c_5\frac{\pi^2}{l^2}\cos\frac{\pi x}{l}$$

$$w_p'''(x) = c_5\frac{\pi^3}{l^3}\sin\frac{\pi x}{l}$$

$$w_p''''(x) = c_5\frac{\pi^4}{l^4}\cos\frac{\pi x}{l}$$

Einsetzen in die Differenzialgleichung ergibt:

$$(EIw'')'' - (Hw')' = q + (Hw_v')'$$

$$EIw'''' - Hw'' = Hw_v''$$

$$EI\left(c_5\frac{\pi^4}{l^4}\cos\frac{\pi x}{l}\right) - H\left(-c_5\frac{\pi^2}{l^2}\cos\frac{\pi x}{l}\right) = H\left(-w_0\frac{\pi^2}{l^2}\cos\frac{\pi x}{l}\right)$$

$$c_5 = \frac{|H|\,w_0}{EI\frac{\pi^2}{l^2} - |H|} = \frac{\mu^2 l^2}{\pi^2 - \mu^2 l^2}w_0 = \tilde{w}_0$$

$$\text{mit } \tilde{w}_0 = \frac{\mu^2 l^2}{\pi^2 - \mu^2 l^2}w_0$$

1

Damit lautet die Partikularlösung:

$$w_p(x) = \tilde{w}_0 \cos\frac{\pi x}{l}$$

$$w_p'(x) = -\tilde{w}_0 \frac{\pi}{l} \sin\frac{\pi x}{l}$$

$$w_p''(x) = -\tilde{w}_0 \frac{\pi^2}{l^2} \cos\frac{\pi x}{l}$$

$$w_p'''(x) = \tilde{w}_0 \frac{\pi^3}{l^3} \sin\frac{\pi x}{l}$$

Die Gesamtlösung folgt mit:

$$w(x) = c_1 + c_2 x + c_3 \cos\mu x + c_4 \sin\mu x + \tilde{w}_0 \cos\frac{\pi x}{l}$$

$$w'(x) = c_2 - c_3 \mu \sin\mu x + c_4 \mu \cos\mu x - \tilde{w}_0 \frac{\pi}{l} \sin\frac{\pi x}{l}$$

$$w''(x) = -c_3 \mu^2 \cos\mu x - c_4 \mu^2 \sin\mu x - \tilde{w}_0 \frac{\pi^2}{l^2} \cos\frac{\pi x}{l}$$

$$w'''(x) = c_3 \mu^3 \sin\mu x - c_4 \mu^3 \cos\mu x + \tilde{w}_0 \frac{\pi^3}{l^3} \sin\frac{\pi x}{l}$$

Es gelten dieselben Randbedingungen wie in *Beispiel 1.1*, jedoch beginnt die Koordinate x in der Mitte des Balkens.

1. $w(-l/2) = 0$
2. $w(l/2) = 0$
3. $w''(-l/2) = 0$
4. $w''(l/2) = 0$

$$w_p\left(-\frac{l}{2}\right) = 0, \quad w_p''\left(-\frac{l}{2}\right) = 0, \quad w_p\left(\frac{l}{2}\right) = 0, \quad w_p''\left(\frac{l}{2}\right) = 0$$

Da die Partikularlösung null ergibt, ist das Gleichungssystem homogen und alle Integrationskonstanten sind gleich null. Die Gesamtlösung entspricht daher der Partikularlösung.

$$w(x) = \tilde{w}_0 \cos\frac{\pi x}{l} = \frac{\mu^2 l^2}{\pi^2 - \mu^2 l^2} \cos\frac{\pi x}{l}$$

$$w''(x) = w_p'' = -\tilde{w}_0 \frac{\pi^2}{l^2} \cos\frac{\pi x}{l}$$

$$M(x) = -EIw'' = EI\tilde{w}_0 \frac{\pi^2}{l^2} \cos\frac{\pi x}{l}$$

$$M(x) = \frac{|H|}{\pi^2 - \mu^2 l^2} w_0 \pi^2 \cos\frac{\pi x}{l} = \frac{\pi^2 |H|}{\pi^2 - \varepsilon^2} w_0 \cos\frac{\pi x}{l}$$

Mit

$$\tilde{w}_0 = \frac{\mu^2 l^2}{\pi^2 - \mu^2 l^2} w_0 \quad \text{und} \quad \mu l = \varepsilon$$

folgt für das maximale Moment in Balkenmitte:

$$M(0) = \frac{\pi^2 |H|}{\pi^2 - \varepsilon^2} w_0$$

Schiefstellung

Wie in *Bild 1.23* dargestellt ist, bilden die Horizontalkräfte H infolge einer Schiefstellung der Stabsehne ein Kräftepaar $H \cdot \psi_0 \cdot l$ mit dem Abstand $\psi_0 \cdot l$. Wir zerlegen nun die Horizontalkraft in eine Komponente in Richtung der Stabachse und senkrecht dazu. Damit ist aus den Kraftkomponenten $H \cdot \psi_0$ ein äquivalentes Kräftepaar mit dem Abstand l entstanden, und wir können uns den Stab in die unvorverformte Lage zurückdenken.

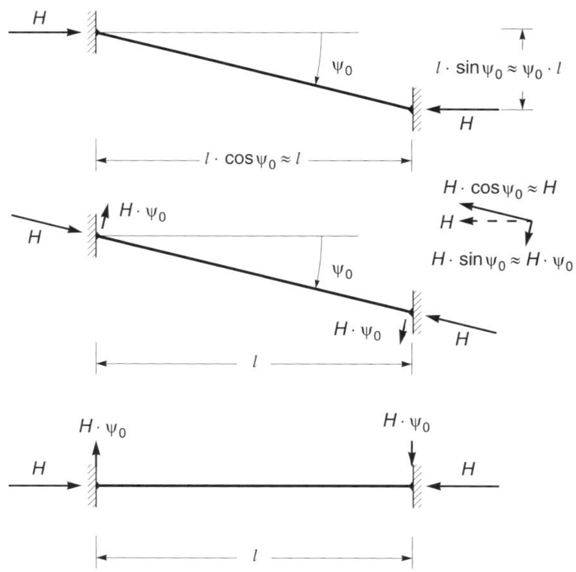

Bild 1.23 Einfluss der Schiefstellung bei Theorie II. Ordnung

Eine Vorverdrehung kann also durch ein Kräftepaar $H \cdot \psi_0$ berücksichtigt werden, das dieselbe Drehrichtung hat wie die anzusetzende Schiefstellung.

1.5 Iterative Annäherung der Biegelinie

Wir beschränken uns bei der Anwendung dieses Verfahrens auf die Berechnung statisch bestimmter Systeme. Eine Berechnung statisch unbestimmter Systeme mit dem Kraftgrößenverfahren nach Theorie II. Ordnung ist grundsätzlich möglich. Da das Weggrößenverfahren jedoch sehr viel besser geeignet ist, wird auf die Anwendung des Kraftgrößenverfahrens im Rahmen dieses Buches verzichtet.

Um das Gleichgewicht am verformten System formulieren zu können, müssen die Verformungen bekannt sein. Für das Moment $M(x)$ in *Bild 1.24* ergibt sich:

$$M^{II}(x) = -F_v(l-x) - F_h(w(l) - w(x)) \tag{1.28}$$

Da die Biegelinie $w(x)$ unbekannt ist, muss die Berechnung iterativ durchgeführt werden. Als Anfangswert für die Biegelinie kann die Lösung nach Theorie I. Ordnung zugrunde gelegt werden. Damit können die Momente nach Gl. (1.28) ermittelt werden und aus der Beziehung $M = -EIw''$ kann die Biegelinie des nächsten Iterationsschritts berechnet werden. Da für das Beispiel in *Bild 1.25* die Biegelinie nach Theorie I. Ordnung ein Polynom dritter Ordnung darstellt, ist der Momentenverlauf des nächsten Iterationsschritts auch ein Polynom dritter Ordnung. Daraus folgt wiederum eine Biegelinie als Polynom fünfter Ordnung usw. In jedem Iterationsschritt erhöht sich die Ordnung des Polynoms um zwei Stufen.

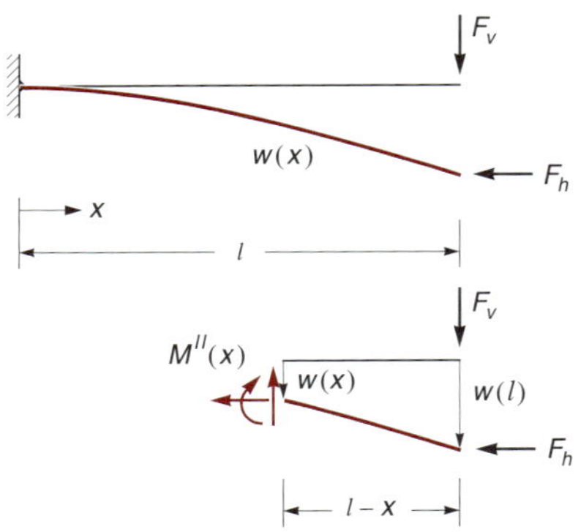

Bild 1.24 Kragträger mit Belastung

Wir zeigen die Durchführung der Berechnung an dem folgenden Beispiel.

Beispiel 1.5

Für den in *Bild 1.25* dargestellten Kragträger ist die Lösung nach Theorie II. Ordnung durch iterative Annäherung der Biegelinie zu ermitteln.

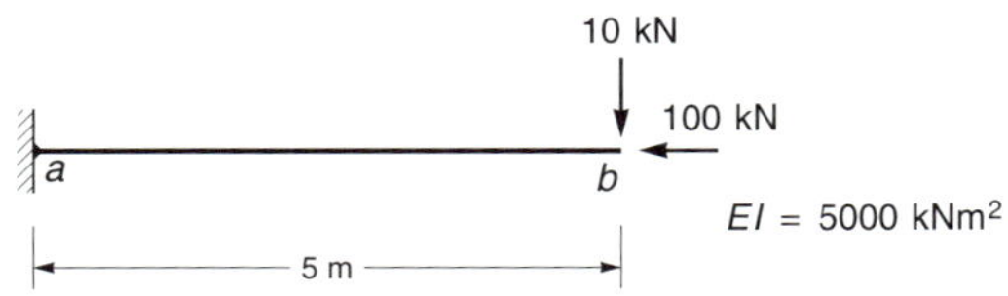

Bild 1.25 Kragträger mit Belastung

$$M^{II}(x) = M^{I} + \Delta M^{II}(x) = -F_v(l-x) + \Delta M^{II}(x)$$

$$M^{II}(x) = 10x - 50 - F_h(w(l) - w(x))$$

- Iterationsschritt 0 (Theorie I. Ordnung)

$$M(x) = 10x - 50$$
$$EIw(x) = -1.6667x^3 + 25x^2$$
$$EIw(5) = 416.667$$

- Iterationsschritt 1

$$\Delta M^{II}(x) = -\frac{100}{5000}\left[416.667 - (-1.6667x^3 + 25x^2)\right]$$
$$= -0.03333x^3 + 0.5x^2 - 8.33333$$
$$\Delta EIw(x) = 0.0016667x^5 - 0.0416667x^4 + 4.16667x^2$$
$$\Delta EIw(5) = 83.33333$$
$$EIw(5) = 416.667 + 83.333 = 500$$

- Iterationsschritt 2

$$\Delta M^{II}(x) = -\frac{100}{5000}\left[83.333 - (0.0016667x^5 - 0.0416667x^4 + 4.16667x^2)\right]$$
$$= 3.3333 \cdot 10^{-5}x^5 - 0.00083333x^4 + 0.083333x^2 - 1.6667$$
$$\Delta EIw(x) = -7.93651 \cdot 10^{-7}x^7 + 2.7778 \cdot 10^{-5}x^6 - 0.0069444x^4 + 0.83333x^2$$
$$\Delta EIw(5) = 16.8651$$
$$EIw(5) = 500 + 16.8651 = 516.8651$$

- Iterationsschritt 3

$$\Delta M^{II}(x) = -\frac{100}{5000}\Big[16.8651 - (-7.93651 \cdot 10^{-7} x^7 + 2.7778 \cdot 10^{-5} x^6 - 0.0069444 x^4 + 0.83333 x^2)\Big]$$

$$= -1.58730 \cdot 10^{-8} x^7 + 5.5556 \cdot 10^{-7} x^6 - 0.00013889 x^4 + 0.016667 x^2 - 0.33730$$

$$\Delta EIw(x) = 2.20459 \cdot 10^{-10} x^9 - 9.92063 \cdot 10^{-9} x^8 + 4.6296 \cdot 10^{-6} x^6 - 0.0013889 x^4 + 0.16865 x^2$$

$$\Delta EIw(5) = 3.4171$$

$$EIw(5) = 516.8651 + 3.4171 = 520.2822$$

Die Berechnung weiterer Iterationsschritte wird hier nicht dargestellt. Die Ergebnisse sind in *Tabelle 1.2* angegeben. δ ist die Durchbiegung am freien Ende des Kragträgers, M_a ist der Betrag des Einspannmomentes.

Tabelle 1.2 Verlauf der Iteration

Iterations-schritt	δ [cm]	M_a [kNm]
0	8,333333	50
1	10,000000	58.333333
2	10,337302	60.000000
3	10,405644	60,337302
4	10,419493	60,405644
5	10,422299	60,419493
6	10,422868	60,422299
7	10,422983	60,422868
8	10,423006	60,422983

Nach *Beispiel 1.2* ergab sich die exakte Lösung:

$$\delta = \frac{F_v}{\mu^3 EI}(\tan\mu l - \mu l) \qquad M_a = -\frac{F_v}{\mu}\tan\mu l$$

Mit $\mu = \sqrt{\frac{F_h}{EI}} = \sqrt{\frac{100}{5000}} = 0.14142$ folgt:

$$\delta = \frac{10}{0.14142^3 \cdot 5000}\Big[\tan(0.14142 \cdot 5) - (0.14142 \cdot 5)\Big] = 0.10423012$$

$$M_a = -\frac{10}{0.14142}\tan(0.14142 \cdot 5) = -60.423012$$

Es ist erkennbar, dass die Lösung gegen den exakten Wert konvergiert. Da die Ordnung der Polynome für die Biegelinie und den Momentenverlauf mit jedem Iterationsschritt um zwei erhöht wird, vergrößert sich der Aufwand für die Auswertung mit jedem Iterationsschritt erheblich. Der Verlauf des Momentes nach Theorie II. Ordnung ist in *Bild 1.26* dargestellt.

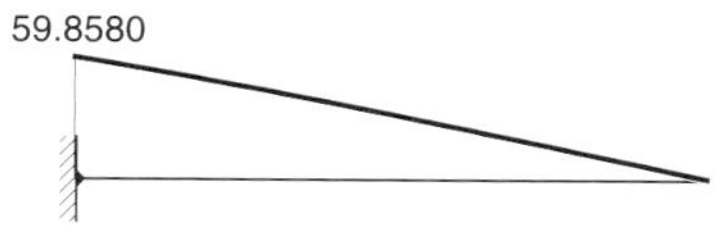

Bild 1.26 Momentenverlauf des Kragträgers nach Theorie II. Ordnung

---

Das bisher gezeigte Vorgehen ist jedoch sehr aufwendig und im Allgemeinen nicht anwendbar. Bei dem Beispiel des Kragträgers waren die Konstanten, die bei der zweifachen Integration des Momentenverlaufes auftraten, aufgrund der Einspannung gleich null.

Wir verzichten nun auf die genaue Bestimmung des Funktionsverlaufes der Biegelinie und approximieren die Verformung polygonal, d. h. wir nähern die Biegelinie stückweise geradlinig an. Dadurch können die Ordinaten der Biegelinie in den Knickpunkten des Polygons mit dem Prinzip der virtuellen Kräfte berechnet werden. Die so ermittelte, polygonal angenäherte Verformungsfigur ist die neue Systemlinie.

Wir betrachten nochmals das Beispiel des Kragträgers in *Bild 1.25* und nehmen an, dass die Verformung über die gesamte Länge geradlinig ist. Aufgrund der vertikalen Kraft ergibt sich die Momentenlinie nach Theorie I. Ordnung. Durch Anwendung des Prinzips der virtuellen Kräfte folgt die Durchbiegung im Iterationsschritt 0 mit:

$$\delta_0 = \frac{1}{EI} \cdot \frac{l}{3} \cdot l \cdot F_v \cdot l = \frac{F_v \cdot l^3}{3EI}$$

Aufgrund der Durchbiegung ergibt sich infolge der Exzentrizität der Horizontalkraft ein zusätzlicher Momentenverlauf, der zur Biegelinie affin ist. Da wir die Verformung geradlinig annehmen, ist auch der zusätzliche

Anteil der Momentenlinie infolge der Exzentrizität der Horizontalkraft geradlinig. Damit folgt:

$$\delta_1 = \delta_0 + \frac{l}{3EI} \cdot l \cdot F_h \cdot \delta_0 = \left(1 + \frac{F_h \cdot l^2}{3EI}\right)\delta_0 = \delta_0(1+a)$$

$$\delta_2 = \delta_0 + \frac{l}{3EI} \cdot l \cdot F_h \cdot \delta_1 = \delta_0 + a\delta_1 = \delta_0(1+a+a^2)$$

$$\begin{aligned}\delta_n &= \delta_0 + \frac{F_h \cdot l^2}{3EI}\delta_{n-1} = \delta_0 + a\delta_{n-1} \\ &= \delta_0(1+a+a^2+a^3+\ldots+a^n) \qquad (1.29) \\ &= \delta_0 \sum_{i=0}^{n} a^i = \delta_0 \frac{a^{n+1}-1}{a-1}\end{aligned}$$

Die letzte Gleichung stellt eine geometrische Reihe dar. Sie konvergiert gegen den Wert:

$$\delta_\infty = \frac{\delta_0}{1-a} \qquad (1.30)$$

Damit kann vom Startwert nach Theorie I. Ordnung auf den Endwert extrapoliert werden. Die hier für die Verformung angegebene Beziehung (1.30) gilt entsprechend auch für die Momente. Obwohl die Annahme einer geometrischen Reihe im Allgemeinen nicht exakt zutrifft, so kann Gl. (1.30) dennoch zur Beschleunigung der Konvergenz angewandt werden.

Der Verlauf der Iteration nach Gl. (1.29) für die Verformung sowie das Einspannmoment ist in *Tabelle 1.3* angegeben.

$$\delta_0 = \frac{F_v \cdot l^3}{3EI} = \delta_0 = 0.08333333$$

Durch Anwendung von Gl. (1.30) folgen die Endwerte für Verformung und Moment mit:

$$a = \frac{1}{3}\frac{F_h \cdot l^2}{EI} = \frac{1}{3}\frac{100 \cdot 5^2}{5000} = 0.1666667$$

$$\delta = \frac{\delta_0}{1-a} = \frac{0.08333333}{1-0.1666667} = 0.1$$

$$M_a = \frac{M_0}{1-a} = \frac{50}{1-0.1666667} = 60$$

Tabelle 1.3 Verlauf der Iteration

Iterationsschritt	δ [cm]	M_a [kNm]
0	8.333333	50
1	9.722222	58,333333
2	9.953704	59,722222
3	9,992284	59,953704
4	9,998714	59,992284
5	9,999786	59,998714
6	9,999964	59,999786
7	9,999994	59,999964
8	9,999999	59,999994
9	9,999999	59,999999
10	10,000000	60,000000

Die Abweichung von der exakten Lösung beträgt für die Verformung:

$$\frac{0.10423012 - 0.1}{0.10423012}100 = 4.06\ \%$$

Sie resultiert aus der Annahme eines linearen Momentenverlaufs für die Zusatzanteile nach Theorie II. Ordnung. In *Bild 1.27* ist verdeutlicht, dass die Momentenlinie infolge der Exzentrizität der Horizontalkraft zur Biegelinie affin ist, denn die grau angelegte Fläche ergibt sich aus dem Abstand der Balkenachse zur Wirkungslinie der Kraft.

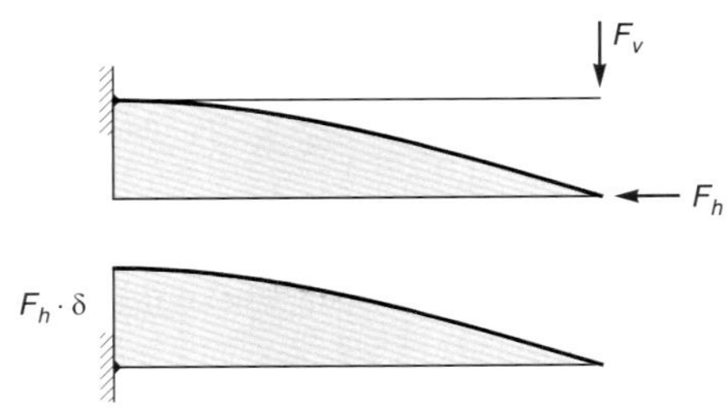

Bild 1.27 Zusatzmomente infolge Exzentrizität der Horizontalkraft

Die Extrapolation der Zustandsgrößen nach Gl. (1.29) erfolgt mit einem Anfangswert, der von der endgültigen Lösung noch sehr stark abweicht, wie aus *Tabelle 1.3* hervorgeht. Bei dem vorherigen Beispiel war dies ohne Bedeutung, da der Lösungsverlauf exakt einer geometrischen Reihe entsprach und der Parameter a bekannt war. Dies ist im Allgemeinen nicht so, so dass a aus dem Quotienten zweier bekannter Reihenglieder ermittelt werden muss. Es ist daher wünschenswert, mit Hilfe schon bekannter Werte des Iterationsverlaufs auf den Endwert extrapolieren zu können.

Aus Gl. (1.29) folgt für $n \to \infty$:

$$\delta_\infty = \delta_0 \sum_{i=0}^{\infty} a^i \qquad (1.31)$$

Gesucht ist nun der Wert x, der zu δ_n addiert, den Endwert δ_∞ der geometrischen Reihe ergibt:

$$\delta_\infty = \delta_n + x$$

Durch Auflösen nach x und Einsetzen von Gl. (1.29) und Gl. (1.30) folgt:

$$x = \delta_\infty - \delta_n = \delta_0\left(\sum_{i=0}^{\infty} a^i - \sum_{i=0}^{n} a^i\right)$$

$$= \delta_0\left(\frac{1}{1-a} - \frac{a^{n+1}-1}{a-1}\right) = \delta_0 \frac{a^{n+1}}{1-a}$$

mit

$$\Delta\delta_n = \delta_n - \delta_{n-1} = \delta_0 \frac{a^{n+1}-1}{a-1} - \delta_0 \frac{a^n - 1}{a-1}$$

$$= \delta_0 \frac{a^{n+1} - 1 - (a^n - 1)}{a-1} = \delta_0 \frac{a^{n+1} - a^n}{a-1} = \delta_0 a^n$$

$$\Rightarrow \delta_0 = \frac{\Delta\delta_n}{a^n}$$

kann der Anfangswert δ_0 ersetzt werden. Weiterhin ist der Parameter a der Quotient zweier aufeinander folgender Reihenglieder, d. h.:

$$\frac{\Delta\delta_n}{\Delta\delta_{n-1}} = \frac{\delta_0 a^n}{\delta_0 a^{n-1}} = a$$

Damit folgt:

$$x = \delta_0 \frac{a^{n+1}}{1-a} = \frac{\Delta\delta_n}{a^n}\frac{a^{n+1}}{1-a} = \Delta\delta_n \frac{a}{1-a} = \frac{\Delta\delta_{n+1}}{1-a}$$

Der Endwert δ_∞ ergibt sich zu:

$$\delta_\infty = \delta_n + x = \delta_n + \frac{\Delta\delta_{n+1}}{1-a} = \delta_n + \frac{\delta_{n+1} - \delta_n}{1 - \dfrac{\delta_{n+2} - \delta_{n+1}}{\delta_{n+1} - \delta_n}}$$

Weitere Umformung ergibt:

$$\delta_\infty = \delta_n + \frac{(\delta_{n+1} - \delta_n)(\delta_{n+1} - \delta_n)}{\delta_{n+1} - \delta_n - (\delta_{n+2} - \delta_{n+1})}$$

$$= \delta_n + \frac{\delta_{n+1}^2 - 2\delta_n\delta_{n+1} + \delta_n^2}{-\delta_n - \delta_{n+2} + 2\delta_{n+1}}$$

$$= \frac{\delta_{n+1}^2 - 2\delta_n\delta_{n+1} + \delta_n^2 + \delta_n(-\delta_n - \delta_{n+2} + 2\delta_{n+1})}{-\delta_n - \delta_{n+2} + 2\delta_{n+1}}$$

$$= \frac{\delta_{n+1}^2 - \delta_n\delta_{n+2}}{-\delta_n - \delta_{n+2} + 2\delta_{n+1}}$$

Mit einer Erniedrigung der Indizes um den Wert eins folgt die endgültige Form mit:

$$\delta_\infty = \frac{\delta_n^2 - \delta_{n-1} \cdot \delta_{n+1}}{-\delta_{n-1} + 2\delta_n - \delta_{n+1}} \qquad (1.32)$$

Mit Gl. (1.32) kann bei Vorliegen von drei ermittelten Werten auf den Endwert extrapoliert werden.

Beispiel 1.6

Der Kragträger aus *Beispiel 1.5* ist nach Theorie II. Ordnung mit einer Unterteilung in zwei Abschnitte durch iterative Annäherung der Biegelinie zu berechnen.

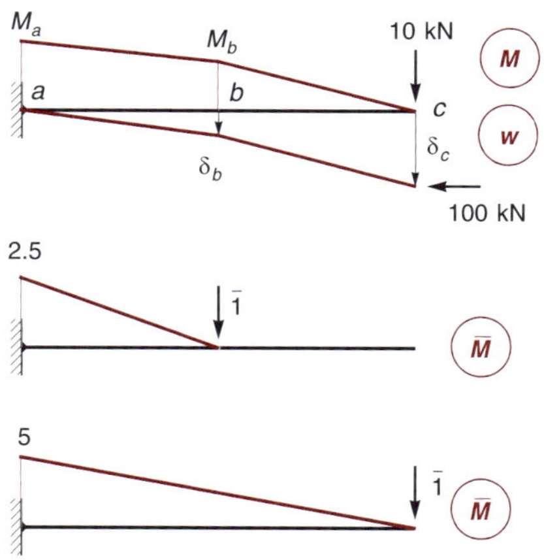

Bild 1.28 In zwei Abschnitte unterteilter Kragträger

Wie in *Bild 1.28* dargestellt ist, erfolgt eine Unterteilung des Kragträgers in zwei Abschnitte gleicher Länge. Innerhalb eines Abschnitts wird die Biegelinie geradlinig angenähert. Der grundsätzliche Verlauf der polygonalen Verformung und der zugehörigen Momentenlinie sowie die Bezeichnung der Zustandsgrößen ist in der oberen Systemskizze eingetragen. Weiterhin sind die für die Berechnung der Verformungen mit dem Prinzip der virtuellen Kräfte erforderlichen virtuellen Momentenlinien angegeben.

Die Berechnung der Verformungen erfolgt mit Hilfe der Integraltafeln in Abhängigkeit von den Momentenordinaten M_a und M_b. Es ergeben sich die folgenden EI_c-fachen Verformungen δ'_b und δ'_c:

$$\delta'_c = \frac{2.5}{3} \cdot M_b \cdot 2.5 + \frac{2.5}{6} \cdot \left[2.5 \cdot (2M_b + M_a) + 5 \cdot (2M_a + M_b)\right]$$

$$= \frac{2.5^2}{3} \cdot M_b + \frac{2.5^2}{6}(2M_b + M_a) + \frac{2.5 \cdot 5}{6}(2M_a + M_b)$$

$$= M_a\left(\frac{2.5^2}{6} + \frac{5^2}{6}\right) + M_b\left(\frac{2.5^2}{3} + \frac{2.5^2}{3} + \frac{2.5 \cdot 5}{6}\right)$$

$$= \frac{125}{24}M_a + \frac{75}{12}M_b$$

$$\delta'_b = \frac{2.5}{6} \cdot 2.5 \cdot (2M_a + M_b) = \frac{25}{12}M_a + \frac{25}{24}M_b$$

$$M_a = 10 \cdot 5 + 100 \cdot \delta_c = 50 + 100\delta_c$$

$$M_b = 10 \cdot 2.5 + 100 \cdot (\delta_c - \delta_b) = 25 + 100(\delta_c - \delta_b)$$

Der Verlauf der Iteration ist in *Tabelle 1.4* angegeben. Es ist zu erkennen, dass für alle Größen nach 11 Schritten Konvergenz vorliegt.

Wir machen nun Gebrauch von Gl. (1.32) und wenden die Gleichung zunächst für $n = 1$ an. Da die Momente M_a in *Tabelle 1.4* in direktem Zusammenhang mit der Verformung δ_c stehen, wird nur die Verformung betrachtet. Damit folgt:

$$\delta_c = \frac{8.333333^2 - 0 \cdot 9.917535}{-0 + 2 \cdot 8.333333 - 9.917535} = 10.28939$$

Für $n = 2$ ergibt sich:

$$\delta_c = \frac{9.917535^2 - 8.333333 \cdot 10.222258}{-8.333333 + 2 \cdot 9.917535 - 10.222258} = 10.294831$$

Damit stimmen die ersten fünf Ziffern mit dem Endwert für δ_c in *Tabelle 1.4* überein.

Die Abweichung von der exakten Lösung beträgt:

$$\frac{0.10423012 - 0.10294921}{0.10423012}100 = 1.23\ \%$$

In Anbetracht der recht groben Unterteilung in nur zwei Abschnitte stellt dies eine sehr gute Näherung dar.

Tabelle 1.4 Iterationsverlauf

Iterationsschritt	δ_c [cm]	δ_b [cm]	M_a [kNm]	M_b [kNm]
0	0	0	50	25
1	8.333333	2.604167	58.333333	30.729167
2	9.917535	3.070747	59.917535	31.846788
3	10.222258	3.160039	60.222258	32.062220
4	10.280929	3.177224	60.280929	32.103706
5	10.292227	3.180533	60.292227	32.111694
6	10.294402	3.181170	60.294402	32.113232
7	10.294821	3.181292	60.294821	32.113528
8	10.294902	3.181316	60.294902	32.113586
9	10.294917	3.181321	60.294917	32.113597
10	10.294920	3.181321	60.294920	32.113599
11	10.294921	3.181322	60.294921	32.113599

1.6 Berechnung nach dem Drehwinkelverfahren

Das Drehwinkelverfahren ist aus Baustatik 2 bekannt. Die wesentlichen Schritte der Berechnung sind nachfolgend aufgelistet:

1. Bildung des kinematisch bestimmten Hauptsystems
2. Ermittlung des Lastverformungszustands
3. Ermittlung der Einheitsverformungszustände
4. Formulierung der Gleichgewichtsbedingungen
5. Lösen des Gleichungssystems
6. Ermittlung der endgültigen Momentenlinie durch Superposition
7. Ermittlung der Quer- und Normalkräfte und Durchführung von Gleichgewichtskontrollen

Was ändert sich nun bei einer Berechnung nach Theorie II. Ordnung?

- Lastverformungszustand und Einheitsverformungzustände

Für den Lastverformungszustand und die Einheitsverformungzustände ist eine Lösung nach Theorie II. Ordnung zu ermitteln. Weiterhin sind die Gleichgewichtsbedingungen am verformten System zu formulieren. Auch bei der Ermittlung der Quer- und Normalkräfte ist die Verformung zu beachten, da diese durch Gleichgewichtsbedingungen berechnet werden.

Wir gehen zunächst davon aus, dass die Normalkräfte bekannt sind. Diese können mit einer Berechnung nach Theorie I. Ordnung ermittelt werden. Alternativ ist es bei vielen Systemen sogar möglich, die Normalkraft ohne vorherige Berechnung abzuschätzen. Sind die Normalkräfte bekannt, so kann die Lösung am kinematisch bestimmten Hauptsystem mit Hilfe von Tafeln für Theorie II. Ordnung ermittelt werden, d. h. die Lösungen für die Einheits- und Lastverformungszustände der Grundelemente nach Theorie II. Ordnung müssen bekannt sein. Sie können durch Lösung der Differenzialgleichung ermittelt werden. In *Beispiel 1.8* wurden die Stabendmomente für eine eingeprägte Knotendrehung ermittelt. Dieser Fall entspricht dem Einheitsverdrehungszustand in *Bild 1.29*.

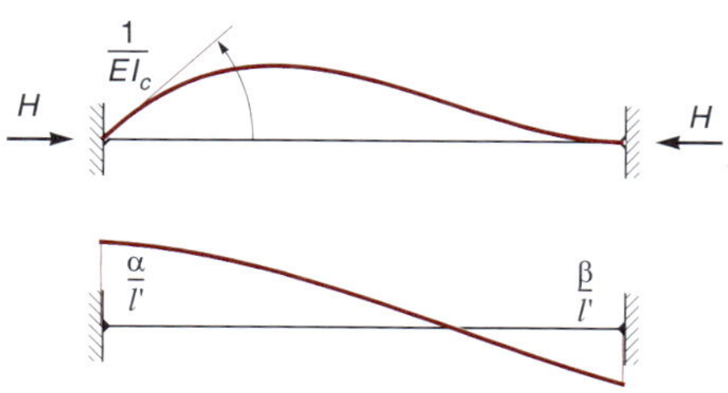

Bild 1.29 Einheitsverdrehungszustand nach Theorie II. Ordnung

Die Stabendmomente ergeben sich in Abhängigkeit der Parameter α, β und γ, die in Gl. (1.33) angegeben sind. Diese Parameter werden auch als Biegeformkoeffizienten bezeichnet. Sie sind in den Tebellen *1* und *2* angegeben Die Herleitung für α und β erfolgte in *Beispiel 1.3.*

$$\alpha = \frac{\varepsilon \sin\varepsilon - \varepsilon^2 \cos\varepsilon}{2(1-\cos\varepsilon) - \varepsilon \sin\varepsilon}$$

$$\beta = \frac{\varepsilon^2 - \varepsilon \sin\varepsilon}{2(1-\cos\varepsilon) - \varepsilon \sin\varepsilon} \qquad \varepsilon = l\sqrt{\frac{|H|}{EI}} \qquad (1.33)$$

$$\gamma = \frac{\varepsilon^2 \sin\varepsilon}{\sin\varepsilon - \varepsilon \cos\varepsilon}$$

- Gleichgewichtsbedingungen

Bei der Formulierung der Gleichgewichtsbedingungen am verformten System ergibt sich für die Bedingung $\sum M = 0$ keine Änderung gegenüber Theorie I. Ordnung, da sich am freigeschnittenen verformten Knoten kein Einfluss der Normalkräfte ergibt.

Die durch die hinzugefügten Verschiebungsfesthaltungen erforderlichen Kräftegleichgewichtsbedingungen werden mit dem Prinzip der virtuellen Verschiebungen formuliert. Da das Gleichgewicht bei Theorie II. Ordnung am verformten System zu formulieren ist, muss die virtuelle Verschiebung von der verformten Lage aus aufgebracht werden.

In *Bild 1.30* ist der virtuelle Zustand nach Theorie I. Ordnung dargestellt. Die Verschiebung des Eckknotens erfolgt dabei senkrecht zur unverformten Lage des Stiels, also horizontal, da das Gleichgewicht am unverformten System betrachtet wird.

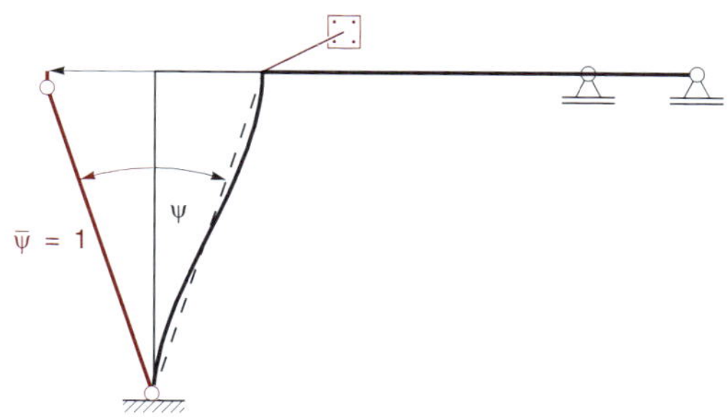

Bild 1.30 Virtueller Zustand nach Theorie I. Ordnung

Bei Theorie II. Ordnung ist das Gleichgewicht am verformten System zu formulieren, die virtuelle Verschiebung muss daher vom verformten System ausgehen, d. h. senkrecht zur verformten Stabachse, wie in *Bild 1.31* dargestellt ist.

Dadurch ergibt sich eine vertikale Verschiebungskomponente $\bar{\delta}_V$, die bei der Berechnung der virtuellen Arbeit berücksichtigt werden müsste. Da dies rechentechnisch ungünstig ist, soll das System so verändert werden, dass die virtuelle Verschiebung weiterhin wie am unverformten System aufgebracht werden kann, d. h., dass der Ecknoten sich nur horizontal verschiebt. Dies ist kinematisch nur dadurch möglich, dass in den Stiel eine Schiebehülse eingelegt wird, also eine Langrangesche Befreiung durchgeführt wird. Durch das Aufbringen der virtuellen Verformung an diesem modifizierten System entsteht in der Schiebehülse eine Stauchung, auf der die freigeschnittene Normalkraft Arbeit leistet, siehe *Bild 1.32*.

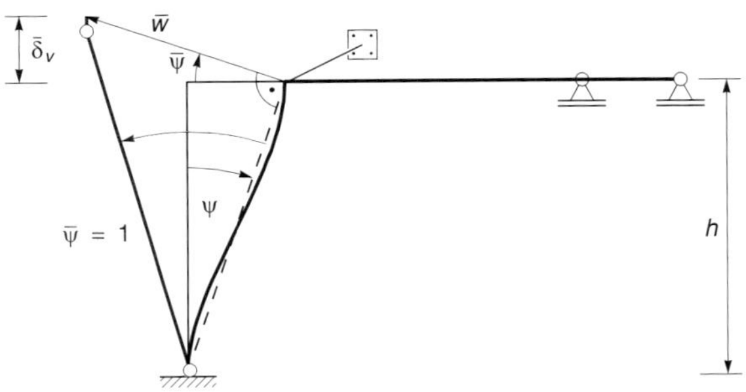

Bild 1.31 Virtueller Zustand nach Theorie II. Ordnung

Wie in *Bild 1.31* erkennbar ist, ergibt sich die virtuelle Verschiebung $\bar{w}$ mit:

$$\bar{w} = \bar{\psi}\frac{h}{\cos\psi} \approx \bar{\psi}\cdot h$$

Da wir kleine Verformungen voraussetzen, gilt:

$\cos\psi \approx 1$ und $\sin\psi \approx \psi$

Die vertikale Verschiebungskomponente $\bar{\delta}_V$ folgt damit zu:

$$\bar{\delta}_V = \bar{w}\cdot\sin\psi \approx \bar{w}\cdot\psi = (\bar{\psi}\cdot h)\cdot\psi$$

$\bar{\delta}_V$ entspricht der vertikalen Komponente der Stauchung in der Schiebehülse, die Stauchung ergibt sich aus:

$$\frac{\bar{\delta}_V}{\cos\psi} \approx \bar{\delta}_V$$

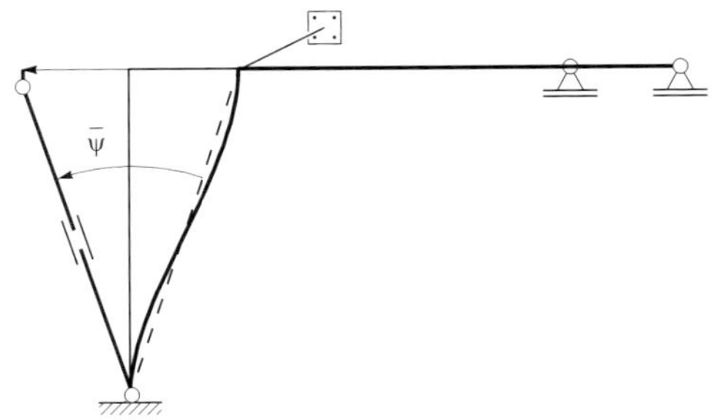

Bild 1.32 Modifizierter virtueller Zustand nach Theorie II. Ordnung

Die freigeschnittene Normalkraft leistet in der Schiebehülse Arbeit auf der Stauchung $\bar{\delta}_V$:

$$\bar{W}_S = N\cdot\bar{\delta}_V = N\cdot(\bar{\psi}\cdot h)\cdot\psi$$

Die Arbeit der Normalkraft in der Schiebehülse wird nun in die Arbeit eines fiktiven Ersatzkräftepaares umgedeutet, das in *Bild 1.33* dargestellt ist. Wie erkennbar ist, leistet das Kräftepaar $N\cdot\psi\cdot h$ Arbeit auf der virtuellen Stabdrehung $\bar{\psi}$.

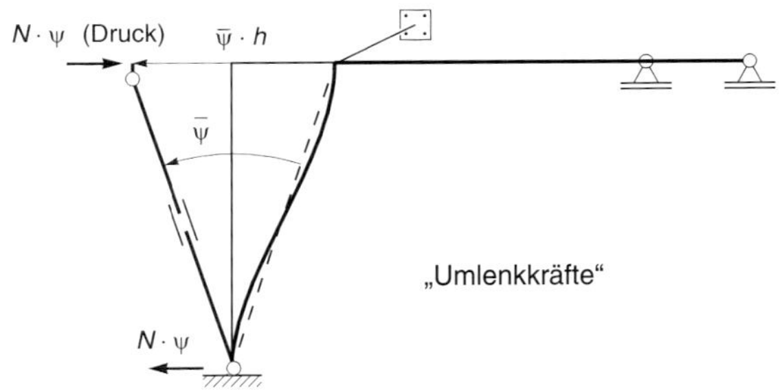

Bild 1.33 Virtueller Zustand nach Theorie II. Ordnung mit Ersatzkräftepaar

Um zu bestimmen, in welche Richtung das Ersatzkräftepaar anzusetzen ist, betrachten wir die Arbeit der Normalkraft in der Schiebehülse in *Bild 1.34*.

Erfolgt die virtuelle Verformung entgegen der Richtung des Einheitsverschiebungszustands, wird die Schiebehülse immer zusammengedrückt. Daraus ergibt sich, dass eine Zugkraft positive und eine Druckkraft negative Arbeit leistet.

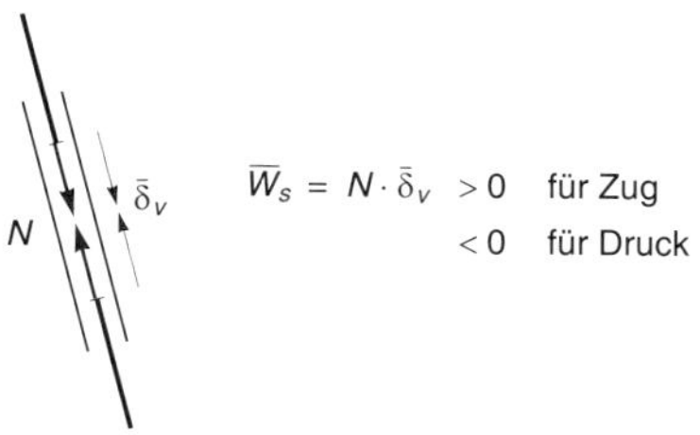

Bild 1.34 Vorzeichen der Arbeit in der Schiebehülse

Aus dieser Überlegung folgt die Merkregel für das Aufbringen des Kräftepaares:

- bei *Druck in* Richtung des Einheitsverformungszustands für ψ
- bei *Zug entgegen* der Richtung des Einheitsverformungszustands für ψ

Der durch die vorherigen kinematischen Betrachtungen hergeleitete Ansatz des Ersatzkräftepaares entspricht anschaulich der statischen Äquivalenz zwischen dem Moment des Kräftepaares der Horizontalkraft in der verformten Lage einerseits und dem Moment des Ersatzkräftepaares in der unverformten Lage, wie in *Bild 1.35* dargestellt ist, vergleiche auch *Bild 1.23*.

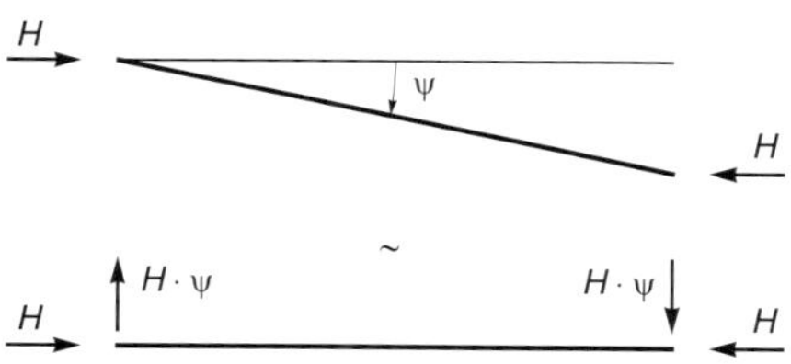

Bild 1.35 Statisch äquivalentes Kräftepaar

- Nachlaufrechnung

Aus der bekannten Momentenlinie können die Transversalkräfte in einer Nachlaufrechnung ermittelt werden. Sind die Transversalkräfte bekannt, so folgen die Normalkräfte durch Kräftegleichgewichtsbedingungen an den freigeschnittenen Knoten. Die Gleichung zur Ermittlung der Transversalkräfte aus der Momentenlinie muss gegenüber der Theorie I. Ordnung erweitert werden, da das Gleichgewicht am verformten System formuliert werden muss.

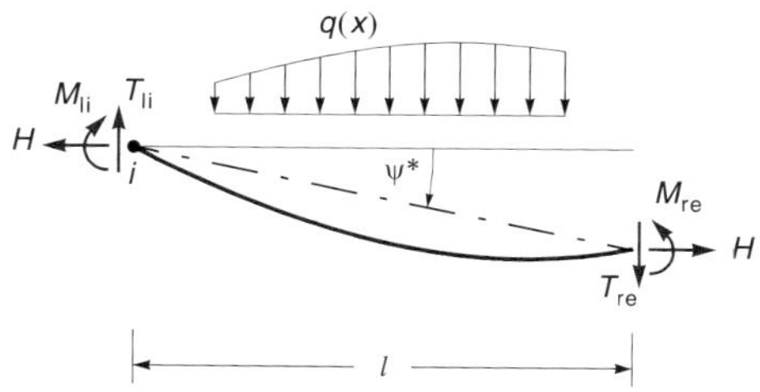

Bild 1.36 Ermittlung der Transversalkräfte

Wir betrachten nun den verformten Stab in *Bild 1.36*, dessen Stabsehne um einen Winkel ψ^* gedreht ist und bilden die Momentengleichgewichtsbedingung bezüglich des Punktes *i*.

$$\sum M_{(i)} = M_{re} - M_{li} - T_{re} \cdot l + H \cdot \psi^* \cdot l - \int q(x) x \, dx = 0$$

Damit folgt die Transversalkraft aus:

$$T = T(q) + \frac{M_{re} - M_{li}}{l} + H \cdot \psi^* \qquad (1.34)$$

Die Änderung gegenüber Theorie I. Ordnung besteht darin, dass der Term $H \cdot \psi^*$ hinzugekommen ist und dass statt der Querkraft *V* die Transversalkraft *T* ermittelt wird. Der Stabsehnendrehwinkel ψ^* enthält zusätzlich zu den Anteilen aus den Einheitszuständen die Vorverformung ψ^0.

$$\psi^* = \sum (Y_i \cdot \psi^i) + \psi^0$$

Beispiel 1.7

Der in *Bild 1.37* dargestellte Durchlaufträger ist nach Theorie II. Ordnung zu berechnen.

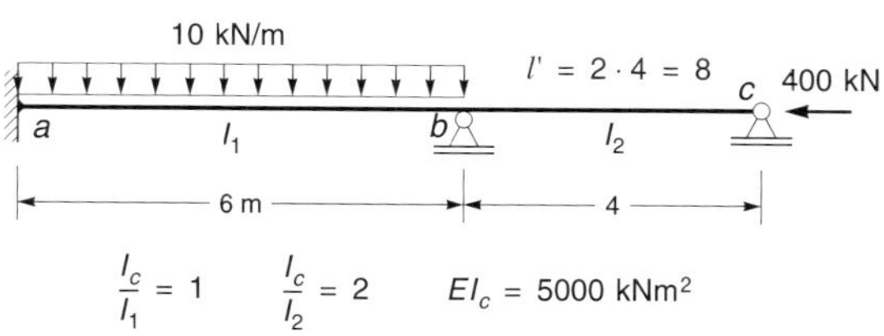

Bild 1.37 Zweifeldträger

Für die Berechnung nach Theorie II. Ordnung werden die Normalkräfte benötigt. Bei diesem Beispiel sind die Normalkräfte in beiden Stäben mit –400 kN bekannt und unabhängig von der Momentenlinie des Systems, so dass keine Iteration der Normalkräfte erforderlich ist, sondern die Lösung nach einem Berechnungsschritt vorliegt. Das System ist einfach kinematisch unbestimmt, zur Bildung des kinematisch bestimmten Hauptsystems ist im Punkt *b* eine Drehfesthaltung hinzuzufügen.

Ermittlung der Biegeformkoeffizienten

Die Koeffizienten zur Ermittlung der Momentenordinaten des Last- und Einheitszustandes folgen aus Gl. (1.33).

$$\varepsilon_{a-b} = 6 \cdot \sqrt{\frac{400}{5000}} = 1.69706 \Rightarrow \begin{cases} \alpha_{a-b} = 3.60057 \\ \beta_{a-b} = 2.10531 \end{cases}$$

$$\varepsilon_{b-c} = 4 \cdot \sqrt{\frac{400}{2500}} = 1.6 \quad \Rightarrow \quad \gamma_{b-c} = 2.44569$$

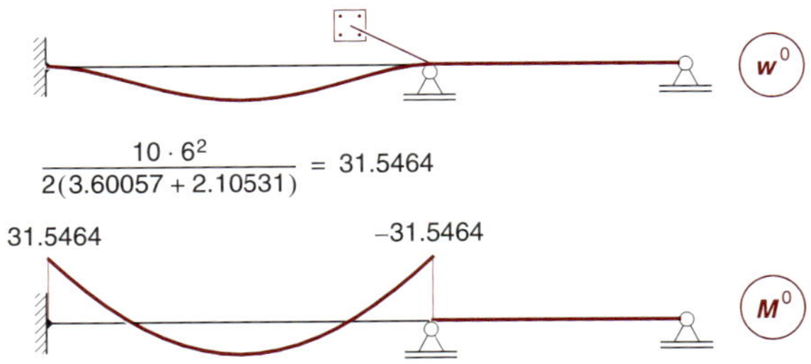

Bild 1.38 Lastverformungszustand nach Theorie II. Ordnung

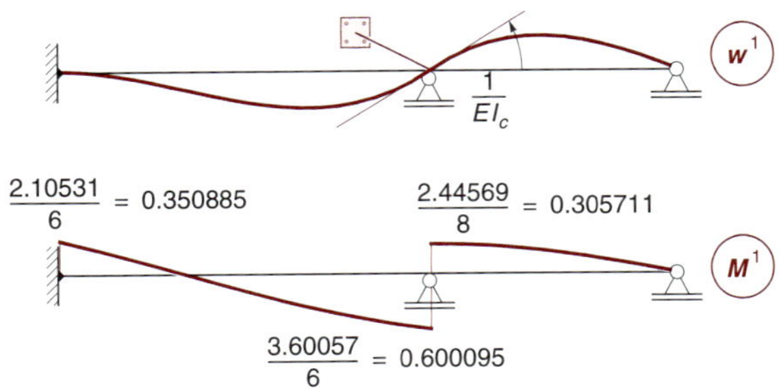

Bild 1.39 Einheitsverformungszustand nach Theorie II. Ordnung

Gleichgewichtsbedingung und Lösung

$$\sum M_b = (0.600095 + 0.305711) \cdot Y_1 - 31.5464 = 0$$

$$0.905806 \cdot Y_1 - 31.5464 = 0$$

$$Y_1 = 34.8269$$

Endgültige Momentenlinie durch Superposition

$$M = M^0 + M^1 \cdot Y_1$$

$$\begin{bmatrix} M_{ab} \\ M_{ba} \\ M_{bc} \end{bmatrix} = \begin{bmatrix} 31.5464 & 0.350885 \\ -31.5464 & 0.600095 \\ 0 & 0.305711 \end{bmatrix} \begin{bmatrix} 1 \\ 34.8269 \end{bmatrix} = \begin{bmatrix} 43.7666 \\ -10.6470 \\ 10.6470 \end{bmatrix}$$

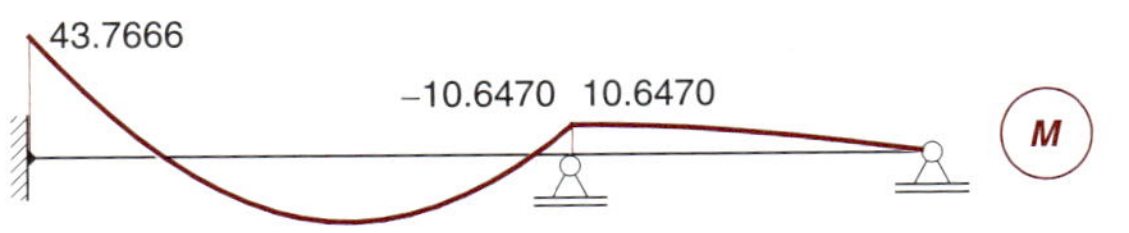

Bild 1.40 Endgültige Momentenlinie

Ermittlung der Verzweigungslast

Der Stabilitätsfall ist dadurch gekennzeichnet, dass die Streckenlast gleich null ist. Dann lautet die Gleichung zur Bestimmung von Y_1:

$$\sum M_b = \left(\frac{\alpha_{a-b}}{6} + \frac{\gamma_{b-c}}{8}\right) \cdot Y_1 = 0$$

Wir suchen nun den Faktor λ, mit dem die Horizontalkraft gesteigert werden kann, bis das System versagt. Dies ist dann der Fall, wenn der Klammerausdruck in der oberen Gleichung gleich null ist. Die Gleichung zur Bestimmung von λ lautet also:

$$\frac{\alpha_{a-b}}{6} + \frac{\gamma_{b-c}}{8} = 0 \qquad (1.35)$$

Die Horizontalkraft geht in die Berechnung durch den Parameter ε ein, mit dem die Biegeformkoeffizienten nach Gl. (1.33) ermittelt werden. Durch den nichtlinearen Zusammenhang kann die Horizontalkraft nicht direkt, sondern nur iterativ berechnet werden. Die ε-Werte sind nun von dem Faktor λ abhängig.

$$\varepsilon_{a-b} = 6 \cdot \sqrt{\frac{\lambda \cdot 400}{5000}} = 1.69706\sqrt{\lambda}$$

$$\varepsilon_{b-c} = 4 \cdot \sqrt{\frac{\lambda \cdot 400}{2500}} = 1.6\sqrt{\lambda}$$

Es wird zunächst ein λ-Wert geschätzt, die zugehörigen Biegeformkoeffizienten ermittelt und die linke Seite von Gl. (1.35) berechnet. Es handelt sich bei Gl. (1.35) um die Nullstelle einer nichtlinearen Gleichung. Als Vorgehensweise zum systematischen Auffinden dieser Nullstelle kann z. B. das *Bisektionsverfahren* angewandt werden. Dabei sind zunächst zwei Werte λ_1 und λ_2 zu finden, für die die linke Seite von Gl. (1.35) unterschiedliche Vorzeichen ergibt. Dann liegt mindestens eine Nullstelle im Intervall zwischen λ_1 und λ_2. Es erfolgt nun eine Halbierung des Intervalls mit $\lambda_3 = 0.5(\lambda_2 + \lambda_1)$, wie in *Bild 1.41* dargestellt ist. Ist der Funktionswert $f(\lambda_3) = 0$, so ist die Nullstelle gefunden.

Ist $f(\lambda_2) \cdot f(\lambda_3) < 0$, liegt die Nullstelle zwischen λ_2 und λ_3 und es wird $\lambda_1 = \lambda_3$ gesetzt.

Ist $f(\lambda_2) \cdot f(\lambda_3) > 0$, liegt die Nullstelle zwischen λ_1 und λ_3 und es wird $\lambda_2 = \lambda_3$ gesetzt.

Die Iteration wird so lange fortgesetzt, bis der Funktionswert $f(\lambda_3)$ unterhalb eines vorgegebenen kleinen Wertes von 10^{-j} liegt.

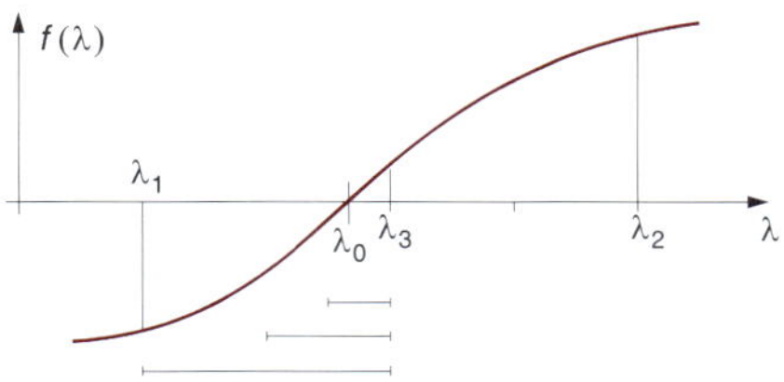

Bild 1.41 Intervallhalbierung

Für die vorliegende Problemstellung ergibt sich durch Anwendung des beschriebenen Verfahrens die Nullstelle der Gl. (1.35) mit $\lambda = 5.0474633$.

$$\varepsilon_{a-b} = 1.69706\sqrt{5.0474633} = 3.8127017$$
$$\Rightarrow \alpha_{a-b} = 1.5180879$$

$$\varepsilon_{b-c} = 1.6\sqrt{5.0474633} = 3.5946496$$
$$\Rightarrow \gamma_{b-c} = -2.0241172$$

$$\frac{1.5180879}{6} + \frac{-2.0241172}{8} = 0$$

$$F_{ki} = 5.0474633 \cdot 400 = 2018.9853$$

Die Knickfigur entspricht der Biegelinie des Einheitsverformungszustands, da in der Gleichgewichtsbedingung $\sum M_b = 0$ der Klammerausdruck verschwindet und die Gleichung daher für beliebige Werte Y_1 erfüllt wird.

Beispiel 1.8

Das in *Bild 1.42* dargestellte System ist nach Theorie II. Ordnung zu berechnen.

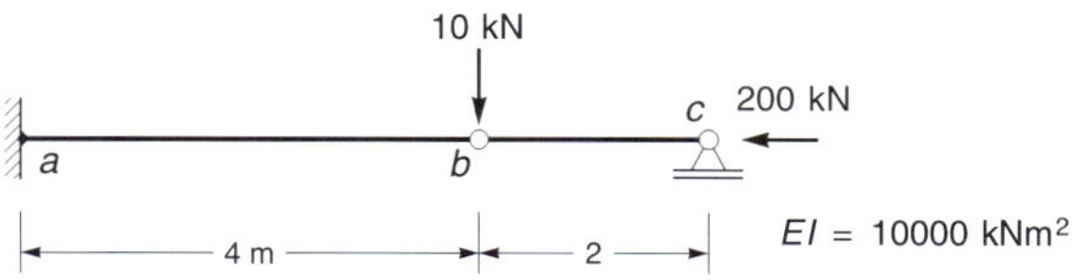

Bild 1.42 Kragträger mit Pendelstab

Auch bei diesem System liegt die Normalkraft von vornherein fest, so dass keine Iteration nötig ist. Zur Bildung des kinematisch bestimmten Hauptsystems ist eine Verschiebungsfesthaltung im Punkt *b* hinzuzufügen. Da beide Stäbe unbelastet sind, ist der Lastverformungszustand gleich null.

Ermittlung des Biegeformkoeffizienten

$$\varepsilon = 4\sqrt{\frac{200}{10000}} = 0.565685 \Rightarrow \gamma = 2.93541$$

Einheitsverformungszustand

Im Einheitsverschiebungszustand in *Bild 1.43* ist bei beiden Stäben ein Ersatzkräftepaar $N \cdot \psi$ hinzuzufügen. Da Druckkräfte vorliegen, sind die Ersatzkräftepaare so anzusetzen, dass sie dieselbe Drehrichtung wie die Stabsehnen haben.

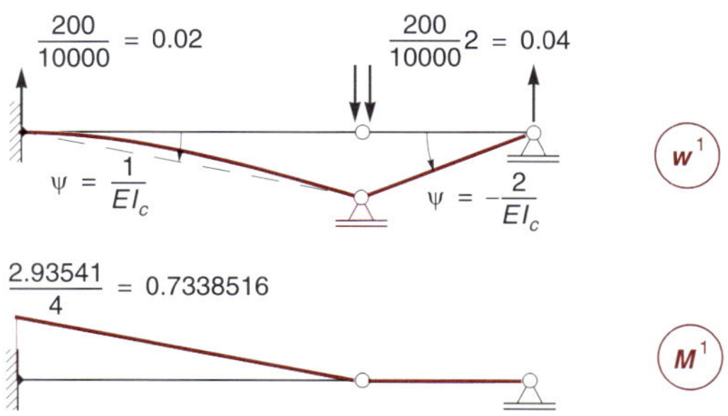

Bild 1.43 Einheitsverformungszustand

Gleichgewichtsbedingung

Die durch das Hinzufügen des Auflagers im Punkt *b* verletzte Gleichgewichtsbedingung $\sum V = 0$ wird mit dem Prinzip der virtuellen Verschiebungen formuliert. Die Arbeit auf der virtuellen Verschiebung in *Bild 1.44* muss gleich null sein. Der wesentliche Einfluss der Theorie II. Ordnung wird bei diesem Beispiel durch die Arbeit der Ersatzkräftepaare gebildet.

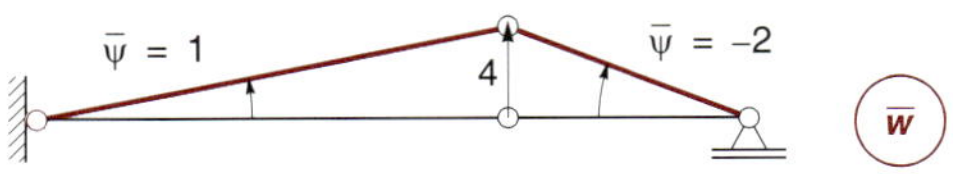

Bild 1.44 Virtuelle Verschiebung

$$\sum \overline{W} = (0.733852 \cdot 1 - 0.02 \cdot 4 - 0.04 \cdot 4) \cdot Y_1 - 10 \cdot 4 = 0$$

$$0.493852\, Y_1 = 40 \Rightarrow Y_1 = 80.995926$$

$$M_a = 80.9960 \cdot 0.733852 = 59.4390$$

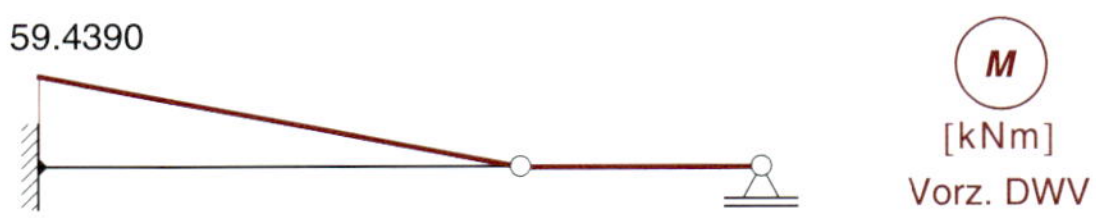

Bild 1.45 Endgültige Momentenlinie nach Theorie II. Ordnung

Ermittlung der Verzweigungslast

$$\varepsilon = 4\sqrt{\frac{\lambda \cdot 200}{10000}} = 0.565685\sqrt{\lambda}$$

$$\sum \overline{W} = \left(\frac{\gamma}{4} \cdot 1 - \frac{\lambda \cdot 200}{10000} 4 - \frac{\lambda \cdot 200}{10000} \frac{4^2}{2}\right) \cdot Y_1 = 0$$

$$0.25\gamma - 0.24\lambda = 0$$

Die iterative Lösung dieser Gleichung ergibt:

$$\lambda = 2.9245853$$

Damit folgt die Knicklast und die Knicklänge des Stabes $a - b$ mit:

$$F_{ki} = 2.9245853 \cdot 200 = 584.917$$

$$s_k = \pi \cdot \sqrt{\frac{10000}{584.917}} = 12.990$$

Um den Einfluss des Pendelstabes $b - c$ auf die Knicklast zu beurteilen, berechnen wir die Knicklast des Systems ohne diesen Stab:

$$F_{ki} = \frac{\pi^2 \cdot EI}{s_k^2} = \frac{\pi^2 \cdot 10000}{8^2} = 1542.126$$

Durch den Einfluss des Stabes $b - c$ beträgt die Knicklast nur etwa 38 % der des Kragträgers.

Beispiel 1.9

Der in *Bild 1.46* dargestellte einhüftige Rahmen ist nach Theorie II. Ordnung zu berechnen. Die angegebene Normalkraft ergibt sich aus einer Berechnung nach Theorie I. Ordnung.

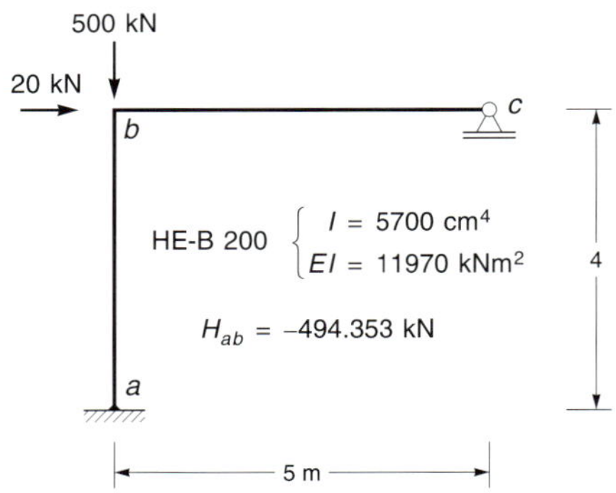

Bild 1.46 Einhüftiger Rahmen

Das System ist zweifach kinematisch unbestimmt. Zur Bildung des kinematisch bestimmten Hauptsystems werden im Knoten *b* eine Dreh- und eine Verschiebungsfesthaltung hinzugefügt. Da bei diesem System die Normalkraft des Stiels erst durch eine Berechnung zu ermitteln ist, ist eine Iteration über die Normalkräfte erforderlich. Als Ausgangswert benutzen wir die angegebene Normalkraft aus einer Berechnung nach Theorie I. Ordnung. Weil sich hier die Normalkraft im Stiel im Wesentlichen aus der vertikalen Knotenkraft ergibt, hätte sie auch mit 500 kN auf der sicheren Seite liegend abgeschätzt werden können.

Auch bei diesem System sind beide Stäbe unbelastet, so dass der Lastverformungszustand gleich null ist.

- Iterationsschritt 1

Ermittlung der Biegeformkoeffizienten

Da im Riegel die Normalkraft gleich null ist, können die Koeffizienten nach Theorie I. Ordnung verwandt werden. Für den Stiel ergibt sich:

$$\varepsilon_{a-b} = 4 \cdot \sqrt{\frac{494.353}{11970}} = 0.812889 \Rightarrow \begin{cases} \alpha_{a-b} = 3.91112 \\ \beta_{a-b} = 2.02249 \end{cases}$$

Einheitsverformungszustände

Die Einheitsverformungszustände sind nachfolgend dargestellt. Der wesentliche Anteil des Einflusses der Theorie II. Ordnung ergibt sich wieder durch den Ansatz des Ersatzkräftepaares im Einheitsverschiebungszustand.

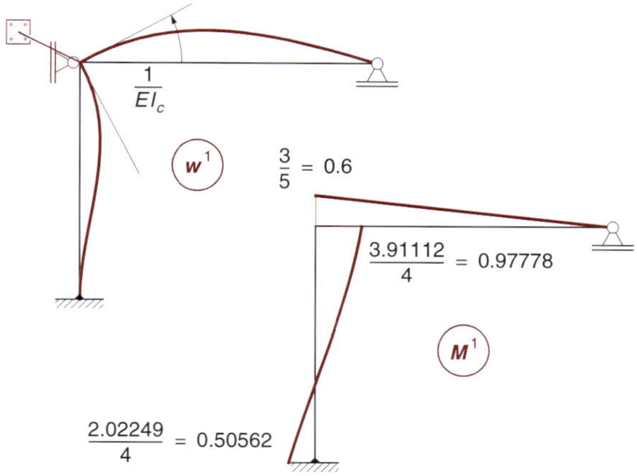

Bild 1.47 Einheitsknotendrehung nach Theorie I. Ordnung (Iterationsschritt 1)

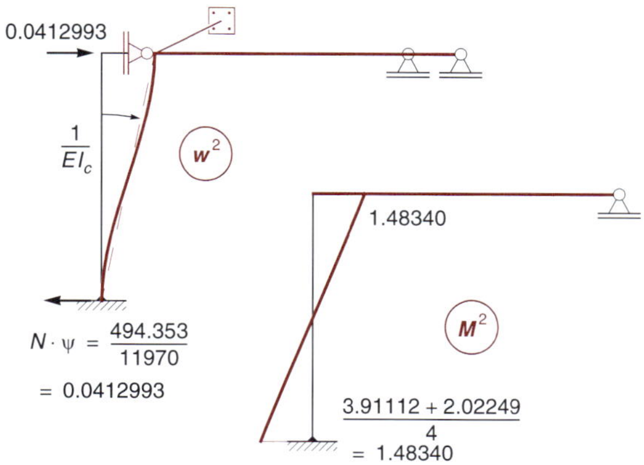

Bild 1.48 Einheitsverschiebungszustand nach Theorie II. Ordnung (Iterationsschritt 1)

Um die Gleichgewichtsbedingung $\sum H = 0$ mit dem Prinzip der virtuellen Verschiebungen zu formulieren, wird der virtuelle Zustand in *Bild 1.49* benötigt.

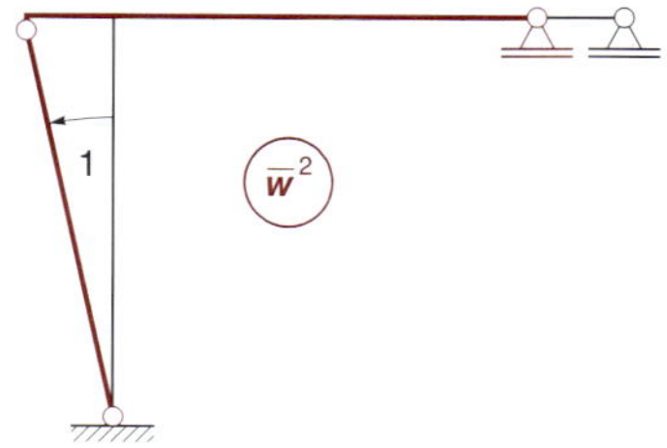

Bild 1.49 Virtueller Verschiebungszustand

Gleichgewichtsbedingungen

$$\sum M_b = (0.97778 + 0.6) \cdot Y_1 + 1.48340 \cdot Y_2 = 0$$

$$\sum \overline{W} = (0.97778 + 0.50562) \cdot Y_1$$
$$+ (1.48340 + 1.48340 - 0.0412993 \cdot 4) \cdot 1 \cdot Y_2$$
$$- 20 \cdot 4 = 0$$

Gleichungssystem und Lösung

$$\begin{bmatrix} 1.57778 & 1.48340 \\ 1.48340 & 2.80161 \end{bmatrix} \begin{bmatrix} Y_1 \\ Y_2 \end{bmatrix} + \begin{bmatrix} 0 \\ -80 \end{bmatrix} = \begin{bmatrix} 0 \\ 0 \end{bmatrix}$$

$$\Rightarrow \begin{bmatrix} Y_1 \\ Y_2 \end{bmatrix} = \begin{bmatrix} -53.4598 \\ 56.8611 \end{bmatrix}$$

Endgültige Momentenlinie durch Superposition

$$M = M^0 + \sum M^i \cdot Y_i$$

$$\begin{bmatrix} M_{ab} \\ M_{ba} \\ M_{bc} \end{bmatrix} = \begin{bmatrix} 0.50562 & 1.48340 \\ 0.97778 & 1.48340 \\ 0.6 & 0 \end{bmatrix} \begin{bmatrix} -53.4598 \\ 56.8611 \end{bmatrix} = \begin{bmatrix} 57.3174 \\ 32.0759 \\ -32.0759 \end{bmatrix}$$

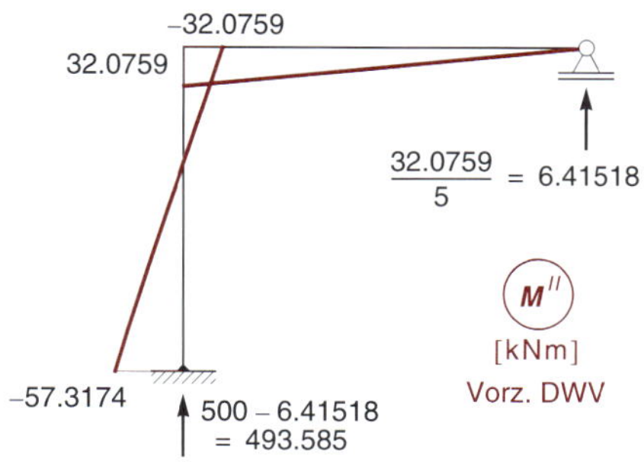

Bild 1.50 Endgültige Momentenlinie nach Theorie II. Ordnung (Iterationsschritt 1)

In *Bild 1.50* ist die Berechnung der Normalkraft im Stiel angegeben. Sie ergibt sich aus der äußeren Kraft und der Auflagerkraft im Punkt *c*, die aus der Momentenlinie des Riegels folgt. Mit dieser Normalkraft wird nun ein zweiter Iterationsschritt durchgeführt.

- Iterationsschritt 2

Ermittlung der Biegeformkoeffizienten

$$\varepsilon_{a-b} = 4 \cdot \sqrt{\frac{493.585}{11970}} = 0.812258 \Rightarrow \begin{cases} \alpha_{a-b} = 3.91126 \\ \beta_{a-b} = 2.02245 \end{cases}$$

Einheitsverformungszustände

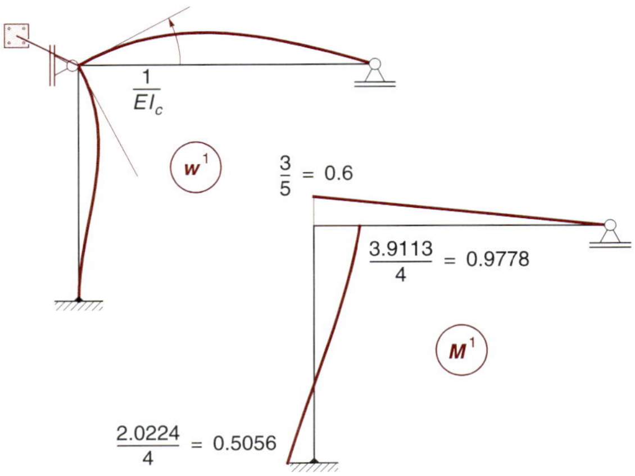

Bild 1.51 Einheitsknotendrehung nach Theorie I. Ordnung (Iterationsschritt 2)

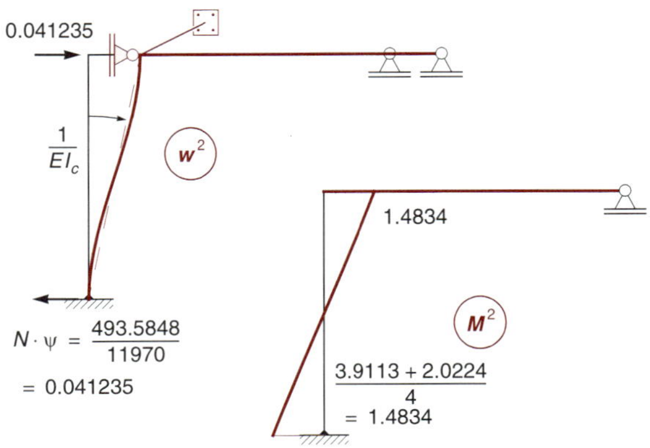

Bild 1.52 Einheitsverschiebungszustand nach Theorie II. Ordnung (Iterationsschritt 2)

Gleichgewichtsbedingungen

$$\sum M_b = (0.9778 + 0.6) \cdot Y_1 + 1.4834 \cdot Y_2 = 0$$

$$\sum \overline{W} = (0.9778 + 0.5056) \cdot Y_1$$
$$+ (1.4834 + 1.4834 - 0.041235 \cdot 4) \cdot 1 \cdot Y_2$$
$$- 20 \cdot 4 = 0 = 0$$

Gleichungssystem und Lösung

$$\begin{bmatrix} 1.5778 & 1.4834 \\ 1.4834 & 2.8019 \end{bmatrix} \begin{bmatrix} Y_1 \\ Y_2 \end{bmatrix} + \begin{bmatrix} 0 \\ -80 \end{bmatrix} = \begin{bmatrix} 0 \\ 0 \end{bmatrix}$$

$$\Rightarrow \begin{bmatrix} Y_1 \\ Y_2 \end{bmatrix} = \begin{bmatrix} -53.4485 \\ 56.8493 \end{bmatrix}$$

Endgültige Momentenlinie durch Superposition

$$M = M^0 + \sum M^i \cdot Y_i$$

$$\begin{bmatrix} M_{ab} \\ M_{ba} \\ M_{bc} \end{bmatrix} = \begin{bmatrix} 0.5056 & 1.4834 \\ 0.9778 & 1.4834 \\ 0.6 & 0 \end{bmatrix} \begin{bmatrix} -53.4485 \\ 56.8493 \end{bmatrix} = \begin{bmatrix} 57.3077 \\ 32.0691 \\ -32.0691 \end{bmatrix}$$

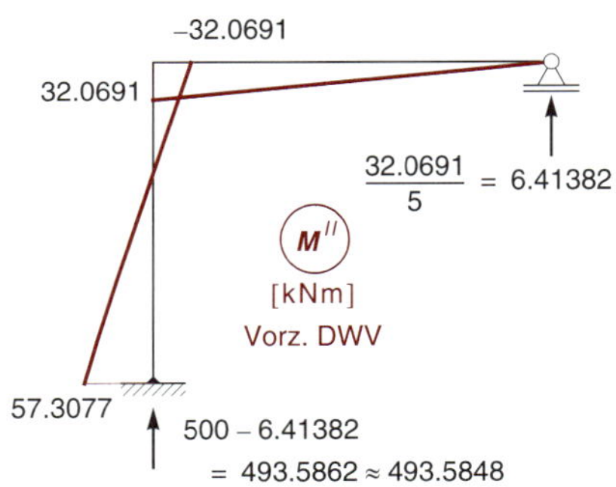

Bild 1.53 Endgültige Momentenlinie nach Theorie II. Ordnung (Iterationsschritt 2)

Die erneute Berechnung der Normalkraft des Stiels zeigt, dass kein weiterer Iterationsschritt erforderlich ist, da sich fast keine Änderung der Normalkraft ergeben hat. Zur Kontrolle des horizontalen Kräftegleichgewichts wird die Transversalkraft im Stiel ermittelt. Sie folgt aus Gl. (1.34) mit:

$$T = T(q) + \frac{M_{re} - M_{li}}{l} + H \cdot \psi^*$$
$$= 0 + \frac{32.0691 - (-57.3077)}{4} + (-493.5848) \cdot \frac{56.8493}{11970}$$
$$= 20.000$$

Bei der Berechnung ist zu beachten, dass die Momente nach den Vorzeichen der Baustatik einzusetzen sind und dass die Normalkraft als Druckkraft mit negativem Vorzeichen eingeht. Das Ergebnis zeigt, dass die horizontale Kräftesumme gleich null ist, da die Transversalkraft der äußeren angreifenden Horizontalkraft entspricht. Die Momentsumme am Knoten b ist gleich null, wie in *Bild 1.53* zu erkennen ist.

Ermittlung der Verzweigungslast

Da das System zweifach kinematisch unbestimmt ist, lautet die Bedingung zur Ermittlung der Knicklast, dass die Determinante der Koeffizientenmatrix verschwinden muss. Es wird eine Normalkraft von –500 kN angesetzt, für die der Laststeigerungsfaktor λ gesucht wird. Die Koeffizientenmatrix des homogenen Gleichungssystems wird allgemein in Abhängigkeit von $\lambda, \alpha(\lambda)$ und $\beta(\lambda)$ aufgestellt.

$$\varepsilon_{a-b} = 4 \cdot \sqrt{\frac{\lambda \cdot 500}{11970}} = 0.81751912\sqrt{\lambda}$$

$$\sum M_b = \left(\frac{\alpha}{4} + 0.6\right) \cdot Y_1 + \frac{\alpha + \beta}{4} \cdot Y_2 = 0$$

$$\sum \overline{W} = \frac{\alpha + \beta}{4} \cdot Y_1 + \left(2\frac{\alpha + \beta}{4} - \frac{\lambda \cdot 500}{11970} \cdot 4\right) \cdot 1 \cdot Y_2 = 0$$

$$\begin{bmatrix} \frac{\alpha}{4} + 0.6 & \frac{\alpha + \beta}{4} \\ \frac{\alpha + \beta}{4} & 2\frac{\alpha + \beta}{4} - \frac{\lambda \cdot 500}{11970} \cdot 4 \end{bmatrix} \begin{bmatrix} Y_1 \\ Y_2 \end{bmatrix} = \begin{bmatrix} 0 \\ 0 \end{bmatrix}$$

$$\left(\frac{\alpha}{4} + 0.6\right)\left(\frac{\alpha + \beta}{2} - 0.16708438\lambda\right) - \left(\frac{\alpha + \beta}{4}\right)^2 = 0$$

Bild 1.54 zeigt den Verlauf der Determinante als Funktion des Laststeigerungsfaktors λ. Die erste Nullstelle ergibt sich für $\lambda = 8.3603333$.

Die Knicklast des Stiels beträgt also:

$$F_{ki} = 8.3603333 \cdot 500 = 4180.1667 \text{ kN} = \frac{\pi^2 EI}{s_k^2}$$

Damit folgt die Knicklänge des Stiels mit:

$$s_k = \sqrt{\frac{\pi^2 EI}{4180.1667}} = \sqrt{\frac{\pi^2 \cdot 11970}{4180.1667}} = 5.32 \text{ m}$$

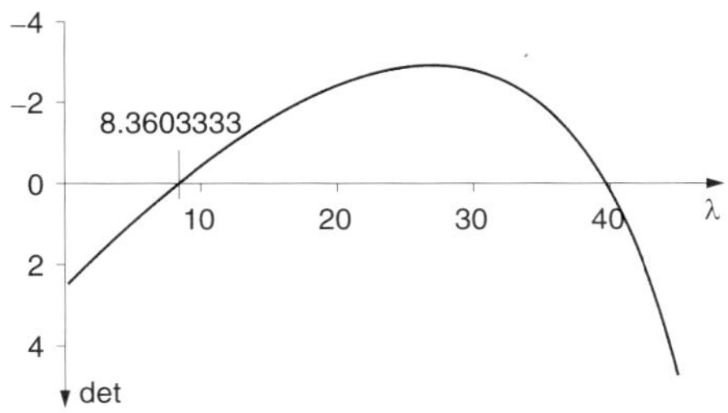

Bild 1.54 Verlauf der Determinante

Knickfigur

Zur Ermittlung der Knickfigur ermitteln wir das homogene Gleichungssystem für $\lambda = 8.3603333$.

$$\varepsilon_{a-b} = 0.81751912\sqrt{8.3603333} = 2.3637945$$

$$\Rightarrow \begin{cases} \alpha_{a-b} = 3.1930358 \\ \beta_{a-b} = 2.2244272 \end{cases}$$

$$\begin{bmatrix} 1.398259 & 1.3543658 \\ 1.3543658 & 1.3118504 \end{bmatrix} \begin{bmatrix} Y_1 \\ Y_2 \end{bmatrix} = \begin{bmatrix} 0 \\ 0 \end{bmatrix}$$

Dieses Gleichungssystem ist überbestimmt. Es kann eine Komponente des Lösungsvektors vorgegeben werden. Die andere Komponente folgt aus einer der beiden Gleichungen. Wir setzen $Y_2 = 1$ und berechnen daraus Y_1. Damit ergibt sich die Knickfigur in *Bild 1.55*.

$$\begin{bmatrix} 1.398259 & 1.3543658 \\ 1.3543658 & 1.3118504 \end{bmatrix} \begin{bmatrix} Y_1 \\ 1 \end{bmatrix} = \begin{bmatrix} 0 \\ 0 \end{bmatrix}$$

$$\begin{bmatrix} 1.398259\, Y_1 \\ 1.3543658\, Y_1 \end{bmatrix} = \begin{bmatrix} -1.3543658 \\ -1.3118504 \end{bmatrix}$$

$$Y_1 = \frac{-1.3543658}{1.398259} = \frac{-1.3118504}{1.3543658} = -0.96860867$$

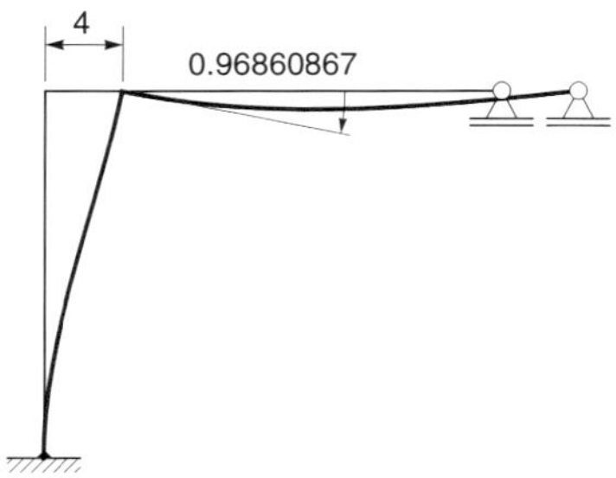

Bild 1.55 Knickfigur

Beispiel 1.10

Der in *Bild 1.56* dargestellte Rahmen ist nach Theorie II. Ordnung zu berechnen. In allen Stäben ist eine geometrische Ersatzimperfektion in Form einer Schiefstellung von $1/200$ anzusetzen. Weiterhin ist im Stab $a-b$ eine parabolische Vorkrümmung von $l/300$ anzusetzen.

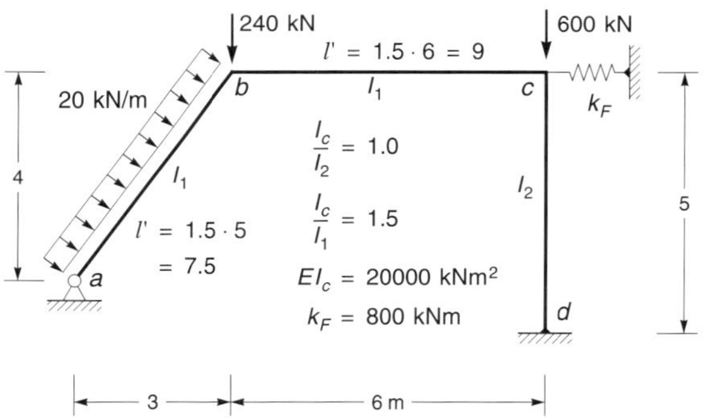

Bild 1.56 Rahmensystem mit Belastung

Eine Berechnung des Systems nach Theorie I. Ordnung ergibt die folgenden Normalkräfte:

$$H_{ab} = -244.80 \text{ kN}$$
$$H_{bc} = -164.90 \text{ kN}$$
$$H_{cd} = -657.70 \text{ kN}$$

Mit diesen gegebenen Normalkräften wird ein Iterationsschritt nach Theorie II. Ordnung ermittelt und danach die für einen weiteren Schritt erforderlichen Normalkräfte bestimmt.

Das System ist dreifach kinematisch unbestimmt. Zur Bildung des kinematisch bestimmten Hauptsystems sind Drehfesthaltungen in den Punkten b und c anzuordnen. Weiterhin ist eine Verschiebungsfesthaltung im Riegel erforderlich. Für den Einheitsverschiebungszustand werden die kinematischen Beziehungen der Stäbe benötigt, die sich aus dem Polplan in *Bild 1.57* ergeben.

Der Winkel φ_3 folgt aus dem Winkel φ_1 aus der Bedingung, dass sich dieselbe horizontale Verschiebung des Riegels ergibt:

$$\varphi_3 = \frac{5}{4}\varphi_1$$

Die Beziehung zwischen φ_2 und φ_3 folgt aus den horizontalen Abständen der Absolutpole zum Relativpol (2.3).

$$\varphi_2 = \frac{3}{6}\varphi_3 = \frac{3}{6}\cdot\frac{5}{4}\varphi_1 = \frac{5}{8}\varphi_1$$

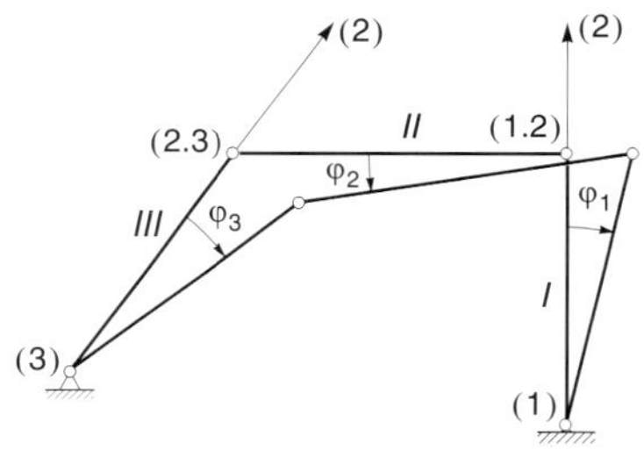

Bild 1.57 Polplan

Ermittlung der Biegeformkoeffizienten

$$\varepsilon_{ab} = 5\sqrt{\frac{244.80}{13333.33}} = 0.677495 \Rightarrow \begin{cases} \alpha_{ab} = 3.9384 \\ \beta_{ab} = 2.0155 \\ \gamma_{ab} = 2.9070 \end{cases}$$

$$\varepsilon_{bc} = 6\sqrt{\frac{164.90}{13333.33}} = 0.667256 \Rightarrow \begin{cases} \alpha_{bc} = 3.9403 \\ \beta_{bc} = 2.0151 \end{cases}$$

$$\varepsilon_{cd} = 5\sqrt{\frac{657.70}{20000}} = 0.906711 \Rightarrow \begin{cases} \alpha_{cd} = 3.8892 \\ \beta_{cd} = 2.0281 \end{cases}$$

Lastverformungszustand

Zur Berücksichtigung der Vorkrümmung von $l/300$ wird eine fiktive Ersatzstreckenlast q^* nach Gl. (1.27) ermittelt.

$$q^* = \frac{8 \cdot H \cdot w_0}{l^2} = \frac{8 \cdot 244.80 \cdot \frac{5}{300}}{5^2} = 1.3056$$

Damit folgt das Stabendmoment im Punkt *b* mit:

$$-\frac{(20 + 1.3056) \cdot 5^2}{2 \cdot 3.9384} = -63.477 - 4.144 = -67.621$$

Weiterhin sind Ersatzkräftepaare $H \cdot \psi_0$ in ungünstig wirkender Richtung anzusetzen. Das bedeutet, sie müssen so angesetzt werden, dass die Verformung infolge der Belastung verstärkt wird. Bei diesem System ist anschaulich klar, dass sich der Riegel infolge der Belastung nach rechts verschiebt. Der Drehsinn der Ersatzkräftepaare muss daher dem Drehsinn der Stäbe in *Bild 1.57* entsprechen.

Die anzusetzenden Ersatzkräftepaare zur Berücksichtigung der Schiefstellung ergeben sich zu:

$$H_{ab} \cdot \psi_0 = \frac{244.80}{200} = 1.224$$

$$H_{bc} \cdot \psi_0 = \frac{164.90}{200} = 0.8245$$

$$H_{cd} \cdot \psi_0 = \frac{657.70}{200} = 3.2885$$

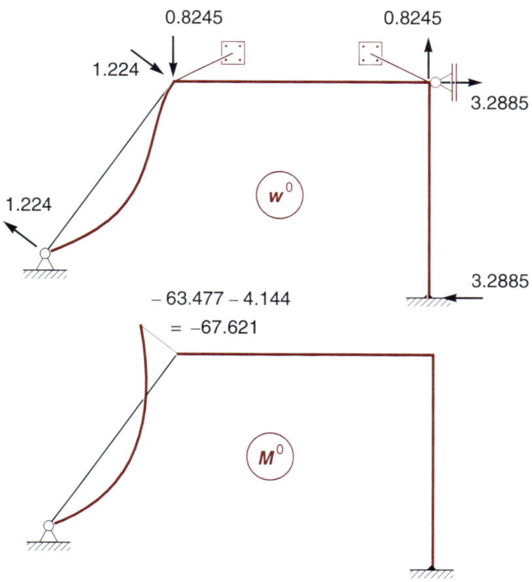

Bild 1.58 Lastverformungszustand

Einheitsverformungszustände

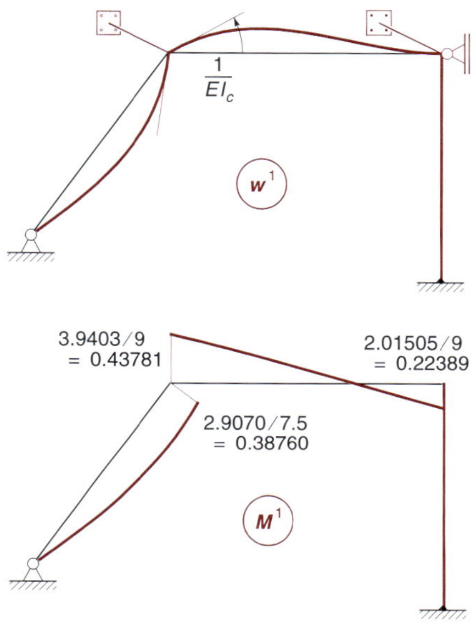

Bild 1.59 Einheitsknotendrehung nach Theorie II. Ordnung

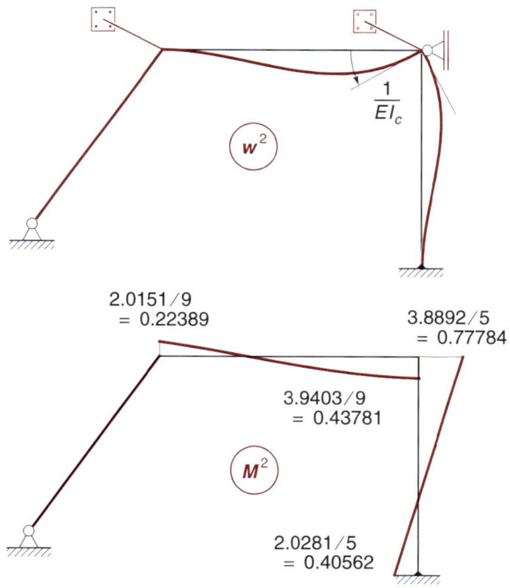

Bild 1.60 Einheitsknotendrehung nach Theorie I. Ordnung

Die anzusetzenden Ersatzkräftepaare im Einheitsverschiebungszustand in *Bild 1.61* ergeben sich zu:

$$H_{ab} \cdot \psi_{ab} = \frac{244.80}{20000} \cdot \frac{5}{4} = 0.0153$$

$$H_{bc} \cdot \psi_{bc} = \frac{164.90}{20000} \cdot \frac{5}{8} = 0.0051531$$

$$H_{cd} \cdot \psi_{cd} = \frac{657.70}{20000} = 0.032885$$

Durch die Verschiebung des Punktes c nach rechts folgt eine entgegen, also nach links wirkende Federkraft von:

$$F_{\text{Feder}} = k_F \cdot \delta_{c,h} = k_F \cdot \psi_{cd} \cdot 5 = 800 \cdot \frac{5}{20000} = 0.2$$

Die Stabendmomente ergeben sich zu:

$$M_{ba} = \frac{5}{4} \cdot \frac{2.9070}{7.5} = 0.48450$$

$$M_{bc} = M_{cb} = -\frac{5}{8} \cdot \frac{3.9403 + 2.0151}{9} = -0.41357$$

$$M_{cd} = M_{dc} = \frac{3.8892 + 2.0281}{5} = 1.1835$$

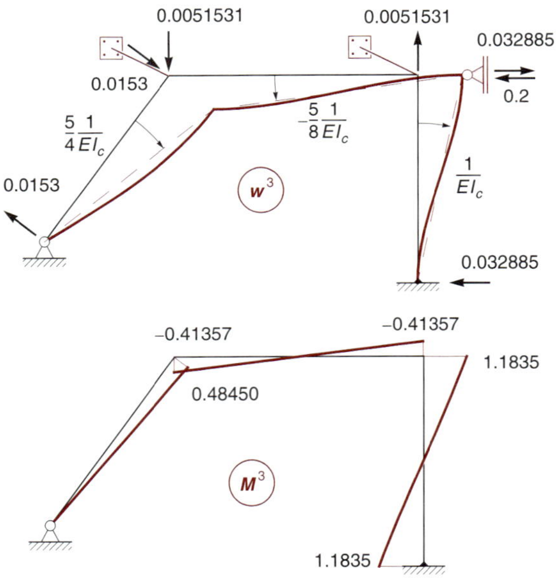

Bild 1.61 Einheitsverschiebung nach Theorie II. Ordnung

Gleichgewichtsbedingungen

Um den Anteil der geometrischen Imperfektionen an der Lösung zu beurteilen, werden die Anteile getrennt berechnet. Die nachfolgend farbig gekennzeichneten Zahlen resultieren aus der angesetzten Schiefstellung und der parabolischen Vorkrümmung.

- $\sum M_b = 0$

$$(0.38760 + 0.43781) \cdot Y_1 + 0.22389 \cdot Y_2 + (0.48450 - 0.41357) \cdot Y_3 - 63.477 - 4.144 = 0$$

- $\sum M_c = 0$

$$0.22389 \cdot Y_1 + (0.43781 + 0.77784) \cdot Y_2 + (1.1835 - 0.41357) \cdot Y_3 = 0$$

- Verschiebungsgleichgewicht mit dem Prinzip der virtuellen Verschiebungen

Für die Formulierung des Verschiebungsgleichgewichts wird der virtuelle Zustand in *Bild 1.62* benötigt.

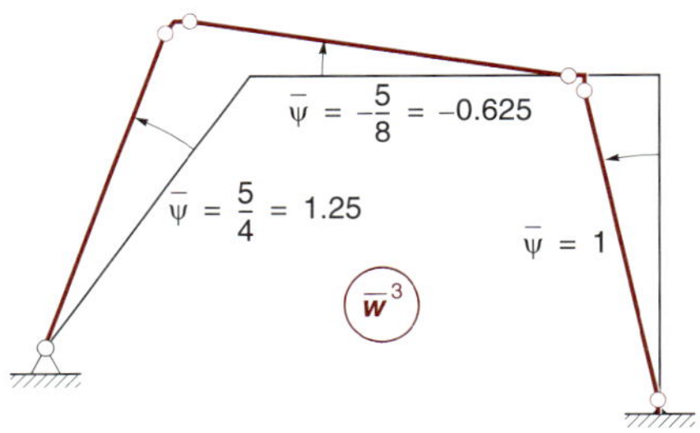

Bild 1.62 Virtueller Zustand

- $\sum \overline{W} = 0$

Aus Gründen der Übersichtlichkeit werden die Arbeiten der Einheitszustände und des Lastzustandes getrennt ermittelt.

Arbeit des 1. Einheitsverformungszustands auf $\overline{w}^3$:

$$0.38760 \cdot 1.25 + (0.43781 + 0.22389) \cdot (-0.625) = 0.07093$$

Arbeit des 2. Einheitsverformungszustands auf $\overline{w}^3$:

$$(0.43781 + 0.22389) \cdot (-0.625) + (0.77784 + 0.40562) \cdot 1 = 0.76990$$

Arbeit des 3. Einheitsverformungszustands auf $\overline{w}^3$:

$$0.48450 \cdot 1.25 + (2 \cdot (-0.41357)) \cdot (-0.625) + (2 \cdot 1.1835) \cdot 1 + 0.2 \cdot 5 - 0.0153 \cdot 5 \cdot 1.25 - 0.00515313 \cdot 6 \cdot 0.625 - 0.032885 \cdot 5 \cdot 1 = 4.21012$$

Arbeit des Lastverformungszustands auf $\overline{w}^3$;

$$(-63.477 - 4.144) \cdot 1.25 - 20 \cdot 5 \cdot 1.25 \cdot 2.5$$
$$- 240 \cdot 1.25 \cdot 3 - 1.224 \cdot 5 \cdot 1.25 - 0.8245 \cdot 6 \cdot 0.625$$
$$-3.2885 \cdot 5 \cdot 1 = -1291.85 - 32.36$$
$$= -1324.21$$

Damit lautet die dritte Zeile des Gleichungssystems:

$$0.07093 \cdot Y_1 + 0.76990 \cdot Y_2 + 4.21012 \cdot Y_3$$
$$- 1291.85 - 32.364375 = 0$$

Gleichungssystem und Lösung

Das Gleichungssystem wird für zwei Lastspalten gelöst. Die erste Spalte enthält die Werte ohne Imperfektionen, die zweite Spalte die Werte mit sämtlichen Anteilen. Entsprechendes gilt für die angegebenen Lösungsvektoren.

$$\begin{bmatrix} 0.82541 & 0.22389 & 0.07093 \\ 0.22389 & 1.21565 & 0.76990 \\ 0.07093 & 0.76990 & 4.21012 \end{bmatrix} \begin{bmatrix} Y_1 \\ Y_2 \\ Y_3 \end{bmatrix} = \begin{bmatrix} 63.477 & 67.621 \\ 0 & 0 \\ 1291.85 & 1324.21 \end{bmatrix}$$

$$\begin{bmatrix} Y_1 \\ Y_2 \\ Y_3 \end{bmatrix} = \begin{bmatrix} 112.5039 & 118.5843 \\ -241.8616 & -248.5610 \\ 349.1763 & 357.9862 \end{bmatrix}$$

Endgültige Momentenlinie durch Superposition

$$M = M^0 + \sum M^i \cdot Y_i$$

- Ohne Berücksichtigung von Imperfektionen

$$\begin{bmatrix} M_{ba} \\ M_{bc} \\ M_{cb} \\ M_{cd} \\ M_{dc} \end{bmatrix} = \begin{bmatrix} -63.477 & 0.38760 & 0 & 0.48450 \\ 0 & 0.43781 & 0.22389 & -0.41357 \\ 0 & 0.22389 & 0.43781 & -0.41357 \\ 0 & 0 & 0.77784 & 1.1835 \\ 0 & 0 & 0.40562 & 1.1835 \end{bmatrix} \begin{bmatrix} 1 \\ 112.5039 \\ -241.8616 \\ 349.1763 \end{bmatrix}$$

$$= \begin{bmatrix} 149.303 \\ -149.303 \\ -225.107 \\ 225.107 \\ 315.131 \end{bmatrix}$$

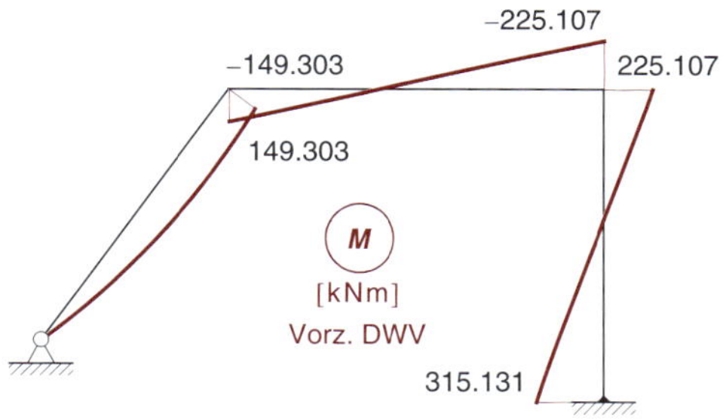

Bild 1.63 Endgültige Momentenlinie nach Theorie II. Ordnung ohne Berücksichtigung von Imperfektionen

- Mit Berücksichtigung von Imperfektionen

$$\begin{bmatrix} M_{ba} \\ M_{bc} \\ M_{cb} \\ M_{cd} \\ M_{dc} \end{bmatrix} = \begin{bmatrix} -67.621 & 0.38760 & 0 & 0.48450 \\ 0 & 0.43781 & 0.22389 & -0.41357 \\ 0 & 0.22389 & 0.43781 & -0.41357 \\ 0 & 0 & 0.77784 & 1.1835 \\ 0 & 0 & 0.40562 & 1.1835 \end{bmatrix} \begin{bmatrix} 1 \\ 118.5843 \\ -248.5610 \\ 357.9862 \end{bmatrix}$$

$$= \begin{bmatrix} 151.785 \\ -151.785 \\ -230.323 \\ 230.323 \\ 322.840 \end{bmatrix}$$

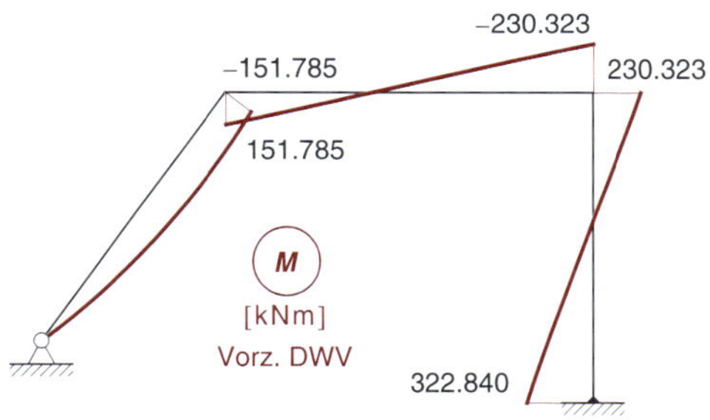

Bild 1.64 Endgültige Momentenlinie nach Theorie II. Ordnung mit Berücksichtigung von Imperfektionen

Ermittlung der Transversal- und Normalkräfte

Die Ermittlung der Transversalkräfte erfolgt nach Gl. (1.34) aus der bekannten Momentenlinie. Es ist darauf zu achten, dass die Momente mit dem Vorzeichen der Baustatik einzusetzen sind und dass Druckkräfte negativ eingehen. Die Berechnung ist in *Tabelle 1.5* angegeben, sie gilt für die Lösung unter Berücksichtigung der Imperfektionen.

Tabelle 1.5 Ermittlung der Transversalkräfte

$$\boldsymbol{T = T(q) + \frac{M_r - M_l}{l} + H \cdot \psi^*}$$

Stab	$\frac{M_r - M_l}{l}$	H	$\psi^* = \sum \psi^i Y_i + \psi^0$	$T(q)$	T
$a-b$	30.357	−244.80	$\frac{357.9862}{20000}\frac{5}{4} + \frac{1}{200} = 0.0273741$	50	73.656
				−50	−26.344
$b-c$	−63.685	−164.90	$\frac{357.9862}{20000}\left(-\frac{5}{8}\right) - \frac{1}{200} = -0.0161871$	0	−61.015
$c-d$	110.633	−657.70	$\frac{357.9862}{20000} + \frac{1}{200} = 0.0228993$	0	95.572

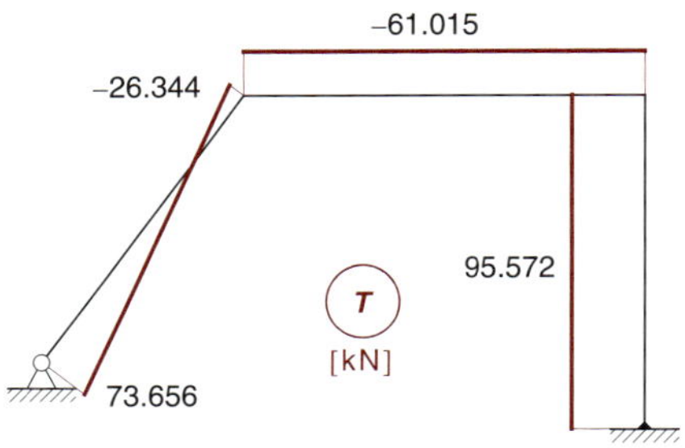

Bild 1.65 Transversalkräfte

Mit den bekannten Transversalkräften und den äußeren Kräften können die Normalkräfte aus Gleichgewichtsbedingungen an den freigeschnittenen Knoten *a* und *c* in *Bild 1.66* ermittelt werden. Am Knoten *c* ist die Kraft in der Feder zu berücksichtigen, Sie ergibt sich aus der Federkraft im Einheitsverschiebungszustand multipliziert mit dem Faktor Y_2.

$$F_{Feder} = 0.2 \cdot 357.9862 = 71.597$$

$$H_{b-c} = -95.572 - 71.597 = -167.169$$

$$H_{a-b} = \left(-240 - 26.344\frac{3}{5} + 61.015\right)\frac{5}{4} = -243.489$$

Mit der bekannten Normalkraft H_{a-b} kann H_{b-c} auch aus der Bedingung $\sum H = 0$ am Knoten b berechnet werden.

$$N_{b-c} = -243.489\frac{3}{5} - 26.344\frac{4}{5} = -167.169$$

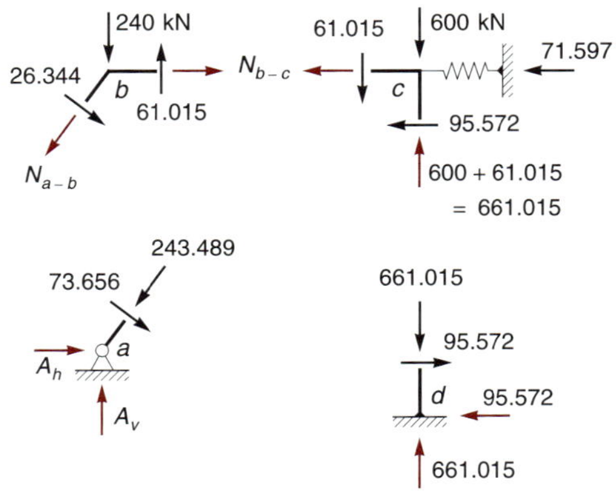

Bild 1.66 Freigeschnittene Knoten

Mit den bekannten Normalkräften werden weiterhin die Auflagerkräfte in den Punkten *a* und *d* ermittelt, um Gleichgewichtskontrollen durchführen zu können.

$$A_v = 243.489\frac{4}{5} + 73.656\frac{3}{5} = 238.985$$

$$A_h = 243.489\frac{3}{5} - 73.656\frac{4}{5} = 87.169$$

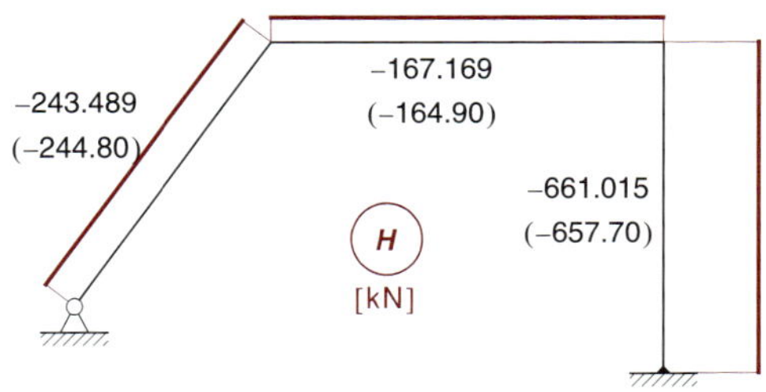

Bild 1.67 Normalkräfte

Gleichgewichtskontrollen

Die Momentengleichgewichtsbedingungen an den Knoten *b* und *c* sind erfüllt, wie aus *Bild 1.64* unmittelbar erkennbar ist. Die Kräftesummen am Gesamtsystem ergeben sich zu:

$$\sum V = 240 + 600 + 20 \cdot 3 - 238.985 - 661.015 = 0$$

$$\sum H = 20 \cdot 4 + 87.169 - 71.597 - 95.572 = 0$$

Ermittlung der Verzweigungslast

Die Ermittlung der Verzweigungslast erfolgt wiederum iterativ. Die Koeffizientenmatrix des homogenen Gleichungssystems wird in Abhängigkeit von $\lambda, \alpha(\lambda)$ und $\beta(\lambda)$ aufgestellt und die Nullstelle der Determinante gesucht.

$$\varepsilon_{ab} = 5\sqrt{\frac{\lambda \cdot 244.80}{13333.333}} = 0.67749539\sqrt{\lambda}$$

$$\varepsilon_{bc} = 6\sqrt{\frac{\lambda \cdot 164.90}{13333.333}} = 0.66725557\sqrt{\lambda}$$

$$\varepsilon_{cd} = 5\sqrt{\frac{\lambda \cdot 657.70}{20000}} = 0.90671109\sqrt{\lambda}$$

Die Determinante einer symmetrischen $3 \cdot 3$-Matrix ist gleich:

$$\begin{vmatrix} a_{11} & a_{12} & a_{13} \\ a_{12} & a_{22} & a_{23} \\ a_{13} & a_{23} & a_{33} \end{vmatrix}$$

$$= a_{11}a_{22}a_{33} - a_{11}a_{23}^2 - a_{33}a_{12}^2 + 2a_{12}a_{23}a_{13} - a_{22}a_{13}^2$$

Mit den Koeffizienten:

$$a_{11} = \frac{\gamma_{ab}}{7.5} + \frac{\alpha_{bc}}{9}$$

$$a_{12} = \frac{\beta_{bc}}{9}$$

$$a_{13} = \frac{\gamma_{ab}}{6} - \frac{5}{72}(\alpha_{bc} + \beta_{bc})$$

$$a_{22} = \frac{\alpha_{bc}}{9} + \frac{\alpha_{cd}}{5}$$

$$a_{23} = \frac{\alpha_{cd}}{5} + \frac{\beta_{cd}}{5} - \frac{5}{72}(\alpha_{bc} + \beta_{bc})$$

$$a_{33} = \frac{5}{24}\gamma_{ab} + \frac{25}{288}(\alpha_{bc} + \beta_{bc}) + \frac{2}{5}(\alpha_{cd} + \beta_{cd}) + 1 - 0.279337422\lambda$$

Der Verlauf der Determinante als Funktion des Laststeigerungsfaktors λ ist in *Bild 1.68* dargestellt. Da das System drei Freiheitsgrade hat, existieren drei Nullstellen und damit auch drei Knicklasten. Die erste Nullstelle ergibt sich für $\lambda = 11.625562$.

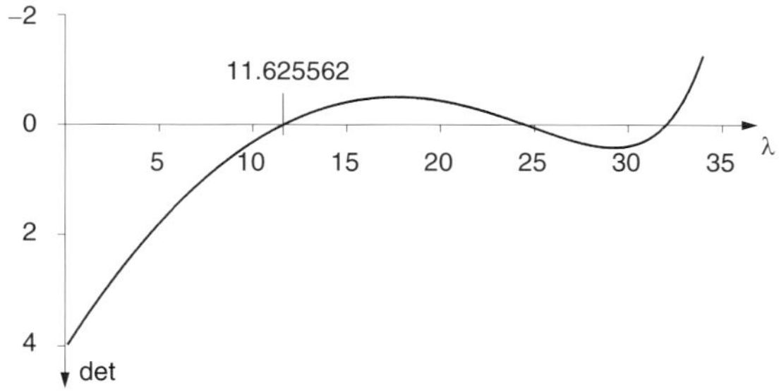

Bild 1.68 Verlauf der Determinante

Knickfigur

Mit dem bekannten λ-Wert kann die Koeffizientenmatrix bestimmt werden.

$$\varepsilon_{ab} = 0.67749539\sqrt{11.625562} = 2.3100071$$

$$\gamma_{ab} = 1.7180618$$

$$\varepsilon_{bc} = 0.66725557\sqrt{11.625562} = 2.2750932$$

$$\alpha_{bc} = 3.2572261$$

$$\beta_{bc} = 2.2048586$$

$$\varepsilon_{cd} = 0.90671109\sqrt{11.625562} = 3.0915474$$

$$\alpha_{cd} = 2.5242642$$

$$\beta_{cd} = 2.4468894$$

$a_{11} = 0.59098892$ $a_{22} = 0.86676686$

$a_{12} = 0.24498429$ $a_{23} = 0.6149193$

$a_{13} = -0.0929678$ $a_{33} = 0.572648$

Das homogene Gleichungssystem für $\lambda = 11.625562$ lautet:

$$\begin{bmatrix} 0.59098892 & 0.24498429 & -0.0929678 \\ 0.24498429 & 0.86676686 & 0.6149193 \\ -0.09296780 & 0.61491930 & 0.5726480 \end{bmatrix} \begin{bmatrix} Y_1 \\ Y_2 \\ Y_3 \end{bmatrix} = \begin{bmatrix} 0 \\ 0 \\ 0 \end{bmatrix}$$

Es wird die Unbekannte $Y_3 = 1$ vorgegeben, die beiden anderen Unbekannten werden aus zwei der drei Gleichungen ermittelt.

$$\begin{bmatrix} 0.59098892 & 0.24498429 & -0.0929678 \\ 0.24498429 & 0.86676686 & 0.6149193 \\ -0.0929678 & 0.6149193 & 0.572648 \end{bmatrix} \begin{bmatrix} Y_1 \\ Y_2 \\ 1 \end{bmatrix} = \begin{bmatrix} 0 \\ 0 \\ 0 \end{bmatrix}$$

Aus den ersten beiden Zeilen folgt damit ein Gleichungssystem für die Unbekannten Y_1 und Y_2.

$$\begin{bmatrix} 0.59098892 & 0.24498429 \\ 0.24498429 & 0.86676686 \end{bmatrix} \begin{bmatrix} Y_1 \\ Y_2 \end{bmatrix} = \begin{bmatrix} 0.0929678 \\ -0.6149193 \end{bmatrix}$$

$$\Rightarrow \begin{bmatrix} Y_1 \\ Y_2 \end{bmatrix} = \begin{bmatrix} 0.51130131 \\ -0.85395522 \end{bmatrix}$$

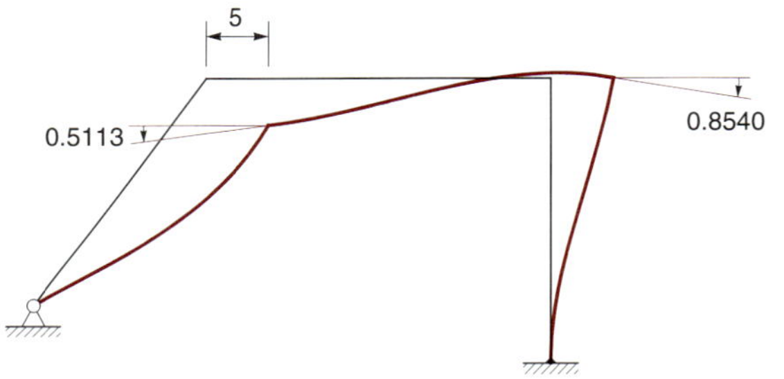

Bild 1.69 Knickfigur

Beispiel 1.11

Der in *Bild 1.70* dargestellte Rahmen ist nach Theorie II. Ordnung zu berechnen.

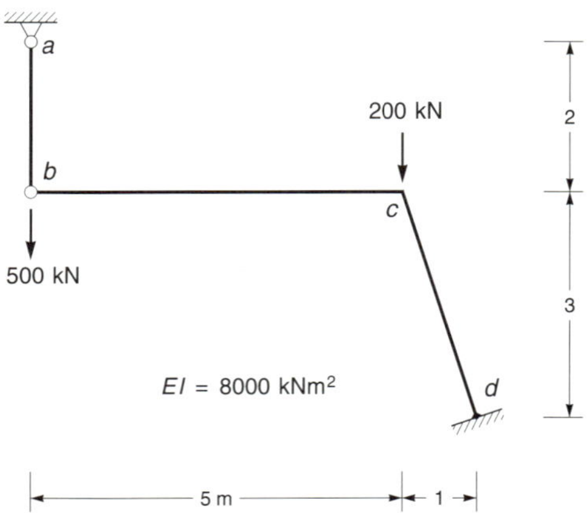

Bild 1.70 System und Belastung

An diesem Beispiel soll der günstig wirkende Einfluss der Zugkraft im Stab $a-b$ gezeigt werden.

Für die Berechnung werden die nachfolgend angegebenen Normalkräfte zugrunde gelegt, die sich aus einer Berechnung nach Theorie I. Ordnung ergeben.

$$N_{ab} = 513.00 \text{ kN}$$

$$N_{bc} = 0$$

$$N_{cd} = -177.40 \text{ kN}$$

Das System ist zweifach kinematisch unbestimmt. Zur Bildung des kinematisch bestimmten Hauptsystems ist eine Drehfesthaltung im Punkt c sowie eine Verschiebungsfesthaltung im Punkt b anzuordnen. Die für den Einheitsverschiebungszustand benötigten kinematischen Beziehungen ergeben sich aus dem Polplan in *Bild 1.71*

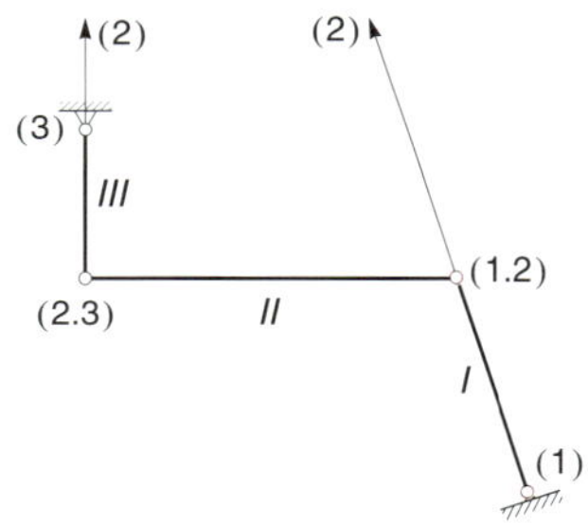

Bild 1.71 Polplan

Der Winkel φ_3 folgt aus dem Winkel φ_1 aus der Bedingung, dass sich dieselbe horizontale Verschiebung des Riegels ergibt:

$$\varphi_3 = \frac{3}{2}\varphi_1$$

Die Beziehung zwischen φ_1 und φ_2 folgt aus den horizontalen Abständen der Absolutpole zum Relativpol (1.2).

$$\varphi_2 = \frac{1}{5}\varphi_1$$

Ermittlung der Biegeformkoeffizienten

$$\varepsilon_{cd} = \sqrt{10}\sqrt{\frac{177.40}{8000}} = 0.470903 \Rightarrow \begin{cases} \alpha_{cd} = 3.97035 \\ \beta_{cd} = 2.00744 \end{cases}$$

1

Einheitsverformungszustände

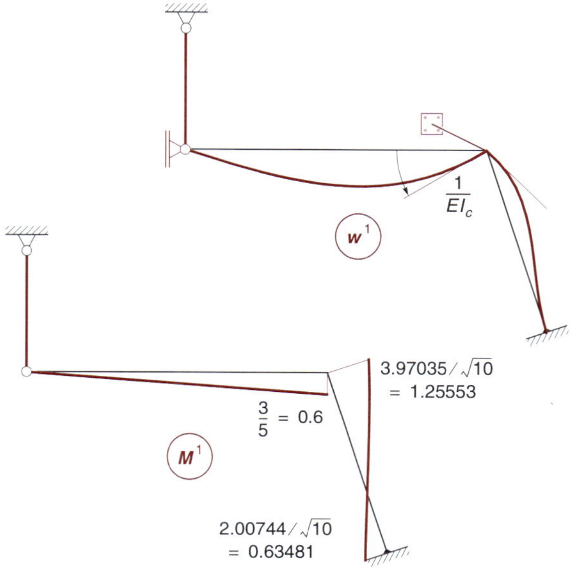

Bild 1.72 Einheitsknotendrehung nach Theorie II. Ordnung

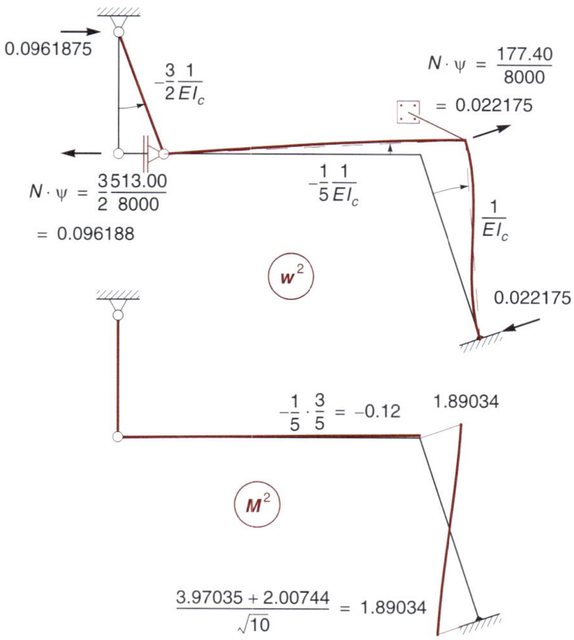

Bild 1.73 Einheitsverschiebung nach Theorie II. Ordnung

Im Einheitsverschiebungszustand in *Bild 1.73* ist das Ersatzkräftepaar für den Stab *a - b* der Verdrehung entgegengerichtet anzusetzen, da eine Zugkraft vorhanden ist.

Gleichgewichtsbedingungen

- $\sum M_c = 0$

$$(1.25553 + 0.6) \cdot Y_1 + (1.89034 - 0.12) \cdot Y_2 = 0$$

- Verschiebungsgleichgewicht mit dem Prinzip der virtuellen Verschiebungen

Für die Formulierung des Verschiebungsgleichgewichts wird der virtuelle Zustand in *Bild 1.74* benötigt.

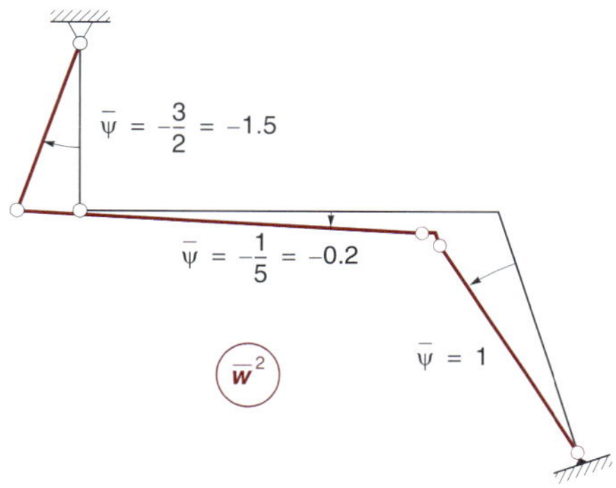

Bild 1.74 Virtueller Zustand

$$\begin{aligned}\sum \overline{W} = {} & [(1.25553 + 0.63481) \cdot 1 + 0.6 \cdot (-0.2)] \cdot Y_1 \\ & + [(-0.12) \cdot (-0.2) + (2 \cdot 1.89034) \cdot 1] \cdot Y_2 \\ & + [-0.022175 \cdot \sqrt{10} \cdot 1 + 0.096188 \cdot 2 \cdot 1.5] \cdot Y_2 \\ & + 200 \cdot 1 \cdot 1 = 0\end{aligned}$$

Gleichungssystem und Lösung

$$\begin{bmatrix} 1.85553 & 1.77034 \\ 1.77034 & 4.02313 \end{bmatrix} \begin{bmatrix} Y_1 \\ Y_2 \end{bmatrix} + \begin{bmatrix} 0 \\ 200 \end{bmatrix} = \begin{bmatrix} 0 \\ 0 \end{bmatrix}$$

$$\begin{bmatrix} Y_1 \\ Y_2 \end{bmatrix} = \begin{bmatrix} 81.75347 \\ -85.68754 \end{bmatrix}$$

Endgültige Momentenlinie durch Superposition

$$M = M^0 + \sum M^i \cdot Y_i$$

$$\begin{bmatrix} M_{cb} \\ M_{cd} \\ M_{dc} \end{bmatrix} = \begin{bmatrix} 0.6 & -0.12 \\ 1.25553 & 1.89034 \\ 0.63481 & 1.89034 \end{bmatrix} \begin{bmatrix} 81.7535 \\ -85.6875 \end{bmatrix} = \begin{bmatrix} 59.3346 \\ -59.3346 \\ -110.0810 \end{bmatrix}$$

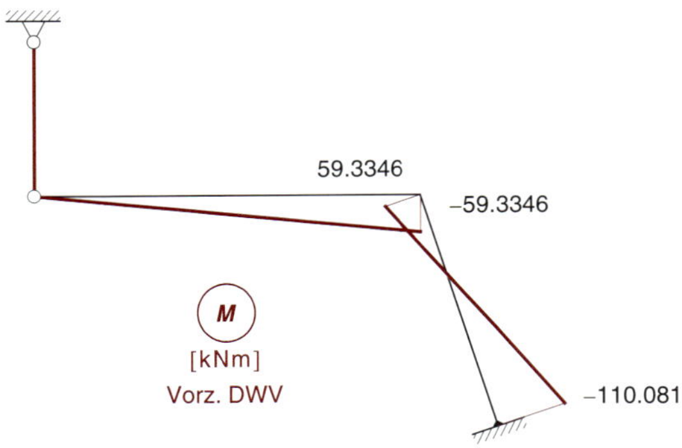

Bild 1.75 Endgültige Momentenlinie nach Theorie II. Ordnung

Ermittlung der Transversal- und Normalkräfte

Die Ermittlung der in *Bild 1.77* dargestellten Transversalkräfte erfolgt nach Gl. (1.34) aus der bekannten Momentenlinie. Die Berechnung ist in *Tabelle 1.6* angegeben.

Tabelle 1.6 Ermittlung der Transversalkräfte

$T = T(q) + \frac{M_r - M_l}{l} + H \cdot \psi^*$					
Stab	$\frac{M_r - M_l}{l}$	H	$\psi^* = \sum \psi^i Y_i + \psi^0$	$T(q)$	T
$a-b$	0	513.00	$\frac{-85.6875}{8000}\left(-\frac{3}{2}\right) = 0.0160664$	0	8.242
$b-c$	11.867	0		0	11.867
$c-d$	-53.574	-177.40	$\frac{-85.6875}{8000} = -0.0107109$	0	-51.674

Die Normalkräfte ergeben sich wiederum mit den bekannten Transversalkräften und den äußeren Kräften durch Kräftegleichgewichtsbedingungen an den freigeschnittenen Knoten in *Bild 1.76*.

$$H_{a-b} = 500 + 11.867 = 511.867$$

$$H_{b-c} = 8.242$$

$$H_{c-d} = \left(-200 + 11.867 + 51.674\frac{1}{\sqrt{10}}\right)\frac{\sqrt{10}}{3} = -181.085$$

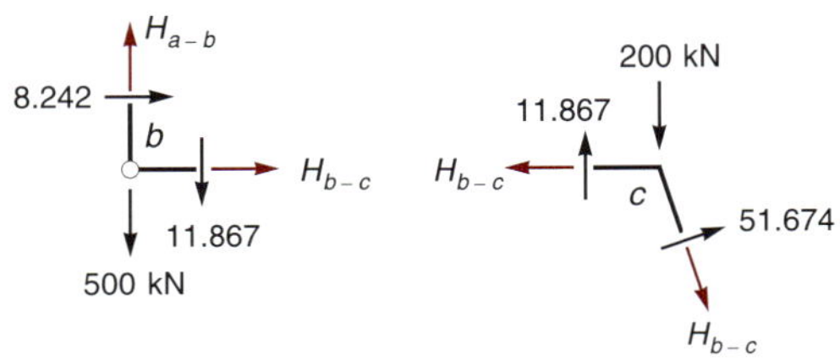

Bild 1.76 Freigeschnittene Knoten

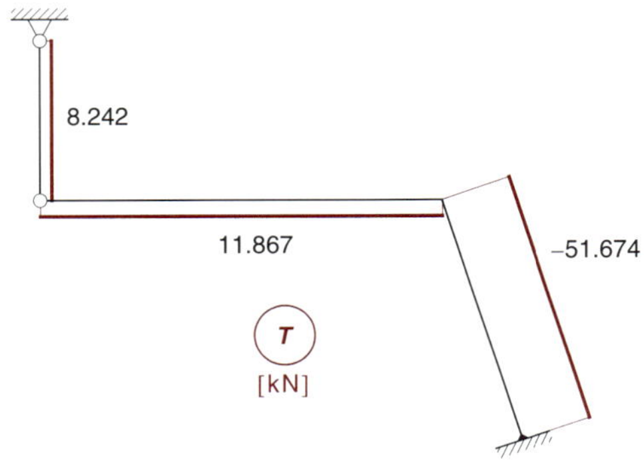

Bild 1.77 Transversalkräfte

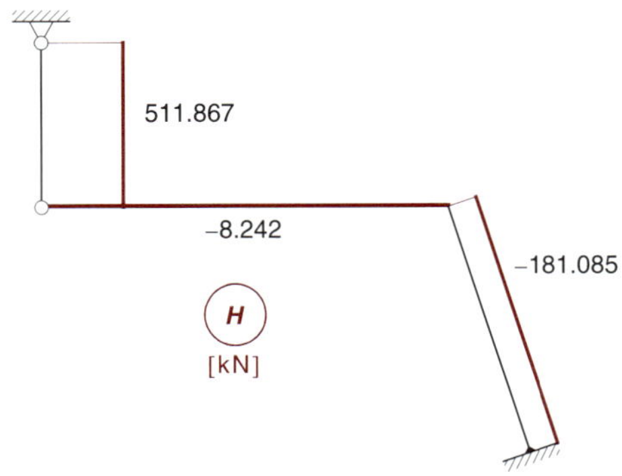

Bild 1.78 Normalkräfte

Beispiel 1.12

Der in *Bild 1.79* dargestellte Rahmen ist nach Theorie II. Ordnung zu berechnen. In allen Stielen ist eine geometrische Ersatzimperfektion in Form einer Schiefstellung von 1/200 anzusetzen.

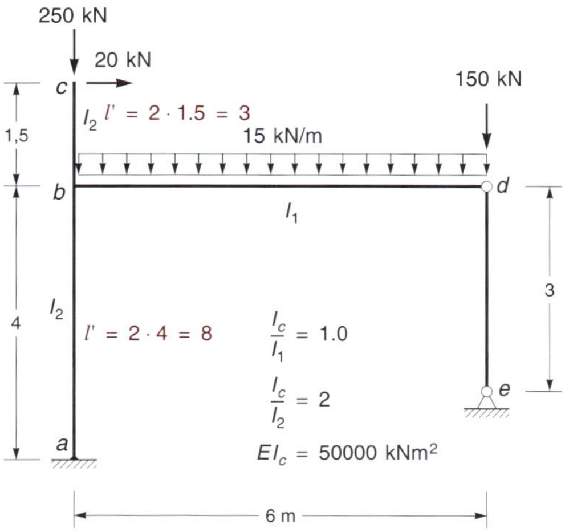

Bild 1.79 Rahmensystem mit Belastung

Eine Berechnung des Systems nach Theorie I. Ordnung ergibt die folgenden Normalkräfte:

$$H_{ab} = -287.90 \text{ kN}$$

$$H_{bc} = -250.00 \text{ kN}$$

$$H_{de} = -202.10 \text{ kN}$$

Mit diesen gegebenen Normalkräften wird ein Iterationsschritt nach Theorie II. Ordnung ermittelt, und danach werden die für einen weiteren Schritt erforderlichen Normalkräfte bestimmt.

Da der Kragarm durch eine Normalkraft beansprucht wird, ist der Effekt der Theorie II. Ordnung zu berücksichtigen. Im Gegensatz zur Theorie I. Ordnung ist es nicht möglich, den Kragarm durch die Schnittgrößen des Kragarms vorab zu berechnen, da diese nach Theorie II. Ordnung von der Drehung des Knotens *b* abhängig sind.

Zur Bildung des kinematisch bestimmten Hauptsystems ist eine Drehfesthaltung im Punkt *b* und eine Verschiebungsfesthaltung im Riegel anzuordnen. Ist die Lösung für den Kragarm nach Theorie II. Ordnung bekannt, so ist keine weitere Festhaltung erforderlich. Alternativ kann im Punkt *c* eine weitere Verschiebungsfesthaltung hinzugefügt werden, wenn die Lösung des Kragarms nach Theorie II. Ordnung nicht vorliegt. Dadurch erhöht sich der Berechnungsaufwand, da das System dann dreifach kinematisch unbestimmt ist. Es wird in der nachfolgenden Berechnung ein zweifach kinematisch bestimmtes Hauptsystem zugrunde gelegt.

Ermittlung der Biegeformkoeffizienten

$$\varepsilon_{ab} = 4\sqrt{\frac{287.90}{25000}} = 0.42925 \Rightarrow \begin{cases} \alpha_{ab} = 3.97537 \\ \beta_{ab} = 2.00618 \end{cases}$$

$$\varepsilon_{bc} = 1.5\sqrt{\frac{250.00}{25000}} = 0.15 \qquad \Rightarrow \gamma_{bc} = 2.99550$$

Lastverformungszustand

Da sich der Riegel infolge der Belastung nach rechts verschiebt, sind die Ersatzkräftepaare $N \cdot \psi_0$ in beiden Stielen im Uhrzeigersinn drehend anzusetzen, siehe *Bild 1.80*.

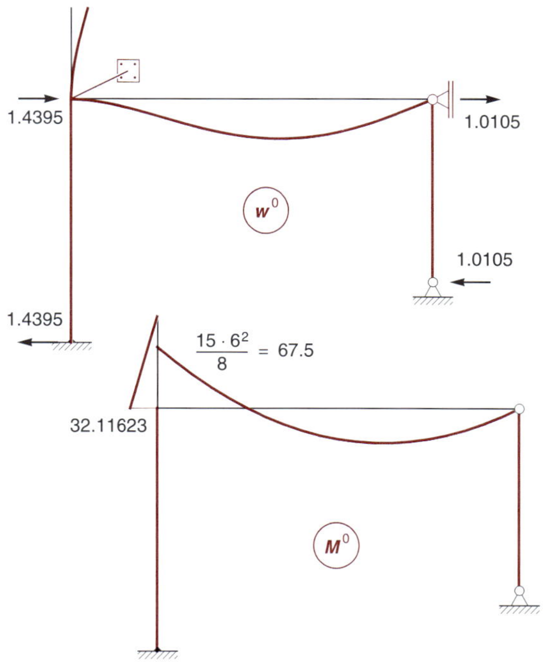

Bild 1.80 Lastverformungszustand

Am Kragarm ist kein Ersatzkräftepaar anzusetzen, da keine Verschiebungsfesthaltung im Punkt *c* hinzugefügt wurde und darum auch keine Kräftegleichgewichtsbedingung formuliert wird, auf der das Kräftepaar Arbeit leistet.

Die Schiefstellung des Kragarms wird dadurch berücksichtigt, dass das Moment im Punkt *c* infolge der Schiefstellung nach Theorie II. Ordnung ermittelt wird.

Die anzusetzenden Ersatzkräftepaare zur Berücksichtigung der Schiefstellung ergeben sich zu:

$$H_{ab} \cdot \psi_0 = \frac{287.90}{200} = 1.4395$$

$$H_{de} \cdot \psi_0 = \frac{202.10}{200} = 1.0105$$

Das Moment des Kragarms im Punkt *c* folgt aus *Tafel A2* mit:

$$M_{bc}^0 = \frac{\sin\varepsilon}{\varepsilon\cos\varepsilon} l(F + H\psi_0)$$

$$= \frac{\sin 0.15}{0.15 \cdot \cos 0.15} 1.5\left(20 + \frac{250.00}{200}\right) = 32.11623$$

Einheitsverformungszustände

Im Einheitszustand in *Bild 1.81* ist zu beachten, dass aufgrund der Drehung des Knotens *b* die Vertikalkraft im Punkt *c* ein Moment erzeugt, dass nach Theorie II. Ordnung zu ermitteln ist. Es folgt aus *Tafel A2* mit:

$$M_{bc}^1 = \frac{\sin\varepsilon}{\varepsilon\cos\varepsilon} l H\varphi = \frac{\sin 0.15}{0.15 \cdot \cos 0.15} 1.5 \frac{-250.00}{50000}$$

$$= -0.0075568$$

Die anzusetzenden Ersatzkräftepaare im Einheitsverschiebungszustand in *Bild 1.82* ergeben sich zu:

$$H_{ab} \cdot \psi_{ab} = \frac{287.90}{50000} = 0.005758$$

$$H_{de} \cdot \psi_{de} = \frac{202.10}{50000} \cdot \frac{4}{3} = 0.0053893$$

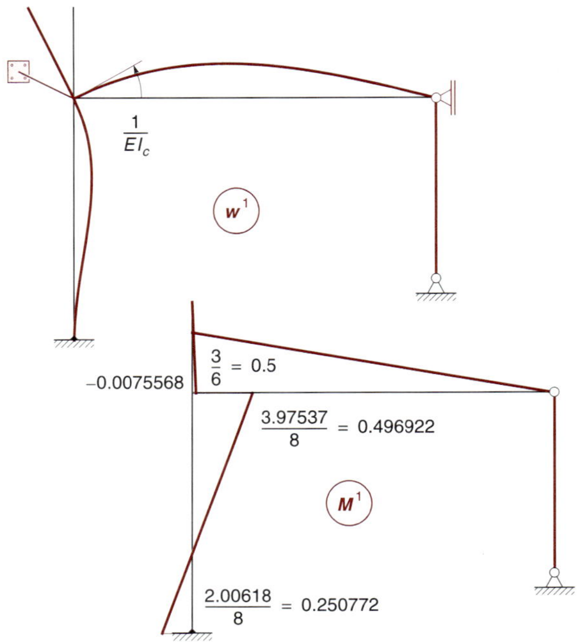

Bild 1.81 Einheitsknotendrehung nach Theorie II. Ordnung

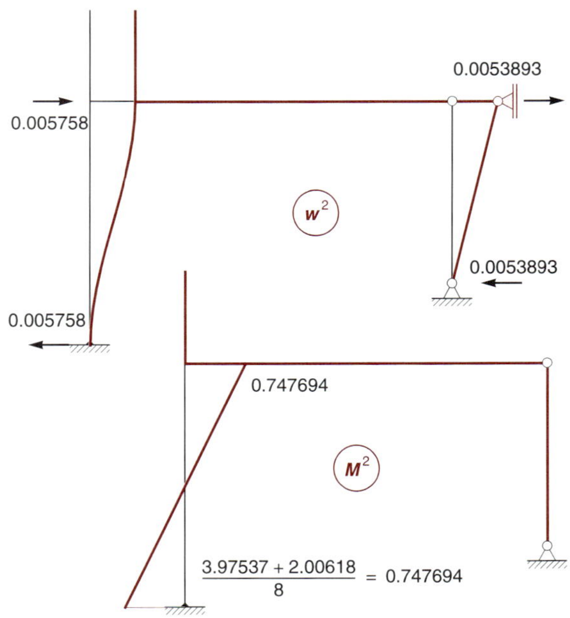

Bild 1.82 Einheitsverschiebung nach Theorie II. Ordnung

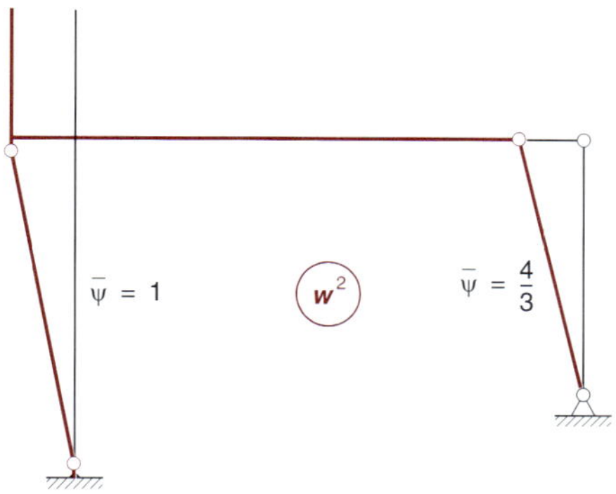

Bild 1.83 Virtueller Zustand

Gleichgewichtsbedingungen

- $\sum M_b = 0$

$$(0.496922 + 0.5 - 0.0075568) \cdot Y_1 + 0.747694 \cdot Y_2 + 67.5 + 32.11623 = 0$$

$$0.989365 \cdot Y_1 + 0.747694 \cdot Y_2 + 99.6162 = 0$$

- Verschiebungsgleichgewicht mit dem Prinzip der virtuellen Verschiebungen

Für die Formulierung des Verschiebungsgleichgewichts wird der virtuelle Zustand in *Bild 1.83* benötigt.

- $\sum \overline{W} = 0$

$$(0.496922 + 0.250772) \cdot 1 \cdot Y_1 + \left[(0.747694 + 0.747694) \cdot 1 - 0.005758 \cdot 4 \cdot 1 - 0.0053893 \cdot 3 \cdot \frac{4}{3}\right] \cdot Y_2$$

$$-20 \cdot 4 - 1.4395 \cdot 4 \cdot 1 - 1.0105 \cdot 3 \cdot \frac{4}{3} = 0$$

$$0.747694 \cdot Y_1 + 1.45080 \cdot Y_2 - 89.8 = 0$$

Gleichungssystem und Lösung

$$\begin{bmatrix} 0.989365 & 0.747694 \\ 0.747694 & 1.45080 \end{bmatrix} \begin{bmatrix} Y_1 \\ Y_2 \end{bmatrix} = \begin{bmatrix} -99.61623 \\ 89.8 \end{bmatrix}$$

$$\begin{bmatrix} Y_1 \\ Y_2 \end{bmatrix} = \begin{bmatrix} -241.5388 \\ 186.3781 \end{bmatrix}$$

Endgültige Momentenlinie durch Superposition

$$M = M^0 + \sum M^i \cdot Y_i$$

$$\begin{bmatrix} M_{ab} \\ M_{ba} \\ M_{bc} \\ M_{bd} \end{bmatrix} = \begin{bmatrix} 0 & 0.250772 & 0.747694 \\ 0 & 0.496922 & 0.747694 \\ 32.116 & -0.0075568 & 0 \\ 67.5 & 0.5 & 0 \end{bmatrix} \begin{bmatrix} 1 \\ -241.5388 \\ 186.3781 \end{bmatrix}$$

$$= \begin{bmatrix} 78.78256 \\ 19.32791 \\ 33.94149 \\ -53.26940 \end{bmatrix}$$

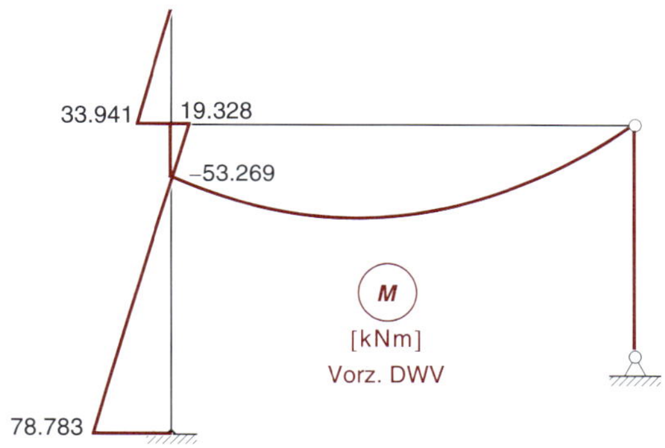

Bild 1.84 Endgültige Momentenlinie nach Theorie II. Ordnung

Ermittlung der Transversal- und Normalkräfte

Die Ermittlung der Transversalkräfte erfolgt nach Gl. (1.34) aus der bekannten Momentenlinie. Es ist darauf zu achten, dass die Momente mit dem Vorzeichen der Baustatik einzusetzen sind und dass Druckkräfte negativ eingehen. Für den Kragarm ist keine Berechnung erforderlich, da die auf die unverformte Stabachse bezogenen Schnittkräfte den im Punkt *c* angreifenden äußeren Kräften entsprechen. Die Berechnung für die anderen Stäbe ist in *Tabelle 1.7* angegeben.

Die Ermittlung der Normalkräfte sowie der Auflagerkräfte ist in *Bild 1.85* dargestellt. Die unbekannten Kräfte folgen aus Gleichgewichtsbedingungen an den freigeschnittenen Knoten mit den bekannten Transversalkräften und den äußeren Kräften.

Tabelle 1.7 Ermittlung der Transversalkräfte

$$T = T(q) + \frac{M_r - M_l}{l} + H \cdot \psi^*$$

Stab	$\frac{M_r - M_l}{l}$	H	$\psi^* = \sum \psi^i Y_i + \psi^0$	$T(q)$	T
$a-b$	24.528	–287.90	$\frac{186.378}{50000} + \frac{1}{200}$ $= 0.0087276$	0	22.015
$b-d$	–8.878	0	0	45	36.122
				–45	–53.878
$d-e$	0	–202.10	$\frac{186.37813}{50000} \cdot \frac{4}{3} + \frac{1}{200}$ $= 0.0099700834$	0	–2.015

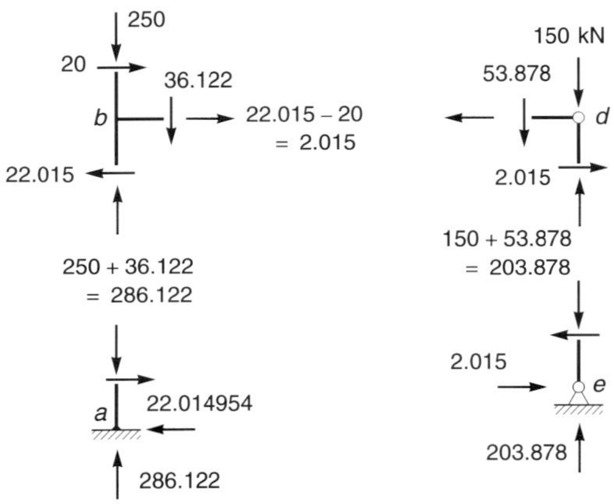

Bild 1.85 Freigeschnittene Knoten

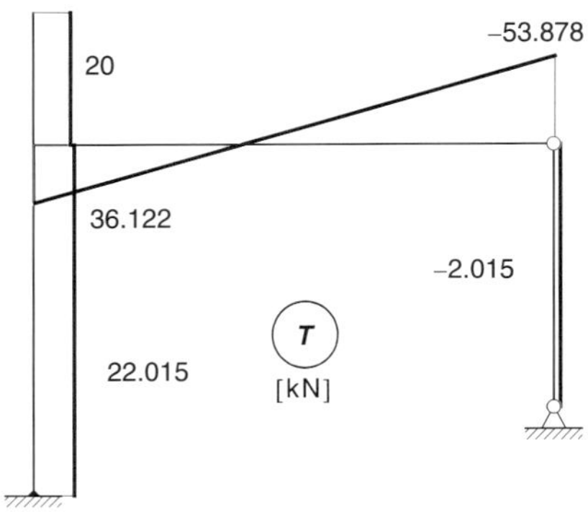

Bild 1.86 Transversalkräfte

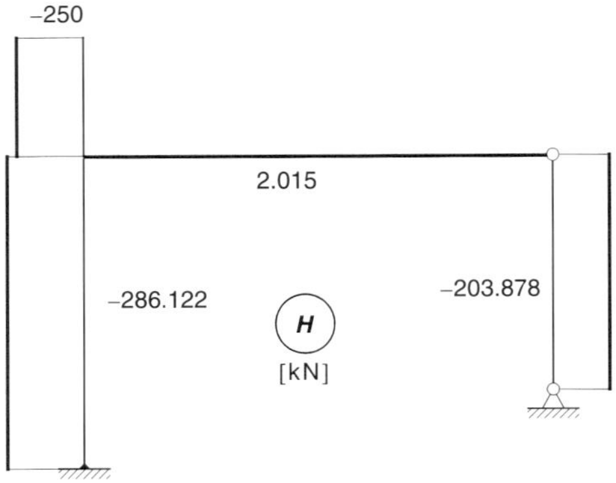

Bild 1.87 Normalkräfte

Gleichgewichtskontrollen

Die Momentengleichgewichtsbedingungen an den Knoten b und c sind erfüllt, wie aus *Bild 1.84* unmittelbar erkennbar ist.

Die Momentensumme am Knoten b ergibt sich zu:

$$\sum M_b = 19.32791 + 33.94149 - 53.26940 = 0$$

Die Kräftesummen am Gesamtsystem folgen mit:

$$\sum V = 250 + 150 + 15 \cdot 6 - 286.122 - 203.878 = 0$$

$$\sum H = 20 + 2.015 - 22.015 = 0$$

Ermittlung der Verzweigungslast

Die Ermittlung der Verzweigungslast erfolgt wiederum iterativ. Die Koeffizientenmatrix des homogenen Gleichungssystems wird in Abhängigkeit von $\lambda, \alpha(\lambda)$ und $\beta(\lambda)$ aufgestellt und die Nullstelle der Determinante gesucht.

$$\varepsilon_{ab} = 4\sqrt{\frac{\lambda \cdot 287.90}{25000}} = 0.42925051\sqrt{\lambda}$$

$$\varepsilon_{bc} = 1.5\sqrt{\frac{\lambda \cdot 250.00}{25000}} = 0.15\sqrt{\lambda}$$

Die Determinante einer symmetrischen $2 \cdot 2$-Matrix ist gleich:

$$\left\| \begin{bmatrix} a_{11} & a_{12} \\ a_{12} & a_{22} \end{bmatrix} \right\| = a_{11}a_{22} - a_{12}^2$$

Mit den Koeffizienten:

$$a_{11} = \frac{\alpha_{ab}}{8} - \frac{\gamma_{bc}}{3}\left(\frac{\gamma_{bc}}{\gamma_{bc} - \varepsilon_{bc}^2} - 1\right) + 0.5$$

$$a_{12} = \frac{\alpha_{ab} + \beta_{ab}}{8}$$

$$a_{22} = \frac{\alpha_{ab} + \beta_{ab}}{4} - 0.044589333\lambda$$

Der Verlauf der Determinante als Funktion des Laststeigerungsfaktors λ ist in *Bild 1.88* dargestellt. Da das System zwei Freiheitsgrade hat, existieren zwei Nullstellen und damit auch zwei Knicklasten Die erste Nullstelle ergibt sich für $\lambda = 17.554177$.

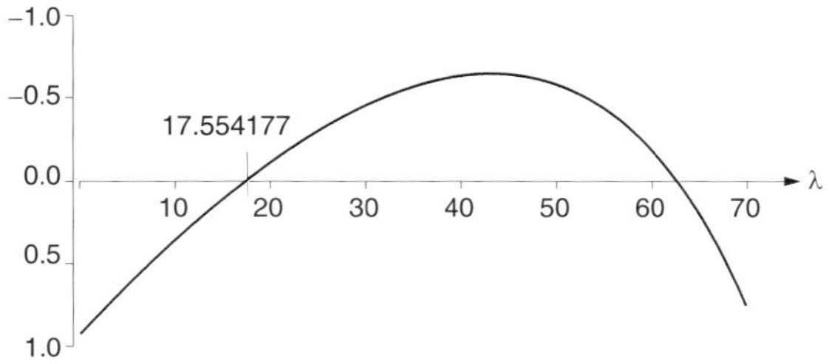

Bild 1.88 Verlauf der Determinante

Knickfigur

Mit dem bekannten λ-Wert kann die Koeffizientenmatrix bestimmt werden.

$$\varepsilon_{ab} = 0.42925051\sqrt{17.554177} = 1.7984611$$

$$\alpha_{ab} = 3.5491146$$

$$\beta_{ab} = 2.1196871$$

$$\varepsilon_{bc} = 0.15\sqrt{17.554177} = 0.62846558$$

$$\gamma_{bc} = 2.9200988$$

Mit den Koeffizienten:

$$a_{11} = 0.79138993$$

$$a_{12} = 0.70860021$$

$$a_{22} = 0.63447136$$

Das homogene Gleichungssystem für $\lambda = 17.554177$ lautet:

$$\begin{bmatrix} 0.79138993 & 0.70860021 \\ 0.70860021 & 0.63447136 \end{bmatrix} \begin{bmatrix} Y_1 \\ Y_2 \end{bmatrix} = \begin{bmatrix} 0 \\ 0 \end{bmatrix}$$

Es wird die Unbekannte $Y_2 = 1$ vorgegeben, die beiden anderen Unbekannten werden aus zwei der drei Gleichungen ermittelt.

$$\begin{bmatrix} 0.79138993 & 0.70860021 \\ 0.70860021 & 0.63447136 \end{bmatrix} \begin{bmatrix} Y_1 \\ 1 \end{bmatrix} = \begin{bmatrix} 0 \\ 0 \end{bmatrix}$$

$$Y_1 = \frac{-0.70860021}{0.79138993} = -0.89539$$

Aus den ersten beiden Zeilen folgt damit ein Gleichungssystem für die Unbekannten Y_1 und Y_2.

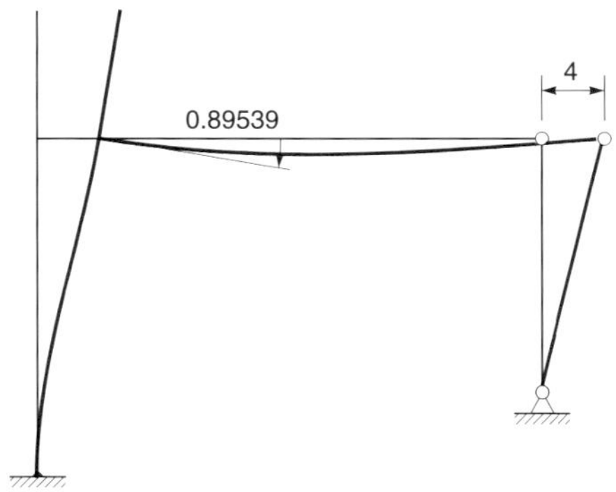

Bild 1.89 Knickfigur

1.7 Balken auf elastischer Bettung

Ein einfaches mechanisches Modell zur Berechnung von Fundamentbalken ergibt sich aus der Annahme, die Lagerung auf dem Baugrund durch viele einzelne elastische Federn zu berücksichtigen. Eine Feder reagiert auf eine Verformung mit einer Rückstellkraft $k_F \cdot w$. Da der Balken linienförmig gelagert ist, ist auch die Rückstellkraft eine linienförmig verteilte Belastung.

In *Bild 1.90* ist ein starrer Fundamentkörper dargestellt, auf den eine zentrisch angreifende Kraft wirkt. Die elastische Eigenschaft des Baugrunds kann durch eine Einzelfeder mit der Steifigkeit k_F berücksichtigt werden. Wirkt die Kraft F auf einer Breite a verteilt, so ist auch die Reaktionskraft $k_F \cdot w$ die Resultierende einer verteilten Belastung mit der Größe:

$$\frac{k_F \cdot w}{a} = \frac{k_F}{a} \cdot w = k_B \cdot w$$

k_B ist die so genannte Bettungszahl oder Bettungsziffer.

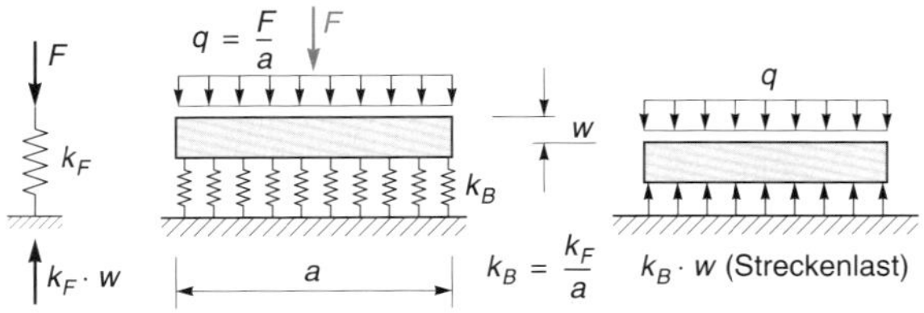

Bild 1.90 Starrer Körper auf elastischer Bettung

Bei einem elastischen Balken ist die rückstellende Streckenlast nicht konstant, sondern proportional zu $w(x)$, wie in *Bild 1.91* dargestellt ist.

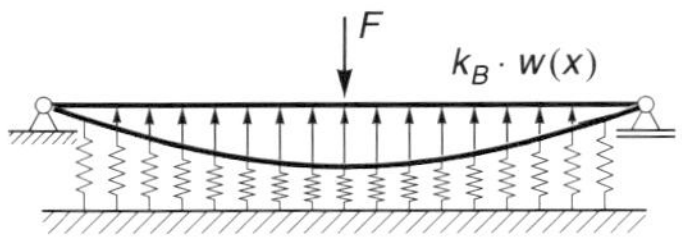

Bild 1.91 Bettungskräfte infolge Verformung

Es ist zu beachten, dass das Modell des gebetteten Balkens keine Setzungsmulde berücksichtigen kann, da die verteilten Federn voneinander unabhängig sind. Bei dem Fundament mit elastischer Bettung in *Bild 1.92* würde sich unmittelbar neben dem Gründungskörper keine Verformung ergeben. Dieser Effekt kann nur mit dem so genannten Steifezifferverfahren erfasst werden, bei dem der Baugrund als elastischer Halbraum berücksichtigt wird.

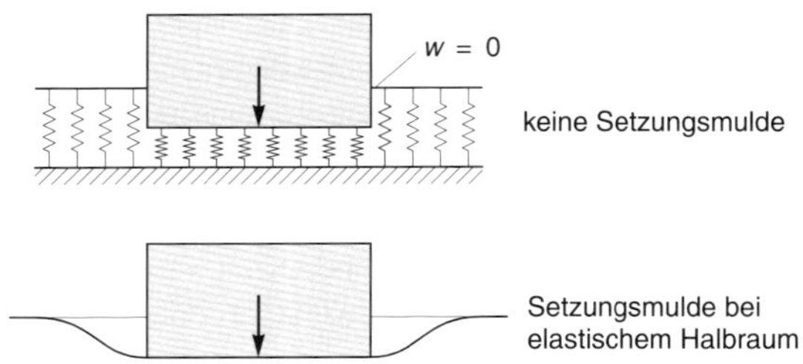

Bild 1.92 Bettungsziffer- und Steifezifferverfahren

Die Differenzialgleichung des gebetteten Balkens

Die sich aus der Verformung ergebende, rückstellende Streckenlast $k_B \cdot w(x)$ ist zusätzlich zur äußeren Belastung zu berücksichtigen.

$$q^*(x) = q(x) - k_B \cdot w(x)$$

Das negative Vorzeichen folgt daraus, dass die rückstellende Last der Verformung entgegen gerichtet ist, also nach oben wirkt. Aus Gl. (1.6) ergibt sich damit:

$$(EIw'')'' - (Hw')' = q^*(x) = q(x) - k_B \cdot w$$

$$(EIw'')'' - (Hw')' + k_B w = q \qquad (1.36)$$

Dies ist die vollständige Differenzialgleichung des gebetteten Bernoulli-Balkens nach Theorie II. Ordnung.

Wir betrachten im Folgenden den gebetteten Balken nach Theorie I. Ordnung mit konstanten Koeffizienten. Die Gesamtlösung ist die Summe aus homogener Lösung und Partikularlösung:

$$w = w_h + w_p$$

- Homogene Lösung

Die homogene Differenzialgleichung lautet:

$$EIw'''' + k_B w = 0 \qquad (1.37)$$

Ansatz:

$$w = c \cdot e^{\lambda x}$$

$$w'''' = \lambda^4 \cdot c \cdot e^{\lambda x}$$

Eingesetzt in Gl. (1.10) ergibt sich:

$$EI \cdot \lambda^4 \cdot c \cdot e^{\lambda x} + k_B \cdot c \cdot e^{\lambda x} = 0$$

$$(EI \cdot \lambda^4 + k_B) \cdot c \cdot e^{\lambda x} = 0$$

Da $c \cdot e^{\lambda x}$ ungleich null ist, muss der Klammerausdruck verschwinden und es folgt nach Division der Gleichung durch EI die charakteristische Gleichung:

$$\lambda^4 + 4\mu^4 = 0 \text{ mit } 4\mu^4 = \frac{k_B}{EI}$$

Es erfolgt die Ermittlung der Nullstellen der charakteristischen Gleichung.

$$\lambda^4 = -4\mu^4$$

$$\lambda^2 = \pm 2i\mu^2 = \pm 2i\mu^2 + i^2\mu^2 + \mu^2$$

In der letzten Gleichung wurde $i^2\mu^2 + \mu^2 = 0$ addiert, um von der binomischen Formel Gebrauch zu machen.

$$\begin{aligned}
\lambda^2 &= (\mu \pm i\mu)^2 \\
\lambda_{1.2} &= \pm(\mu + i\mu) \\
\lambda_1 &= \mu + i\mu \\
\lambda_2 &= -\mu - i\mu \\
\lambda_{3.4} &= \pm(\mu - i\mu) \\
\lambda_3 &= \mu - i\mu \\
\lambda_4 &= -\mu + i\mu
\end{aligned}$$

$$\begin{aligned}
w_h = {} & \tilde{c}_1 e^{(\mu + i\mu)x} + \tilde{c}_2 e^{-(1+i)\mu x} \\
& + \tilde{c}_3 e^{(\mu - i\mu)x} + \tilde{c}_4 e^{(-\mu + \mu i)x}
\end{aligned}$$

Mit den Beziehungen:

$$\begin{aligned}
e^{i\mu x} &= \cos\mu x + i\sin\mu x \\
e^{-i\mu x} &= \cos\alpha x - i\sin\alpha x
\end{aligned}$$

ergibt sich:

$$\begin{aligned}
w_h &= \tilde{c}_1 e^{\mu x}(\cos\mu x + i\sin\mu x) + \tilde{c}_2 e^{-\mu x}(\cos\mu x - i\sin\mu x) \\
&\quad + \tilde{c}_3 e^{\mu x}(\cos\mu x - i\sin\mu x) + \tilde{c}_4 e^{-\mu x}(\cos\mu x + i\sin\mu x) \\
&= \tilde{c}_1 e^{\mu x}\cos\mu x + i\tilde{c}_1 e^{\mu x}\sin\mu x \\
&\quad + \tilde{c}_2 e^{-\mu x}\cos\mu x - i\tilde{c}_2 e^{-\mu x}\sin\mu x \\
&\quad + \tilde{c}_3 e^{\mu x}\cos\mu x - i\tilde{c}_3 e^{\mu x}\sin\mu x \\
&\quad + \tilde{c}_4 e^{-\mu x}\cos\mu x + i\tilde{c}_4 e^{-\mu x}\sin\mu x \\
&= (\tilde{c}_1 + \tilde{c}_3) e^{\mu x}\cos\mu x + (\tilde{c}_2 + \tilde{c}_4) e^{-\mu x}\cos\mu x \\
&\quad + (i\tilde{c}_1 - i\tilde{c}_3) e^{\mu x}\sin\mu x + (i\tilde{c}_4 - i\tilde{c}_2) e^{-\mu x}\sin\mu x
\end{aligned}$$

Die Integrationskonstanten werden umbenannt:

$$\begin{aligned}
c_1 &= \tilde{c}_1 + \tilde{c}_3 \\
c_2 &= i\tilde{c}_1 - i\tilde{c}_3 \\
c_3 &= \tilde{c}_2 + \tilde{c}_4 \\
c_4 &= i\tilde{c}_4 - i\tilde{c}_2
\end{aligned}$$

Damit folgt:

$$\begin{aligned}
w_h = {} & e^{\mu x}(c_1\cos\mu x + c_2\sin\mu x) \\
& + e^{-\mu x}(c_3\cos\mu x + c_4\sin\mu x)
\end{aligned} \tag{1.38}$$

Die Lösung entspricht einer gedämpften Schwingung.

- Partikularlösung

Für ein Polynom 3. Ordnung folgt die Partikularlösung aus dem Ansatz:

$$q(x) = a_0 + a_1 x + a_2 x^2 + a_3 x^3$$

$$w_p = b_0 + b_1 x + b_2 x^2 + b_3 x^3$$

Einsetzen in die Differenzialgleichung (1.6) ergibt:

$$k_B(b_0 + b_1 x + b_2 x^2 + b_3 x^3) = a_0 + a_1 x + a_2 x^2 + a_3 x^3$$

$$b_i = \frac{a_i}{k_B}$$

Damit lautet die Partikularlösung:

$$w_p = \frac{q(x)}{k_B}$$

Beispiel 1.13

Der in Bild 1.93 dargestellte, beidseitig unendlich lange Fundamentbalken auf elastischer Bettung, ist durch Lösung der Differenzialgleichung zu berechnen.

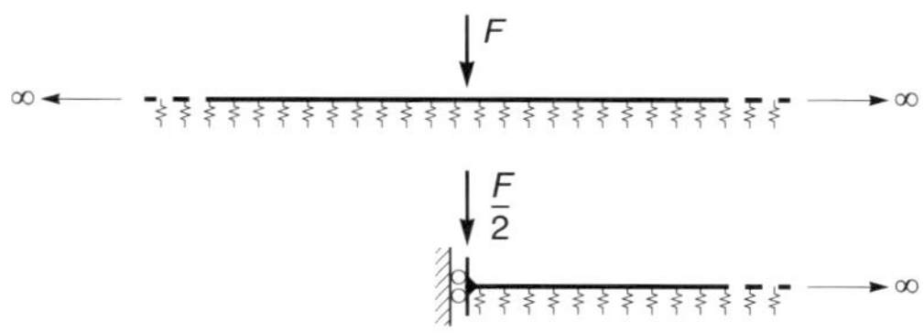

Bild 1.93 Fundamentbalken auf elastischer Bettung

Aufgrund der Symmetrie des Systems und der Belastung ist es ausreichend, eine Hälfte des Systems zu betrachten. In der Symmetrieachse ist die Verdrehung gleich null und die Querkraft springt um F von $F/2$ auf $-F/2$. Das reduzierte, statisch äquivalente System ist im unteren Teil von Bild 1.93 dargestellt. Da keine Lastfunktion vorhanden ist, ist die Gesamtlösung gleich der homogenen Lösung der Differenzialgleichung (1.38).

Weil der Balken unendlich lang ist, muss die Durchbiegung für $x \to \infty$ verschwinden. Dies ist nur möglich, wenn die Konstanten c_1 und c_2 gleich null sind. Es verbleibt aus Gl. (1.38):

$$w = e^{-\mu x}(c_3\cos\mu x + c_4\sin\mu x)$$

$$w' = -\alpha e^{-\mu x}(c_3\cos\mu x + c_4\sin\mu x + c_3\sin\mu x - c_4\cos\mu x)$$

Die beiden restlichen Konstanten folgen aus den Randbedingungen:

1. $w'(0) = 0$

2. $V(0) = -EIw'''(0) = -\frac{F}{2}$

Aus der ersten Randbedingung folgt:

$$w'(0) = -\mu(c_3 - c_4) = 0 \Rightarrow c_3 = c_4$$

Durch Ersetzen von c_4 durch c_3 und dreifaches Ableiten ergibt sich:

$$w = c_3 e^{-\mu x}(\cos\mu x + \sin\mu x)$$
$$w' = -2\mu c_3 e^{-\mu x}\sin\mu x$$
$$w'' = 2\mu^2 c_3 e^{-\mu x}(\sin\mu x - \cos\mu x)$$
$$w''' = 4\mu^3 c_3 e^{-\mu x}\cos\mu x$$

Die Konstante c_3 kann nun aus der 2. Randbedingung ermittelt werden.

$$-EIw'''(0) = -EI \cdot 4\mu^3 c_3 e^0 \cos 0 = EI \cdot 4\mu^3 c_3 = -\frac{F}{2}$$

$$c_3 = \frac{F}{8EI\mu^3}$$

Damit ergibt sich die Biegelinie $w(x)$ und ihre Ableitungen.

$$w(x) = \frac{F}{8EI\mu^3}e^{-\mu x}(\cos\mu x + \sin\mu x)$$
$$w'(x) = -\frac{F}{4EI\mu^2}e^{-\mu x}\sin\mu x$$
$$w''(x) = \frac{F}{4EI\mu}e^{-\mu x}(\sin\mu x - \cos\mu x)$$
$$w'''(x) = \frac{F}{2EI}e^{-\mu x}\cos\mu x$$

Die Schnittgrößen folgen mit:

$$M(x) = -EIw''(x) = -\frac{F}{4\alpha}e^{-\mu x}(\sin\mu x - \cos\mu x)$$
$$V(x) = -EIw'''(x) = -\frac{F}{2}e^{-\mu x}\cos\mu x$$

Die Verläufe der Zustandslinien für eine Systemhälfte sind in Bild 1.94 in Abhängigkeit von der dimensionslosen Größe μx für unterschiedliche Verhältnisse von Bettungszahl zu Biegesteifigkeit dargestellt. Die Lösung ist in einer Entfernung von $\mu x \approx 4$ vom Lastangriffspunkt bereits abgeklungen. Das bedeutet, dass bei einem Fundamentbalken, dessen Enden mindesten diesen Abstand von der Einzelkraft haben, die Lösung des unendlich langen Balkens zugrunde gelegt werden kann.

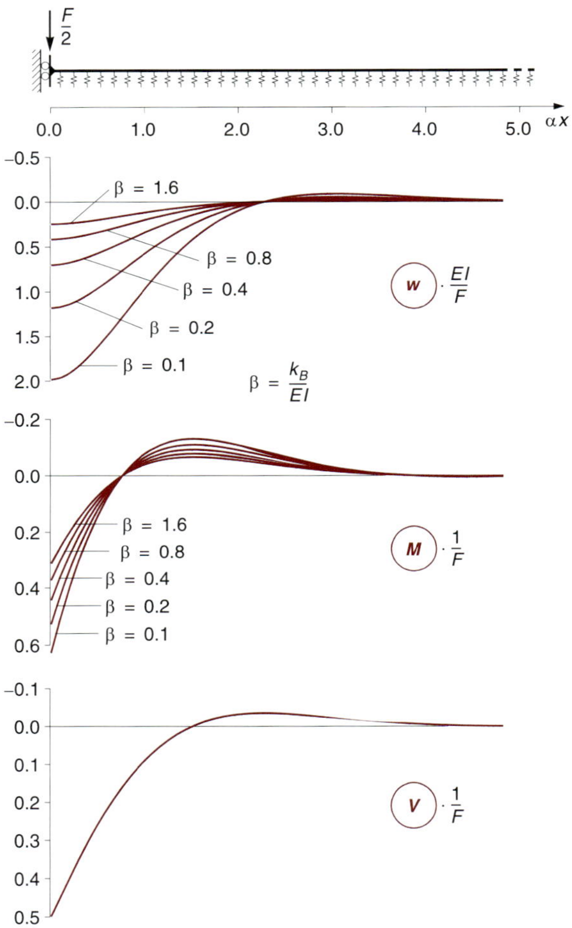

Bild 1.94 Zustandslinien

Aufgaben

Die aus starren Stäben bestehenden Systeme der Aufgaben 1.1 bis 1.4 sind nach Theorie II. Ordnung zu berechnen. Gesucht ist in Abhängigkeit von den gegebenen Parametern:

1. Die Verformung δ_b
2. Die Belastung, bei der das System versagt

Aufgabe 1.1

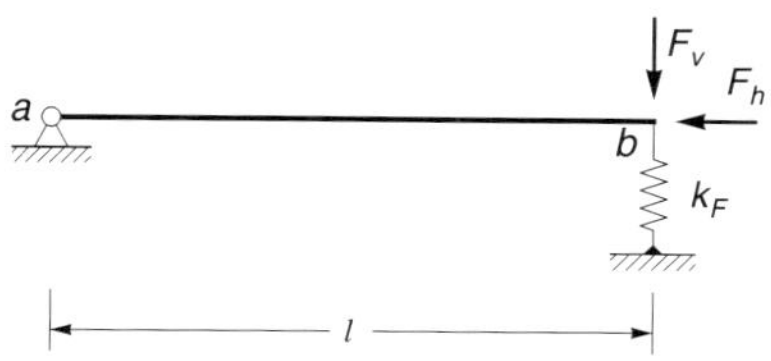

Aufgabe 1.2

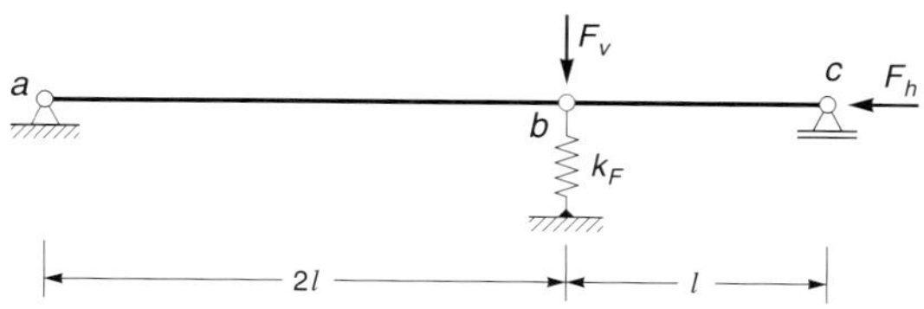

Aufgabe 1.3

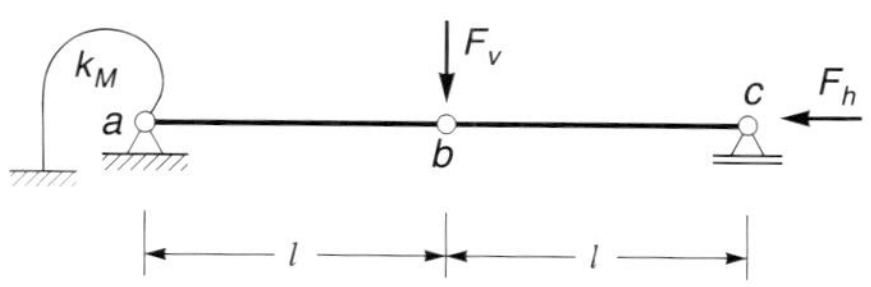

Aufgabe 1.4

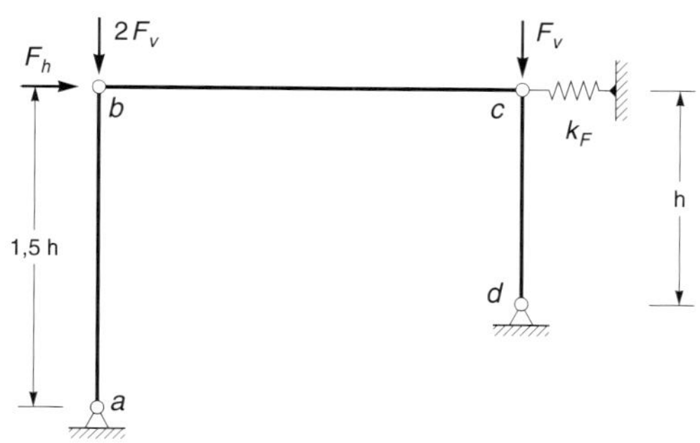

Für die nachfolgend dargestellten Systeme sind die Zustandslinien nach Theorie II. Ordnung mit dem Drehwinkelverfahren zu berechnen. Es ist ein Iterationsschritt mit den angegebenen Längskräften durchzuführen.

In allen Stäben, in denen ein Stabsehnendrehwinkel auftreten kann, ist eine ungünstig wirkende Imperfektion in Form einer Schiefstellung von $1/200$ anzusetzen.

Weiterhin ist der Laststeigerungsfaktor für die gegebenen Längskräfte gesucht, bei dem das System versagt und die zugehörige Knickfigur zu ermitteln.

Aufgabe 1.5

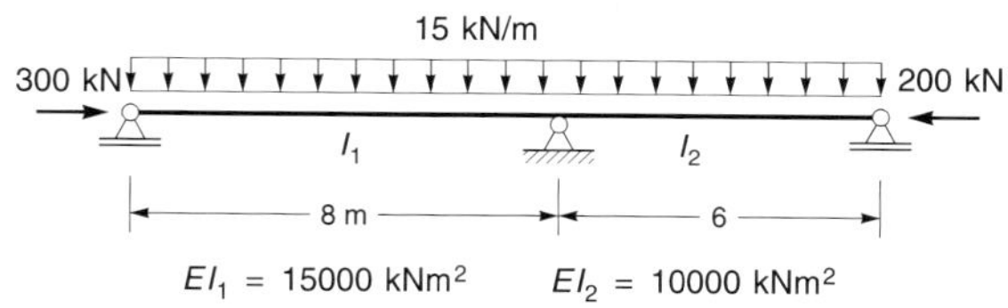

Aufgabe 1.6

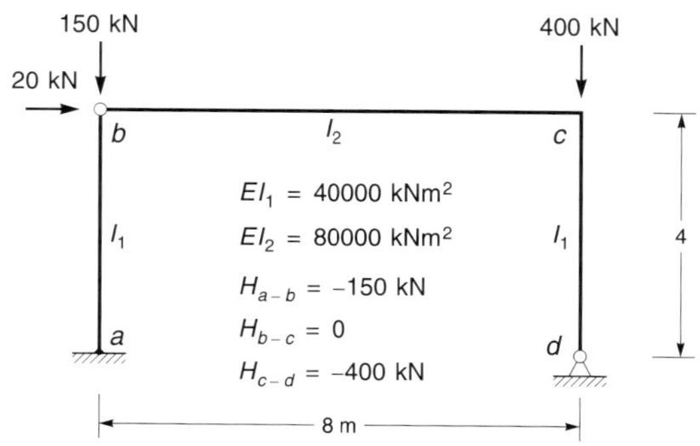

Aufgabe 1.7

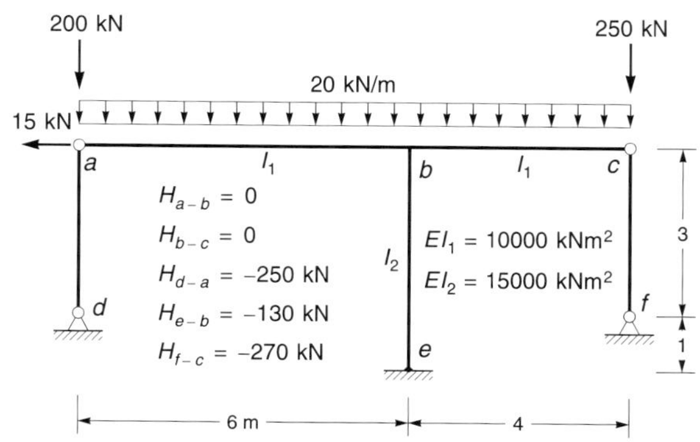

Aufgabe 1.8

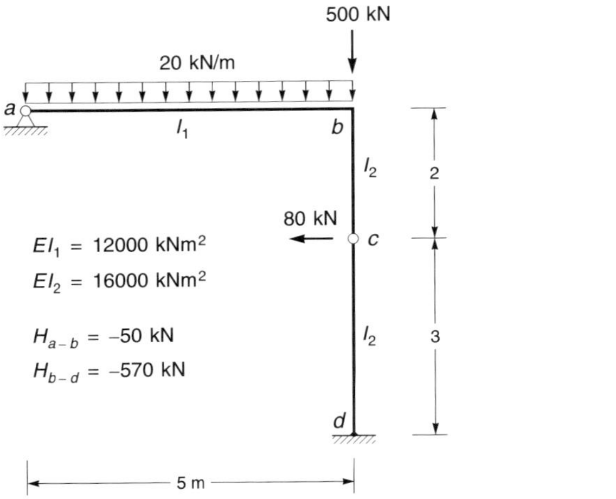

Aufgabe 1.9

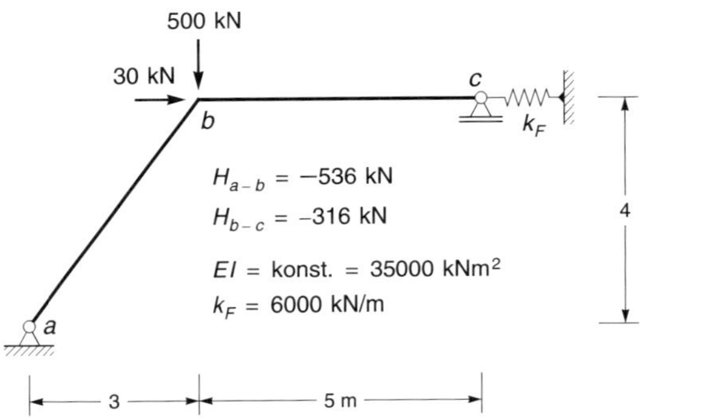

Aufgabe 1.10

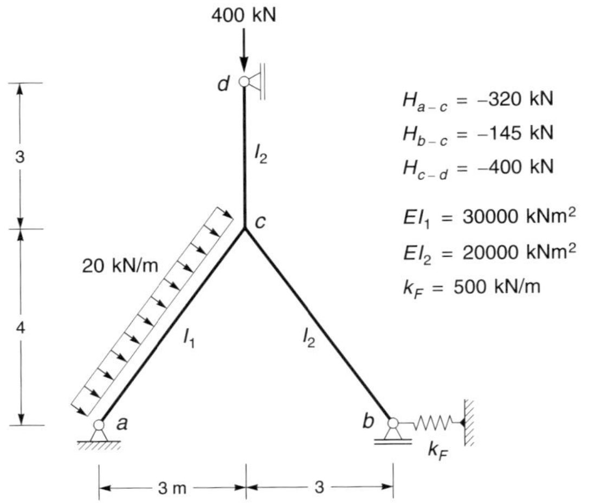

Aufgabe 1.11

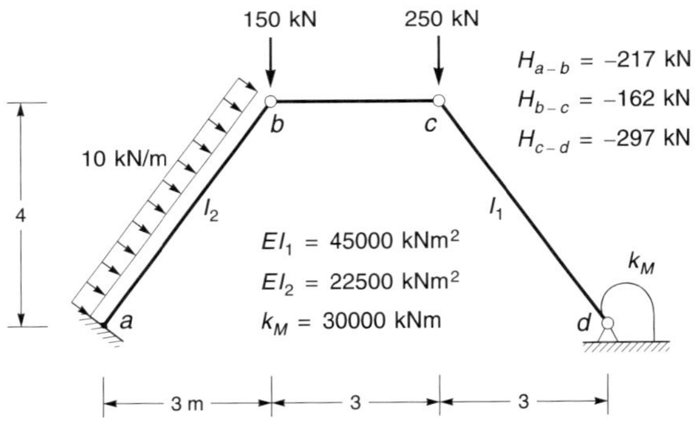

2 Allgemeines Weggrößenverfahren

2.1 Einführung

Das Allgemeine Weggrößenverfahren wird auch als Verschiebungsgrößenverfahren, Deformations- oder Formänderungsmethode bezeichnet.

In Baustatik 2 haben wir bereits das Drehwinkelverfahren als spezielle Variante des Allgemeinen Weggrößenverfahrens kennengelernt. Die Spezialisierung besteht darin, dass die Dehnstarrheit der Stäbe vorausgesetzt wird, d. h., der Einfluss der Normalkraftverformungen wird vernachlässigt. Beim Allgemeinen Weggrößenverfahren wird diese Voraussetzung nun aufgegeben. Jeder Knoten hat also in der Ebene drei Freiheitsgrade, nämlich zwei Verschiebungen und eine Drehung.

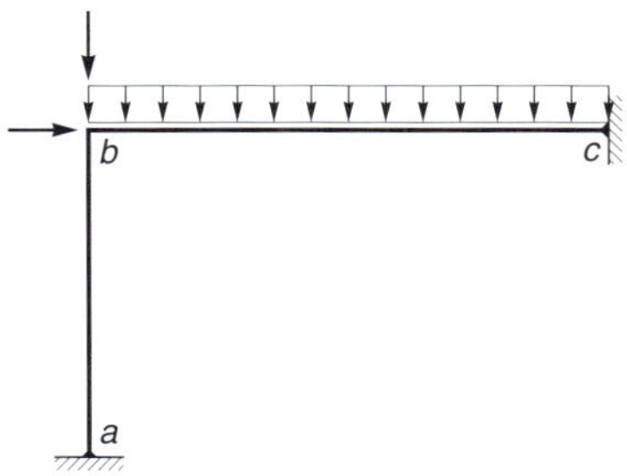

Bild 2.1 System und Belastung

Das Tragwerk in *Bild 2.1* hat insgesamt drei Freiheitsgrade, und zwar die Verformungen des Knotens *b*, da die Knoten *a* und *c* dreiwertig gelagert sind. Das System ist kinematisch unbestimmt, da die drei Verformungen des Punktes *b* unbekannt sind.

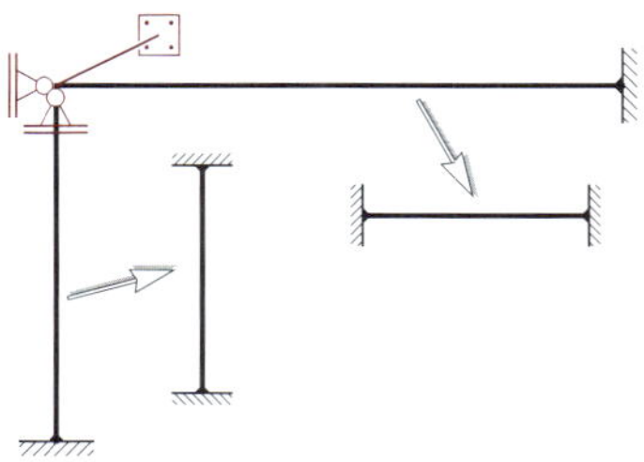

Bild 2.2 Kinematisch bestimmtes Hauptsystem

Um das System kinematisch bestimmt zu machen, müssen nun drei Festhaltungen am Knoten *b* hinzugefügt werden, wie in *Bild 2.2* dargestellt ist.

An diesem kinematisch bestimmten Hauptsystem können sowohl die Schnittgrößen als auch die Verformungen infolge der äußeren Belastung ermittelt werden, da das System nun aus zwei Stäben besteht, die an den Endpunkten dreiwertig gelagert sind. Die Lösung für dieses Grundelement kann für alle relevanten Einwirkungen Tafelwerken entnommen werden.

Für das vorliegende Beispiel ist der Lastverformungszustand, also die Lösung infolge der äußeren Belastung am kinematisch bestimmten Hauptsystem, in *Bild 2.3* dargestellt. Wie erkennbar ist, sind die Gleichgewichtsbedingungen am Knoten *b* nicht erfüllt.

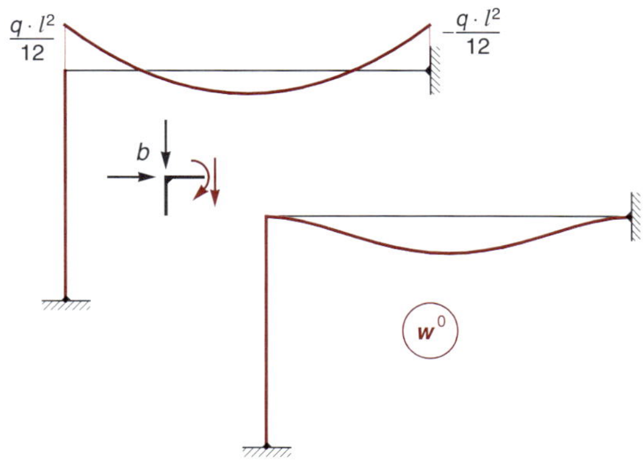

Bild 2.3 Lastverformungszustand

Infolge der Verformungen des Knotens ergeben sich ebenfalls Schnittkräfte. Die Größe der Knotenverformungen ist nun so zu bestimmen, dass die Gleichgewichtsbedingungen aus der Summe aller Einflüsse erfüllt sind. Die zunächst zu null gesetzten Verformungen werden als Einheitsgrößen vorgegeben und die daraus resultierenden Schnittgrößen am Knoten bestimmt, siehe *Bild 2.4*. Für diese Einheitsverformungszustände werden Skalierungsfaktoren ermittelt, die so bestimmt werden, dass die Gleichgewichtsbedingungen erfüllt sind.

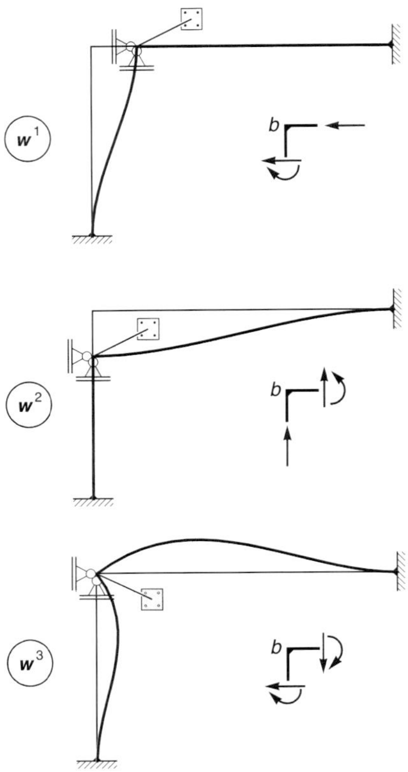

Bild 2.4 Einheitsverformungszustände

2.2 Matrizendarstellung

Das bisher skizzierte Vorgehen ist die Erweiterung des Drehwinkelverfahrens auf die Berücksichtigung der Stabdehnungen infolge von Normalkräften. Da hierdurch die Anzahl der Freiheitsgrade sehr stark anwächst, ist das Allgemeine Weggrößenverfahren für die Handrechnung ungeeignet. Ziel ist es nun, das Berechnungsverfahren zu schematisieren, um es für eine Computeranwendung aufzubereiten. Der Grundgedanke besteht darin, das Gesamttragwerk aus einzelnen Stabelementen zusammenzusetzen.

2.2.1 Steifigkeitsmatrix des Stabes

Wir betrachten zunächst einen einzelnen Stab, der unbelastet ist. Es ist offensichtlich, dass der Stab unbeansprucht bleibt, wenn beide Endpunkte festgehalten sind, wie in *Bild 2.5* dargestellt ist.

Bild 2.5 Beidseitig eingespanntes Grundelement

Ist keine Stabbelastung vorhanden, ergeben sich Schnittgrößen nur infolge der Verformungen der Stabenden. Wir betrachten nun den Verformungszustand in *Bild 2.6*. Die positiven Verformungen sowie die positiven Schnittgrößen an den Stabenden sind bezüglich des dargestellten lokalen Koordinatensystems definiert. Die Zustandsgrößen sind positiv, wenn sie in Richtung der lokalen Koordinatenachsen zeigen.

Jede der sechs Stabendschnittgrößen ergibt sich aus den Verformungen der Stabenden. Die Stabendschnittgrößen können also durch die Verformungen der Stabenden ausgedrückt werden.

Wir betrachten exemplarisch die Querkraft V_a am Anfang des Stabes. Sie setzt sich im Allgemeinen aus den folgenden sechs Anteilen zusammen.

$$V_a = V_a(u_a) + V_a(w_a) + V_a(\varphi_a) + V_a(u_e) + V_a(w_e) + V_a(\varphi_e)$$

Die Gleichung ist symbolisch zu verstehen, z. B. bedeutet $V_a(w_e)$ die Querkraft am Anfang des Stabes infolge der Verschiebung senkrecht zur Stabachse am Endpunkt des Stabes.

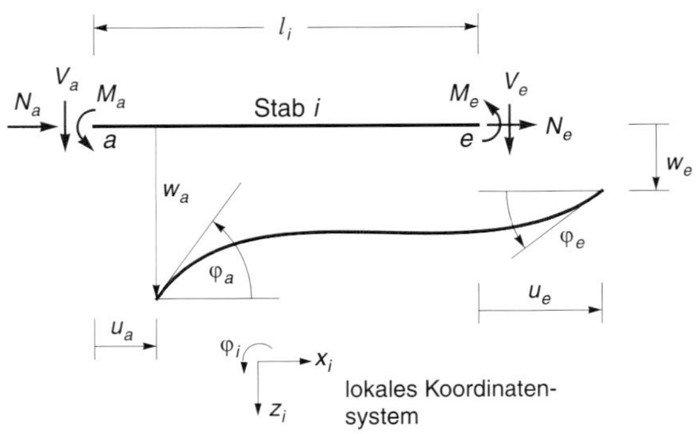

Bild 2.6 Einzelstab mit positiven Zustandsgrößen

Durch eine Verschiebung in Richtung der Stabachse wird der Stab nur gedehnt oder gestaucht, es entsteht keine Biegung. Daher sind die Anteile $V_a(u_a)$ und

$V_a(u_e)$ gleich null und werden im Folgenden weggelassen. Die verbleibenden vier Anteile werden durch noch unbekannte Faktoren ausgedrückt, die die Größe der einzelnen Verformungsanteile definieren.

$$V_a = k_1 \cdot w_a + k_2 \cdot \varphi_a + k_3 \cdot w_e + k_4 \cdot \varphi_e$$

Um die Faktoren k_i zu bestimmen, setzen wir drei der Verformungen gleich null. Wie erhält man z. B. den Faktor k_3?

Wenn $w_a = \varphi_a = \varphi_e = 0$ ist, verbleibt $V_a = k_3 \cdot w_e$.

Damit folgt:

$$k_3 = \frac{V_a}{w_e}$$

Mit $w_e = 1$ folgt $k_3 = V_a$ d. h., k_3 ist die Querkraft am Stabanfang, wenn die Verschiebung am Ende gleich eins ist und alle anderen Stabendverformungen gleich null sind. Dies entspricht dem so genannten Einheitsverformungszustand am Grundelement, siehe *Bild 2.7*. Es wird zunächst nur der beidseitig eingespannte Balken als Grundelement verwendet.

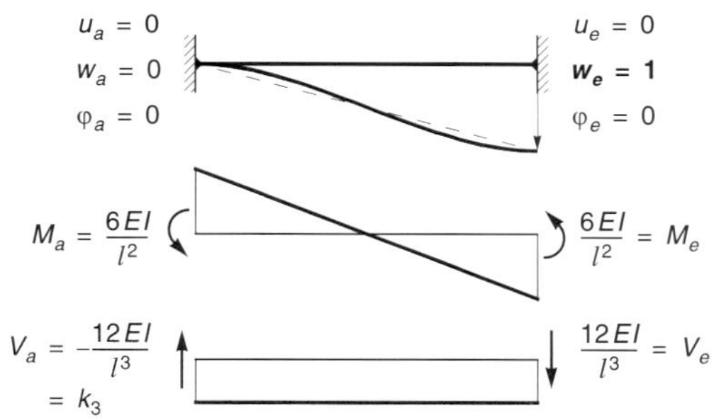

Bild 2.7 Vertikale Einheitsverschiebung am Stabende

Die Ermittlung der weiteren Faktoren k_i erfolgt analog, es wird eine Stabendverformung gleich eins gesetzt, alle anderen sind gleich null. Die sich daraus ergebenden Schnittgrößen an den Endpunkten der Stäbe, die so genannten Stabendschnittgrößen, sind die gesuchten Faktoren k_i. Wie aus den Bildern *2.7* bis *2.10* erkennbar ist, entsprechen die Einheitsverformungszustände denen des Drehwinkelverfahrens. Beim Drehwinkelverfahren werden die Verschiebungen der Stabenden jedoch durch die Drehung der Stabsehne ausgedrückt und die Drehwinkel mit dem Wert $1/(EI_c)$ vorgegeben.

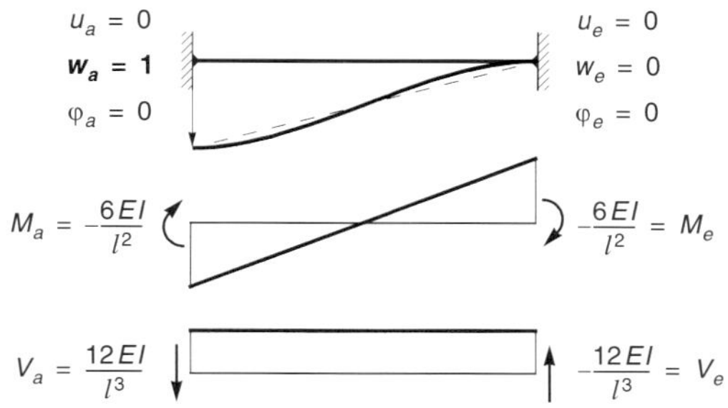

Bild 2.8 Vertikale Einheitsverschiebung am Stabanfang

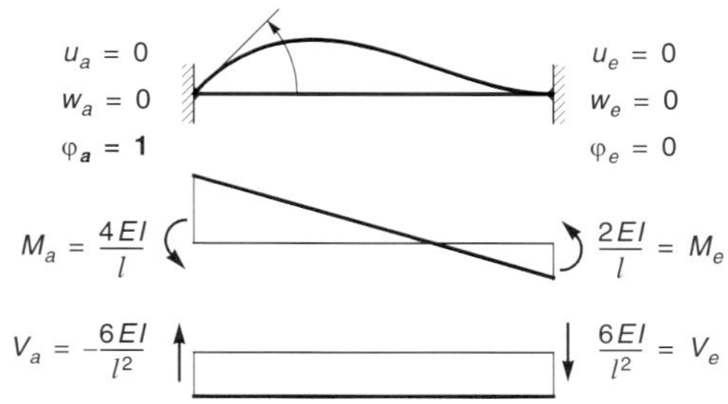

Bild 2.9 Einheitsverdrehung am Stabanfang

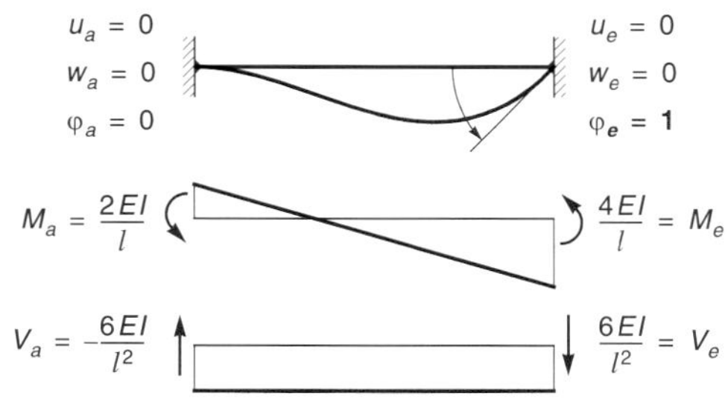

Bild 2.10 Einheitsverdrehung am Stabende

Die Stabendkräfte infolge von Einheitsverschiebungen an den Stabenden sind in den Bildern *2.11* und *2.12* dargestellt.

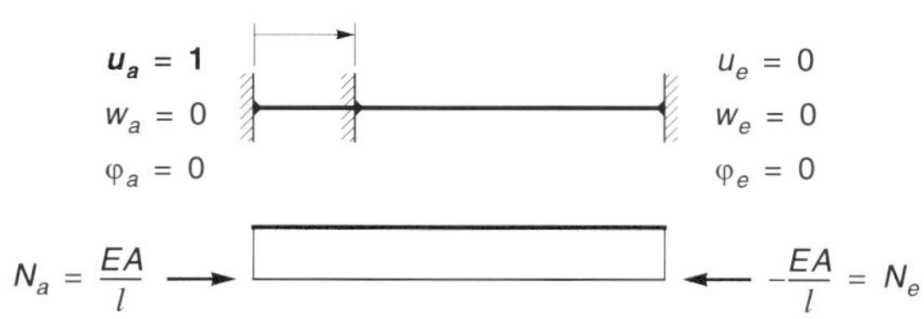

Bild 2.11 Horizontale Einheitsverschiebung am Stabanfang

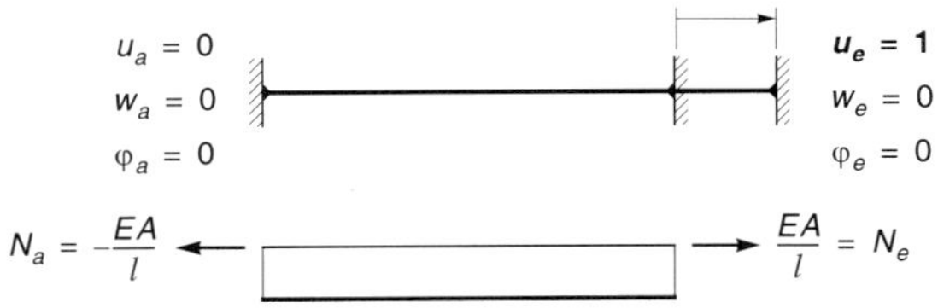

Bild 2.12 Horizontale Einheitsverschiebung am Stabende

Mit den angegebenen Einheitszuständen lassen sich die Stabendschnittgrößen infolge der Stabendverformungen angeben.

$$N_a = \frac{EA}{l} u_a \qquad - \frac{EA}{l} u_e$$

$$V_a = \frac{12EI}{l^3} w_a - \frac{6EI}{l^2} \varphi_a \qquad - \frac{12EI}{l^3} w_e - \frac{6EI}{l^2} \varphi_e$$

$$M_a = -\frac{6EI}{l^2} w_a + \frac{4EI}{l} \varphi_a \qquad + \frac{6EI}{l^2} w_e + \frac{2EI}{l} \varphi_e$$

$$N_e = -\frac{EA}{l} u_a \qquad + \frac{EA}{l} u_e$$

$$V_e = -\frac{12EI}{l^3} w_a + \frac{6EI}{l^2} \varphi_a \qquad + \frac{12EI}{l^3} w_e + \frac{6EI}{l^2} \varphi_e$$

$$M_e = -\frac{6EI}{l^2} w_a + \frac{2EI}{l} \varphi_a \qquad + \frac{6EI}{l^2} w_e + \frac{4EI}{l} \varphi_e$$

Eine übersichtlichere Darstellung dieser Gleichungen ergibt sich durch das Matrizenprodukt in Gl. (2.1).

$$\begin{bmatrix} N_a \\ V_a \\ M_a \\ N_e \\ V_e \\ M_e \end{bmatrix} = \begin{bmatrix} \frac{EA}{l} & 0 & 0 & -\frac{EA}{l} & 0 & 0 \\ 0 & \frac{12EI}{l^3} & -\frac{6EI}{l^2} & 0 & -\frac{12EI}{l^3} & -\frac{6EI}{l^2} \\ 0 & -\frac{6EI}{l^2} & \frac{4EI}{l} & 0 & \frac{6EI}{l^2} & \frac{2EI}{l} \\ -\frac{EA}{l} & 0 & 0 & \frac{EA}{l} & 0 & 0 \\ 0 & -\frac{12EI}{l^3} & \frac{6EI}{l^2} & 0 & \frac{12EI}{l^3} & \frac{6EI}{l^2} \\ 0 & -\frac{6EI}{l^2} & \frac{2EI}{l} & 0 & \frac{6EI}{l^2} & \frac{4EI}{l} \end{bmatrix} \begin{bmatrix} u_a \\ w_a \\ \varphi_a \\ u_e \\ w_e \\ \varphi_e \end{bmatrix} \tag{2.1}$$

In kurzer Form lautet die Gleichung:

$$\boldsymbol{s} = \boldsymbol{k} \cdot \boldsymbol{w}$$

Darin ist $\boldsymbol{s}$ der Vektor der Stabendschnittgrößen, $\boldsymbol{w}$ der Vektor der Stabendverformungen und $\boldsymbol{k}$ die *Steifigkeitsmatrix* des Stabes. Um den Begriff der Steifigkeitsmatrix zu erläutern, betrachten wir zum Vergleich den eindimensionalen Fall einer einfachen Feder in *Bild 2.13*.

Bild 2.13 Feder

Nach dem Hookeschen Gesetz ist die Auslenkung der Feder der angreifenden Kraft proportional. Es gilt:

$$F = k \cdot w$$

Die Steifigkeit k der Feder ergibt sich aus:

$$k = \frac{F}{w}$$

Für eine Verformung $w = 1$ folgt $k = F$.

Die Steifigkeit entspricht also der Kraft infolge einer Einheitsverformung.

Die Steifigkeitsmatrix in Gl. (2.1) entspricht dem mehrdimensionalen Fall der Kraft-Verformungsbeziehung der einfachen Feder. Die Elemente der Matrix sind Kraftgrößen infolge von Einheitsverformungen, also Steifigkeiten.

Für die nachfolgenden Betrachtungen wird die Steifigkeitsmatrix bezüglich der Zustandsgrößen des Anfangs- und Endpunktes des Stabes partitioniert.

$$\begin{bmatrix} \boldsymbol{s}_a \\ \boldsymbol{s}_e \end{bmatrix} = \begin{bmatrix} \boldsymbol{k}_{aa} & \boldsymbol{k}_{ae} \\ \boldsymbol{k}_{ea} & \boldsymbol{k}_{ee} \end{bmatrix} \begin{bmatrix} \boldsymbol{w}_a \\ \boldsymbol{w}_e \end{bmatrix} \tag{2.2}$$

Die Bedeutung der Untermatrizen in Gl. (2.2) ist in *Tabelle 2.1* angegeben.

Tabelle 2.1 Bedeutung der Untermatrizen

Untermatrix	Bedeutung
$\boldsymbol{k}_{aa}$	Kraftgrößen am Anfang des Stabes infolge der Verformungen am Anfang des Stabes
$\boldsymbol{k}_{ae}$	Kraftgrößen am Anfang des Stabes infolge der Verformungen am Ende des Stabes
$\boldsymbol{k}_{ea}$	Kraftgrößen am Ende des Stabes infolge der Verformungen am Anfang des Stabes
$\boldsymbol{k}_{ee}$	Kraftgrößen am Ende des Stabes infolge der Verformungen am Ende des Stabes

Bei der bisherigen Betrachtung wurde zunächst vorausgesetzt, dass der Stab unbelastet ist.

Die Stabendschnittgrößen, die sich aus einer Belastung innerhalb des Stabes ergeben, wenn die Endpunkte des Stabes unverformt sind, werden mit $\boldsymbol{s}^0$ bezeichnet. Dies entspricht den Stabendschnittgrößen am kinematisch bestimmten Grundelement. In *Bild 2.14* sind die Stabendschnittgrößen für den Fall einer konstanten Streckenlast angegeben.

Die angegebenen Stabendmomente entsprechen den Volleinspannmomenten am kinematisch bestimmten Hauptsystem beim Drehwinkelverfahren.

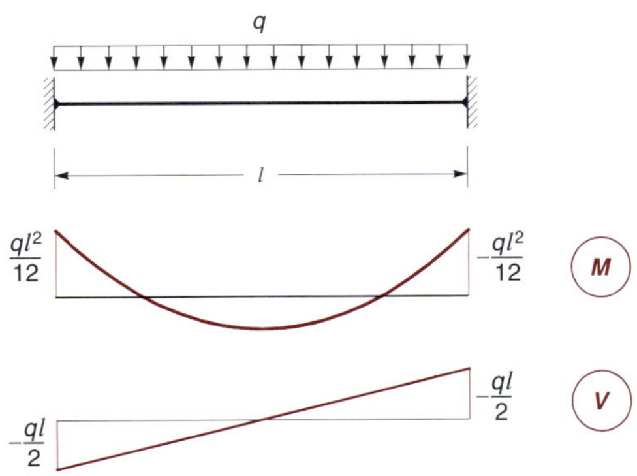

Bild 2.14 Stabendschnittgrößen infolge konstanter Streckenlast

Damit ergibt sich der Vektor der Stabendschnittgrößen infolge einer konstanten Streckenlast zu:

$$\begin{bmatrix} N_a^0 \\ V_a^0 \\ M_a^0 \\ N_e^0 \\ V_e^0 \\ M_e^0 \end{bmatrix} = \begin{bmatrix} 0 \\ -\frac{ql}{2} \\ \frac{ql^2}{12} \\ 0 \\ -\frac{ql}{2} \\ -\frac{ql^2}{12} \end{bmatrix} = \boldsymbol{s}^0$$

Der gesamte Vektor der Stabendschnittgrößen infolge von Stabendverformungen und Stabbelastung ergibt sich zu:

$$\boldsymbol{s} = \boldsymbol{k} \cdot \boldsymbol{w} + \boldsymbol{s}^0 \qquad (2.3)$$

Alle Beziehungen gelten für das lokale Koordinatensystem des Stabes. Für die Betrachtung des Gesamtsystems ist eine Transformation in ein globales, einheitliches Koordinatensystem erforderlich. *Bild 2.15* zeigt ein aus drei Stäben bestehendes Rahmentragwerk. Das globale Koordinatensystem ist mit ˆ gekennzeichnet. Die lokalen Koordinatensysteme der drei Stäbe unterscheiden sich vom globalen Koordinatensystem durch eine Drehung. Sie legen gleichzeitig den Anfangs- und Endpunkt des Stabes fest.

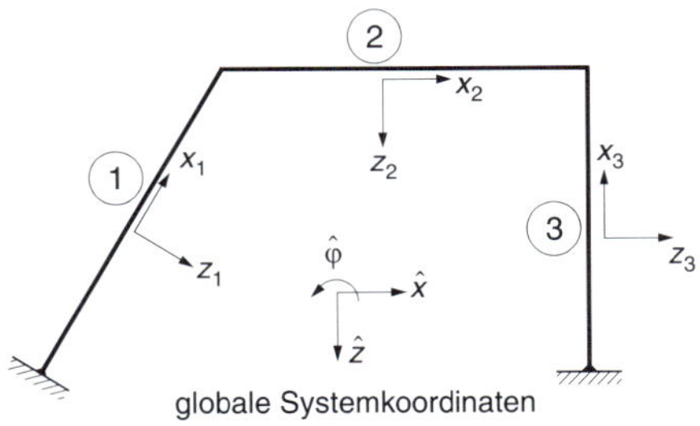

Bild 2.15 Globale und lokale Koordinatensysteme

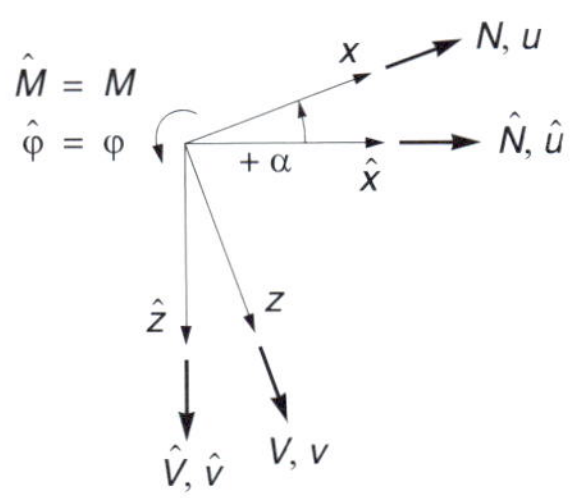

Bild 2.16 Drehung des Koordinatensystems

Die Beziehung zwischen dem lokalen und dem globalen Koordinatensystem lautet:

$$\begin{bmatrix} x \\ z \end{bmatrix} = \begin{bmatrix} \cos\alpha & -\sin\alpha \\ \sin\alpha & \cos\alpha \end{bmatrix} \begin{bmatrix} \hat{x} \\ \hat{z} \end{bmatrix}$$

Dabei ist α der Winkel von der globalen zur lokalen Koordinatenachse.

Die Transformation der Weggrößen am Stabanfang *a* ergibt:

$$\boldsymbol{w}_a = \begin{bmatrix} u_a \\ v_a \\ \varphi_a \end{bmatrix} = \begin{bmatrix} \cos\alpha & -\sin\alpha & 0 \\ \sin\alpha & \cos\alpha & 0 \\ 0 & 0 & 1 \end{bmatrix} \begin{bmatrix} \hat{u}_a \\ \hat{v}_a \\ \hat{\varphi}_a \end{bmatrix}$$

$$\boldsymbol{w}_a = \boldsymbol{T}_a \cdot \hat{\boldsymbol{w}}_a$$

Diese Beziehung gilt entsprechend auch für die Schnittgrößen am Stabanfang sowie für die Verformungen und Schnittgrößen am Stabende.

$$\boldsymbol{s}_a = \boldsymbol{T}_a \cdot \hat{\boldsymbol{s}}_a$$

Zusammengefasst für die Transformation der Zustandsgrößen am Anfangs- und Endpunkt des Stabes folgt:

$$\boldsymbol{s} = \boldsymbol{T} \cdot \hat{\boldsymbol{s}} \text{ und } \boldsymbol{w} = \boldsymbol{T} \cdot \hat{\boldsymbol{w}} \quad (2.4)$$

mit der Transformationsmatrix:

$$\boldsymbol{T} = \begin{bmatrix} \boldsymbol{T}_a & \boldsymbol{0} \\ \boldsymbol{0} & \boldsymbol{T}_e \end{bmatrix} = \begin{bmatrix} \cos\alpha & -\sin\alpha & 0 & 0 & 0 & 0 \\ \sin\alpha & \cos\alpha & 0 & 0 & 0 & 0 \\ 0 & 0 & 1 & 0 & 0 & 0 \\ 0 & 0 & 0 & \cos\alpha & -\sin\alpha & 0 \\ 0 & 0 & 0 & \sin\alpha & \cos\alpha & 0 \\ 0 & 0 & 0 & 0 & 0 & 1 \end{bmatrix} \quad (2.5)$$

Die Transformationsmatrix $\boldsymbol{T}$ ist eine so genannte orthogonale Matrix, d. h. ihre Transponierte ist gleich der Inversen. Es gilt:

$$\boldsymbol{T}^T = \boldsymbol{T}^{-1}$$

Aus Gl. (2.4) folgt die inverse Beziehung:

$$\hat{\boldsymbol{s}} = \boldsymbol{T}^T \cdot \boldsymbol{s} \text{ bzw. } \hat{\boldsymbol{w}} = \boldsymbol{T}^T \cdot \boldsymbol{w}$$

Aus Gl. (2.3) erhält man durch Linksmultiplikation mit $\boldsymbol{T}^T$:

$$\overbrace{\boldsymbol{T}^T\boldsymbol{s}}^{\hat{\boldsymbol{s}}} = \boldsymbol{T}^T\boldsymbol{k}\boldsymbol{w} + \overbrace{\boldsymbol{T}^T\boldsymbol{s}^0}^{\hat{\boldsymbol{s}}^0}$$

Die Matrix $\boldsymbol{T}^T\boldsymbol{k}$ enthält die globalen Stabendschnittgrößen infolge der lokalen Stabendverformungen. Mit

$$\boldsymbol{w} = \boldsymbol{T} \cdot \hat{\boldsymbol{w}} \quad (2.6)$$

folgt:

$$\hat{\boldsymbol{s}} = \boldsymbol{T}^T\boldsymbol{k}\boldsymbol{T} \cdot \hat{\boldsymbol{w}} + \hat{\boldsymbol{s}}^0$$

bzw.

$$\hat{\boldsymbol{s}} = \hat{\boldsymbol{k}} \cdot \hat{\boldsymbol{w}} + \hat{\boldsymbol{s}}^0 \quad (2.7)$$

mit:

$$\hat{\boldsymbol{k}} = \boldsymbol{T}^T\boldsymbol{k}\boldsymbol{T} \quad (2.8)$$

Damit ist alles in globale Größen transformiert. $\hat{\boldsymbol{k}}$ ist die globale Steifigkeitsmatrix des Stabes. Sie entsteht durch formale Matrizenmultiplikationen. Die Elemente von $\hat{\boldsymbol{k}}$ können jedoch mechanisch anschaulich interpretiert werden. Ohne Berücksichtigung des Vektors $\hat{\boldsymbol{s}}^0$ stellt Gl. (2.7) den Zusammenhang der globalen Stabendschnittgrößen mit den globalen Stabendverformungen dar. Die einzelnen Spalten von $\hat{\boldsymbol{k}}$ sind die Vektoren der globalen Stabendschnittgrößen infolge von globalen Einheitsverformungen.

Als Beispiel betrachten wir die vierte Spalte der globalen Steifigkeitsmatrix. Die Elemente dieser Matrix sind anschaulich in *Bild 2.17* dargestellt. Es sind die Kraftgrößen an den Endpunkten des Stabes, wenn am oberen Stabende eine Verschiebung der Größe eins in globaler x-Richtung eingeprägt wird und alle anderen Verformungen gleich null sind.

$$\begin{bmatrix} \hat{N}_a \\ \hat{V}_a \\ \hat{M}_a \\ \hat{N}_e \\ \hat{V}_e \\ \hat{M}_e \end{bmatrix} = \begin{bmatrix} \hat{k}_{11} & \hat{k}_{12} & \hat{k}_{13} & \hat{k}_{14} & \hat{k}_{15} & \hat{k}_{16} \\ \hat{k}_{21} & \hat{k}_{22} & \hat{k}_{23} & \hat{k}_{24} & \hat{k}_{25} & \hat{k}_{26} \\ \hat{k}_{31} & \hat{k}_{32} & \hat{k}_{33} & \hat{k}_{34} & \hat{k}_{35} & \hat{k}_{36} \\ \hat{k}_{41} & \hat{k}_{42} & \hat{k}_{43} & \hat{k}_{44} & \hat{k}_{45} & \hat{k}_{46} \\ \hat{k}_{51} & \hat{k}_{52} & \hat{k}_{53} & \hat{k}_{54} & \hat{k}_{55} & \hat{k}_{56} \\ \hat{k}_{61} & \hat{k}_{62} & \hat{k}_{63} & \hat{k}_{64} & \hat{k}_{65} & \hat{k}_{66} \end{bmatrix} \begin{bmatrix} \hat{u}_a = 0 \\ \hat{w}_a = 0 \\ \hat{\varphi}_a = 0 \\ \hat{u}_e = 1 \\ \hat{w}_e = 0 \\ \hat{\varphi}_e = 0 \end{bmatrix} = \begin{bmatrix} \hat{k}_{14} \\ \hat{k}_{24} \\ \hat{k}_{34} \\ \hat{k}_{44} \\ \hat{k}_{54} \\ \hat{k}_{64} \end{bmatrix}$$

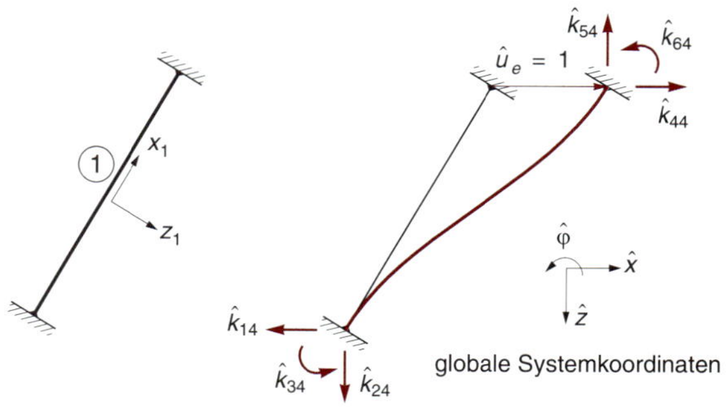

Bild 2.17 Globale Stabendschnittgrößen infolge globaler Einheitsverformung

2.2.2 Aufbau des Gesamtgleichungssystems

Bisher wurden die einzelnen Stäbe des Tragwerks unabhängig voneinander betrachtet. Am Gesamttragwerk sind die Stäbe an Knotenpunkten miteinander verbunden. Jeder Knoten stellt im Allgemeinen einen Anfangs- oder Endpunkt für die dort einmündenden Stäbe dar. Um den Zusammenhang zum Gesamttragwerk herzustellen, müssen an jedem Knoten die Gleichgewichtsbedingungen sowie die Verformungsbedingungen erfüllt sein.

Bei der Formulierung der Gleichgewichtsbedingungen ergeben sich an jedem Knoten Kräfte und Momente aus den Stabendschnittgrößen der einmündenden Stäbe in Abhängigkeit von den Verformungen der Stabendpunkte. Weiterhin sind die direkt am Knoten wirkenden äußeren Kraftgrößen zu berücksichtigen.

Die Verformungsbedingungen formulieren die Übereinstimmung der Verformungen aller im Knoten einmündenden Stabenden.

Die Erläuterung erfolgt am Beispiel des Rahmentragwerks in *Bild 2.18*.

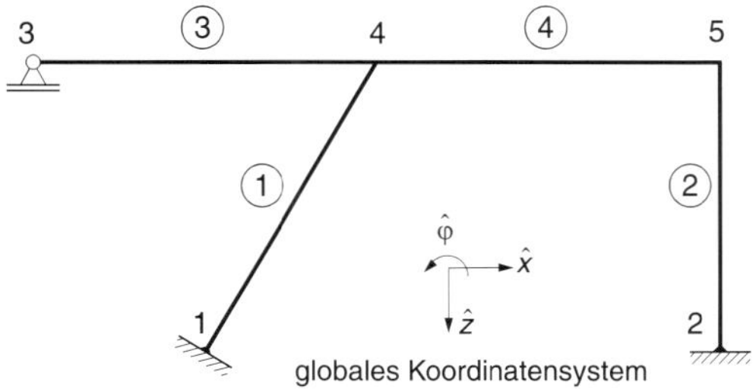

Bild 2.18 Rahmentragwerk

Die Erfüllung der Verformungsbedingungen erfolgt dadurch, dass die Verformungen der Stabendpunkte den Knoten zugeordnet werden. Die Zuordnung erfolgt mit Hilfe einer so genannten *Inzidenzmatrix*, durch die festgelegt wird, welche Knotenpunkte den Endpunkten der Stäbe entsprechen. Damit ist auch das lokale Koordinatensystem des Stabes festgelegt. Für das Beispiel in *Bild 2.18* ist die Definition der Stäbe in *Tabelle 2.2* angegeben.

Da die Endpunkte der Stäbe 1 und 3 sowie der Anfangspunkt des Stabes 4 dem Knoten 4 zugeordnet sind, sind die Verformungen der Stäbe in diesem Punkt gleich.

Tabelle 2.2 Inzidenzmatrix

Stab	Anfangsknoten	Endknoten
1	1	4
2	5	2
3	3	4
4	4	5

Die Formulierung der Gleichgewichtsbedingungen erfolgt exemplarisch für den Knoten 4. In *Bild 2.19* sind am Knoten 4 die Kraftgrößen eingetragen, die den positiven Stabendschnittgrößen der einmündenden Stäbe entsprechen. Weiterhin sind die direkt am Knoten wirkenden äußeren Kraftgrößen eingetragen.

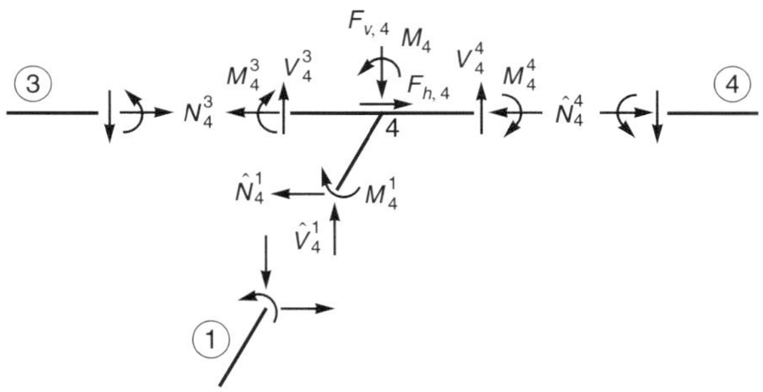

Bild 2.19 Positive Stabendschnittgrößen am Knoten 4

Bei den nachfolgend angegebenen Gleichgewichtsbedingungen ist die positive Richtung entgegen der Koordinatenrichtung gewählt, damit die Stabendschnittgrößen positiv eingehen.

$$\sum H = 0: \quad \hat{N}_4^1 + N_4^3 + N_4^4 - F_{h,4} = 0$$

$$\sum V = 0: \quad \hat{V}_4^1 + V_4^3 + V_4^4 - F_{v,4} = 0$$

$$\sum M = 0: \quad M_4^1 + M_4^3 + M_4^4 - M_4 = 0$$

$$\hat{\boldsymbol{s}}_4^1 + \hat{\boldsymbol{s}}_4^3 + \hat{\boldsymbol{s}}_4^4 - \boldsymbol{p}_4^0 = 0,$$

mit dem Knotenlastvektor $\boldsymbol{p}_4^0 = \begin{bmatrix} F_{h,4} \\ F_{v,4} \\ M_4 \end{bmatrix}$

entsprechend für alle Knoten:

Knoten 1: $\hat{\boldsymbol{s}}_1^1 - \boldsymbol{p}_1^0 = 0$

Knoten 2: $\hat{\boldsymbol{s}}_2^2 - \boldsymbol{p}_2^0 = 0$

Knoten 3: $\hat{\boldsymbol{s}}_3^3 - \boldsymbol{p}_3^0 = 0$

Knoten 4: $\hat{\boldsymbol{s}}_4^1 + \hat{\boldsymbol{s}}_4^3 + \hat{\boldsymbol{s}}_4^4 - \boldsymbol{p}_4^0 = 0$

Knoten 5: $\hat{\boldsymbol{s}}_5^2 + \hat{\boldsymbol{s}}_5^4 - \boldsymbol{p}_5^0 = 0$

$\boldsymbol{s}_k^i$ ist der Vektor der Stabendschnittgrößen des Stabes i am Knoten k. Er setzt sich aus drei Anteilen zusammen:

$$\boldsymbol{s}_k^i = \boldsymbol{k}_{kj}^i \cdot \boldsymbol{w}_j + \boldsymbol{k}_{kk}^i \cdot \boldsymbol{w}_k + \hat{\boldsymbol{s}}_k^{i0}$$

Die drei Anteile haben die folgende Bedeutung:

$\boldsymbol{k}_{kj}^i \cdot \boldsymbol{w}_j$: Schnittgrößen am Knoten k (Ort) infolge der Verformungen des Knotens j (Ursache).

$\boldsymbol{k}_{kk}^i \cdot \boldsymbol{w}_k$: Schnittgrößen am Knoten k infolge der Verformungen des Knotens k.

Ausführlich ergibt sich für Knoten 4:

$$\hat{\boldsymbol{s}}_4^1 = \hat{\boldsymbol{k}}_{41}^1 \hat{\boldsymbol{w}}_1 + \hat{\boldsymbol{k}}_{44}^1 \hat{\boldsymbol{w}}_4 + \hat{\boldsymbol{s}}_4^{10}$$

$$\hat{\boldsymbol{s}}_4^3 = \hat{\boldsymbol{k}}_{43}^3 \hat{\boldsymbol{w}}_3 + \hat{\boldsymbol{k}}_{44}^3 \hat{\boldsymbol{w}}_4 + \hat{\boldsymbol{s}}_4^{30}$$

$$\hat{\boldsymbol{s}}_4^4 = \hat{\boldsymbol{k}}_{45}^4 \hat{\boldsymbol{w}}_5 + \hat{\boldsymbol{k}}_{44}^4 \hat{\boldsymbol{w}}_4 + \hat{\boldsymbol{s}}_4^{40}$$

Eingesetzt in $\hat{\boldsymbol{s}}_4^1 + \hat{\boldsymbol{s}}_4^3 + \hat{\boldsymbol{s}}_4^4 - \boldsymbol{p}_4^0 = 0$ ergibt sich:

$$\hat{\boldsymbol{k}}_{41}^1 \hat{\boldsymbol{w}}_1 + \hat{\boldsymbol{k}}_{44}^1 \hat{\boldsymbol{w}}_4 + \hat{\boldsymbol{s}}_4^{10} + \hat{\boldsymbol{k}}_{43}^3 \hat{\boldsymbol{w}}_3 + \hat{\boldsymbol{k}}_{44}^3 \hat{\boldsymbol{w}}_4 + \hat{\boldsymbol{s}}_4^{30}$$
$$+ \hat{\boldsymbol{k}}_{45}^4 \hat{\boldsymbol{w}}_5 + \hat{\boldsymbol{k}}_{44}^4 \hat{\boldsymbol{w}}_4 + \hat{\boldsymbol{s}}_4^{40} - \boldsymbol{p}_4^0 = \boldsymbol{0}$$

$$\hat{\boldsymbol{k}}_{41}^1 \hat{\boldsymbol{w}}_1 + \hat{\boldsymbol{k}}_{43}^3 \hat{\boldsymbol{w}}_3 + (\hat{\boldsymbol{k}}_{44}^1 + \hat{\boldsymbol{k}}_{44}^3 + \hat{\boldsymbol{k}}_{44}^4)\, \hat{\boldsymbol{w}}_4 + \hat{\boldsymbol{k}}_{45}^4 \hat{\boldsymbol{w}}_5$$
$$+ \underbrace{\hat{\boldsymbol{s}}_4^{10} + \hat{\boldsymbol{s}}_4^{30} + \hat{\boldsymbol{s}}_4^{40} - \boldsymbol{p}_4^0}_{\boldsymbol{p}_4} = \boldsymbol{0}$$

$\boldsymbol{p}_4$ ist der Lastvektor des Knotens 4 aus Stablasten und direkten Knotenlasten. Allgemein gilt für den Lastvektor aus Stab- und Knotenlasten:

$$\boldsymbol{p} = \boldsymbol{s} - \boldsymbol{p}^0 \tag{2.9}$$

Damit ergibt sich die folgende Struktur des Gleichungssystems.

$$\begin{bmatrix} \hat{\boldsymbol{k}}_{11}^1 & & & \hat{\boldsymbol{k}}_{14}^1 & \\ & \hat{\boldsymbol{k}}_{22}^2 & & & \hat{\boldsymbol{k}}_{25}^2 \\ & & \hat{\boldsymbol{k}}_{33}^3 & \hat{\boldsymbol{k}}_{34}^3 & \\ \hat{\boldsymbol{k}}_{41}^1 & & \hat{\boldsymbol{k}}_{43}^3 & \hat{\boldsymbol{k}}_{44}^1 + \hat{\boldsymbol{k}}_{44}^3 + \hat{\boldsymbol{k}}_{44}^4 & \hat{\boldsymbol{k}}_{45}^4 \\ & \hat{\boldsymbol{k}}_{52}^2 & & \hat{\boldsymbol{k}}_{54}^4 & \hat{\boldsymbol{k}}_{55}^2 + \hat{\boldsymbol{k}}_{55}^4 \end{bmatrix} \begin{bmatrix} \hat{\boldsymbol{w}}_1 \\ \hat{\boldsymbol{w}}_2 \\ \hat{\boldsymbol{w}}_3 \\ \hat{\boldsymbol{w}}_4 \\ \hat{\boldsymbol{w}}_5 \end{bmatrix} + \begin{bmatrix} \boldsymbol{p}_1 \\ \boldsymbol{p}_2 \\ \boldsymbol{p}_3 \\ \boldsymbol{p}_4 \\ \boldsymbol{p}_5 \end{bmatrix} = \begin{bmatrix} \boldsymbol{0} \\ \boldsymbol{0} \\ \boldsymbol{0} \\ \boldsymbol{0} \\ \boldsymbol{0} \end{bmatrix}$$

Charakteristisch für die Struktur der Gesamtsteifigkeitsmatrix ist die Überlappung der Steifigkeitsmatrizen der einzelnen Stäbe. Die spaltenweise Überlappung entspricht der Bedingung, dass die Verformungen der in den Knoten einmündenden Stäbe gleich sind. Die zeilenweise Überlappung entsteht aus der Formulierung des Gleichgewichts, da die Stabendschnittgrößen aller in den Knoten einmündenden Stäbe in die Gleichgewichtsbedingungen eingehen. Wie bei der Steifigkeitsmatrix ergibt sich auch für den Gesamtlastvektor eine zeilenweise Überlappung.

2.2.3 Starre Rand- und Zwischenbedingungen

Die sich aus dem Aufbau des Gleichungssystems ergebende Gesamtsteifigkeitsmatrix ist singulär, da die Lagerung des Tragwerks noch nicht berücksichtigt wurde. Sind keine Auflager vorhanden, hat das gesamte Tragwerk drei Freiheitsgrade. Es sind daher mindestens drei Auflagerbedingungen erforderlich, um das Gleichgewicht zu ermöglichen und damit das Gleichungssystem lösbar zu machen. Für die Berücksichtigung starrer Rand- und Zwischenbedingungen gibt es verschiedene Möglichkeiten, die nachfolgend erläutert werden.

- Reduktion des Gleichungssystems

Ist eine der Weggrößen w_i vorgegeben, z.B. $w_i = \overline{w}_i$, so ist die entsprechende Spalte der Matrix mit diesem Wert zu multiplizieren. Damit entsteht ein zusätzlicher bekannter Vektor im Gleichungssystem, der zu $\boldsymbol{p}$

addiert wird. Im Falle homogener Randbedingungen ($\bar{w}_i = 0$) ändert sich der Lastvektor $\boldsymbol{p}$ nicht. Die entsprechende Spalte der Matrix wird gestrichen. Da die zugehörige Gleichgewichtsbedingung nicht benötigt wird, z. B. $\sum V = 0$ am vertikal unverschieblichen Auflager, wird auch die zugehörige Zeile gestrichen.

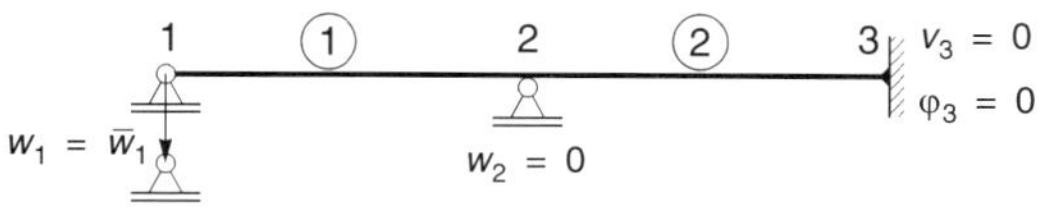

Bild 2.20 Durchlaufträger mit Randbedingungen

Beim Durchlaufträger in *Bild 2.20* ist im Punkt 1 eine Auflagersenkung $\bar{w}_1$ vorgeschrieben. Die erste Spalte der Matrix wird mit diesem Wert multipliziert und zur Lastspalte addiert. Die erste Zeile und die erste Spalte können nun gestrichen werden. In den Punkten 2 und 3 sind homogenen Randbedingungen zu berücksichtigen. Zu den Freiheitsgraden w_2, v_3 und φ_3 gehören die Unbekanntennummern 3, 5 und 6. Diese Zeilen und Spalten werden gestrichen, so dass ein Gleichungssystem mit zwei Unbekannten verbleibt, wie in *Bild 2.21* dargestellt ist.

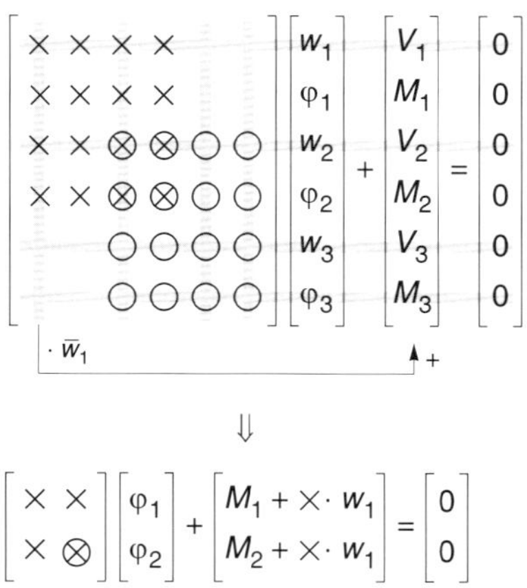

Bild 2.21 Reduktion des Gleichungssystems

Diese Variante führt zu einer Erniedrigung der Ordnung der Systemmatrix. Die gesamte Matrix muss jedoch umgebaut werden, wodurch die einfache Struktur beim Aufbau des Gleichungssystems gestört wird.

- Zeilen- und Spaltenmodifizierung

Hierbei werden die entsprechenden Zeilen und Spalten nicht gestrichen, sondern mit Nullen belegt und das Hauptdiagonalelement mit dem Wert eins besetzt. Im Fall einer eingeprägten Weggröße ist vorab die entsprechende Spalte mit dem vorgegebenen Wert zu multiplizieren und zur Lastspalte zu addieren. Mit dem Wert der eingeprägten Weggröße wird die entsprechende Zeile der Lastspalte besetzt. Für das Beispiel in *Bild 2.20* ist diese Variante der Berücksichtigung in *Bild 2.22* dargestellt.

$$\begin{bmatrix} 1 & 0 & 0 & 0 & 0 & 0 \\ 0 & \times & 0 & \times & 0 & 0 \\ 0 & 0 & 1 & 0 & 0 & 0 \\ 0 & \times & 0 & \otimes & 0 & 0 \\ 0 & 0 & 0 & 0 & 1 & 0 \\ 0 & 0 & 0 & 0 & 0 & 1 \end{bmatrix} \begin{bmatrix} w_1 \\ \varphi_1 \\ w_2 \\ \varphi_2 \\ w_3 \\ \varphi_3 \end{bmatrix} + \begin{bmatrix} 0 \\ M_1 \\ 0 \\ M_2 \\ 0 \\ 0 \end{bmatrix} + \begin{bmatrix} 0 \\ \times \\ 0 \\ \times \\ 0 \\ 0 \end{bmatrix} = \begin{bmatrix} 0 \\ 0 \\ 0 \\ 0 \\ 0 \\ 0 \end{bmatrix}$$

Bild 2.22 Modifizierung des Gleichungssystems

Bei einer Implementierung des Verfahrens in einem Computerprogramm ist dieses Vorgehen wesentlich einfacher, da die Struktur des Aufbaus beibehalten wird. Da die Zahl der Randbedingungen in der Regel wesentlich kleiner ist als die Zahl der Unbekannten, ist der etwas höhere Aufwand bei der Lösung des Gleichungssystems unerheblich.

- Berücksichtigung der starren Lagerung durch eine Feder mit sehr hoher Steifigkeit

Bei diesem Vorgehen wird das starre Lager durch eine Einzelfeder mit einer sehr hohen Steifigkeit ersetzt. Es ist dabei jedoch zu beachten, dass der Zahlenwert der Federsteifigkeit nicht zu groß gewählt werden darf, da sonst bei der Auflösung des Gleichungssystems numerische Probleme auftreten können. Die Berücksichtigung von Einzelfedern ist im nächsten Abschnitt dargestellt.

2.2.4 Elastische Lagerungen

Aufgrund der Verformung eines federnd gelagerten Punktes ergibt sich eine Kraftgröße, die der Verformung proportional und ihr entgegengerichtet ist. Diese Kraftgröße muss in der entsprechenden Gleichgewichtbedingung berücksichtigt werden.

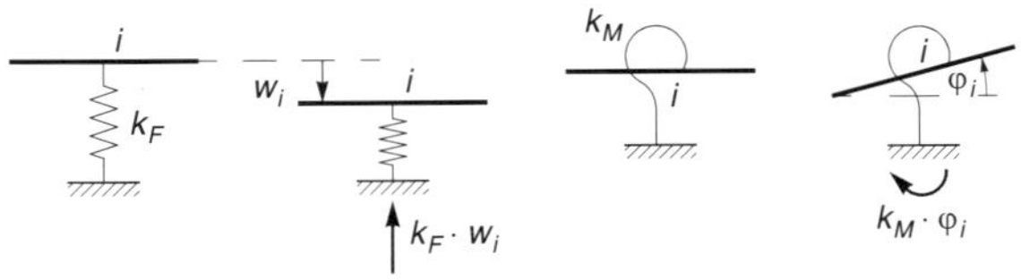

Bild 2.23 Einzelfedern

Wir betrachten zur Erläuterung eine Einzelfeder in einem Punkt *i*, wie in *Bild 2.23* dargestellt ist. Die Federkraft $k_F \cdot w_i$ geht in die Gleichgewichtsbedingung $\sum V = 0$ am Knoten *i* ein, das Federmoment $k_M \cdot \varphi_i$ in die Gleichgewichtsbedingung $\sum M = 0$ am Knoten *i*.

Da die Federkraft nur durch die Verformung w_i entsteht, geht die Federsteifigkeit in die Spalte *k* des Gleichungssystems ein, die mit der Verschiebung w_i multipliziert wird. Die Zeile *k* des Gleichungssystems entspricht der Gleichgewichtsbedingung, in der die Federkraft berücksichtigt wird. Daraus folgt, dass die Federsteifigkeit auf die Hauptdiagonale der Gesamtsteifigkeitsmatrix addiert wird.

Da die Federkraft immer der Verformung entgegen gerichtet ist, geht sie grundsätzlich positiv ein, siehe *Bild 2.19*. Eine Einzelfeder erhöht also die Steifigkeit eines Systems.

2.2.5 Schnittgrößenermittlung

Nach der Lösung des Gleichungssystems sind die globalen Knotenweggrößen bekannt. Die Ermittlung der Stabendschnittgrößen erfolgt nach Gl. (2.3) aus der Beziehung:

$$\boldsymbol{s} = \boldsymbol{k} \cdot \boldsymbol{w} + \boldsymbol{s}^0$$

Das Gleichungssystem ist bezüglich des globalen Koordinatensystems formuliert, darum folgen aus der Lösung des Gleichungssystems die globalen Verformungen.

$$\hat{\boldsymbol{k}} \cdot \hat{\boldsymbol{w}} + \hat{\boldsymbol{p}} = \boldsymbol{0} \Rightarrow \hat{\boldsymbol{w}}$$

Für die Auswertung von Gl. (2.3) müssen die globalen Weggrößen in lokale Stabendweggrößen transformiert werden.

$$\boldsymbol{w} = \boldsymbol{T} \cdot \hat{\boldsymbol{w}}$$

2.2.6 Struktur der Systemmatrix

Der Einbau der Elementmatrizen in die Gesamtsteifigkeitsmatrix ist von der Nummerierung der Knoten abhängig. Wir betrachten als Beispiel für die Struktur der Gesamtsteifigkeitsmatrix bei einem verzweigten System das Rahmentragwerk in *Bild 2.24*.

Die Steifigkeitsmatrix jedes Stabes wird nach Anfangs- und Endpunkt partitioniert. Exemplarisch wird der Einbau der Steifigkeitsmatrix des Stabes 4 erläutert. Sie beschreibt den Zusammenhang zwischen den Kraftgrößen und den Verformungen der Knoten 2 und 6.

$$\begin{bmatrix} \boldsymbol{s}_2^4 \\ \boldsymbol{s}_6^4 \end{bmatrix} = \begin{bmatrix} \boldsymbol{k}_{22}^4 & \boldsymbol{k}_{26}^4 \\ \boldsymbol{k}_{62}^4 & \boldsymbol{k}_{66}^4 \end{bmatrix} \begin{bmatrix} \boldsymbol{w}_2 \\ \boldsymbol{w}_6 \end{bmatrix}$$

Die Untermatrix $\boldsymbol{k}_{22}^4$ enthält die Kraftgrößen am Knoten 2 infolge der Verformungen des Knotens 2. Diese Kraftgrößen gehen in die Gleichgewichtsbedingungen am Knoten 2 ein, dies entspricht der 2. Zeile der Gesamtmatrix in *Bild 2.25*. Sie wird mit den Verformungen des 2. Knotens multipliziert, dies entspricht der 2. Spalte der Gesamtmatrix.

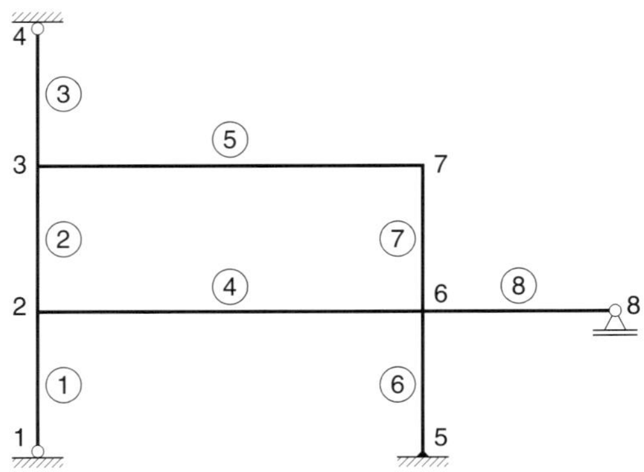

Bild 2.24 Rahmensystem

Die Untermatrix $\boldsymbol{k}_{26}$ enthält die Kraftgrößen am Knoten 2 infolge der Verformungen des Knotens 6. Diese Kraftgrößen gehen in die Gleichgewichtsbedingungen am Knoten 2 ein, dies entspricht der 2. Zeile der Gesamtmatrix. Sie wird mit den Verformungen des 6. Knotens multipliziert, dies entspricht der 6. Spalte der Gesamtmatrix.

	1	2	3	4	5	6	7	8
1	$\boldsymbol{k}_{11}^{1}$	$\boldsymbol{k}_{12}^{1}$						
2	$\boldsymbol{k}_{21}^{1}$	$\boldsymbol{k}_{22}^{1}+\boldsymbol{k}_{22}^{2}+\boldsymbol{k}_{22}^{4}$	$\boldsymbol{k}_{23}^{2}$			$\boldsymbol{k}_{26}^{4}$		
3		$\boldsymbol{k}_{32}^{2}$	$\boldsymbol{k}_{33}^{2}+\boldsymbol{k}_{33}^{3}+\boldsymbol{k}_{33}^{5}$	$\boldsymbol{k}_{34}^{3}$			$\boldsymbol{k}_{37}^{5}$	
4			$\boldsymbol{k}_{43}^{3}$	$\boldsymbol{k}_{44}^{3}$				
5					$\boldsymbol{k}_{55}^{6}$	$\boldsymbol{k}_{56}^{6}$		
6		$\boldsymbol{k}_{62}^{4}$			$\boldsymbol{k}_{65}^{6}$	$\boldsymbol{k}_{66}^{4}+\boldsymbol{k}_{66}^{6}+\boldsymbol{k}_{66}^{7}+\boldsymbol{k}_{66}^{8}$	$\boldsymbol{k}_{67}^{7}$	$\boldsymbol{k}_{68}^{8}$
7			$\boldsymbol{k}_{73}^{5}$			$\boldsymbol{k}_{76}^{7}$	$\boldsymbol{k}_{77}^{5}+\boldsymbol{k}_{77}^{7}$	
8						$\boldsymbol{k}_{86}^{8}$		$\boldsymbol{k}_{88}^{8}$

Bild 2.25 Struktur der Gesamtsteifigkeitsmatrix

Entsprechend gilt für die Untermatrix $\boldsymbol{k}_{62}$, dass sie in die 6. Zeile und 2. Spalte eingeht, da sie die Kraftgrößen am Knoten 6 infolge der Verformungen des Knotens 2 enthält. $\boldsymbol{k}_{66}$ enthält die Kraftgrößen am Knoten 6 infolge der Verformungen des Knotens 6 und geht daher in Zeile 6 und Spalte 6 ein.

2.2.7 Berücksichtigung von Theorie II. Ordnung und Bettung

2.2.7.1 Exakte Steifigkeitsmatrix nach Theorie II. Ordnung

Die exakte Steifigkeitsmatrix kann aus den Einheitsverformungszuständen des Drehwinkelverfahrens abgeleitet werden. Wir betrachten exemplarisch die dritte Spalte der Steifigkeitsmatrix. Sie enthält die Stabendschnittgrößen infolge einer Einheitsverschiebung des Endpunktes, wie in *Bild 2.26* dargestellt ist.

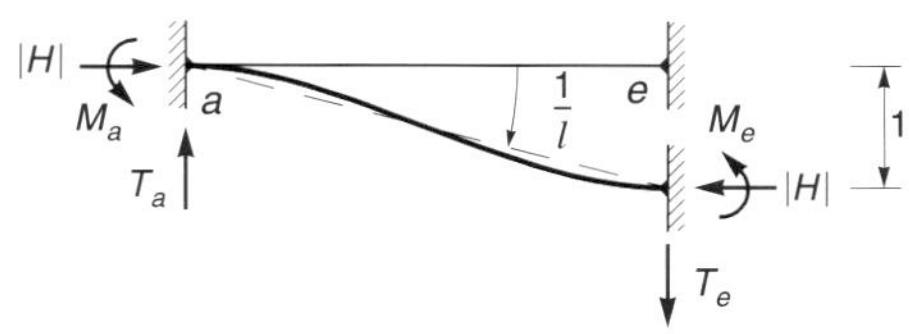

Bild 2.26 Einheitsverschiebungszustand nach Theorie II. Ordnung

Die Gleichgewichtsbedingung $\sum M_a = 0$ unter Berücksichtigung des Hebelarms der Horizontalkraft ergibt:

$$2\left(\frac{\alpha+\beta}{l^2}\cdot EI\right) - |H|\cdot 1 - T_e\cdot l = 0$$

$$\Rightarrow T_e = \frac{2(\alpha+\beta)}{l^3}\cdot EI - \frac{|H|}{l}$$

Mit

$$\varepsilon = l\sqrt{\frac{|H|}{EI}} \Rightarrow \frac{|H|}{l} = \frac{\varepsilon^2}{l^3}EI$$

folgt

$$T_e = \frac{2(\alpha+\beta)}{l^3} \cdot EI - \varepsilon^2 \frac{EI}{l^3} = EI\left(2\frac{\alpha+\beta}{l^3} - \frac{\varepsilon^2}{l^3}\right) = -T_a$$

Damit lautet die dritte Spalte der Steifigkeitsmatrix:

$$\begin{bmatrix} \frac{\varepsilon^2}{l^3} - 2\frac{\alpha+\beta}{l^3} \\ \frac{\alpha+\beta}{l^2} \\ -\frac{\varepsilon^2}{l^3} + 2\frac{\alpha+\beta}{l^3} \\ \frac{\alpha+\beta}{l^2} \end{bmatrix}$$

Entsprechend können die Stabendschnittgrößen für die anderen Einheitsverformungszustände ermittelt werden. Daraus folgt die exakte Steifigkeitsmatrix nach Theorie II. Ordnung in Gl. (2.10). Es sind nur die Terme für die Freiheitsgrade w und φ angegeben.

$$\boldsymbol{k} = EI \begin{bmatrix} -\frac{\varepsilon^2}{l^3} + 2\frac{\alpha+\beta}{l^3} & -\frac{\alpha+\beta}{l^2} & \frac{\varepsilon^2}{l^3} - 2\frac{\alpha+\beta}{l^3} & -\frac{\alpha+\beta}{l^2} \\ -\frac{\alpha+\beta}{l^2} & \frac{\alpha}{l} & \frac{\alpha+\beta}{l^2} & \frac{\beta}{l} \\ \frac{\varepsilon^2}{l^3} - 2\frac{\alpha+\beta}{l^3} & \frac{\alpha+\beta}{l^2} & -\frac{\varepsilon^2}{l^3} + 2\frac{\alpha+\beta}{l^3} & \frac{\alpha+\beta}{l^2} \\ -\frac{\alpha+\beta}{l^2} & \frac{\beta}{l} & \frac{\alpha+\beta}{l^2} & \frac{\alpha}{l} \end{bmatrix} \qquad (2.10)$$

2.2.7.2 Steifigkeitsmatrix nach Theorie II. Ordnung und Bettung aus Näherungsansatz

Eine weitere Möglichkeit, das Weggrößenverfahren auf Theorie II. Ordnung und Bettung zu erweitern, besteht darin, nicht die exakte Steifigkeitsmatrix, sondern eine Näherung zu verwenden. Die Herleitung dieser Näherung mit dem Prinzip der virtuellen Verschiebungen erfolgt in *Kapitel 3*. Durch diese Näherung ergeben sich zusätzliche Anteile der Steifigkeitsmatrix, die zur Steifigkeitsmatrix nach Theorie I. Ordnung addiert werden. Die gesamte Steifigkeitsmatrix ergibt sich als die Summe dreier Anteile:

$$\boldsymbol{k} = \boldsymbol{k}_{(EI)} + \boldsymbol{k}_{(H)} + \boldsymbol{k}_{(k_B)} \qquad (2.11)$$

Die drei Anteile in Gl. (2.11) haben die folgende Bedeutung:

$\boldsymbol{k}_{(EI)}$ ist der Anteil der Steifigkeitsmatrix nach Theorie I. Ordnung.

$\boldsymbol{k}_{(H)}$ ist der Anteil der Steifigkeitsmatrix nach Theorie II. Ordnung.

$\boldsymbol{k}_{(k_B)}$ ist der Anteil der Steifigkeitsmatrix infolge Bettung.

Die zusätzlichen Anteile $\boldsymbol{k}_{(H)}$ und $\boldsymbol{k}_{(k_B)}$ sind nachfolgend angegeben.

$$\boldsymbol{k}_{(H)} = \frac{H}{30} \begin{bmatrix} 0 & 0 & 0 & 0 & 0 & 0 \\ 0 & \frac{36}{l} & -3 & 0 & \frac{-36}{l} & -3 \\ 0 & -3 & 4l & 0 & 3 & -l \\ 0 & 0 & 0 & 0 & 0 & 0 \\ 0 & \frac{-36}{l} & 3 & 0 & \frac{36}{l} & 3 \\ 0 & -3 & -l & 0 & 3 & 4l \end{bmatrix} \qquad (2.12)$$

Die Stablängskraft H ist als Zugkraft positiv einzusetzen.

$$\boldsymbol{k}_{(k_B)} = \frac{k_B \cdot l^3}{420} \begin{bmatrix} \frac{140\mu}{l^2} & 0 & 0 & \frac{70\mu}{l^2} & 0 & 0 \\ 0 & \frac{156}{l^2} & -\frac{22}{l} & 0 & \frac{54}{l^2} & \frac{13}{l} \\ 0 & -\frac{22}{l} & 4 & 0 & -\frac{13}{l} & -3 \\ \frac{70\mu}{l^2} & 0 & 0 & \frac{140\mu}{l^2} & 0 & 0 \\ 0 & \frac{54}{l^2} & -\frac{13}{l} & 0 & \frac{156}{l^2} & \frac{22}{l} \\ 0 & \frac{13}{l} & -3 & 0 & \frac{22}{l} & 4 \end{bmatrix} \qquad (2.13)$$

k_B ist die Bettungsziffer für eine Bettung senkrecht zur Stabachse, μk_B ist die Bettungsziffer für eine tangentiale Bettung.

2.2.8 Berücksichtigung von Gelenken

An Gelenkpunkten ist die Verformung unstetig, bei einem Momentengelenk gibt es eine Relativdrehung, bei einem Kraftgelenk eine Relativverschiebung, wie in *Bild 2.27* dargestellt ist.

Bild 2.27 Momenten- und Querkraftgelenk

Ist ein Stab durch ein Momentengelenk an einen Knoten angeschlossen, so ist die Drehung des Stabendes nicht gleich der Drehung des Knotens. Die beiden grundsätzlichen Möglichkeiten der Berücksichtigung von Gelenken werden nachfolgend erläutert.

- Berücksichtigung zusätzlicher Freiheitsgrade

Bei dieser Möglichkeit wird ein zusätzlicher Freiheitsgrad eingeführt. Dieses Vorgehen hat den Nachteil, dass die einfache Struktur beim Aufbau des Gleichungssystems gestört wird.

- Modifikation der Elementsteifigkeitsmatrix

Der Grundgedanke besteht darin, das Gelenk einem Stab zuzuordnen und die Steifigkeitsmatrix zu modifizieren. Wir betrachten zur Erläuterung den Stab in *Bild 2.28* mit dem Momentengelenk im Punkt *e*. Ziel ist es, die Stabendschnittgrößen infolge der Einheitsverformungen so zu ermitteln, dass das Moment im Punkt *e* gleich null ist.

Bild 2.28 Stab mit Momentengelenk

Die Stabendschnittgrößen folgen aus der Beziehung:

$$\boldsymbol{s} = \boldsymbol{k} \cdot \boldsymbol{w} + \boldsymbol{s}^o$$

Ausgeschrieben lautet die Beziehung nach Gl. (2.1) ohne den Anteil aus der Normalkraft:

$$\begin{bmatrix} V_a \\ M_a \\ V_e \\ M_e \end{bmatrix} = \begin{bmatrix} \frac{12EI}{l^3} & -\frac{6EI}{l^2} & -\frac{12EI}{l^3} & -\frac{6EI}{l^2} \\ -\frac{6EI}{l^2} & \frac{4EI}{l} & \frac{6EI}{l^2} & \frac{2EI}{l} \\ -\frac{12EI}{l^3} & \frac{6EI}{l^2} & \frac{12EI}{l^3} & \frac{6EI}{l^2} \\ -\frac{6EI}{l^2} & \frac{2EI}{l} & \frac{6EI}{l^2} & \frac{4EI}{l} \end{bmatrix} \begin{bmatrix} w_a \\ \varphi_a \\ w_e \\ \varphi_e \end{bmatrix} + \begin{bmatrix} V_a^0 \\ M_a^0 \\ V_e^0 \\ M_e^0 \end{bmatrix} \quad (2.14)$$

Es wird hier nur der Anteil der Steifigkeitsmatrix nach Theorie I. Ordnung betrachtet, da das Vorgehen nicht vom Inhalt der Matrix abhängt.

Die Steifigkeitsmatrix enthält die Schnittgrößen an den Endpunkten des Stabes infolge von Einheitsverformungen. Aus Gründen der Übersichtlichkeit betrachten wir nur die Freiheitsgrade w und φ.

Die erste Spalte ergibt die Schnittgrößen infolge einer Verschiebung eins des Anfangspunkts *a*, wenn alle anderen Verformungen, gleich null sind. Da die Verdrehung des Knotens *e* durch das Gelenk nicht mehr mit der Verdrehung des Stabendes identisch ist, existiert dort ein Knick $\Delta\varphi$, der nun so ermittelt wird, dass im Punkt *e* das Moment M_e verschwindet.

Die letzte Zeile in (2.14) lautet:

$$M_e = -\frac{6EI}{l^2} w_a + \frac{2EI}{l} \varphi_a + \frac{6EI}{l^2} w_e + \frac{4EI}{l} \varphi_e + M_e^0 = 0 \quad (2.15)$$

Die Beziehung (2.15) enthält die Verformungen der Stabenden. Ist am Stabende ein Gelenk vorhanden, so ist die entsprechende Verformung des Knotens nicht mehr mit der Stabendverformung identisch. Zur Unterscheidung bezeichnen wir die Knotenverformung mit einem hochgestellten *k*.

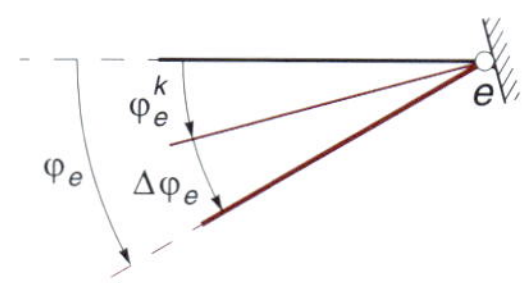

Bild 2.29 Knoten- und Stabenddrehwinkel

Wie in *Bild 2.29* dargestellt ist, gilt für den Stabenddrehwinkel:

$$\varphi_e = \varphi_e^k + \Delta\varphi_e$$

Damit wird aus Gl. (2.15):

$$M_e = -\frac{6EI}{l^2} w_a + \frac{2EI}{l} \varphi_a + \frac{6EI}{l^2} w_e + \frac{4EI}{l} (\varphi_e^k + \Delta\varphi_e) + M_e^0 = 0 \quad (2.16)$$

Auflösen der Gleichung nach der gesuchten Relativdrehung $\Delta\varphi_e$ ergibt:

$$\Delta\varphi_e = -\frac{1}{\frac{4EI}{l}}\left(-\frac{6EI}{l^2}w_a + \frac{2EI}{l}\varphi_a + \frac{6EI}{l^2}w_e + \frac{4EI}{l}\varphi_e^k + M_e^0\right)$$

$$= \frac{3}{2l}w_a - \frac{1}{2}\varphi_a - \frac{3}{2l}w_e + \varphi_e^k - \frac{l}{4EI}M_e^0$$

Damit ist die Verdrehung für jeden der drei Einheitsverformungszustände bekannt. Wir betrachten exemplarisch den Einheitsverschiebungszustand in *Bild 2.30*.

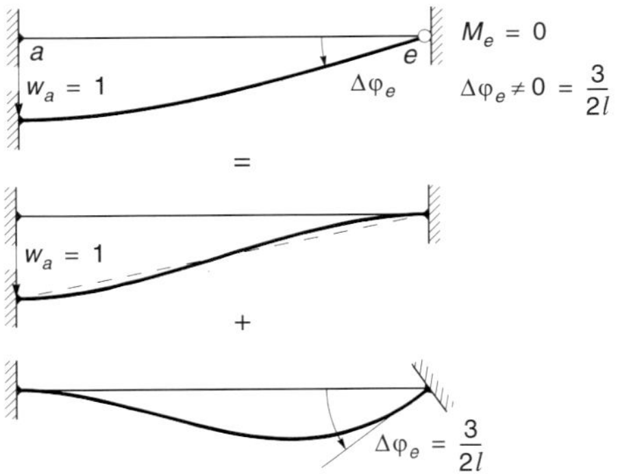

Bild 2.30 Modifizierter Einheitsverschiebungszustand

Mit $\varphi_a = w_e = \varphi_e = M_e^0 = 0$ folgt für $w_a = 1$:

$$\Delta\varphi_e = \frac{3}{2l}$$

Der Einheitsverschiebungszustand des gelenkigen Stabes setzt sich aus der Summe der beiden unteren Verformungszustände am beidseitig eingespannten Stab zusammen. Die Stabendschnittgrößen infolge der Einheitsverschiebung $w_a = 1$ am gelenkigen Stab ergeben sich damit aus:

$$\begin{bmatrix} \frac{12EI}{l^3} \\ -\frac{6EI}{l^2} \\ -\frac{12EI}{l^3} \\ -\frac{6EI}{l^2} \end{bmatrix} + \begin{bmatrix} -\frac{6EI}{l^2} \\ \frac{2EI}{l} \\ \frac{6EI}{l^2} \\ \frac{4EI}{l} \end{bmatrix} \cdot \frac{3}{2l} = \begin{bmatrix} \frac{3EI}{l^3} \\ -\frac{3EI}{l^2} \\ -\frac{3EI}{l^3} \\ 0 \end{bmatrix}$$

Dies ist die neue erste Spalte der modifizierten Steifigkeitsmatrix. Entsprechend ist für die anderen Einheitsverformungen sowie den Lastverformungszustand zu verfahren. Wir formulieren diese Vorgehensweise jetzt in allgemeinerer Form. Durch das Einlegen eines Gelenkes muss die zugehörige Schnittgröße s_i gleich null sein.

$$s_i = \boldsymbol{k}_i^T \cdot \boldsymbol{w} + s_i^0 = 0$$

Der Vektor der Stabendverformungen $\boldsymbol{w}$ enthält die zur Schnittgröße gehörige Relativverformung Δw_i. Auflösen der Gleichung nach Δw_i ergibt:

$$\Delta w_i = -\frac{\boldsymbol{k}_i^T \cdot \boldsymbol{w}}{k_{ii}} - \frac{s_i^0}{k_{ii}}$$

Der Vektor der Stabendschnittgrößen infolge der Relativverformung folgt aus Multiplikation der *i*-ten Spalte der Steifigkeitsmatrix mit der Relativverformung:

$$\boldsymbol{s}_{(\Delta w_i)} = \boldsymbol{k}_i \cdot w_i = \boldsymbol{k}_i \cdot \left(-\frac{\boldsymbol{k}_i^T \cdot \boldsymbol{w}}{k_{ii}} - \frac{s_i^0}{k_{ii}}\right)$$

$$= -\frac{1}{k_{ii}} \cdot (\boldsymbol{k}_i \cdot \boldsymbol{k}_i^T \cdot \boldsymbol{w} + \boldsymbol{k}_i \cdot s_i^0)$$

Der Gesamtvektor der Stabendschnittgrößen ist die Summe der Schnittgrößen infolge der Knotenverformungen und der Relativverformung:

$$\tilde{\boldsymbol{s}} = \boldsymbol{s} + \boldsymbol{s}_{(w_i)} = \boldsymbol{k} \cdot \boldsymbol{w} + \boldsymbol{s}^0 - \frac{1}{k_{ii}} \cdot \boldsymbol{k}_i \cdot \boldsymbol{k}_i^T \boldsymbol{w} - \frac{1}{k_{ii}} \cdot \boldsymbol{k}_i \cdot s_i^0$$

$$= \left(\boldsymbol{k} - \frac{1}{k_{ii}} \cdot \boldsymbol{k}_i \cdot \boldsymbol{k}_i^T\right)\boldsymbol{w} + \boldsymbol{s}^0 - \frac{1}{k_{ii}} \cdot \boldsymbol{k}_i \cdot s_i^0 = \tilde{\boldsymbol{k}}\boldsymbol{w} + \tilde{\boldsymbol{s}}^0$$

$$\tilde{\boldsymbol{k}} = \boldsymbol{k} - \frac{1}{k_{ii}} \cdot \boldsymbol{k}_i \cdot \boldsymbol{k}_i^T \qquad \tilde{\boldsymbol{s}}^0 = \boldsymbol{s}^0 - \frac{1}{k_{ii}} \cdot \boldsymbol{k}_i \cdot s_i^0 \qquad (2.17)$$

Die Gleichungen (2.17) werden nun für den rechtsseitig gelenkigen Stab ausgewertet.

$$\boldsymbol{k}_i = \begin{bmatrix} -\frac{6EI}{l^2} \\ \frac{2EI}{l} \\ \frac{6EI}{l^2} \\ \frac{4EI}{l} \end{bmatrix}$$

$$\frac{1}{k_{ii}}\cdot \boldsymbol{k}_i \cdot \boldsymbol{k}_i^T = \frac{1}{\frac{4EI}{l}} \begin{bmatrix} -\frac{6EI}{l^2} \\ \frac{2EI}{l} \\ \frac{6EI}{l^2} \\ \frac{4EI}{l} \end{bmatrix} \begin{bmatrix} -\frac{6EI}{l^2} & \frac{2EI}{l} & \frac{6EI}{l^2} & \frac{4EI}{l} \end{bmatrix}$$

$$= \begin{bmatrix} \frac{9EI}{l^3} & -\frac{3EI}{l^2} & -\frac{9EI}{l^3} & -\frac{6EI}{l^2} \\ -\frac{3EI}{l^2} & \frac{EI}{l} & \frac{3EI}{l^2} & \frac{2EI}{l} \\ -\frac{9EI}{l^3} & \frac{3EI}{l^2} & \frac{9EI}{l^3} & \frac{6EI}{l^2} \\ -\frac{6EI}{l^2} & \frac{2EI}{l} & \frac{6EI}{l^2} & \frac{4EI}{l} \end{bmatrix}$$

$$\tilde{\boldsymbol{k}} = \begin{bmatrix} \frac{12EI}{l^3} & -\frac{6EI}{l^2} & -\frac{12EI}{l^3} & -\frac{6EI}{l^2} \\ -\frac{6EI}{l^2} & \frac{4EI}{l} & \frac{6EI}{l^2} & \frac{2EI}{l} \\ -\frac{12EI}{l^3} & \frac{6EI}{l^2} & \frac{12EI}{l^3} & \frac{6EI}{l^2} \\ -\frac{6EI}{l^2} & \frac{2EI}{l} & \frac{6EI}{l^2} & \frac{4EI}{l} \end{bmatrix} - \begin{bmatrix} \frac{9EI}{l^3} & -\frac{3EI}{l^2} & -\frac{9EI}{l^3} & -\frac{6EI}{l^2} \\ -\frac{3EI}{l^2} & \frac{EI}{l} & \frac{3EI}{l^2} & \frac{2EI}{l} \\ -\frac{9EI}{l^3} & \frac{3EI}{l^2} & \frac{9EI}{l^3} & \frac{6EI}{l^2} \\ -\frac{6EI}{l^2} & \frac{2EI}{l} & \frac{6EI}{l^2} & \frac{4EI}{l} \end{bmatrix}$$

$$= \begin{bmatrix} \frac{3EI}{l^3} & -\frac{3EI}{l^2} & -\frac{3EI}{l^3} & 0 \\ -\frac{3EI}{l^2} & \frac{3EI}{l} & \frac{3EI}{l^2} & 0 \\ -\frac{3EI}{l^3} & \frac{3EI}{l^2} & \frac{3EI}{l^3} & 0 \\ 0 & 0 & 0 & 0 \end{bmatrix}$$

$$\tilde{\boldsymbol{s}}^0 = \boldsymbol{s}^0 - \frac{1}{k_{ii}} \cdot \boldsymbol{k}_i \cdot s_i^0$$

$$= \begin{bmatrix} -\frac{ql}{2} \\ \frac{ql^2}{12} \\ -\frac{ql}{2} \\ -\frac{ql^2}{12} \end{bmatrix} - \frac{1}{\frac{4EI}{l}} \begin{bmatrix} -\frac{6EI}{l^2} \\ \frac{2EI}{l} \\ \frac{6EI}{l^2} \\ \frac{4EI}{l} \end{bmatrix} \cdot \left(-\frac{ql^2}{12}\right) = \begin{bmatrix} -\frac{5}{8}ql \\ \frac{ql^2}{8} \\ -\frac{3}{8}ql \\ 0 \end{bmatrix}$$

Mit der modifizierten Steifigkeitsmatrix ist es natürlich auch möglich, den Freiheitsgrad an einem gelenkigen Auflager zu eliminieren. Es muss dabei zwischen dem Auflagerknoten und dem Stabende unterschieden werden. Zur Berücksichtigung des zweiwertigen Auflagers in *Bild 2.31* a) gibt es zwei Möglichkeiten.

Die erste Möglichkeit besteht darin, den Auflagerknoten durch die Randbedingungen als zweiwertig gelagert zu definieren. Dann verbleibt die Verdrehung als Unbekannte im Gleichungssystem.

Die zweite Möglichkeit ist in *Bild 2.31 b* dargestellt. Der Auflagerknoten wird durch die Randbedingungen als dreiwertig gelagert definiert. Das Gelenk wird dem angeschlossenen Stab zugeordnet und die Verdrehung ist nicht als Unbekannte im Gleichungssystem enthalten, was für eine Handrechnung natürlich vorteilhaft ist. Bei einer Computerberechnung wird allerdings die erste Möglichkeit zum Tragen kommen, da ein Anwender die gelenkige Lagerung durch die entsprechenden Randbedingungen des Auflagerknotens eingeben wird.

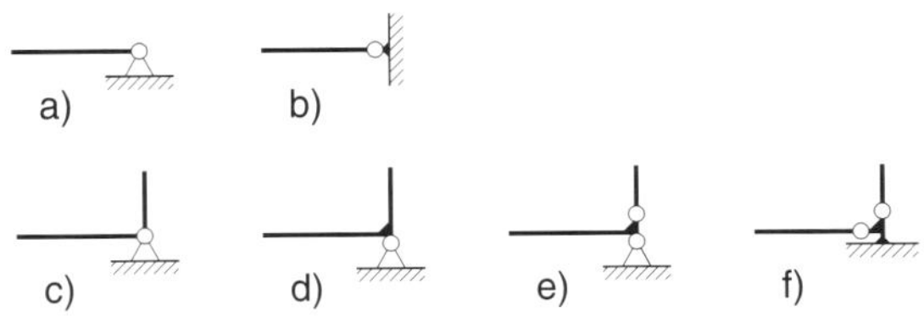

Bild 2.31 Randbedingungen und Gelenke

Sind an dem Auflager mehrere Stäbe angeschlossen, wie in *Bild 2.31 c - f* dargestellt ist, ist zu beachten, wie die in den Knoten einmündenden Stäbe miteinander verbunden sind. Wird am Auflagerknoten durch die Randbedingungen eine zweiwertige Lagerung definiert, so ergibt sich ohne weitere Maßnahme die Situation in *Bild 2.31 d*. Der Knoten, in den die zwei Stäbe einmünden, kann sich frei drehen. Durch die Zuordnung der Stabenden zum Knoten ergibt sich eine biegesteife Verbindung, beide Stabenden haben denselben Drehwinkel. Damit sich beide Stabenden unabhängig voneinander verdrehen können, wie es der Lagerung in *Bild 2.31 c* entspricht, ist in einem der beiden Stäbe ein Gelenk einzulegen, siehe *Bild 2.31 e*. Das Ende des horizontalen Stabes ist in diesem Beispiel dem Auflagerknoten zugeordnet.

Grundsätzlich kann die Lagerung in *Bild 2.31 c* auch so realisiert werden, dass der Auflagerknoten durch die Randbedingungen als dreiwertig gelagert definiert wird und an beiden Stäben ein Gelenk eingelegt wird. Dies ist in *Bild 2.31 f* dargestellt. Die Lagerungsbedingungen in *Bild 2.31 c, e,* und *f* sind mechanisch gleichwertig.

Es ist zu beachten, dass an einem Knoten, der nicht durch eine Randbedingung gegen Verdrehen gehalten ist, mindestens einer der einmündenden Stäbe ohne Gelenk angeschlossen wird, da sich der Knoten sonst ohne Krafteinwirkung verdrehen kann und einen lokalen kinematischen Mechanismus darstellt. Dann ist die Steifigkeitsmatrix singulär und das Gleichungssystem nicht lösbar.

In den folgenden Beispielen wird darauf verzichtet, an gelenkigen Auflagern die unbekannte Verdrehung durch eine modifizierte Steifigkeitsmatrix zu eleminieren, da dies nicht der Vorgehensweise bei einer Implementierung in einem Programm entspricht.

2.3 Beispiele nach Theorie I. Ordnung

Beispiel 2.1

Der in *Bild 2.32* dargestellte Durchlaufträger ist mit dem Allgemeinen Weggrößenverfahren zu berechnen.

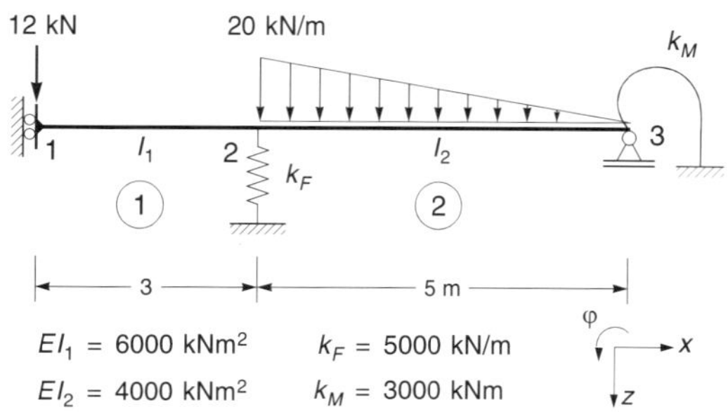

Bild 2.32 Durchlaufträger

Da beide Stäbe horizontal verlaufen, sind Biegung und Dehnung voneinander entkoppelt. Weiterhin ist keine Transformation erforderlich, da die lokalen Koordinatensysteme der Stäbe mit dem globalen Koordinatensystem übereinstimmen. Die Horizontalverschiebung ist gleich null, weil keine Kräfte in Richtung der Stabachse wirken. Gl. (2.1) kann daher auf die Freiheitsgrade w und φ reduziert werden. Die Steifigkeitsmatrix ergibt sich damit aus:

$$\boldsymbol{k} = EI \begin{bmatrix} \frac{12}{l^3} & -\frac{6}{l^2} & -\frac{12}{l^3} & -\frac{6}{l^2} \\ -\frac{6}{l^2} & \frac{4}{l} & \frac{6}{l^2} & \frac{2}{l} \\ -\frac{12}{l^3} & \frac{6}{l^2} & \frac{12}{l^3} & \frac{6}{l^2} \\ -\frac{6}{l^2} & \frac{2}{l} & \frac{6}{l^2} & \frac{4}{l} \end{bmatrix} \tag{2.18}$$

Es werden zunächst die Steifigkeitsmatrizen und Lastvektoren der beiden Stäbe ermittelt.

Stab 1

- Steifigkeitsmatrix

Die Steifigkeitsmatrix folgt durch Einsetzen in Gl. (2.18) mit $EI_1 = 6000$ und $l_1 = 3$:

$$\boldsymbol{k}^1 = \begin{bmatrix} 2666{,}67 & -4000 & -2666{,}67 & -4000 \\ -4000 & 8000 & 4000 & 4000 \\ -2666{,}67 & 4000 & 2666{,}67 & 4000 \\ -4000 & 4000 & 4000 & 8000 \end{bmatrix}$$

Stab 2

- Steifigkeitsmatrix

Entsprechend ergibt sich die Steifigkeitsmatrix $\boldsymbol{k}^2$ durch Einsetzen von $EI_2 = 4000$ und $l_2 = 5$:

$$\boldsymbol{k}^2 = \begin{bmatrix} 384 & -960 & -384 & -960 \\ -960 & 3200 & 960 & 1600 \\ -384 & 960 & 384 & 960 \\ -960 & 1600 & 960 & 3200 \end{bmatrix}$$

- Stablastvektor

Der Stablastvektor ergibt sich aus den Auflagerkraftgrößen am beidseitig eingespannten Grundelement infolge der linear verteilten Streckenlast, wie in *Bild 2.33* dargestellt ist.

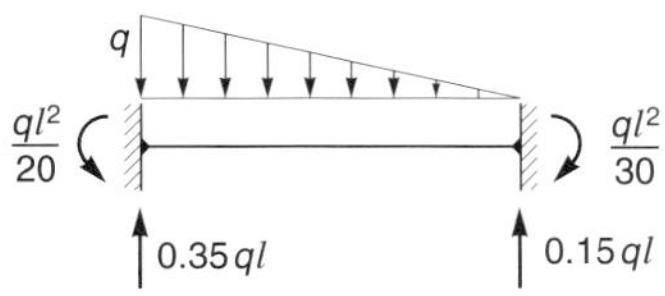

Bild 2.33 Auflagerkräfte am Grundelement

Damit folgt der Stablastvektor mit:

$$\boldsymbol{s}^{20} = \begin{bmatrix} -0.35\,ql \\ \frac{ql^2}{20} \\ -0.15\,ql \\ -\frac{ql^2}{30} \end{bmatrix} = \begin{bmatrix} -0.35 \cdot 20 \cdot 5 \\ \frac{20 \cdot 5^2}{20} \\ -0.15 \cdot 20 \cdot 5 \\ -\frac{20 \cdot 5^2}{30} \end{bmatrix} = \begin{bmatrix} -35 \\ 25 \\ -15 \\ -16.667 \end{bmatrix}$$

Die Vorzeichen ergeben sich aus der Richtung der Kraftgrößen im Vergleich zu den positiven Koordinatenrichtungen.

Aufbau der Gesamtsteifigkeitsmatrix

Die beiden Elementmatrizen werden nach Anfangs- und Endknoten partitioniert. Der erste Index bezeichnet den Knoten, an dem die Kraftgrößen wirken, der zweite Index den Knoten, dessen Verformung die Kraftgrößen erzeugt.

$$\boldsymbol{k}^1 = \begin{bmatrix} \boldsymbol{k}_{11}^1 & \boldsymbol{k}_{12}^1 \\ \boldsymbol{k}_{21}^1 & \boldsymbol{k}_{22}^1 \end{bmatrix} \qquad \boldsymbol{k}^2 = \begin{bmatrix} \boldsymbol{k}_{22}^2 & \boldsymbol{k}_{23}^2 \\ \boldsymbol{k}_{32}^2 & \boldsymbol{k}_{33}^2 \end{bmatrix}$$

Der Aufbau der Gesamtsteifigkeitsmatrix ist nachfolgend schematisch dargestellt.

$$\boldsymbol{k}_{ges} = \begin{bmatrix} \boldsymbol{k}_{11}^1 & \boldsymbol{k}_{12}^1 & \\ \boldsymbol{k}_{21}^1 & \boldsymbol{k}_{22}^1 + \boldsymbol{k}_{22}^2 & \boldsymbol{k}_{23}^2 \\ & \boldsymbol{k}_{32}^2 & \boldsymbol{k}_{33}^2 \end{bmatrix}$$

Die Untermatrizen der beiden Stäbe werden entsprechend der Nummerierung der Knoten zur Gesamtmatrix addiert. Die Anteile des ersten Stabes sind schwarz, die des zweiten Stabes farbig gekennzeichnet.

Die spaltenweise Überlappung der Matrizen resultiert daraus, dass die Verformungen beider Stäbe im Knoten 2 übereinstimmen müssen. Die zeilenweise Überlappung resultiert aus der Gleichgewichtsformulierung für den Knoten 2, da aus den Verformungen beider Stäbe Kraftgrößen in die Gleichgewichtsbedingungen eingehen.

Weiterhin werden die grau dargestellten Federsteifigkeiten auf der Hauptdiagonalen der Matrix addiert. Die Federsteifigkeit $k_F = 5000$ gehört zum 3. Freiheitsgrad der Verschiebung des Knotens 2, die Federsteifigkeit $k_M = 3000$ gehört zum 6. Freiheitsgrad, also der Verdrehung des Knotens 3. Es ergeben sich folgende Zahlenwerte:

$$\boldsymbol{k}_{ges} = \begin{array}{c} \\ \end{array} \begin{bmatrix} u_1 & \varphi_1 & u_2 & \varphi_2 & u_3 & \varphi_3 \\ \hline 2666.67 & -4000 & 2666.67 & -4000 & 0 & 0 \\ -4000 & 8000 & 4000 & 4000 & 0 & 0 \\ 2666.67 & 4000 & 2666.67 + 384 + 5000 & 4000 - 960 & -384 & -960 \\ -4000 & 4000 & 4000 - 960 & 8000 + 3200 & 960 & 1600 \\ 0 & 0 & -384 & 960 & 384 & 960 \\ 0 & 0 & -960 & 1600 & 960 & 3200 + 3000 \end{bmatrix}$$

$$\boldsymbol{k}_{ges} = \begin{bmatrix} 2666{,}67 & -4000 & -2666{,}67 & -4000 & 0 & 0 \\ -4000 & 8000 & 4000 & 4000 & 0 & 0 \\ -2666{,}67 & 4000 & 8050{,}67 & 3040 & -384 & -960 \\ -4000 & 4000 & 3040 & 11200 & 960 & 1600 \\ 0 & 0 & -384 & 960 & 384 & 960 \\ 0 & 0 & -960 & 1600 & 960 & 6200 \end{bmatrix}$$

Aufbau des Gesamtlastvektors

Die Elemente des Stablastvektors des Stabes 2 sind die Kraftgrößen, die infolge der Stabbelastung an den Knoten 2 und 3 wirken. Sie gehen daher in den Zeilen 3 bis 6 in den Gesamtlastvektor ein. Wäre der Stablastvektor des Stabes 1 ungleich null, so würden sich die Elemente beider Vektoren in den Zeilen 3 und 4, also am Knoten 2 addieren.

Neben den Stablasten sind die direkt an den Knoten wirkenden Kraftgrößen zu berücksichtigen. Nach Gl. (2.9) folgt:

$$\boldsymbol{p} = \boldsymbol{s} - \boldsymbol{p}^0 = \begin{bmatrix} 0 \\ 0 \\ -35 \\ 25 \\ -15 \\ -16.67 \end{bmatrix} - \begin{bmatrix} 12 \\ 0 \\ 0 \\ 0 \\ 0 \\ 0 \end{bmatrix} = \begin{bmatrix} -12 \\ 0 \\ -35 \\ 25 \\ -15 \\ -16.67 \end{bmatrix}$$

Gleichungssystem mit Berücksichtigung der Randbedingungen

$$\begin{bmatrix} 2666{,}67 & -4000 & -2666{,}67 & -4000 & 0 & 0 \\ -4000 & 8000 & 4000 & 4000 & 0 & 0 \\ -2666{,}67 & 4000 & 8050{,}67 & 3040 & -384 & -960 \\ -4000 & 4000 & 3040 & 11200 & 960 & 1600 \\ 0 & 0 & -384 & 960 & 384 & 960 \\ 0 & 0 & -960 & 1600 & 960 & 6200 \end{bmatrix} \begin{bmatrix} w_1 \\ \varphi_1 \\ w_2 \\ \varphi_2 \\ w_3 \\ \varphi_3 \end{bmatrix} + \begin{bmatrix} -12 \\ 0 \\ -35 \\ 25 \\ -15 \\ -16{,}67 \end{bmatrix} = \begin{bmatrix} 0 \\ 0 \\ 0 \\ 0 \\ 0 \\ 0 \end{bmatrix}$$

Aufgrund der Lagerungsbedingungen des Systems sind die Verdrehung φ_1 und die Verschiebung w_3 gleich null. Die zweite und fünfte Spalte und Zeile können daher gestrichen werden. Dies führt auf das folgende reduzierte Gleichungssystem:

$$\begin{bmatrix} 2666{,}67 & -2666{,}67 & -4000 & 0 \\ -2666{,}67 & 8050{,}67 & 3040 & -960 \\ -4000 & 3040 & 11200 & 1600 \\ 0 & -960 & 1600 & 6200 \end{bmatrix} \begin{bmatrix} w_1 \\ w_2 \\ \varphi_2 \\ \varphi_3 \end{bmatrix} + \begin{bmatrix} -12 \\ -35 \\ 25 \\ -16{,}67 \end{bmatrix} = \begin{bmatrix} 0 \\ 0 \\ 0 \\ 0 \end{bmatrix}$$

Mit der Lösung:

$$\begin{bmatrix} w_1 \\ w_2 \\ \varphi_2 \\ \varphi_3 \end{bmatrix} = \begin{bmatrix} 0{,}01238120 \\ 0{,}00933820 \\ -0{,}00097133 \\ 0{,}00438475 \end{bmatrix}$$

Ermittlung der Stabendschnittgrößen

Die Stabendschnittgrößen ergeben sich nach Gl. (2.3) durch eine Nachlaufrechnung aus den bekannten Verformungen.

Stab 1

Der Vektor der Stabendverformungen folgt aus dem Lösungsvektor mit:

$$\begin{bmatrix} w_1 \\ \varphi_1 \\ w_2 \\ \varphi_2 \end{bmatrix} = \begin{bmatrix} 0{,}01238120 \\ 0 \\ 0{,}00933820 \\ -0{,}00097133 \end{bmatrix}$$

Da keine Stabbelastung vorhanden ist, ist $\boldsymbol{s}^0$ gleich null und die Schnittgrößen ergeben sich aus dem Produkt von Steifigkeitsmatrix und Verformungsvektor:

$$\boldsymbol{s} = \boldsymbol{k} \cdot \boldsymbol{w}$$

$$\begin{bmatrix} V_1 \\ M_1 \\ V_{2,\text{li}} \\ M_2 \end{bmatrix} = \begin{bmatrix} 2666{,}67 & -4000 & -2666{,}67 & -4000 \\ -4000 & 8000 & 4000 & 4000 \\ -2666{,}67 & 4000 & 2666{,}67 & 4000 \\ -4000 & 4000 & 4000 & 8000 \end{bmatrix} \cdot \begin{bmatrix} 0{,}01238120 \\ 0 \\ 0{,}00933820 \\ -0{,}00097133 \end{bmatrix}$$

$$= \begin{bmatrix} 12{,}000 \\ -16{,}057 \\ -12{,}000 \\ -19{,}943 \end{bmatrix}$$

Stab 2

Vektor der Stabendverformungen

$$\begin{bmatrix} w_2 \\ \varphi_2 \\ w_3 \\ \varphi_3 \end{bmatrix} = \begin{bmatrix} 0{,}00933820 \\ -0{,}00097133 \\ 0 \\ 0{,}00438475 \end{bmatrix}$$

$$\boldsymbol{s} = \boldsymbol{k} \cdot \boldsymbol{w} + \boldsymbol{s}^0$$

$$\begin{bmatrix} V_{2,\text{re}} \\ M_2 \\ V_3 \\ M_3 \end{bmatrix} = \begin{bmatrix} 384 & -960 & -384 & -960 \\ -960 & 3200 & 960 & 1600 \\ -384 & 960 & 384 & 960 \\ -960 & 1600 & 960 & 3200 \end{bmatrix} \cdot \begin{bmatrix} 0{,}00933820 \\ -0{,}00097133 \\ 0 \\ 0{,}00438475 \end{bmatrix} + \begin{bmatrix} -35 \\ 25 \\ -15 \\ -16{,}667 \end{bmatrix}$$

$$= \begin{bmatrix} -34{,}691 \\ 19{,}943 \\ -15{,}309 \\ -13{,}154 \end{bmatrix}$$

Ermittlung der Auflagereaktionen

Die Auflagerreaktionen folgen aus den Gleichgewichtsbedingungen an den Knoten, an denen die zugehörigen Verformungen vorgeschrieben sind. Dies sind die Zeilen des Gesamtgleichungssystems, die aufgrund der Randbedingungen gestrichen wurden. Für das vorliegende Beispiel sind dies die Zeilen 2 und 5 des nicht reduzierten Gesamtgleichungssystems. Der Vektor der Verformungen wird um die Werte der vorgeschriebenen Verformungen ergänzt. In diesem Fall sind diese Verformungen gleich null.

$$\begin{bmatrix} w_1 \\ \varphi_1 \\ w_2 \\ \varphi_2 \\ w_3 \\ \varphi_3 \end{bmatrix} = \begin{bmatrix} 0{,}01238120 \\ 0 \\ 0{,}00933820 \\ -0{,}00097133 \\ 0 \\ 0{,}00438475 \end{bmatrix}$$

$$\begin{bmatrix} M_1 \\ V_3 \end{bmatrix} = \begin{bmatrix} -4000 & 8000 & 4000 & 4000 & 0 & 0 \\ 0 & 0 & -384 & 960 & 384 & 960 \end{bmatrix} \cdot \begin{bmatrix} 0{,}01238120 \\ 0 \\ 0{,}00933820 \\ -0{,}00097133 \\ 0 \\ 0{,}00438475 \end{bmatrix}$$

$$+ \begin{bmatrix} 0 \\ -15 \end{bmatrix} = \begin{bmatrix} -16{,}057 \\ -15{,}309 \end{bmatrix}$$

Die Reaktionskräfte in den elastisch gelagerten Punkten ergeben sich aus dem Produkt der Federsteifigkeit mit der bekannten Knotenverformung. Für die Federkraft im Punkt 2 folgt:

$$F = k_F \cdot w_2 = 5000 \cdot 0.00933820 = 46.691$$

und für das Federmoment im Punkt 3:

$$M = k_M \cdot \varphi_3 = 3000 \cdot 0.00438475 = 13.154$$

Die Schnittgrößenverläufe sowie die Reaktionskräfte sind in *Bild 2.34*, die Biegelinie in *Bild 2.35* dargestellt.

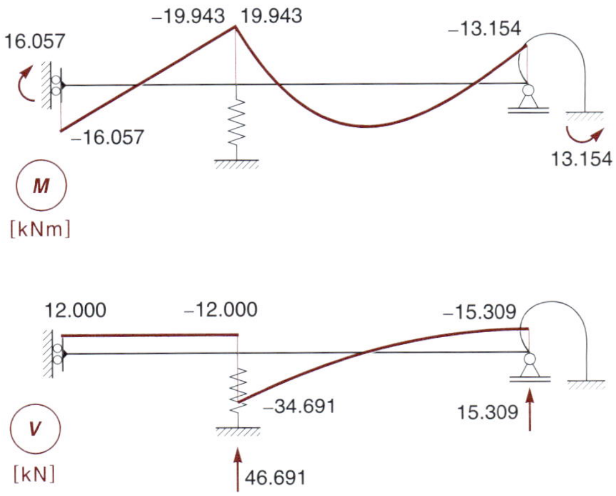

Bild 2.34 Schnittgrößenverläufe und Reaktionskräfte

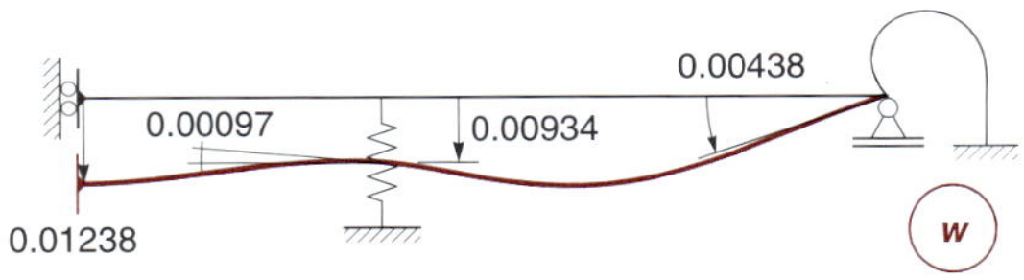

Bild 2.35 Biegelinie

Beispiel 2.2

Das in *Bild 2.36* dargestellte Rahmentragwerk ist mit dem Allgemeinen Weggrößenverfahren zu berechnen.

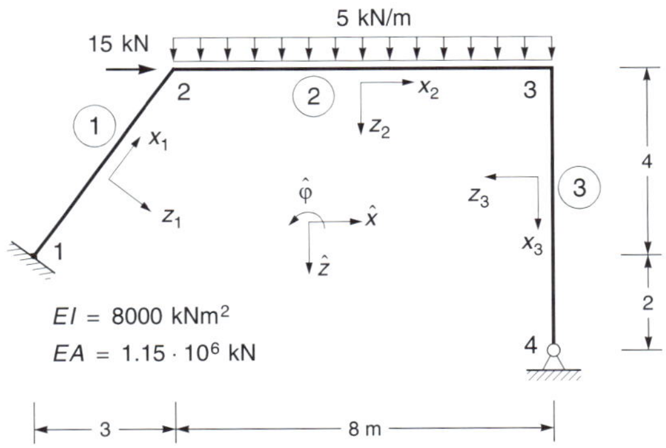

Bild 2.36 Rahmentragwerk

Es erfolgt zunächst die Zuordnung der Stäbe zu den Knoten durch die Inzidenzmatrix in *Tabelle 2.3*. Damit sind zugleich die in *Bild 2.36* eingetragenen lokalen Koordinatensysteme festgelegt.

Tabelle 2.3 Inzidenzmatrix

Stab	Anfangsknoten	Endknoten
1	1	2
2	2	3
3	3	4

Da die lokalen Koordinatensysteme der Stäbe 1 und 3 nicht mit dem globalen Koordinatensystem übereinstimmen, ist für die Steifigkeitsmatrizen dieser Stäbe eine Transformation ins globale Koordinatensystem erforderlich. Die lokalen Steifigkeitsmatrizen folgen durch Einsetzen von $EI = 8000\ \text{kNm}^2$ und $EA = 1.15 \cdot 10^6\ \text{kN}$ sowie der jeweiligen Länge des Stabes in Gl. (2.1).

Stab 1

- Lokale Steifigkeitsmatrix

$$k^1 = \begin{bmatrix} 230000 & 0 & 0 & -230000 & 0 & 0 \\ 0 & 768 & -1920 & 0 & -768 & -1920 \\ 0 & -1920 & 6400 & 0 & 1920 & 3200 \\ -230000 & 0 & 0 & 230000 & 0 & 0 \\ 0 & -768 & 1920 & 0 & 768 & 1920 \\ 0 & -1920 & 3200 & 0 & 1920 & 6400 \end{bmatrix}$$

- Transformationsmatrix

Der Winkel α von der globalen zur lokalen x-Achse beträgt 53.13°. Mit $\sin\alpha = 0.8$ und $\cos\alpha = 0.6$ ergibt sich die Transformationsmatrix nach Gl. (2.5):

$$T^1 = \begin{bmatrix} 0{,}6 & -0{,}8 & 0 & 0 & 0 & 0 \\ 0{,}8 & 0{,}6 & 0 & 0 & 0 & 0 \\ 0 & 0 & 1 & 0 & 0 & 0 \\ 0 & 0 & 0 & 0{,}6 & -0{,}8 & 0 \\ 0 & 0 & 0 & 0{,}8 & 0{,}6 & 0 \\ 0 & 0 & 0 & 0 & 0 & 1 \end{bmatrix} \qquad (2.19)$$

- Globale Steifigkeitsmatrix

Die Transformation erfolgt nach Gl. (2.8) mit:

$$\hat{k}^1 = T^{1^T} k^1 T^1$$

$$\hat{k}^1 = \begin{bmatrix} 83291 & -110031 & -1536 & -83291 & 110031 & -1536 \\ -110031 & 147477 & -1152 & 110031 & -147477 & -1152 \\ -1536 & -1152 & 6400 & 1536 & 1152 & 3200 \\ -83291 & 110031 & 1536 & 83291 & -110031 & 1536 \\ 110031 & -147477 & 1152 & -110031 & 147477 & 1152 \\ -1536 & -1152 & 3200 & -1536 & 1152 & 6400 \end{bmatrix}$$

Stab 2

Da bei diesem Stab das lokale mit dem globalen Koordinatensystem übereinstimmt, ist keine Transformation erforderlich.

- Lokale und globale Steifigkeitsmatrix

$$\hat{k}^2 = \begin{bmatrix} 143750 & 0 & 0 & -143750 & 0 & 0 \\ 0 & 187{,}5 & -750 & 0 & -187{,}5 & -750 \\ 0 & -750 & 4000 & 0 & 750 & 2000 \\ -143750 & 0 & 0 & 143750 & 0 & 0 \\ 0 & -187{,}5 & 750 & 0 & 187{,}5 & 750 \\ 0 & -750 & 2000 & 0 & 750 & 4000 \end{bmatrix}$$

- Vektor der Stabendschnittgrößen infolge der Streckenlast

$$s^{20} = \begin{bmatrix} 0 \\ -20 \\ 26.667 \\ 0 \\ -20 \\ -26.667 \end{bmatrix}$$

Stab 3

- Lokale Steifigkeitsmatrix

$$k^3 = \begin{bmatrix} 1916667 & 0 & 0 & -1916667 & 0 & 0 \\ 0 & 444{,}4 & -1333{,}3 & 0 & -444{,}4 & -1333{,}3 \\ 0 & -1333{,}3 & 5333{,}3 & 0 & 1333{,}3 & 2666{,}7 \\ -1916667 & 0 & 0 & 1916667 & 0 & 0 \\ 0 & -444{,}4 & 1333{,}3 & 0 & 444{,}4 & 1333{,}3 \\ 0 & -1333{,}3 & 2666{,}7 & 0 & 1333{,}3 & 5333{,}3 \end{bmatrix}$$

- Transformationsmatrix

Der Winkel α von der globalen zur lokalen x-Achse beträgt –90°. Mit $\sin\alpha = -1$ und $\cos\alpha = 0$ ergibt sich die Transformationsmatrix nach Gl. (2.5):

$$T^3 = \begin{bmatrix} 0 & 1 & 0 & 0 & 0 & 0 \\ -1 & 0 & 0 & 0 & 0 & 0 \\ 0 & 0 & 1 & 0 & 0 & 0 \\ 0 & 0 & 0 & 0 & 1 & 0 \\ 0 & 0 & 0 & -1 & 0 & 0 \\ 0 & 0 & 0 & 0 & 0 & 1 \end{bmatrix}$$

- Globale Steifigkeitsmatrix

$$\hat{k}^3 = T^{3^T} k^3 T^3$$

$$\hat{k}^3 = \begin{bmatrix} 444{,}4 & 0 & 1333{,}3 & -444{,}4 & 0 & 1333{,}3 \\ 0 & 1916667 & 0 & 0 & -1916667 & 0 \\ 1333{,}3 & 0 & 5333{,}3 & -1333{,}3 & 0 & 2666{,}7 \\ -444{,}4 & 0 & -1333{,}3 & 444{,}4 & 0 & -1333{,}3 \\ 0 & -1916667 & 0 & 0 & 1916667 & 0 \\ 1333{,}3 & 0 & 2666{,}7 & -1333{,}3 & 0 & 5333{,}3 \end{bmatrix}$$

Aufbau der Gesamtsteifigkeitsmatrix

Die Elementmatrizen werden nach Anfangs- und Endknoten partitioniert.

$$\hat{\boldsymbol{k}}^1 = \begin{bmatrix} \hat{\boldsymbol{k}}^1_{11} & \hat{\boldsymbol{k}}^1_{12} \\ \hat{\boldsymbol{k}}^1_{21} & \hat{\boldsymbol{k}}^1_{22} \end{bmatrix} \quad \hat{\boldsymbol{k}}^2 = \begin{bmatrix} \hat{\boldsymbol{k}}^2_{22} & \hat{\boldsymbol{k}}^2_{23} \\ \hat{\boldsymbol{k}}^2_{32} & \hat{\boldsymbol{k}}^2_{33} \end{bmatrix} \quad \hat{\boldsymbol{k}}^3 = \begin{bmatrix} \hat{\boldsymbol{k}}^3_{33} & \hat{\boldsymbol{k}}^3_{34} \\ \hat{\boldsymbol{k}}^3_{43} & \hat{\boldsymbol{k}}^3_{44} \end{bmatrix}$$

Der schematische Aufbau der Gesamtsteifigkeitsmatrix ist nachfolgend dargestellt.

$$\hat{\boldsymbol{k}}_{ges} = \begin{bmatrix} \hat{\boldsymbol{k}}^1_{11} & \hat{\boldsymbol{k}}^1_{12} & & \\ \hat{\boldsymbol{k}}^1_{21} & \hat{\boldsymbol{k}}^1_{22} + \hat{\boldsymbol{k}}^2_{22} & \hat{\boldsymbol{k}}^2_{23} & \\ & \hat{\boldsymbol{k}}^2_{32} & \hat{\boldsymbol{k}}^2_{33} + \hat{\boldsymbol{k}}^3_{33} & \hat{\boldsymbol{k}}^3_{34} \\ & & \hat{\boldsymbol{k}}^3_{43} & \hat{\boldsymbol{k}}^3_{44} \end{bmatrix}$$

Am Knoten 1 sind alle Verformungen, am Knoten 4 sind beide Verschiebungen gleich null. Die Zeilen und Spalten 1, 2, 3 sowie 10 und 11 können daher gestrichen werden. Damit ergibt sich das angegebene reduzierte Gleichungssystem.

Aufbau des Gesamtlastvektors

Der Elementlastvektor des Stabes 2 wird in den Zeilen 4 bis 9 in den Gesamtlastvektor addiert. Weiterhin ist die Einzelkraft von 15 kN am Knoten 2 in der 4. Zeile zu berücksichtigen. Damit ergibt sich:

$$\boldsymbol{p} = \boldsymbol{s} - \boldsymbol{p}^0 = \begin{bmatrix} 0 \\ 0 \\ 0 \\ 0 \\ -20 \\ 26.667 \\ 0 \\ -20 \\ -26.667 \\ 0 \\ 0 \\ 0 \end{bmatrix} - \begin{bmatrix} 0 \\ 0 \\ 0 \\ 15 \\ 0 \\ 0 \\ 0 \\ 0 \\ 0 \\ 0 \\ 0 \\ 0 \end{bmatrix} = \begin{bmatrix} 0 \\ 0 \\ 0 \\ -15 \\ -20 \\ 26.667 \\ 0 \\ -20 \\ -26.667 \\ 0 \\ 0 \\ 0 \end{bmatrix}$$

Aufbau des Gleichungssystem mit Berücksichtigung der Randbedingungen

83291	–110031	–1536	–83291	110031	–1536	0	0	0	0	0	0	u_1		0		0
–110031	147476	–1152	110031	–147476	–1152	0	0	0	0	0	0	w_1		0		0
–1536	–1152	6400	1536	1152	3200	0	0	0	0	0	0	φ_1		0		0
–83291	110031	1536	227041	–110031	1536	–143750	0	0	0	0	0	u_2		–15		0
110031	–147476	1152	–110031	147664	402	0	–187,5	–750	0	0	0	w_2		–20		0
–1536	–1152	3200	1536	402	10400	0	750	2000	0	0	0	φ_2	+	26,667	=	0
0	0	0	–143750	0	0	144194	0	1333,3	–444,4	0	1333,3	u_3		0		0
0	0	0	0	–187,5	750	0	191854,2	750	0	–191666	0	w_3		–20		0
0	0	0	0	–750	2000	1333,3	750	9333,3	–1333,3	0	2666,7	φ_3		–26,667		0
0	0	0	0	0	0	–444,4	0	–1333,3	444,4	0	–1333,3	u_4		0		0
0	0	0	0	0	0	0	–191666,7	0	0	191666	0	w_4		0		0
0	0	0	0	0	0	1333,3	0	2666,7	–1333,3	0	5333,3	φ_4		0		0

Reduziertes Gleichungssystem nach Berücksichtigung der Randbedingungen

227041	–110031	1536	–143750	0	0	0	u_2		–15		0		u_2		0,0330126
–110031	147664	402	0	–187,5	–750	0	w_2		–20		0		w_2		–0,0247872
1536	402	10400	0	750	2000	0	φ_2		26,667		0		φ_2		–0,0094182
–143750	0	0	144194	0	1333,3	1333,3	u_3	+	0	=	0	⇒	u_3	=	0,0329628
0	–187,5	750	0	191854,2	750	0	w_3		–20		0		w_3		–0,0001448
0	–750	2000	1333,3	750	9333,3	2666,7	φ_3		–26,667		0		φ_3		0,0052512
0	0	0	1333,3	0	2666,7	5333,3	φ_4		0		0		φ_4		–0,0108663

2

Ermittlung der Stabendschnittgrößen

Die Stabendschnittgrößen folgen wiederum aus Gl. (2.3) mit den bekannten Verformungen.

Stab 1

Der Vektor der globalen Stabendverformungen folgt aus dem Lösungsvektor mit:

$$\begin{bmatrix} u_1 \\ w_1 \\ \varphi_1 \\ u_2 \\ w_2 \\ \varphi_2 \end{bmatrix} = \begin{bmatrix} 0 \\ 0 \\ 0 \\ 0{,}0330126 \\ -0{,}0247872 \\ -0{,}0094182 \end{bmatrix}$$

Für Gl. (2.3) wird der Vektor der lokalen Stabendverformungen benötigt. Dieser folgt durch Rücktransformation aus Gl. (2.4) mit der Transformationsmatrix in Gl. (2.19).

$$\mathbf{w}^1 = \mathbf{T}^1 \hat{\mathbf{w}}^1$$

$$= \begin{bmatrix} 0{,}6 & -0{,}8 & 0 & 0 & 0 & 0 \\ 0{,}8 & 0{,}6 & 0 & 0 & 0 & 0 \\ 0 & 0 & 1 & 0 & 0 & 0 \\ 0 & 0 & 0 & 0{,}6 & -0{,}8 & 0 \\ 0 & 0 & 0 & 0{,}8 & 0{,}6 & 0 \\ 0 & 0 & 0 & 0 & 0 & 1 \end{bmatrix} \begin{bmatrix} 0 \\ 0 \\ 0 \\ 0{,}0330126 \\ -0{,}0247872 \\ -0{,}0094182 \end{bmatrix} = \begin{bmatrix} 0 \\ 0 \\ 0 \\ -0{,}0002218 \\ 0{,}0412824 \\ -0{,}0094182 \end{bmatrix}$$

Da keine Stabbelastung vorhanden ist, ist $\mathbf{s}^0$ gleich null und die Schnittgrößen ergeben sich aus:

$$\mathbf{s} = \mathbf{k} \cdot \mathbf{w}$$

$$\begin{bmatrix} 230000 & 0 & 0 & -230000 & 0 & 0 \\ 0 & 768 & -1920 & 0 & -768 & -1920 \\ 0 & -1920 & 6400 & 0 & 1920 & 3200 \\ -230000 & 0 & 0 & 230000 & 0 & 0 \\ 0 & -768 & 1920 & 0 & 768 & 1920 \\ 0 & -1920 & 3200 & 0 & 1920 & 6400 \end{bmatrix} \cdot \begin{bmatrix} 0 \\ 0 \\ 0 \\ -0{,}0002218 \\ 0{,}0412824 \\ -0{,}0094182 \end{bmatrix}$$

$$= \begin{bmatrix} N_1 \\ V_1 \\ M_1 \\ N_2 \\ V_2 \\ M_2 \end{bmatrix} = \begin{bmatrix} 5{,}1014 \\ -13{,}6219 \\ 49{,}1236 \\ -5{,}1014 \\ 13{,}6219 \\ 18{,}9856 \end{bmatrix}$$

Stab 2

Vektor der Stabendverformungen

$$\begin{bmatrix} u_2 \\ w_2 \\ \varphi_2 \\ u_3 \\ w_3 \\ \varphi_3 \end{bmatrix} = \begin{bmatrix} 0{,}0330126 \\ -0{,}0247872 \\ -0{,}0094182 \\ 0{,}0329628 \\ -0{,}0001448 \\ 0{,}0052512 \end{bmatrix}$$

$$\mathbf{s} = \mathbf{k} \cdot \mathbf{w} + \mathbf{s}^0$$

$$\begin{bmatrix} 143750 & 0 & 0 & -143750 & 0 & 0 \\ 0 & 187{,}5 & -750 & 0 & -187{,}5 & -750 \\ 0 & -750 & 4000 & 0 & 750 & 2000 \\ -143750 & 0 & 0 & 143750 & 0 & 0 \\ 0 & -187{,}5 & 750 & 0 & 187{,}5 & 750 \\ 0 & -750 & 2000 & 0 & 750 & 4000 \end{bmatrix} \cdot \begin{bmatrix} 0{,}0330126 \\ -0{,}0247872 \\ -0{,}0094182 \\ 0{,}0329628 \\ -0{,}0001448 \\ 0{,}0052512 \end{bmatrix}$$

$$+ \begin{bmatrix} 0 \\ -20 \\ -26{,}667 \\ 0 \\ -20 \\ 26{,}667 \end{bmatrix} = \begin{bmatrix} N_2 \\ V_2 \\ M_2 \\ N_3 \\ V_3 \\ M_3 \end{bmatrix} = \begin{bmatrix} 7{,}1633 \\ -12{,}2543 \\ -18{,}9856 \\ -7{,}1633 \\ -27{,}7457 \\ -42{,}9801 \end{bmatrix}$$

Stab 3

Vektor der globalen Stabendverformungen

$$\begin{bmatrix} u_3 \\ w_3 \\ \varphi_3 \\ u_4 \\ w_4 \\ \varphi_4 \end{bmatrix} = \begin{bmatrix} 0{,}0329628 \\ -0{,}0001448 \\ 0{,}0052512 \\ 0 \\ 0 \\ -0{,}0108663 \end{bmatrix}$$

Der Vektor der lokalen Stabendverformungen ergibt sich durch Rücktransformation zu:

$$\mathbf{w}^3 = \mathbf{T}^3 \hat{\mathbf{w}}^3$$

$$= \begin{bmatrix} 0 & 1 & 0 & 0 & 0 & 0 \\ -1 & 0 & 0 & 0 & 0 & 0 \\ 0 & 0 & 1 & 0 & 0 & 0 \\ 0 & 0 & 0 & 0 & 1 & 0 \\ 0 & 0 & 0 & -1 & 0 & 0 \\ 0 & 0 & 0 & 0 & 0 & 1 \end{bmatrix} \begin{bmatrix} 0{,}0329628 \\ -0{,}0001448 \\ 0{,}0052512 \\ 0 \\ 0 \\ -0{,}0108663 \end{bmatrix} = \begin{bmatrix} 0{,}0001448 \\ -0{,}0329628 \\ 0{,}0052512 \\ 0 \\ 0 \\ -0{,}0108663 \end{bmatrix}$$

$$\mathbf{s} = \mathbf{k} \cdot \mathbf{w}$$

$$
\begin{bmatrix}
1916667 & 0 & 0 & -1916667 & 0 & 0 \\
0 & 444{,}4 & -1333{,}3 & 0 & -444{,}4 & -1333{,}3 \\
0 & -1333{,}3 & 5333{,}3 & 0 & 1333{,}3 & 2666{,}7 \\
-1916667 & 0 & 0 & 1916667 & 0 & 0 \\
0 & -444{,}4 & 1333{,}3 & 0 & 444{,}4 & 1333{,}3 \\
0 & -1333{,}3 & 2666{,}7 & 0 & 1333{,}3 & 5333{,}3
\end{bmatrix}
\begin{bmatrix}
0{,}0001448 \\ -0{,}0329628 \\ 0{,}0052512 \\ 0 \\ 0 \\ -0{,}0108663
\end{bmatrix}
=
\begin{bmatrix}
N_3 \\ V_3 \\ M_3 \\ N_4 \\ V_4 \\ M_4
\end{bmatrix}
=
\begin{bmatrix}
27{,}7457 \\ -7{,}1633 \\ 42{,}9801 \\ -27{,}7457 \\ 7{,}1633 \\ 0
\end{bmatrix}
$$

Ermittlung der Auflagereaktionen

Es werden die Zeilen des Gesamtgleichungssystems, die aufgrund der Randbedingungen gestrichen wurden, mit dem Vektor der globalen Verformungen multipliziert. In diesem Fall sind dies die Zeilen 1 bis 3 sowie 10 und 11 des nicht reduzierten Gesamtgleichungssystems. Der Vektor der Verformungen wird um die Werte der vorgeschriebenen Verformungen ergänzt. In diesem Fall sind diese Verformungen gleich null.

$$
\begin{bmatrix}
83291 & -110031 & -1536 & -83291 & 110031 & -1536 & 0 & 0 & 0 & 0 & 0 & 0 \\
-110031 & 147476 & -1152 & 110031 & -147476 & -1152 & 0 & 0 & 0 & 0 & 0 & 0 \\
-1536 & -1152 & 6400 & 1536 & 1152 & 3200 & 0 & 0 & 0 & 0 & 0 & 0 \\
0 & 0 & 0 & 0 & 0 & 0 & -444{,}4 & 0 & -1333{,}3 & 444{,}4 & 0 & -1333{,}3 \\
0 & 0 & 0 & 0 & 0 & 0 & 0 & -191666{,}7 & 0 & 0 & 191666 & 0
\end{bmatrix}
\begin{bmatrix}
0 \\ 0 \\ 0 \\ 0{,}0330126 \\ -0{,}0247872 \\ -0{,}0094182 \\ 0{,}0329628 \\ -0{,}0001448 \\ 0{,}0052512 \\ 0 \\ 0 \\ -0{,}0108663
\end{bmatrix}
=
\begin{bmatrix}
-7{,}8367 \\ -12{,}2543 \\ 49{,}1239 \\ -7{,}1633 \\ -27{,}7457
\end{bmatrix}
$$

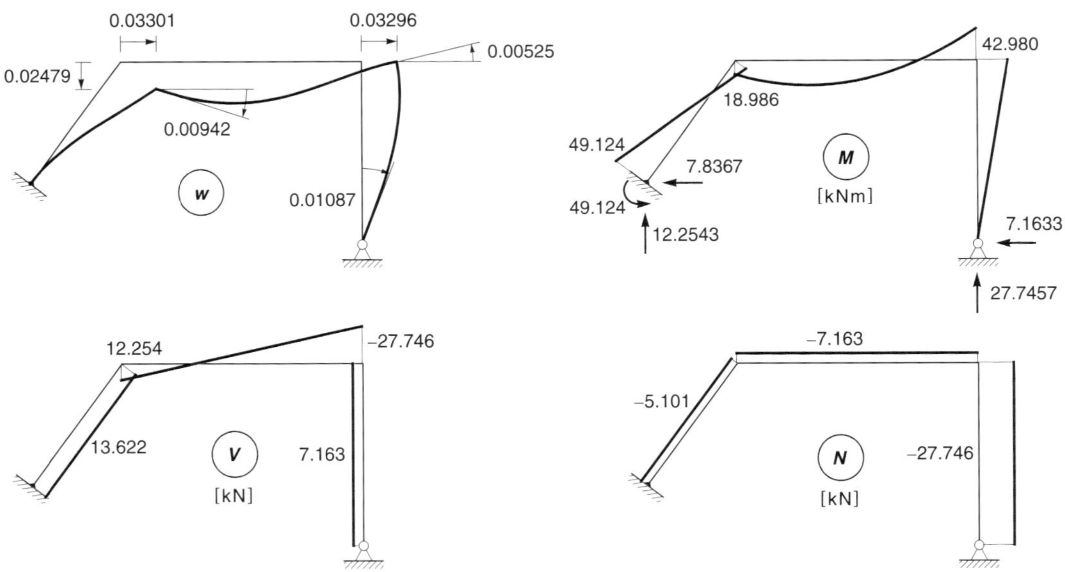

Bild 2.37 Zustandslinien

2.4 Beispiele nach Theorie II. Ordnung

Beispiel 2.3

Der in *Bild 2.38* dargestellte Kragträger ist nach Theorie II. Ordnung mit dem Allgemeinen Weggrößenverfahren zu berechnen.

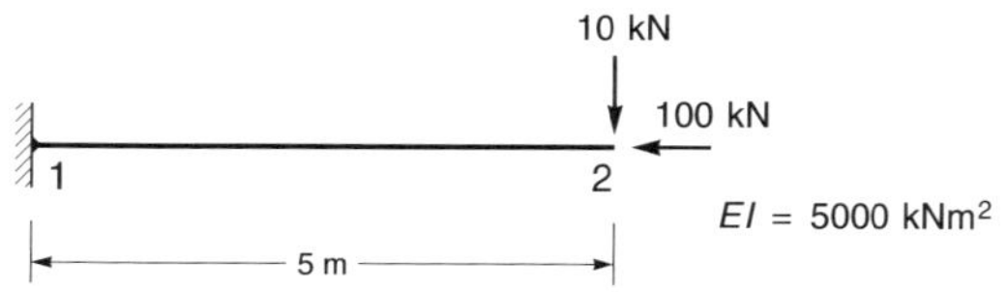

Bild 2.38 Kragträger

- Exakte Steifigkeitsmatrix

Wir legen der Berechnung zunächst die exakte Steifigkeitsmatrix nach Gl. (2.10) zugrunde.

$$\varepsilon = 5 \cdot \sqrt{\frac{100}{5000}} = 0.70710678 \Rightarrow \begin{cases} \alpha = 3.9328921 \\ \beta = 2.0169283 \end{cases}$$

Gleichungssystem mit Berücksichtigung der Randbedingungen

Einsetzen der Parameter in Gl. (2.10) ergibt:

$$\boldsymbol{k} = \begin{bmatrix} 455.986 & -1189.964 & -455.986 & -1189.964 \\ -1189.964 & 3932.892 & 1189.964 & 2016.928 \\ -455.986 & 1189.964 & 455.986 & 1189.964 \\ -1189.964 & 2016.928 & 1189.964 & 3932.892 \end{bmatrix}$$

Da nur ein Stab vorliegt, entspricht die Steifigkeitsmatrix des Stabes der Gesamtsteifigkeitsmatrix. Am linken Stabende sind alle Verformungen gleich null, so dass die ersten beiden Zeilen und Spalten gestrichen werden können. Die Kraft von 10 kN geht in den Knotenlastvektor in der ersten Zeile ein.

$$\begin{bmatrix} 455.986 & 1189.964 \\ 1189.964 & 3932.892 \end{bmatrix} \begin{bmatrix} w_2 \\ \varphi_2 \end{bmatrix} = \begin{bmatrix} 10 \\ 0 \end{bmatrix}$$

$$\begin{bmatrix} w_2 \\ \varphi_2 \end{bmatrix} = \begin{bmatrix} 0.104230 \\ -0.031537 \end{bmatrix}$$

Ermittlung der Stabendschnittgrößen

$$\begin{bmatrix} 455.986 & -1189.964 & -455.986 & -1189.964 \\ -1189.964 & 3932.892 & 1189.964 & 2016.928 \\ -455.986 & 1189.964 & 455.986 & 1189.964 \\ -1189.964 & 2016.928 & 1189.964 & 3932.892 \end{bmatrix} \begin{bmatrix} 0 \\ 0 \\ 0.104230 \\ -0.031537 \end{bmatrix}$$

$$= \begin{bmatrix} V_1 \\ M_1 \\ V_2 \\ M_2 \end{bmatrix} = \begin{bmatrix} -10 \\ 60.423 \\ 10 \\ 0 \end{bmatrix}$$

- Steifigkeitsmatrix aus Näherungsansatz

Nach Gl. (2.11) ergibt sich die Näherung für Theorie II. Ordnung mit:

$\boldsymbol{k} = \boldsymbol{k}_{(EI)} + \boldsymbol{k}_{(H)}$ mit $\boldsymbol{k}_{(H)}$ nach Gl. (2.12)

$$\boldsymbol{k}_{(EI)} = \frac{EI}{l^3} \begin{bmatrix} 12 & -6l & -12 & -6l \\ -6l & 4l^2 & 6l & 2l^2 \\ -12 & 6l & 12 & 6l \\ -6l & 2l^2 & 6l & 4l^2 \end{bmatrix} = \begin{bmatrix} 480 & -1200 & -480 & -1200 \\ -1200 & 4000 & 1200 & 2000 \\ -480 & 1200 & 480 & 1200 \\ -1200 & 2000 & 1200 & 4000 \end{bmatrix}$$

$$\boldsymbol{k}_{(H)} = \frac{H}{30} \begin{bmatrix} \frac{36}{l} & -3 & \frac{-36}{l} & -3 \\ -3 & 4l & 3 & -l \\ \frac{-36}{l} & 3 & \frac{36}{l} & 3 \\ -3 & -l & 3 & 4l \end{bmatrix} = \begin{bmatrix} -24 & 10 & 24 & 10 \\ 10 & -66.667 & -10 & 66.667 \\ 24 & -10 & -24 & -10 \\ 10 & 66.667 & -10 & -66.667 \end{bmatrix}$$

$$\boldsymbol{k}_{(EI)} + \boldsymbol{k}_{(H)} = \begin{bmatrix} 456 & -1190 & -456 & -1190 \\ -1190 & 3933.333 & 1190 & 2016.667 \\ -456 & 1190 & 456 & 1190 \\ -1190 & 2016.667 & 1190 & 3933.333 \end{bmatrix}$$

Nach Berücksichtigung der Randbedingungen und Lösen des Gleichungssystems ergeben sich die Verformungen am Knoten 2.

$$\begin{bmatrix} 456 & 1190 \\ 1190 & 3933.333 \end{bmatrix} \begin{bmatrix} w_2 \\ \varphi_2 \end{bmatrix} = \begin{bmatrix} 10 \\ 0 \end{bmatrix}$$

$$\begin{bmatrix} w_2 \\ \varphi_2 \end{bmatrix} = \begin{bmatrix} 0.104194 \\ -0.031523 \end{bmatrix}$$

Ermittlung der Stabendschnittgrößen

$$\begin{bmatrix} T_1 \\ M_1 \\ T_2 \\ M_2 \end{bmatrix} = \begin{bmatrix} 456 & -1190 & -456 & -1190 \\ -1190 & 3933.333 & 1190 & 2016.667 \\ -456 & 1190 & 456 & 1190 \\ -1190 & 2016.667 & 1190 & 3933.333 \end{bmatrix} \begin{bmatrix} 0 \\ 0 \\ 0.104194 \\ -0.031523 \end{bmatrix}$$

$$= \begin{bmatrix} -10 \\ 60.419 \\ 10 \\ 0 \end{bmatrix}$$

Der Näherungsansatz aus dem Prinzip der virtuellen Verschiebungen zur Berücksichtigung der Theorie II. Ordnung ergibt nur sehr geringe Abweichungen von der exakten Lösung. Sie betragen:

M_1 : 0.006 %

w_2 : 0.034 %

Knicklast

Bei der Berechnung der Knicklast ergibt sich durch den Näherungsansatz ein grundsätzlicher Unterschied zur Berechnung mit der exakten Steifigkeitsmatrix. Da sich die gesamte Steifigkeitsmatrix additiv aus der Matrix nach Theorie I. Ordnung und einer Matrix, die proportional zur Normalkraft ist, zusammensetzt, ist das Problem vollständig algebraisiert. Im Gegensatz zur exakten Formulierung ist die Normalkraft nicht als Argument einer Winkelfunktion in der Matrix enthalten. Dadurch kann das Eigenwertproblem direkt gelöst werden. Wir berechnen nun die Matrix $\boldsymbol{k}_{(H)}$ in Abhängigkeit von der gesuchten Normalkraft. Da die ersten beiden Zeilen und Spalten gestrichen werden, verbleibt:

$$\boldsymbol{k}_{(H)} = \frac{H}{30}\begin{bmatrix} \frac{36}{l} & 3 \\ 3 & 4l \end{bmatrix} = \frac{H}{30}\begin{bmatrix} \frac{36}{5} & 3 \\ 3 & 4 \cdot 5 \end{bmatrix} = H\begin{bmatrix} 0.24 & 0.1 \\ 0.1 & 0.6667 \end{bmatrix}$$

Da wir das Stabilitätsproblem betrachten, ist die rechte Seite des Gleichungssystems gleich null. Damit ergibt sich:

$$\begin{bmatrix} 480 & 1200 \\ 1200 & 4000 \end{bmatrix}\begin{bmatrix} w_2 \\ \varphi_2 \end{bmatrix} + H\begin{bmatrix} 0.24 & 0.1 \\ 0.1 & 0.6667 \end{bmatrix}\begin{bmatrix} w_2 \\ \varphi_2 \end{bmatrix} = \begin{bmatrix} 0 \\ 0 \end{bmatrix}$$

$$\begin{bmatrix} 480 + 0.24H & 1200 + 0.1H \\ 1200 + 0.1H & 4000 + 0.6667H \end{bmatrix}\begin{bmatrix} w_2 \\ \varphi_2 \end{bmatrix} = \begin{bmatrix} 0 \\ 0 \end{bmatrix}$$

Die Lösung folgt aus der Bedingung, dass die Determinante der Koeffizientenmatrix gleich null ist. Daraus ergibt sich eine quadratische Gleichung für die gesuchte Knicklast.

$$(480 + 0.24H)(4000 + 0.6667H) - (1200 + 0.1H)^2 = 0$$

$$H^2 + 6933.333H + 3200000 = 0$$

$$H_{1,2} = \frac{-6933.333}{2} \pm \sqrt{\left(\frac{-6933.333}{2}\right)^2 - 3200000}$$

$$H_1 = -497.192$$

$$H_2 = -6436.141$$

Die exakte Knicklast beträgt:

$$F_h = \frac{\pi^2 EI}{4l^2} = \frac{\pi^2 \cdot 5000}{4 \cdot 5^2} = 493.480$$

Die Abweichung der Näherungslösung vom exakten Ergebnis beträgt 0.75 %. Es ist zu beachten, dass der Näherungswert immer eine zu große Knicklast ergibt, also auf der unsicheren Seite liegt!

Beispiel 2.4

Der in *Bild 2.39* dargestellte einhüftige Rahmen ist nach Theorie II. Ordnung mit dem Allgemeinen Weggrößenverfahren zu berechnen.

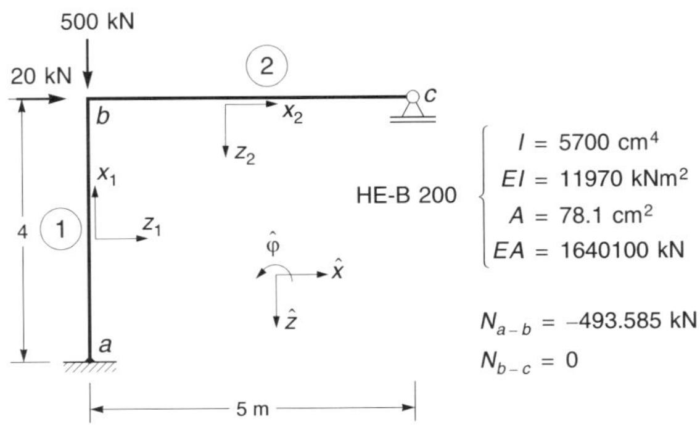

Bild 2.39 Einhüftiger Rahmen

Für die Berechnung nach Theorie II. Ordnung werden die Normalkräfte benötigt. Dieses Beispiel wurde bereits in *Kapitel 1*, *Beispiel 1.9* mit dem Drehwinkelverfahren berechnet. Wir legen daher die sich dort im ersten Iterationsschritt ergebenden Normalkräfte nach Theorie II. Ordnung zugrunde. Sie sind in *Bild 2.39* angegeben.

Stab 1

- Exakte lokale Steifigkeitsmatrix

$$\varepsilon_{a-b} = 4 \cdot \sqrt{\frac{493.585}{11970}} = 0.81226 \Rightarrow \begin{cases} \alpha_{a-b} = 3.9113 \\ \beta_{a-b} = 2.0224 \end{cases}$$

Die Steifigkeitsmatrix nach Gl. (2.10) wird auf alle Freiheitsgrade erweitert, mit

$$\frac{EA}{l} = EI\frac{EA}{l \cdot EI} = EI\frac{A}{Il}$$

folgt:

$$\boldsymbol{k} = EI \left[\begin{array}{ccc|ccc} \frac{A}{Il} & 0 & 0 & -\frac{A}{Il} & 0 & 0 \\ 0 & -\frac{\varepsilon^2}{l^3} + 2\frac{\alpha+\beta}{l^3} & -\frac{\alpha+\beta}{l^2} & 0 & \frac{\varepsilon^2}{l^3} - 2\frac{\alpha+\beta}{l^3} & -\frac{\alpha+\beta}{l^2} \\ 0 & -\frac{\alpha+\beta}{l^2} & \frac{\alpha}{l} & 0 & \frac{\alpha+\beta}{l^2} & \frac{\beta}{l} \\ \hline -\frac{A}{Il} & 0 & 0 & \frac{A}{Il} & 0 & 0 \\ 0 & \frac{\varepsilon^2}{l^3} - 2\frac{\alpha+\beta}{l^3} & \frac{\alpha+\beta}{l^2} & 0 & -\frac{\varepsilon^2}{l^3} + 2\frac{\alpha+\beta}{l^3} & \frac{\alpha+\beta}{l^2} \\ 0 & -\frac{\alpha+\beta}{l^2} & \frac{\beta}{l} & 0 & \frac{\alpha+\beta}{l^2} & \frac{\alpha}{l} \end{array}\right]$$

Durch Einsetzen der Zahlenwerte ergibt sich:

$$\boldsymbol{k}^1 = \left[\begin{array}{ccc|ccc} 410025 & 0 & 0 & -410025 & 0 & 0 \\ 0 & 2096{,}2 & -4439{,}2 & 0 & -2096{,}2 & -4439{,}2 \\ 0 & -4439{,}2 & 11704{,}4 & 0 & 4439{,}2 & 6052{,}2 \\ \hline -410025 & 0 & 0 & 410025 & 0 & 0 \\ 0 & -2096{,}2 & 4439{,}2 & 0 & 2096{,}2 & 4439{,}2 \\ 0 & -4439{,}2 & 6052{,}2 & 0 & 4439{,}2 & 11704{,}4 \end{array}\right]$$

- Transformationsmatrix

Der Winkel α von der globalen zur lokalen *x*-Achse beträgt 90°. Mit $\sin\alpha = 1$ und $\cos\alpha = 0$ ergibt sich die Transformationsmatrix nach Gl. (2.5):

$$\boldsymbol{T}^1 = \left[\begin{array}{ccc|ccc} 0 & -1 & 0 & 0 & 0 & 0 \\ 1 & 0 & 0 & 0 & 0 & 0 \\ 0 & 0 & 1 & 0 & 0 & 0 \\ \hline 0 & 0 & 0 & 0 & -1 & 0 \\ 0 & 0 & 0 & 1 & 0 & 0 \\ 0 & 0 & 0 & 0 & 0 & 1 \end{array}\right]$$

- Globale Steifigkeitsmatrix

Die Transformation erfolgt nach Gl. (2.8) mit:

$$\hat{\boldsymbol{k}}^1 = \boldsymbol{T}^{1^T} \boldsymbol{k}^1 \boldsymbol{T}^1$$

$$\hat{\boldsymbol{k}}^1 = \left[\begin{array}{cccccc} 2096{,}2 & 0 & -4439{,}2 & -2096{,}2 & 0 & -4439{,}2 \\ 0 & 410025 & 0 & 0 & -410025 & 0 \\ -4439{,}2 & 0 & 11704{,}4 & 4439{,}2 & 0 & 6052{,}2 \\ -2096{,}2 & 0 & 4439{,}2 & 2096{,}2 & 0 & 4439{,}2 \\ 0 & -410025 & 0 & 0 & 410025 & 0 \\ -4439{,}2 & 0 & 6052{,}2 & 4439{,}2 & 0 & 11704{,}4 \end{array}\right]$$

Stab 2

- Lokale und globale Steifigkeitsmatrix

$$\boldsymbol{k}^2 = \left[\begin{array}{ccc|ccc} 328020 & 0 & 0 & -328020 & 0 & 0 \\ 0 & 1149{,}1 & -2872{,}8 & 0 & -1149{,}1 & -2872{,}8 \\ 0 & -2872{,}8 & 9576{,}0 & 0 & 2872{,}8 & 4788{,}0 \\ \hline -328020 & 0 & 0 & 328020 & 0 & 0 \\ 0 & -1149{,}1 & 2872{,}8 & 0 & 1149{,}1 & 2872{,}8 \\ 0 & -2872{,}8 & 4788{,}0 & 0 & 2872{,}8 & 9576{,}0 \end{array}\right]$$

Gesamtsteifigkeitsmatrix und Lastvektor

Die beiden Elementmatrizen werden wieder nach Anfangs- und Endknoten partitioniert und entsprechend in die Gesamtsteifigkeitsmatrix addiert.

$$\hat{\boldsymbol{k}}_{ges} = \begin{bmatrix} \hat{\boldsymbol{k}}^1_{11} & \hat{\boldsymbol{k}}^1_{12} & \\ \hat{\boldsymbol{k}}^1_{21} & \hat{\boldsymbol{k}}^1_{22} + \hat{\boldsymbol{k}}^2_{22} & \hat{\boldsymbol{k}}^2_{23} \\ & \hat{\boldsymbol{k}}^2_{32} & \hat{\boldsymbol{k}}^2_{33} \end{bmatrix}$$

Da keine Stabbelastung vorhanden ist, gehen nur die beiden Einzelkräfte in den Zeilen 4 und 5 in den Knotenlastvektor ein. Das negative Vorzeichen ergibt sich nach Gl. (2.9).

Das Gleichungssystem und Lösungsvektor sind nachfolgen angegeben.

Gleichungssystem mit Berücksichtigung der Randbedingungen

$$
\begin{bmatrix}
2096{,}2 & 0 & -4439{,}2 & -2096{,}2 & 0 & -4439{,}2 & 0 & 0 & 0 \\
0 & 410025 & 0 & 0 & -410025 & 0 & 0 & 0 & 0 \\
-4439{,}2 & 0 & 11704{,}4 & 4439{,}2 & 0 & 6052{,}2 & 0 & 0 & 0 \\
-2096{,}2 & 0 & 4439{,}2 & 330116{,}2 & 0 & 4439{,}2 & -328020 & 0 & 0 \\
0 & -410025 & 0 & 0 & 411174{,}1 & -2872{,}8 & 0 & -1149{,}1 & -2872{,}8 \\
-4439{,}2 & 0 & 6052{,}2 & 4439{,}2 & -2872{,}8 & 21280{,}4 & 0 & 2872{,}8 & 4788 \\
0 & 0 & 0 & -328020 & 0 & 0 & 328020 & 0 & 0 \\
0 & 0 & 0 & 0 & -1149{,}1 & 2872{,}8 & 0 & 1149{,}1 & 2872{,}8 \\
0 & 0 & 0 & 0 & -2872{,}8 & 4788 & 0 & 2872{,}8 & 9576
\end{bmatrix}
\begin{bmatrix} u_1 \\ w_1 \\ \varphi_1 \\ u_2 \\ w_2 \\ \varphi_2 \\ u_3 \\ w_3 \\ \varphi_3 \end{bmatrix}
+
\begin{bmatrix} 0 \\ 0 \\ 0 \\ -20 \\ -500 \\ 0 \\ 0 \\ 0 \\ 0 \end{bmatrix}
=
\begin{bmatrix} 0 \\ 0 \\ 0 \\ 0 \\ 0 \\ 0 \\ 0 \\ 0 \\ 0 \end{bmatrix}
$$

Reduziertes Gleichungssystem nach Berücksichtigung der Randbedingungen und Lösungsvektor

$$
\begin{bmatrix}
330116{,}2 & 0 & 4439{,}2 & -328020 & 0 \\
0 & 411174{,}1 & -2872{,}8 & 0 & -2872{,}8 \\
4439{,}2 & -2872{,}8 & 21280{,}4 & 0 & 4788{,}0 \\
-328020 & 0 & 0 & 328020 & 0 \\
0 & -2872{,}8 & 4788{,}0 & 0 & 9576{,}0
\end{bmatrix}
\begin{bmatrix} u_2 \\ w_2 \\ \varphi_2 \\ u_3 \\ \varphi_3 \end{bmatrix}
+
\begin{bmatrix} -20 \\ -500 \\ 0 \\ 0 \\ 0 \end{bmatrix}
=
\begin{bmatrix} 0 \\ 0 \\ 0 \\ 0 \\ 0 \end{bmatrix}
\Rightarrow
\begin{bmatrix} u_2 \\ w_2 \\ \varphi_2 \\ u_3 \\ \varphi_3 \end{bmatrix}
=
\begin{bmatrix} 0{,}0186113 \\ 0{,}0012036 \\ -0{,}0042829 \\ 0{,}0186113 \\ 0{,}0025025 \end{bmatrix}
$$

Ermittlung der Stabendschnittgrößen

Stab 1

Lokale Stabendverformungen durch Rücktransformation aus Gl. (2.4).

$$
\boldsymbol{w}^1 = \boldsymbol{T}^1 \hat{\boldsymbol{w}}^1 =
\begin{bmatrix}
0 & -1 & 0 & 0 & 0 & 0 \\
1 & 0 & 0 & 0 & 0 & 0 \\
0 & 0 & 1 & 0 & 0 & 0 \\
0 & 0 & 0 & 0 & -1 & 0 \\
0 & 0 & 0 & 1 & 0 & 0 \\
0 & 0 & 0 & 0 & 0 & 1
\end{bmatrix}
\cdot
\begin{bmatrix} 0 \\ 0 \\ 0 \\ 0{,}0186113 \\ 0{,}0012036 \\ -0{,}0042829 \end{bmatrix}
=
\begin{bmatrix} 0 \\ 0 \\ 0 \\ -0{,}0012036 \\ 0{,}0186113 \\ -0{,}0042829 \end{bmatrix}
$$

$$\boldsymbol{s} = \boldsymbol{k} \cdot \boldsymbol{w}$$

$$
\begin{bmatrix}
410025 & 0 & 0 & -410025 & 0 & 0 \\
0 & 2096{,}2 & -4439{,}2 & 0 & -2096{,}2 & -4439{,}2 \\
0 & -4439{,}2 & 11704{,}4 & 0 & 4439{,}2 & 6052{,}2 \\
-410025 & 0 & 0 & 410025 & 0 & 0 \\
0 & -2096{,}2 & 4439{,}2 & 0 & 2096{,}2 & 4439{,}2 \\
0 & -4439{,}2 & 6052{,}2 & 0 & 4439{,}2 & 11704{,}4
\end{bmatrix}
\cdot
\begin{bmatrix} 0 \\ 0 \\ 0 \\ -0{,}0012036 \\ 0{,}0186113 \\ -0{,}0042829 \end{bmatrix}
=
\begin{bmatrix} N_1 \\ V_1 \\ M_1 \\ N_2 \\ V_2 \\ M_2 \end{bmatrix}
=
\begin{bmatrix} 493{,}502 \\ -20{,}000 \\ 56{,}697 \\ -493{,}502 \\ 20{,}000 \\ 32{,}489 \end{bmatrix}
$$

Stab 2

$$\boldsymbol{s} = \boldsymbol{k} \cdot \boldsymbol{w}$$

$$
\begin{bmatrix}
328020 & 0 & 0 & -328020 & 0 & 0 \\
0 & 1149{,}1 & -2872{,}8 & 0 & -1149{,}1 & -2872{,}8 \\
0 & -2872{,}8 & 9576{,}0 & 0 & 2872{,}8 & 4788{,}0 \\
-328020 & 0 & 0 & 328020 & 0 & 0 \\
0 & -1149{,}1 & 2872{,}8 & 0 & 1149{,}1 & 2872{,}8 \\
0 & -2872{,}8 & 4788{,}0 & 0 & 2872{,}8 & 9576{,}0
\end{bmatrix}
\cdot
\begin{bmatrix} 0{,}0186113 \\ 0{,}0012036 \\ -0{,}0042829 \\ 0{,}0186113 \\ 0 \\ 0{,}0025025 \end{bmatrix}
=
\begin{bmatrix} N_2 \\ V_2 \\ M_2 \\ N_3 \\ V_3 \\ M_3 \end{bmatrix}
=
\begin{bmatrix} 0 \\ 6{,}498 \\ -32{,}489 \\ 0 \\ -6{,}498 \\ 0 \end{bmatrix}
$$

Aufgaben

Aufgabe 2.1

Gegeben ist die Steifigkeitsmatrix eines Balkens. Tragen Sie die bei den angegebenen Verformungszuständen auftretenden Elemente der Matrix entsprechend ihrer mechanischen Bedeutung in die Skizzen ein.

$$\boldsymbol{k} = \begin{bmatrix} k_{11} & k_{12} & k_{13} & k_{14} & k_{15} & k_{16} \\ k_{21} & k_{22} & k_{23} & k_{24} & k_{25} & k_{26} \\ k_{31} & k_{32} & k_{33} & k_{34} & k_{35} & k_{36} \\ k_{41} & k_{42} & k_{43} & k_{44} & k_{45} & k_{46} \\ k_{51} & k_{52} & k_{53} & k_{54} & k_{55} & k_{56} \\ k_{61} & k_{62} & k_{63} & k_{64} & k_{65} & k_{66} \end{bmatrix}$$

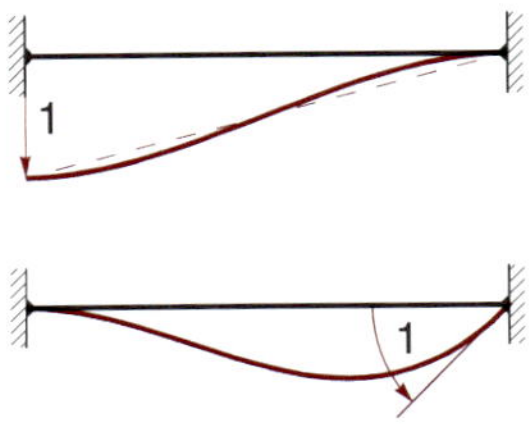

Aufgabe 2.2

Gegeben ist die Steifigkeitsmatrix eines Balkens. Tragen Sie die Elemente der 5. Spalte der Matrix entsprechend ihrer mechanischen Bedeutung in die gegebene Skizze ein und ergänzen Sie die zugehörige Verformung.

$$\boldsymbol{k} = \begin{bmatrix} k_{11} & k_{12} & k_{13} & k_{14} & k_{15} & k_{16} \\ k_{21} & k_{22} & k_{23} & k_{24} & k_{25} & k_{26} \\ k_{31} & k_{32} & k_{33} & k_{34} & k_{35} & k_{36} \\ k_{41} & k_{42} & k_{43} & k_{44} & k_{45} & k_{46} \\ k_{51} & k_{52} & k_{53} & k_{54} & k_{55} & k_{56} \\ k_{61} & k_{62} & k_{63} & k_{64} & k_{65} & k_{66} \end{bmatrix}$$

Aufgabe 2.3

Tragen Sie die angegebenen Kraftgrößen infolge des dargestellten Verformungszustands in die skizzierte Steifigkeitsmatrix des Balkens ein.

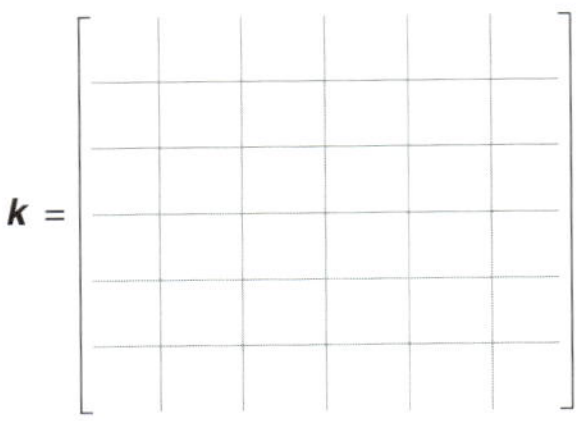

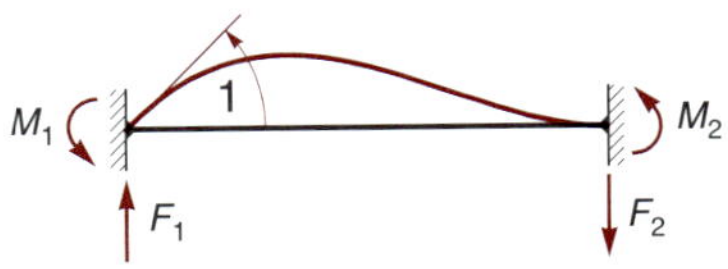

Aufgabe 2.4

Für das dargestellte System ist die auf das globale Koordinatensystem bezogene Gesamtsteifigkeitsmatrix schematisch angegeben.

Skizzieren Sie die Verformungszustände, mit der die angegebenen Matrixelemente ermittelt werden können und tragen Sie die Matrixelemente entsprechend ihrer mechanischen Bedeutung in die skizzierten Verformungszustände ein.

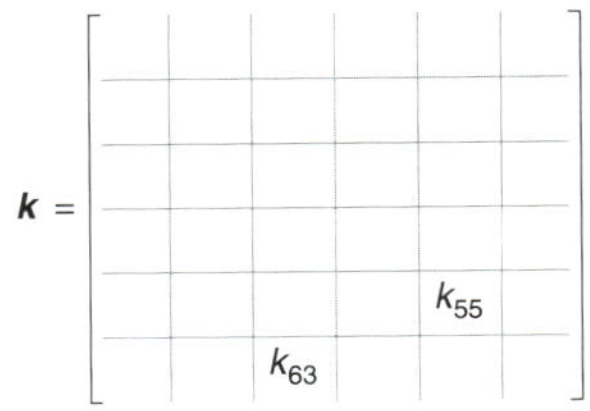

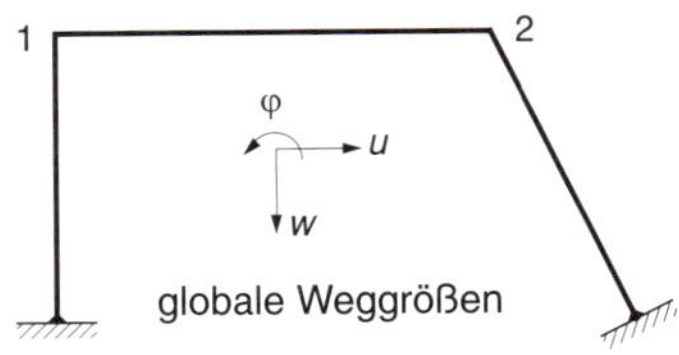

Für die nachfolgenden Systeme sind die Knotenverformungen und die Verläufe der Schnittgrößen zu ermitteln.

Aufgabe 2.5

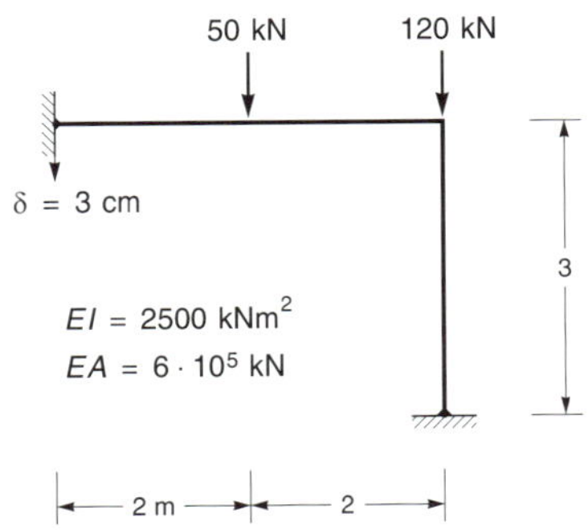

Aufgabe 2.6

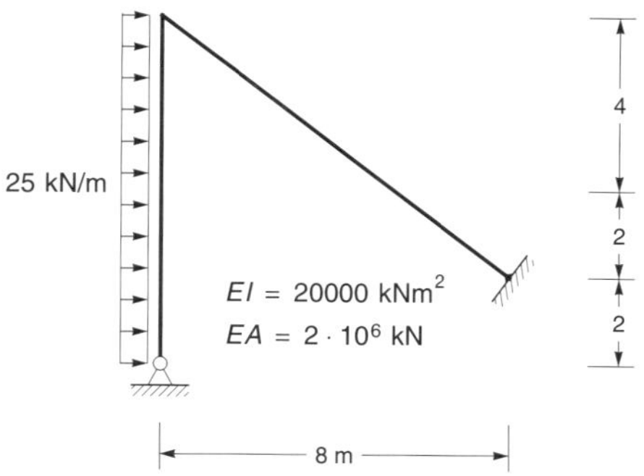

Aufgabe 2.7

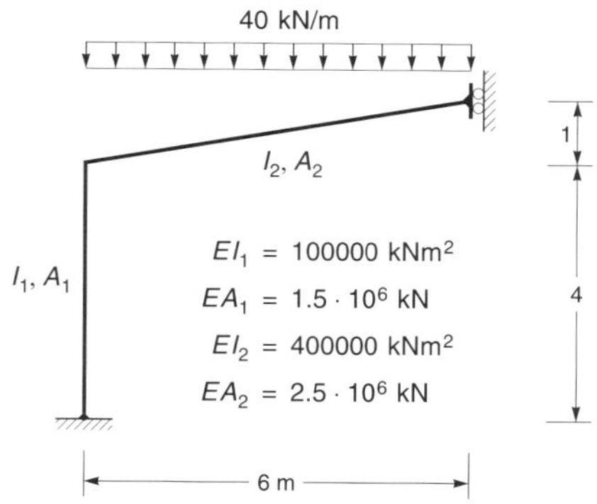

3 Näherungsverfahren der Baustatik

Moderne Berechnungsverfahren wie die *Methode der Finiten Elemente* sind Näherungsverfahren. Sie kommen dann zur Anwendung, wenn eine exakte Lösung nicht möglich oder nur durch einen hohen Aufwand zu erhalten ist, wie z. B. bei Stäben mit $EI \neq$ konst. oder Theorie II. Ordnung mit $N \neq$ konst. Der wesentliche Anwendungsbereich von Näherungsverfahren ist jedoch die Berechnung von Flächentragwerken oder von nichtlinearen Problemen der Stabtragwerke.

Es existiert eine Vielzahl unterschiedlicher Näherungsverfahren. Im Rahmen dieses Buches beschränken wir uns auf Näherungsformulierungen mit dem *Prinzip der virtuellen Arbeiten*, da es einen sehr anschaulichen Zugang zur Problemstellung ermöglicht und einen großen Anwendungsbereich abdeckt. Die grundsätzliche Vorgehensweise wird anhand des vertrauten mechanischen Problems der Balkenbiegung gezeigt.

3.1 Prinzip der virtuellen Verschiebungen

3.1.1 Arbeitsgleichung

Das Prinzip der virtuellen Verschiebungen ist eine äquivalente Formulierung der Gleichgewichtsbedingungen. Die Gleichgewichtsbedingung des Balkens nach Theorie II. Ordnung und unter Berücksichtigung einer Bettung lautet als Differenzialgleichung 2. Ordnung:

$$M'' + (Hw')' - k_B w + q = 0 \qquad (3.1)$$

Mit den Kraftrandbedingungen:

$$\begin{aligned} \tilde{T} - T &= 0 \qquad \text{auf} \quad R_T \\ \tilde{M} - M &= 0 \qquad \text{auf} \quad R_M \end{aligned} \qquad (3.2)$$

R_T bezeichnet den Rand, an dem die Transversalkraft vorgeschrieben ist, R_M den Rand mit vorgeschriebenem Moment. Vorgeschriebene Größen werden durch eine Tilde ($\tilde{}$) gekennzeichnet.

Die Differenzialgleichung entspricht der Gleichgewichtsbedingung $\sum V = 0$ am differenziellen Element. Diese Gleichgewichtsbedingung wird nun äquivalent mit dem Prinzip der virtuellen Verschiebungen formuliert, das durch die folgende Aussage beschrieben wird.

Ein System ist im Gleichgewicht, wenn die Summe der virtuellen Arbeiten gleich null ist, die auf beliebigen, kinematisch verträglichen virtuellen Verschiebungen geleistet wird.

Kinematische Verträglichkeit bedeutet, dass die virtuellen Verschiebungen die geometrischen Randbedingungen des Systems erfüllen müssen. Weiterhin müssen die kinematischen Gleichungen im Gebiet erfüllt sein, die virtuellen Verschiebungen dürfen also keine Knicke und Sprünge enthalten, sie müssen stetige Funktion darstellen.

In der Literatur werden virtuelle Größen sehr oft durch ein vorangestelltes δ-Zeichen gekennzeichnet. Diese Schreibweise stammt aus der Variationsrechnung und deutet darauf hin, dass es sich um Änderungen der tatsächlichen Größen handelt.

Aus Gründen der Übersichtlichkeit werden virtuelle Größen im Folgenden durch Überstreichen ($\bar{}$) bezeichnet, wie es z. B. auch bei der Arbeitsgleichung des Prinzips der virtuellen Kräfte üblich ist. Dies entspricht auch der Bezeichnung in den beiden ersten Bänden dieser Lehrbuchreihe.

Die linke Seite der Gl. (3.1) ist die vertikale Kräftesumme am differenziellen Element. Multiplikation dieser Kräftesumme mit einer virtuellen Verschiebung $\bar{w}$ ergibt die virtuelle Arbeit am differenziellen Element.

$$\mathrm{d}\bar{W} = \left[M'' + (Hw')' - k_B w + q \right] \bar{w}$$

Die gesamte Arbeit folgt aus der Integration über das gesamte Gebiet.

$$\bar{W} = \int \left[M'' + (Hw')' - k_B w + q \right] \bar{w} \, \mathrm{d}x$$

Auch die Kraftrandbedingungen in Gl. (3.2) stellen Gleichgewichtsbedingungen dar, die nun mit dem Prinzip der virtuellen Verschiebungen formuliert werden.

Wie in *Bild 3.1* dargestellt ist, leistet die Kräftesumme am Rand R_T auf einer virtuellen Verschiebung des Randpunktes die Arbeit $(\tilde{T}-T)\bar{w}$ und die Momentensumme am Rand R_M auf einer virtuellen Verdrehung des Randpunktes die Arbeit $-(\tilde{M}-M)\bar{w}'$.

Bild 3.1 Kraftrandbedingungen

Unter der Voraussetzung, dass die virtuellen Verschiebungen die Verformungsrandbedingungen erfüllen, leisten die an den Auflagern vorhandenen Reaktionen keine Arbeit, da die zugehörige virtuelle Verformung gleich null ist.

Die gesamte virtuelle Arbeit ergibt sich aus der Summe der Arbeiten im Gebiet und auf dem Rand.

$$\begin{aligned}\bar{W} &= \int\left[M''+(Hw')'-k_B w+q\right]\bar{w}\,dx\\&\quad+(\tilde{T}-T)\bar{w}\big|_{R_T}-(\tilde{M}-M)\bar{w}'\big|_{R_M}\end{aligned} \tag{3.3}$$

Gl. (3.3) wird als schwache Form des Gleichgewichts, die Gleichungen (3.1) und (3.2) als starke Form des Gleichgewichts bezeichnet. Während Gl. (3.1) in jedem Punkt erfüllt sein muss, ist die Forderung in Gl. (3.3) schwächer formuliert, da die Arbeit nur im integralen Mittel gleich null sein muss.

Aus mathematischer Sicht stellt Gl. (3.3) eine Identität mit der Differenzialgleichung (3.1) dar. Der Term in der eckigen Klammer in Gl. (3.3) ist gleich null, wenn die Lösung die Gleichgewichtsbedingungen exakt erfüllt. Dann ist das Integral für alle denkbaren virtuellen Funktionen $\bar{w}$ gleich null.

Der Ausgangspunkt für eine Näherungslösung ergibt sich aus der Überlegung, die Arbeitsgleichung nur für spezielle virtuelle Funktionen zu erfüllen.

Aus Gl. (3.3) folgt durch Ausmultiplizieren:

$$\begin{aligned}\bar{W} &= \int M''\bar{w}\,dx+\int(Hw')'\bar{w}\,dx-\int k_B w\bar{w}\,dx+\int q\bar{w}\,dx\\&\quad+(\tilde{T}-T)\bar{w}\big|_{R_T}-(\tilde{M}-M)\bar{w}'\big|_{R_M}\end{aligned} \tag{3.4}$$

Der erste Term in Gl. (3.4) wird durch zweimalige partielle Integration umgeformt.

$$\begin{aligned}\int M''\bar{w}\,dx &= -\int M'\bar{w}'\,dx+M'\bar{w}\big|_R\\&= \int M\bar{w}''\,dx+M'\bar{w}\big|_R-M\bar{w}'\big|_R\end{aligned}$$

Umformung des zweiten Terms durch partielle Integration ergibt:

$$\int(Hw')'\bar{w}\,dx = -\int Hw'\bar{w}'\,dx+Hw'\bar{w}\big|_R$$

Die bei der partiellen Integration entstandenen Randterme werden zusammengefasst. Mit der Beziehung $M' = T-Hw'$ aus Kapitel 1, Gl. (1.4) folgt:

$$\begin{aligned}&M'\bar{w}\big|_R-M\bar{w}'\big|_R+Hw'\bar{w}\big|_R\\&\quad=(T-Hw')\bar{w}\big|_R-M\bar{w}'\big|_R+Hw'\bar{w}\big|_R\\&\quad=T\bar{w}\big|_R-M\bar{w}'\big|_R\end{aligned}$$

Damit folgt aus Gl. (3.4):

$$\begin{aligned}\bar{W} &= \int M\bar{w}''\,dx-\int Hw'\bar{w}'\,dx-\int k_B w\bar{w}\,dx+\int q\bar{w}\,dx\\&\quad+(\tilde{T}-T)\bar{w}\big|_{R_T}-(\tilde{M}-M)\bar{w}'\big|_{R_M}+T\bar{w}\big|_R-M\bar{w}'\big|_R\end{aligned}$$

Für die beiden letzten Terme erfolgt eine Aufteilung des Randes nach der Art der Randbedingung.

$$\begin{aligned}\bar{W} &= \int M\bar{w}''\,dx-\int Hw'\bar{w}'\,dx-\int k_B w\bar{w}\,dx+\int q\bar{w}\,dx\\&\quad+(\tilde{T}-T)\bar{w}\big|_{R_T}-(\tilde{M}-M)\bar{w}'\big|_{R_M}\\&\quad+T\bar{w}\big|_{R_T}+T\bar{w}\big|_{R_w}-M\bar{w}'\big|_{R_M}-M\bar{w}'\big|_{R_{w'}}\end{aligned}$$

Zusammengefasst verbleibt:

$$\begin{aligned}\bar{W} &= \int M\bar{w}''\,dx-\int Hw'\bar{w}'\,dx-\int k_B w\bar{w}\,dx+\int q\bar{w}\,dx\\&\quad+\tilde{T}\bar{w}\big|_{R_T}-\tilde{M}\bar{w}'\big|_{R_M}+T\bar{w}\big|_{R_w}-M\bar{w}'\big|_{R_{w'}}\end{aligned} \tag{3.5}$$

Weil wir voraussetzen, dass die virtuellen Funktionen die Verformungsrandbedingungen erfüllen, gilt:

$\bar{w} = 0$ auf R_w

$\bar{w}' = 0$ auf $R_{w'}$

Somit sind die grau dargestellten Terme in Gl. (3.5) gleich null.

Mit der Beziehung $M = -EIw''$ kann das Moment in der Arbeitsgleichung durch die Verformung ausgedrückt werden. Damit ist vorausgesetzt, dass die wirklichen Funktionen die Verträglichkeitsbedingung erfüllen. Da wir nur die Gleichgewichtsbedingungen mit der Arbeitsgleichung formulieren, setzen wir auch voraus, dass die wirklichen Funktionen die Verformungsrandbedingungen erfüllen.

$$\overline{W} = -\int EIw''\overline{w}''\mathrm{d}x - \int Hw'\overline{w}'\mathrm{d}x - \int k_B w\overline{w}\mathrm{d}x + \int q\overline{w}\mathrm{d}x$$
$$+ \tilde{T}\,\overline{w}\big|_{R_T} - \tilde{M}\,\overline{w}'\big|_{R_M}$$

Bisher erfolgte eine Aufteilung des Randes in einen Rand mit vorgeschriebenen Weggrößen einerseits und vorgeschriebenen Kraftgrößen andererseits. Im Fall einer elastischen Lagerung sind weder Verformungen noch Kraftgrößen vorgeschrieben, vielmehr sind diese Größen miteinander gekoppelt. Dann sind die grau markierten Randterme in Gl. (3.5) zu berücksichtigen, wobei die Ränder R_w und $R_{w'}$ durch die elastisch gelagerten Ränder R_{k_F} und R_{k_M} ersetzt werden.

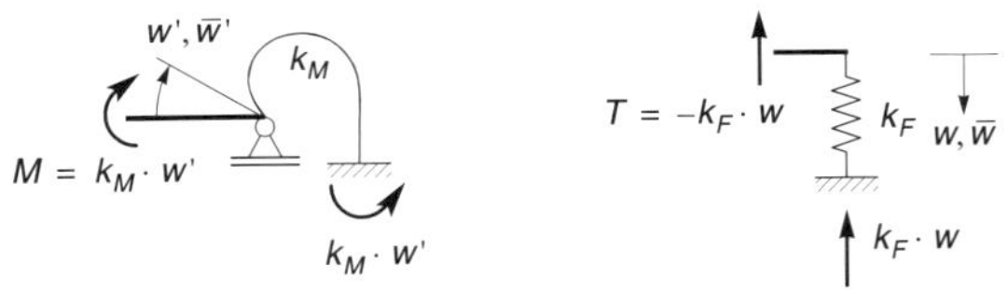

Bild 3.2 Federnd gelagerter Rand

Wie in *Bild 3.2* dargestellt ist, können die Kraftgrößen durch das Produkt aus Federsteifigkeit und Verformung ausgedrückt werden. Es ergibt sich:

$$T\overline{w}\big|_{R_{k_F}} - M\overline{w}'\big|_{R_{k_M}} = (-k_F w)\overline{w}\big|_{R_{k_F}} - k_M w'\overline{w}'\big|_{R_{k_M}}$$
$$= -k_F w\overline{w} - k_M w'\overline{w}'$$

Damit folgt die vollständige Arbeitsgleichung des Prinzips der virtuellen Verschiebungen:

$$\int EIw''\overline{w}''\mathrm{d}x + \int Hw'\overline{w}'\mathrm{d}x + \int k_B w\overline{w}\mathrm{d}x - \int q\overline{w}\mathrm{d}x$$
$$+\tilde{M}\overline{w}'\big|_{R_M} - \tilde{T}\overline{w}\big|_{R_T} + \sum k_M w'\overline{w}' + \sum k_F w\overline{w} = 0 \qquad (3.6)$$

Die Voraussetzung bei der Herleitung von Gl. (3.6) ist in folgendem Satz angegeben.

Die wirklichen und virtuellen Ansatzfunktionen für die Verformungen müssen die geometrischen Randbedingungen erfüllen.

3.1.2 Ansätze über das Gesamtgebiet

Grundgedanke der Näherungsverfahren ist, auf die Ermittlung der exakten Biegelinie $w(x)$ zu verzichten. Diese Funktion hat unendlich viele Freiheitsgrade, nämlich die Durchbiegung w an jeder Stelle x des Systems. Die exakte Biegelinie wird nun aus einer Summe von bekannten Funktionen zusammengesetzt, die jeweils mit einem noch unbekannten Skalierungsfaktor multipliziert werden. Damit ist das Problem auf eine endliche Zahl von unbekannten Parametern reduziert. Man macht einen Ansatz, d.h.:

$$w(x) = Y_1 \cdot w_1(x) + Y_2 \cdot w_2(x) + \ldots + Y_n \cdot w_n(x) \qquad (3.7)$$

Die Faktoren Y_i sind unbekannte Parameter, die so zu bestimmen sind, dass die exakte Lösung möglichst gut angenähert wird. Die Funktionen $w_i(x)$ sind so genannte *Ansatzfunktionen*.

Die durch den Ansatz erfolgte Reduktion der unendlich vielen unbekannten Funktionswerte auf eine endliche Anzahl von Unbekannten wird auch als *Diskretisierung* bezeichnet, da der kontinuierliche Funktionsverlauf durch diskrete Größen ausgedrückt wird. Diese diskreten Größen sind die Faktoren Y_i.

Die Qualität der Näherungslösung wird natürlich davon abhängen, wie diese Ansatzfunktionen gewählt werden. Da in der Arbeitsgleichung die zweifache Ableitung der Biegelinie auftritt, muss die Ansatzfunktion so gewählt werden, dass sich bei zweifacher Ableitung mindestens eine Konstante ergibt, sonst würde die Lösung nicht von der Biegesteifigkeit EI abhängen und ein sinnvolles Ergebnis wäre nicht zu erwarten.

Die Bestimmungsgleichungen für die Ermittlung der Parameter liefert die Arbeitsgleichung des Prinzips der virtuellen Verschiebungen, die für n virtuelle Funktionen erfüllt werden muss. Diese virtuellen Funktionen sind grundsätzlich beliebig, sie müssen jedoch die Verformungsrandbedingungen erfüllen, wie sich aus der Herleitung der Arbeitsgleichung ergab. Weiterhin müssen sie bereichsweise stetig sein, da dies die Voraussetzung für die Anwendung der partiellen Integration ist.

Auch bei der Wahl der virtuellen Funktionen eröffnet sich eine Vielzahl von Möglichkeiten, die die Qualität der Näherungslösung beeinflussen. Da genau so viele

Bestimmungsgleichungen und damit virtuelle Funktionen benötigt werden, wie Ansatzfunktionen vorhanden sind, ist es naheliegend, als virtuelle Funktionen die Ansatzfunktionen der wirklichen Biegelinie zu wählen, es gilt also:

$$\overline{w}_i(x) = w_i(x)$$

Beispiel 3.1

Der in *Bild 3.3* dargestellte Einfeldträger ist näherungsweise mit dem Prinzip der virtuellen Verschiebungen zu berechnen.

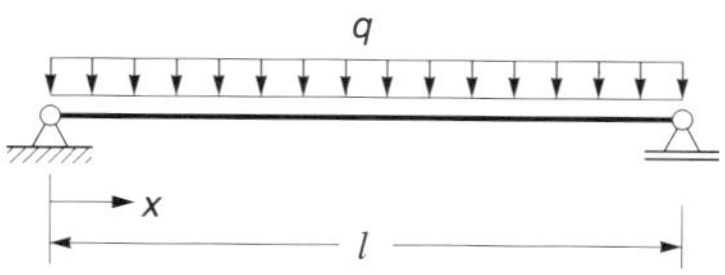

Bild 3.3 Einfeldträger unter Gleichlast

Für das vorliegende Beispiel reduziert sich Gl. (3.6) auf:

$$\overline{W} = EI\int w''\overline{w}''\,dx - q\int \overline{w}\,dx \tag{3.8}$$

Damit die zweifache Ableitung der Ansatzfunktion nicht gleich null ist, muss mindestens ein Polynom zweiter Ordnung gewählt werden. Die Wahl eines linearen Ansatzes ist auch deswegen nicht möglich, weil die geometrischen Randbedingungen durch die Ansatzfunktion erfüllt werden müssen. Da an beiden Rändern die vertikale Verschiebung gleich null ist, wäre damit auch die gesamte Funktion gleich null.

- Ansatz: quadratische Parabel

Als Ansatzfunktion für die Biegelinie wird eine quadratische Parabel gewählt, die die Verformungsrandbedingungen erfüllt ($w(0) = w(l) = 0$).

Der Ansatz lautet:

$$w(x) = Y\cdot x(l-x) = Y\cdot(lx - x^2)$$
$$\overline{w}(x) = x(l-x) = lx - x^2$$

Der Skalierungsfaktor Y wird nun durch Auswertung der Arbeitsgleichung (3.8) ermittelt. Für die Auswertung wird die zweite Ableitung der Ansatzfunktion benötigt:

$$w''(x) = -Y\cdot 2$$
$$\overline{w}''(x) = -2$$

Einsetzen in die Arbeitsgleichung (3.8) ergibt:

$$\overline{W} = EI\cdot Y\cdot 4\cdot\int dx - q\int(lx - x^2)dx = 0$$
$$= EI\cdot Y\cdot 4\cdot l - q\left[\frac{l}{2}x^2 - \frac{x^3}{3}\right]_0^l = 0$$
$$= EI\cdot Y\cdot 4\cdot l - \frac{ql^3}{6} = 0 \Rightarrow Y = \frac{ql^2}{24\cdot EI}$$

Damit ergibt sich der Funktionsverlauf der Biegelinie mit:

$$w(x) = \frac{ql^2}{24\cdot EI}\cdot x(l-x) = \frac{ql^2}{24\cdot EI}\cdot(lx - x^2)$$

Die maximale Durchbiegung ist der Funktionswert in der Mitte des Balkens:

$$w_{max} = w\left(\frac{l}{2}\right) = \frac{ql^2}{24\cdot EI}\cdot\left(l\frac{l}{2} - \left(\frac{l}{2}\right)^2\right) = \frac{ql^4}{96\cdot EI}$$

Die exakte Lösung, ein Polynom 4. Ordnung, ergibt:

$$w_{max} = \frac{5}{384}\frac{ql^4}{EI} = \frac{ql^4}{76.8\cdot EI}$$

Dies entspricht einer Abweichung von 20 %.

Ursache für diese recht schlechte Näherung ist die niedrige Ansatzordnung. Der Ansatz einer quadratischen Parabel für $w(x)$ impliziert aufgrund der Beziehung $EIw'' = -M$ einen konstanten Momentenverlauf, der exakte Verlauf ist jedoch parabolisch. Aus der zweiten Ableitung der Ansatzfunktion ergibt sich:

$$M = -EIw'' = \frac{ql^2}{12}$$

Bild 3.4 zeigt die Gegenüberstellung von Näherung und exakter Lösung.

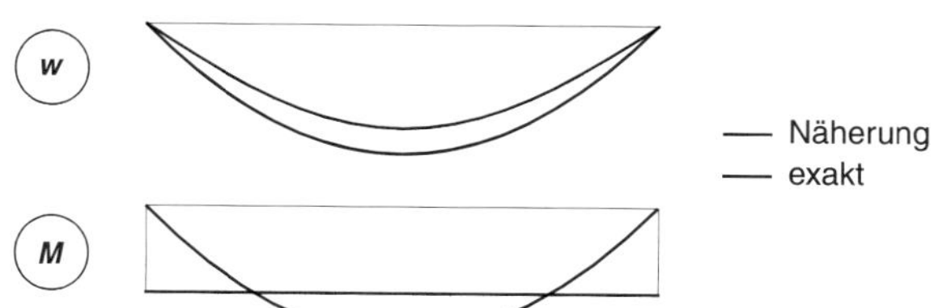

Bild 3.4 Vergleich von Näherung und exakter Lösung

- Ansatz: Sinusfunktion

Wir wählen nun als Ansatz für die Biegelinie eine Sinusfunktion, die die Verformungsrandbedingungen erfüllt.

$$w(x) = Y \cdot \sin\frac{\pi}{l}x \qquad \overline{w}(x) = \sin\frac{\pi}{l}x$$

Der Skalierungsfaktor Y ergibt sich wiederum durch Auswertung der Arbeitsgleichung (3.8).

Die zweite Ableitung der Ansatzfunktion lautet:

$$w''(x) = -Y \cdot \frac{\pi^2}{l^2}\sin\frac{\pi}{l}x \qquad \overline{w}''(x) = -\frac{\pi^2}{l^2}\sin\frac{\pi}{l}x$$

Einsetzen in Gl. (3.8) ergibt:

$$\begin{aligned}\overline{W} &= EI \cdot Y \cdot \frac{\pi^4}{l^4}\int \sin^2\frac{\pi x}{l}\mathrm{d}x - q\int \sin\frac{\pi}{l}x\mathrm{d}x \\ &= EI \cdot Y \cdot \frac{\pi^4}{l^4}\left[\frac{x}{2} - \frac{l}{4\pi}\sin 2\frac{\pi x}{l}\right]_0^l + q\frac{l}{\pi}\left[\cos\frac{\pi}{l}x\right]_0^l \\ &= EI \cdot Y \cdot \frac{\pi^4}{2l^3} - 2\frac{ql}{\pi} = 0 \Rightarrow Y = \frac{4ql^4}{\pi^5 EI}\end{aligned}$$

Damit ergibt sich die Biegelinie zu:

$$w(x) = \frac{4ql^4}{\pi^5 EI} \cdot \sin\frac{\pi}{l}x \tag{3.9}$$

und die maximale Durchbiegung in Balkenmitte:

$$w_{\max} = w(l/2) = \frac{4ql^4}{\pi^5 EI} \cdot \sin\frac{\pi}{l}\frac{l}{2} = \frac{4ql^4}{\pi^5 EI} \approx \frac{1}{76.505}\frac{ql^4}{EI}$$

Der Vergleich mit der exakten Lösung $(ql^4/(76.8EI))$ ergibt eine Abweichung von 0.4 %.

Im Gegensatz zur quadratischen Parabel ergibt sich bei der Sinusfunktion durch den Differenziationsprozess kein Verlust der „Welligkeit" der Funktion, da sich die Sinusfunktion bei zweifachem Ableiten selbst reproduziert. Die Momente sind also durch diesen Ansatz auch sinusförmig verteilt.

$$M(x) = -EIw''(x) = \frac{4ql^2}{\pi^3}\sin\frac{\pi}{l}x$$

Das maximale Moment in Balkenmitte folgt mit:

$$M_{\max} = M(l/2) = \frac{4ql^2}{\pi^3} \cdot \sin\frac{\pi}{l}\frac{l}{2} = \frac{4ql^2}{\pi^3} = \frac{ql^2}{7.7516}$$

Im Vergleich zur exakten Lösung $(ql^2/8)$ ergibt sich eine Abweichung von 3.2 %.

Eine Interpretationsmöglichkeit der Näherungslösung folgt aus der Differenzialgleichung $EIw'''' = q$, d.h., die Näherungslösung kann als exakte Lösung für eine andere Belastungsfunktion aufgefasst werden. Aus der Näherungslösung Gl. (3.9) folgt durch vierfache Ableitung die in *Bild 3.5* dargestellte Lastfunktion $q^*(x)$.

$$q^*(x) = \left(\frac{4ql^4}{\pi^5}\sin\frac{\pi}{l}x\right)'''' = \frac{4ql^4}{\pi^5} \cdot \frac{\pi^4}{l^4}\sin\frac{\pi}{l}x = \frac{4q}{\pi}\sin\frac{\pi}{l}x$$

Diese Lastfunktion entspricht dem ersten Glied einer Fourierreihenentwicklung der tatsächlichen, konstanten Lastfunktion q.

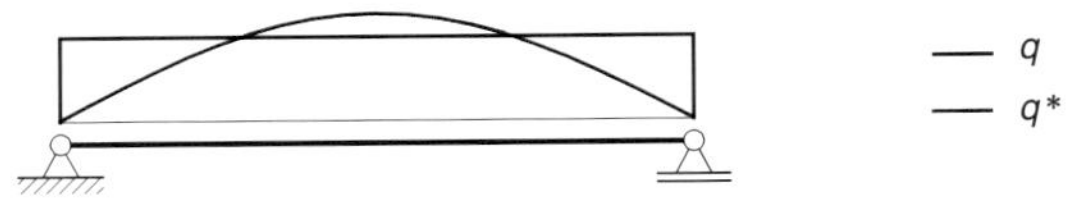

Bild 3.5 Tatsächliche und zur Näherung gehörige Belastung

Beispiel 3.2

Der in *Bild 3.6* dargestellte beidseitig eingespannte Balken ist nach Theorie II. Ordnung näherungsweise mit dem Prinzip der virtuellen Verschiebungen zu berechnen.

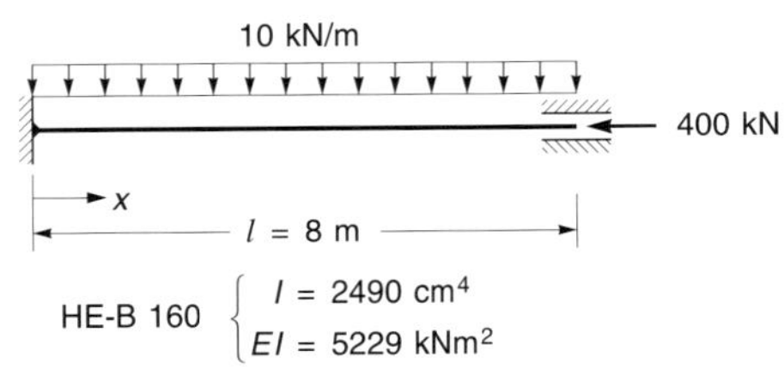

Bild 3.6 Einfeldträger unter Gleichlast

In der Arbeitsgleichung (3.6) ist der Term für den Einfluss der Theorie II. Ordnung zu berücksichtigen.

$$\overline{W} = EI\int w''\overline{w}''\mathrm{d}x + H\int w'\overline{w}'\mathrm{d}x - q\int \overline{w}\mathrm{d}x \tag{3.10}$$

Bei der Wahl der Ansatzfunktion sind die geometrischen Randbedingungen des Systems zu beachten. An beiden Endpunkten des Systems ist sowohl die Verschiebung als auch die Drehung gleich null.

Mit einer quadratischen Parabel sind diese Bedingungen nicht zu erfüllen. Auch eine kubische Parabel ist nicht ausreichend. Wir wählen daher zunächst ein Polynom 4. Ordnung. Dieser Ansatz entspricht der exakten Lösung nach Theorie I. Ordnung.

- Ansatz: Polynom 4. Ordnung

$$w(x) = a_0 + a_1 x + a_2 x^2 + a_3 x^3 + a_4 x^4$$

$$w'(x) = a_1 + 2a_2 x + 3a_3 x^2 + 4a_4 x^3$$

Die geometrischen Randbedingungen lauten:

$$w(0) = w(l) = 0$$

$$w'(0) = w'(l) = 0$$

Damit folgt:

$$a_0 = a_1 = 0$$

$$a_2 = a_4 l^2$$

$$a_3 = -2a_4 l$$

Damit ist der Funktionsverlauf der Durchbiegung in Abhängigkeit von einem unbekannten Parameter festgelegt. Mit $a_4 = Y$ folgt:

$$\left.\begin{aligned} w(x) &= Y(l^2x^2 - 2lx^3 + x^4) \\ w'(x) &= Y(2l^2x - 6lx^2 + 4x^3) \\ w''(x) &= Y(2l^2 - 12lx + 12x^2) \\ w'''(x) &= Y(-12l + 24x) \\ w''''(x) &= 24Y \end{aligned}\right\} \quad (3.11)$$

Einsetzen in die Arbeitsgleichung (3.10) ergibt:

$$\overline{W} = EI \cdot Y \int (2l^2 - 12lx + 12x^2)^2 \, dx + H \cdot Y \int (2l^2x - 6lx^2 + 4x^3)^2 \, dx - q \int (l^2x^2 - 2lx^3 + x^4) \, dx = 0$$

Die Integrale folgen mit:

$$\int_0^l (2l^2 - 12lx + 12x^2)^2 \, dx = \frac{4}{5} l^5$$

$$\int_0^l (2l^2x - 6lx^2 + 4x^3)^2 \, dx = \frac{2}{105} l^7$$

$$\int_0^l (l^2x^2 - 2lx^3 + x^4) \, dx = \frac{1}{30} l^5$$

Einsetzen der Werte in die Arbeitsgleichung ergibt:

$$EI \cdot Y \cdot \frac{4}{5} l^5 + H \cdot Y \cdot \frac{2}{105} l^7 - q \frac{1}{30} l^5 = 0$$

$$Y\left(EI \cdot \frac{4}{5} + H \cdot \frac{2}{105} l^2\right) - \frac{q}{30} = 0$$

Durch Einsetzen der Zahlenwerte folgt:

$$Y\left(5229 \cdot \frac{4}{5} + (-400) \cdot \frac{2}{105} \cdot 8^2\right) - \frac{10}{30} = 0$$

$$Y(4183.2 - 487.619) - 0.3333 = 0$$

$$Y = 9.0198 \cdot 10^{-3}$$

Damit ergibt sich der Funktionsverlauf der Biegelinie zu:

$$w(x) = 9.0198 \cdot 10^{-3} (64x^2 - 16x^3 + x^4)$$

Die maximale Durchbiegung ist der Funktionswert in der Mitte des Balkens:

$$w_{max} = w(4) = 9.0198 \cdot 10^{-3} (64 \cdot 4^2 - 16 \cdot 4^3 + 4^4) = 0.023091$$

Die exakte Lösung ergibt:

$$w_{max} = 0.023249$$

Dies entspricht einer Abweichung von 0.68 %.

Der Momentenverlauf folgt aus der 2. Ableitung der Biegelinie:

$$M(x) = -EIw''(x) = 45.277861x - 5.6597326x^2 - 60.370481$$

Die Momente an den Auflagern und in der Mitte des Balkens folgen mit:

$$M(0) = M(8) = -60.370481$$

$$M(4) = 30.185241$$

Die exakte Lösung ergibt:

$$M(0) = -58.263254$$

$$M(4) = 31.036257$$

Dies entspricht einer Abweichung von 3.62 % am Auflager und 2.74 % in Balkenmitte.

Aus der Differenzialgleichung

$$EIw'''' - Hw'' = q$$

kann wiederum die Belastung ermittelt werden, für die die berechnete Näherungslösung die exakte Lösung darstellt.

3

Mit den Ableitungen nach Gl. (3.11) folgt die in Bild 3.7 dargestellte Belastung $q^*(x)$.

$$\begin{aligned} q^*(x) &= EIw'''' - Hw'' \\ &= Y(24EI - H(2l^2 - 12lx + 12x^2)) \\ &= 0.43294952x^2 - 3.4635962x + 15.937593 \end{aligned}$$

Bild 3.7 Vergleich von $q^*(x)$ und wirklicher Belastung

- Ansatz: Kosinusfunktion

Bei diesem Beispiel wird die Problematik deutlich, mit dem Ansatz trigonometrischer Funktionen die geometrischen Randbedingungen des Systems zu erfüllen. Da aufgrund der Lagerung die Ansatzfunktion an beiden Seiten eine horizontale Tangente aufweisen muss, ist dies nur mit einer Kosinusfunktion möglich, die in vertikaler Richtung um den Wert eins verschoben ist, da ja auch die Durchbiegung gleich null sein muss. Es ergibt sich die folgende Ansatzfunktion:

$$w(x) = Y \cdot \left(1 - \cos\frac{2\pi}{l}x\right) \qquad \bar{w}(x) = 1 - \cos\frac{2\pi}{l}x$$

Aus dieser Ansatzfunktion folgt durch zweifache Ableitung wiederum eine Kosinusfunktion, allerdings ohne einen konstanten Anteil. Da der Momentenverlauf der zweiten Ableitung proportional ist, ist durch diesen Ansatz von vornherein festgelegt, dass die Momente an der Einspannung und in Balkenmitte denselben Betrag haben. Da die Momentenlinie an den Endpunkten auch eine horizontale Tangente hat, folgt daraus weiterhin, dass dort die Querkräfte und damit die Auflagerkräfte gleich null sind. Es ist daher nicht zu erwarten, dass die nachfolgende Berechnung mit diesem Ansatz zu befriedigenden Ergebnissen führen wird.

Für die Auswertung der Arbeitsgleichung werden die Ableitungen der Ansatzfunktion benötigt:

$$w'(x) = Y \cdot \frac{2\pi}{l}\sin\frac{2\pi}{l}x \qquad \bar{w}''(x) = \frac{2\pi}{l}\sin\frac{2\pi}{l}x$$

$$w''(x) = Y \cdot \frac{4\pi^2}{l^2}\cos\frac{2\pi}{l}x \qquad \bar{w}''(x) = \frac{4\pi^2}{l^2}\cos\frac{2\pi}{l}x$$

Einsetzen in die Arbeitsgleichung (3.10) ergibt:

$$\begin{aligned} \bar{W} &= EI \cdot Y \cdot \frac{16\pi^4}{l^4}\int\cos^2\frac{2\pi}{l}x\,dx + H \cdot Y \cdot \frac{4\pi^2}{l^2}\int\sin^2\frac{2\pi}{l}x\,dx \\ &\quad -q\int\left(1 - \cos\frac{2\pi}{l}x\right)dx \\ &= EI \cdot Y \cdot \frac{16\pi^4}{l^4}\left[\frac{x}{2} + \frac{l}{4\pi}\sin\frac{4\pi x}{l}\right]_0^l \\ &\quad + H \cdot Y \cdot \frac{4\pi^2}{l^2}\left[\frac{x}{2} - \frac{l}{4\pi}\sin\frac{4\pi x}{l}\right]_0^l - q\left[x - \frac{l}{2\pi}\sin\frac{2\pi x}{l}\right]_0^l \end{aligned}$$

$$Y\left(EI \cdot \frac{16\pi^4}{l^4}\frac{l}{2} + H \cdot \frac{4\pi^2}{l^2}\frac{l}{2}\right) - q\frac{l^2}{2\pi} = 0$$

Durch Einsetzen der Zahlenwerte folgt:

$$Y = 0.011475018$$

Damit ergibt sich die Biegelinie zu:

$$w(x) = 0.011475018 \cdot \left(1 - \cos\frac{\pi}{4}x\right)$$

und die maximale Durchbiegung in Balkenmitte:

$$w_{max} = w(4) = 0.022950036$$

Der Vergleich mit der exakten Lösung ergibt eine Abweichung von 1.28 %.

Der Momentenverlauf folgt aus der 2. Ableitung der Biegelinie:

$$\begin{aligned} M(x) = -EIw''(x) &= -EI \cdot Y \cdot \frac{4\pi^2}{l^2}\cos\frac{2\pi}{l}x \\ &= -37.012786\cos\frac{2\pi}{8}x \end{aligned}$$

Die Momente an den Auflagern und in der Mitte des Balkens folgen mit:

$$M(0) = M(8) = -37.012786$$
$$M(4) = 37.012786$$

Dies entspricht einer Abweichung von 36.47 % am Auflager und 19.26 % in Balkenmitte.

Der Vergleich der Zustandslinien aus den unterschiedlichen Näherungsansätzen mit der exakten Lösung ist in Bild 3.8 dargestellt. Während die Ergebnisse aus dem Ansatz des Polynoms 4. Ordnung die exakte Lösung recht gut annähern, sind die Ergebnisse für die Momente aus dem Ansatz der Kosinusfunktion aus den bereits erwähnten Gründen sehr ungenau.

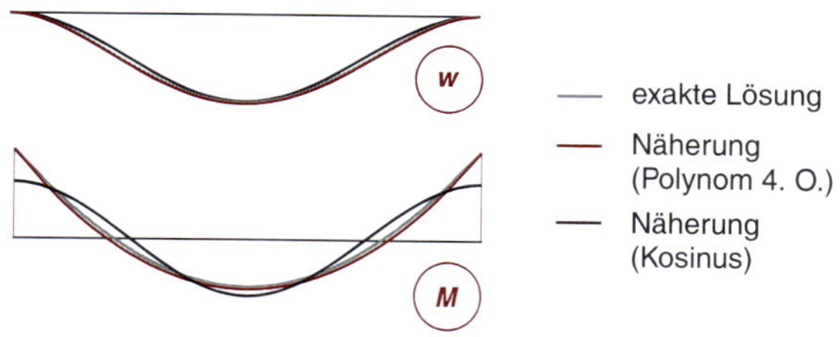

Bild 3.8 Verläufe von Durchbiegung und Moment

Beispiel 3.3

Der in *Bild 3.9* dargestellte, elastisch gebettete Balken ist näherungsweise mit dem Prinzip der virtuellen Verschiebungen zu berechnen.

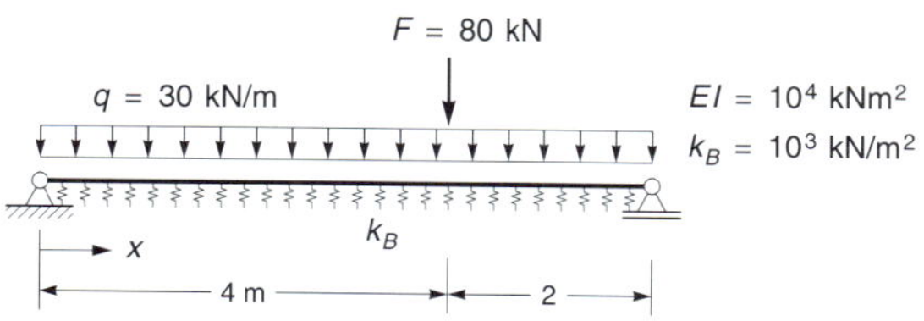

Bild 3.9 Einfeldbalken mit elastischer Bettung

Aufgrund der beidseitig gelenkigen Lagerung kann als Ansatz eine Sinusfunktion gewählt werden. Bei den bisherigen Beispielen wurde ein Ansatz mit einem Freiwert verwandt. Für komplexere Funktionsverläufe, wie z. B. bei nichtsymmetrischer Belastung, kann der Verlauf der Lösungsfunktion damit nur sehr unzureichend approximiert werden. Die in *Beispiel 3.1* verwandte Sinusfunktion enthält beispielsweise keine antimetrischen Anteile. Für eine rein antimetrische Belastung erhielte man somit nur die triviale Lösung $w(x) = 0$, da das Integral $\int q\,\overline{w}\,dx$ gleich null ist.

Für das vorliegende Beispiel ist in Gl. (3.6) der Bettungsterm zu berücksichtigen. Weiterhin leistet die Einzelkraft Arbeit auf der virtuellen Verschiebung im Angriffspunkt der Kraft.

$$\overline{W} = EI\int w''\overline{w}''dx + k_B\int w\overline{w}dx - q\int \overline{w}dx - F\overline{w}(4) = 0$$

Ansatz mit einem Freiwert

Wie bei den vorherigen Beispielen erfolgt auch hier zunächst eine Berechnung mit einem Freiheitsgrad.

$$w(x) = Y\cdot\sin\frac{\pi}{6}x \qquad \overline{w}(x) = \sin\frac{\pi}{6}x$$

Die zweite Ableitung der Ansatzfunktion folgt mit:

$$w''(x) = -Y\cdot\frac{\pi^2}{6^2}\sin\frac{\pi}{6}x \qquad \overline{w}''(x) = -\frac{\pi^2}{6^2}\sin\frac{\pi}{6}x$$

Die Auswertung der Arbeitsgleichung des Prinzips der virtuellen Verschiebungen ergibt:

$$\overline{W} = EI\cdot Y\cdot\frac{\pi^4}{6^4}\int\sin^2\frac{\pi x}{6}dx + Y\cdot k_B\int\sin^2\frac{\pi x}{6}dx$$

$$-q\int\sin\frac{\pi}{6}xdx - F\sin\frac{\pi}{6}4 = 0$$

$$Y\cdot\left(EI\frac{\pi^4}{6^4} + k_B\right)\int\sin^2\frac{\pi x}{6}dx - q\int\sin\frac{\pi}{6}xdx - F\sin\frac{4}{6}\pi = 0$$

Mit den Integralwerten:

$$\int\sin^2\frac{\pi x}{6}dx = \left[\frac{x}{2} - \frac{6}{4\pi}\sin 2\frac{\pi x}{6}\right]_0^6 = 3$$

$$\int\sin\frac{\pi}{6}xdx = -\frac{6}{\pi}\left[\cos\frac{\pi}{6}x\right]_0^6 = \frac{12}{\pi}$$

folgt

$$Y\cdot 3\cdot\left(10^4\frac{\pi^4}{6^4} + 10^3\right) - 12\frac{30}{\pi} - 80\sin\frac{4}{6}\pi$$

$$= Y\cdot 5254.840 - 183.874 = 0$$

$$Y = \frac{183.874}{5254.840} = 0.034991$$

Damit ergibt sich die Biegelinie zu:

$$w(x) = 0.034991\cdot\sin\frac{\pi}{6}x$$

Der Momentenverlauf folgt aus der zweiten Ableitung der Biegelinie:

$$M(x) = -EIw''(x) = 10^4\cdot 0.034991\cdot\frac{\pi^2}{6^2}\sin\frac{\pi}{6}x$$

$$= 95.9306\sin\frac{\pi}{6}x$$

Die Durchbiegungen und Momente werden in Feldmitte und unter der Einzellast berechnet.

- In Feldmitte:

$$w(3) = 0.034991 \cdot \sin\frac{\pi}{2} = 0.034991$$

$$M(3) = 95.9306 \sin\frac{\pi}{6}3 = 95.9306$$

- Unter der Einzellast:

$$w(4) = 0.034991 \cdot \sin\frac{\pi}{6}4 = 0.030303$$

$$M(4) = 95.9306 \sin\frac{\pi}{6}4 = 83.0783$$

Die exakte Lösung ergibt:

- In Feldmitte:

$$w(3) = 0.034740$$
$$M(3) = 87.456$$

- Unter der Einzellast:

$$w(4) = 0.031998$$
$$M(4) = 114.70$$

Ansatz mit zwei Freiwerten:

Zu der einwelligen, symmetrischen Sinusfunktion wird nun eine zweiwellige, antimetrische Sinusfunktion mit einem unabhängigen Freiwert addiert.

$$w(x) = Y_1 \cdot w_1 + Y_2 \cdot w_2 = Y_1 \cdot \sin\frac{\pi}{l}x + Y_2 \cdot \sin\frac{2\pi}{l}x$$

$$= Y_1 \cdot \sin\frac{\pi}{6}x + Y_2 \cdot \sin\frac{\pi}{3}x$$

$$w''(x) = Y_1 \cdot w_1'' + Y_2 \cdot w_2''$$

$$= -Y_1 \cdot \frac{\pi^2}{6^2} \cdot \sin\frac{\pi}{6}x - Y_2 \cdot \frac{\pi^2}{3^2}\sin\frac{\pi}{3}x$$

$$\bar{w}_1(x) = w_1(x) = \sin\frac{\pi}{6}x \qquad \bar{w}_2(x) = w_2(x) = \sin\frac{\pi}{3}x$$

- Arbeit auf $\bar{w}_1$:

$$\bar{W} = EI\int w''\bar{w}_1''\,dx + k_B\int w\,\bar{w}_1\,dx - q\int \bar{w}_1\,dx - F\,\bar{w}_1(4) = 0$$

$$EI\int (Y_1 w_1'' + Y_2 w_2'')\,\bar{w}_1''\,dx + k_B\int (Y_1 w_1 + Y_2 w_2)\,\bar{w}_1\,dx$$
$$- q\int \bar{w}_1\,dx - F\,\bar{w}_1(4) = 0$$

$$EI\left(Y_1\int w_1''\bar{w}_1''\,dx + Y_2\int w_2''\bar{w}_1''\,dx\right)$$
$$+ k_B\left(Y_1\int w_1\bar{w}_1\,dx + Y_2\int w_2\bar{w}_1\,dx\right)$$
$$- q\int \bar{w}_1\,dx - F\,\bar{w}_1(4) = 0$$

Die grau markierten Terme sind gleich null, weil w_1 symmetrisch und w_2 antimetrisch ist. Das Produkt der Funktionen ist dann wieder antimetrisch und das Integral über das Produkt ist gleich null. w_1 und w_2 sind so genannte orthogonale Funktionen. Zwei Funktionen f_1 und f_2 sind orthogonal, wenn gilt: $\int f_1 f_2\,dx = 0$.

Für die trigonometrischen Funktionen gelten die nachfolgend angegebenen Orthogonalitätsrelationen. Wie in Bild 3.10 dargestellt ist, ist die Periodenlänge $2l$.

$$\int_0^l \cos(n\omega x)\cos(m\omega x)\,dx = \begin{cases} 0 & \text{für } n \neq m \\ \frac{l}{2} & \text{für } n = m \end{cases}$$

$$\int_0^l \sin(n\omega x)\cos(m\omega x)\,dx = 0$$

$$\int_0^l \sin(n\omega x)\sin(m\omega x)\,dx = \begin{cases} 0 & \text{für } n \neq m \\ \frac{l}{2} & \text{für } n = m \end{cases}$$

mit $\omega = \frac{\pi}{l}$

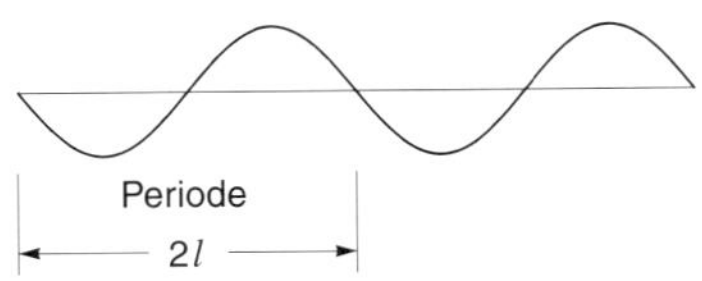

Bild 3.10 Periodische Funktion

Es ergibt sich somit für die Arbeit auf $\bar{w}_1$ dieselbe Gleichung wie vorher. Die Gleichungen sind entkoppelt, weil die Ansatzfunktionen orthogonal sind.

- Arbeit auf $\bar{w}_2$:

$$\bar{W} = EI\int w''\bar{w}_2''\,dx + k_B\int w\,\bar{w}_2\,dx - q\int \bar{w}_2\,dx - F\,\bar{w}_2(4) = 0$$

$$EI\int (Y_1 w_1'' + Y_2 w_2'')\,\bar{w}_2''\,dx + k_B\int (Y_1 w_1 + Y_2 w_2)\,\bar{w}_2\,dx$$
$$- q\int \bar{w}_2\,dx - F\,\bar{w}_2(4) = 0$$

$$Y_1(EI\int w_1''\bar{w}_2''\mathrm{d}x + k_B\int w_1\bar{w}_2\,\mathrm{d}x)$$
$$+\,Y_2(EI\int w_2''\bar{w}_2''\mathrm{d}x + k_B\int w_2\bar{w}_2\,\mathrm{d}x)$$
$$-q\int \bar{w}_2\,\mathrm{d}x - F\bar{w}_2(4) = 0$$

Aufgrund der Orthogonalität der Funktionen sind die grau gekennzeichneten Integrale gleich null und es verbleibt:

$$Y_2\Big(EI\int w_2''\bar{w}_2''\mathrm{d}x + k_B\int w_2\bar{w}_2\mathrm{d}x\Big) - q\int \bar{w}_2\mathrm{d}x - F\bar{w}_2(4) = 0$$

$$Y_2\Big(EI\cdot\frac{\pi^4}{3^4}\int \sin^2\frac{\pi}{3}x\,\mathrm{d}x + k_B\int \sin^2\frac{\pi}{3}x\,\mathrm{d}x\Big)$$
$$-q\int \sin\frac{\pi}{3}x\,\mathrm{d}x - F\sin\frac{4\pi}{3} = 0$$

$$Y_2\Big(10^4\cdot\frac{\pi^4}{3^4}\cdot 3 + 10^3\cdot 3\Big) - 80\cdot\sin\frac{4\pi}{3} = 0$$

$$Y_2(36077.441 + 3000) + 69.282 = 0$$

$$Y_2 = -\frac{69.282}{39077.441} = -0.001773$$

Damit ergibt sich die Biegelinie zu:

$$w(x) = 0.034991\cdot\sin\frac{\pi}{6}x - 0.001773\cdot\sin\frac{\pi}{3}x$$

Als Momentenverlauf folgt:

$$M(x) = -EIw''(x)$$
$$= 10^4\cdot\Big(0.034991\cdot\frac{\pi^2}{6^2}\sin\frac{\pi}{6}x - 0.001773\cdot\frac{\pi^2}{3^2}\sin\frac{\pi}{3}x\Big)$$
$$= 95.9306\cdot\sin\frac{\pi}{6}x - 19.4425\cdot\sin\frac{\pi}{3}x$$

Die Durchbiegungen und Momente in Feldmitte und unter der Einzellast folgen mit:

- In Feldmitte:

$$w(3) = 0.034991\cdot\sin\frac{\pi}{6}3 - 0.001773\cdot\sin\frac{2\pi}{6}3$$
$$= 0.034991\cdot 1 - 0.001773\cdot 0 = \underline{0.034991}$$

$$M(3) = 95.9306\cdot\sin\frac{\pi 3}{6} - 19.4425\cdot\sin\frac{\pi 3}{3}$$
$$= 95.9306\cdot 1 - 19.4425\cdot 0 = \underline{95.9306}$$

- Unter der Einzellast:

$$w(4) = 0.034991\cdot\sin\frac{\pi}{6}4 - 0.001773\cdot\sin\frac{\pi}{3}4$$
$$= 0.030303 + 0.001535 = \underline{0.031839}$$

$$M(4) = 95.9306\cdot\sin\frac{\pi}{6}4 - 19.4425\cdot\sin\frac{\pi}{3}4$$
$$= 83.0783 - (-16.8377) = \underline{99.9160}$$

Das gezeigte Vorgehen kann auf eine beliebige Anzahl von Parametern erweitert werden, indem jeweils eine weitere Sinusfunktion mit höherer Welligkeit addiert wird.

Da die Gleichungen durch die Orthogonalität der Funktionen entkoppelt sind, ergeben sich die weiteren Anteile durch Auswertung der Arbeitsgleichung mit der zusätzlichen virtuellen Ansatzfunktion. Es wird in *Tabelle 3.1* nur das Ergebnis für zwei weitere Anteile angegeben.

Tabelle 3.1 Ergebnisse für einzelne Ansatzfunktionen

Ansatz-funktion	Faktor	$w(3)$	$w(4)$	$M(3)$	$M(4)$
	0.034991	0.034991	0.030303	95.9306	83.0783
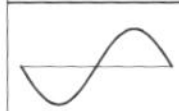	–0.001773	0	0.001535	0	16.8377
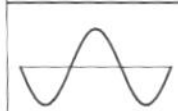	0.000206	–0.000206	0	–0.5077	0
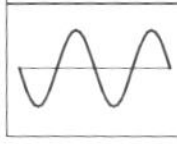	0.000119	0	0.000103	0	4.5359

Tabelle 3.2 enthält das sich aus der Summe der Teillösungen ergebende Gesamtergebnis für die betrachteten Punkte aus der Beziehung:

$$w(x) = \sum_{i=1}^{n} Y_i\cdot w_i(x) \qquad M(x) = -EI\sum_{i=1}^{n} Y_i\cdot w_i''(x)$$

Tabelle 3.2 Ergebnisse für unterschiedliche Anzahl von Ansatzfunktionen

n	$w(3)$	$w(4)$	$M(3)$	$M(4)$
1	0.034991	0.030303	95.9306	83.0783
2	0.034991	0.031839	95.9306	99.9160
3	0.034785	0.031839	95.4229	99.9160
4	0.034785	0.031942	95.4229	104.4519

Die Verläufe der Zustandslinien im Vergleich von exakter und Näherungslösung ist für die unterschiedliche Anzahl der Parameter der Ansatzfunktion in *Bild 3.11* dargestellt.

Während die Biegelinie schon für $n = 1$ recht gut angenähert wird, ergibt sich bei der Momentenlinie das Problem, eine unstetige Funktion (Knick im Angriffspunkt der Einzelkraft) durch eine Linearkombination stetiger Ansatzfunktionen zu approximieren.

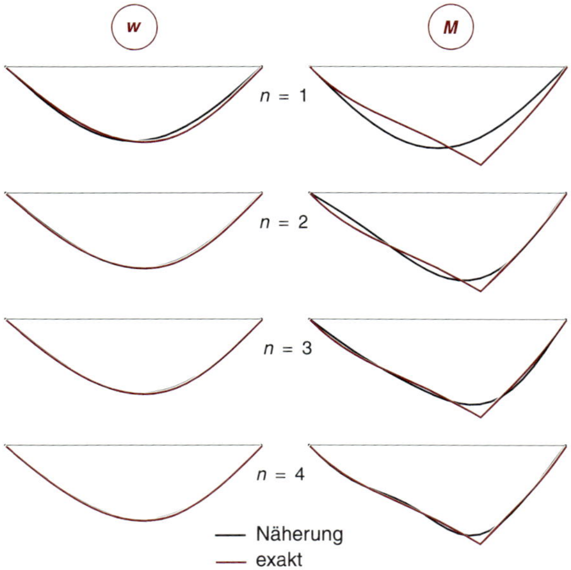

Bild 3.11 Vergleich von Näherung und exakter Lösung.

Die zweite Ableitung der Näherungslösung für $M(x)$ kann wiederum als eine Belastungsfunktion $q^*(x)$ aufgefasst werden. Die Näherungslösung ist die exakte Lösung der Differenzialgleichung infolge $q^*(x)$. Unter Berücksichtigung von vier Freiwerten folgt:

$$\begin{aligned} q^*(x) &= -M''(x) \\ &= 10^4 \cdot \left[0.034991 \cdot \frac{\pi^4}{6^4} \sin\frac{\pi}{6}x - 0.001773 \cdot \frac{\pi^4}{3^4} \sin\frac{\pi}{3}x \right. \\ &\quad \left. + 0.000206 \cdot \frac{\pi^4}{2^4} \sin\frac{\pi}{2}x + 0.000119 \cdot \frac{(2\pi)^4}{3^4} \sin\frac{4\pi}{6}x \right] \\ &= 26.2999 \sin\frac{\pi x}{6} - 21.3210 \sin\frac{\pi x}{3} \\ &\quad + 12.5268 \sin\frac{\pi x}{2} + 22.9741 \sin\frac{2\pi x}{3} \end{aligned}$$

Die Belastungsfunktion $q^*(x)$ ist in *Bild 3.12* dargestellt. Diese Funktion kann wieder als eine Fourierreihenentwicklung der wirklichen Lastfunktion interpretiert werden.

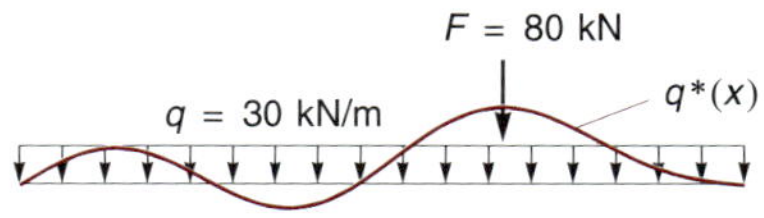

Bild 3.12 Vergleich von $q^*(x)$ und wirklicher Belastung

3.1.3 Ansätze über Teilbereiche

Bei der bisher gezeigten Vorgehensweise wurden Ansatzfunktionen verwandt, die für das gesamte Gebiet definiert wurden. Wie aus dem letzten Beispiel ersichtlich wird, lassen sich dabei Unstetigkeiten der Lösungsfunktionen nur durch eine sehr hohe Ordnung der Ansatzfunktionen einigermaßen befriedigend approximieren. Ein weiteres Problem stellt die Erfüllung der geometrischen Randbedingungen für die Ansätze bei anderen Lagerungsbedingungen dar.

Es ist daher naheliegend, die Lösung für das Gesamtgebiet aus einzelnen Ansatzfunktionen für Teilbereiche des Systems zusammenzusetzen. Dieses Vorgehen entspricht dem der *Finite Element Methode*. Statt zu versuchen, den Verlauf der Biegelinie durch komplexe Ansatzfunktionen über den gesamten Bereich möglichst gut anzunähern, werden relativ einfache Ansätze gewählt und die Lösung durch eine höhere Zahl der Teilbereiche verbessert. Der Teilbereich, in dem die Ansätze definiert werden, ist das Finite Element.

3.1.3.1 Ansatzfunktionen

Ein beliebter Typ von Ansatzfunktionen sind Polynome. Da an den Bereichsgrenzen die Stetigkeit der Biegelinie in w und w' zu erfüllen ist, muss die Ansatzfunktion vier Freiwerte besitzen. Dies ist bei einem Polynom 3. Ordnung der Fall:

$$w(x) = a_0 + a_1 x + a_2 x^2 + a_3 x^3 \qquad (3.12)$$

Die Parameter a_i werden durch die Funktionswerte und die Ableitungen der Biegelinie an den Bereichsgrenzen ausgedrückt.

Die vier Gleichungen für die Ermittlung der Parameter a_i ergeben sich aus den folgenden Bedingungen.

$$
\begin{aligned}
w(0) &= a_0 + a_1 0 + a_2 0^2 + a_3 0^3 &&= w_a \\
w'(0) &= \qquad a_1 + 2a_2 0 + 3a_3 0^2 &&= -\varphi_a \\
w(l) &= a_0 + a_1 l + a_2 l^2 + a_3 l^3 &&= w_e \\
w'(l) &= \qquad a_1 + 2a_2 l + 3a_3 l^2 &&= -\varphi_e
\end{aligned}
$$

In Matrizendarstellung folgt das Gleichungssystem:

$$
\begin{bmatrix} 1 & 0 & 0 & 0 \\ 0 & -1 & 0 & 0 \\ 1 & l & l^2 & l^3 \\ 0 & -1 & -2l & -3l^2 \end{bmatrix}
\begin{bmatrix} a_0 \\ a_1 \\ a_2 \\ a_3 \end{bmatrix}
=
\begin{bmatrix} w_a \\ \varphi_a \\ w_e \\ \varphi_e \end{bmatrix}
$$

Mit der Lösung:

$$
\begin{bmatrix} a_0 \\ a_1 \\ a_2 \\ a_3 \end{bmatrix}
=
\begin{bmatrix} w_a \\ -\varphi_a \\ -3\dfrac{w_a}{l^2} + 2\dfrac{\varphi_a}{l} + 3\dfrac{w_e}{l^2} + \dfrac{\varphi_e}{l} \\ 2\dfrac{w_a}{l^3} - \dfrac{\varphi_a}{l^2} - 2\dfrac{w_e}{l^3} - \dfrac{\varphi_e}{l^2} \end{bmatrix}
$$

Damit wird aus dem Ansatz Gl. (3.12):

$$
\begin{aligned}
w(x) = w_a - \varphi_a x &+ \left(-3\frac{w_a}{l^2} + 2\frac{\varphi_a}{l} + 3\frac{w_e}{l^2} + \frac{\varphi_e}{l}\right)x^2 \\
&+ \left(2\frac{w_a}{l^3} - \frac{\varphi_a}{l^2} - 2\frac{w_e}{l^3} - \frac{\varphi_e}{l^2}\right)x^3
\end{aligned}
$$

Ausklammern der Stabendweggrößen ergibt:

$$
\begin{aligned}
w(x) = w_a&\left(1 - 3\frac{x^2}{l^2} + 2\frac{x^3}{l^3}\right) + \varphi_a\left(-x + 2\frac{x^2}{l} - \frac{x^3}{l^2}\right) \\
&+ w_e\left(3\frac{x^2}{l^2} - \frac{2x^3}{l^3}\right) + \varphi_e\left(\frac{x^2}{l} - \frac{x^3}{l^2}\right)
\end{aligned}
$$

Mit der dimensionslosen Variablen $\xi = x/l$ folgt:

$$
\begin{aligned}
w(\xi) &= w_a(1 - 3\xi^2 + 2\xi^3) + \varphi_a l(-\xi + 2\xi^2 - \xi^3) \\
&\quad + w_e(3\xi^2 - 2\xi^3) + \varphi_e l(\xi^2 - \xi^3) \\
&= w_a\phi_1 + \varphi_a\phi_2 + w_e\phi_3 + \varphi_e\phi_4
\end{aligned}
\tag{3.13}
$$

Mit den so genannten *Formfunktionen*:

$$
\begin{aligned}
\phi_1 &= (1 - 3\xi^2 + 2\xi^3) \qquad & \phi_3 &= (3\xi^2 - 2\xi^3) \\
\phi_2 &= l(-\xi + 2\xi^2 - \xi^3) \qquad & \phi_4 &= l(\xi^2 - \xi^3)
\end{aligned}
$$

Für die nachfolgenden Berechnungen werden die Ableitungen der Formfunktionen ϕ_i nach der Koordinate x benötigt. Da sie in Abhängigkeit von ξ vorliegen, ist die Kettenregel zu beachten.

$$
(\ )' = \frac{d(\ )}{dx} = \frac{d(\ )}{d\xi}\frac{d\xi}{dx} = \frac{d(\ )}{d\xi}\frac{1}{l}
$$

$$
\begin{aligned}
\phi_1' &= (-6\xi + 6\xi^2)/l \qquad & \phi_3' &= (6\xi - 6\xi^2)/l \\
\phi_2' &= (-1 + 4\xi - 3\xi^2) \qquad & \phi_4' &= (2\xi - 3\xi^2)
\end{aligned}
$$

$$
\begin{aligned}
\phi_1'' &= (-6 + 12\xi)/l^2 \qquad & \phi_1''' &= 12/l^3 \\
\phi_2'' &= (4 - 6\xi)/l \qquad & \phi_2''' &= -6/l^2 \\
\phi_3'' &= (6 - 12\xi)/l^2 \qquad & \phi_3''' &= -12/l^3 \\
\phi_4'' &= (2 - 6\xi)/l \qquad & \phi_4''' &= -6/l^2
\end{aligned}
\tag{3.14}
$$

Diese Form des Ansatzes nennt man *Hermite-Polynome.* Hermite-Polynome sind dadurch gekennzeichnet, dass der Funktionsverlauf durch die Funktionswerte sowie deren Ableitungen an den Bereichsenden ausgedrückt wird. Im vorliegenden Fall entsprechen die Formfunktionen ϕ_i den Einheitsverformungszuständen des Drehwinkelverfahrens, siehe *Bild 3.13.*

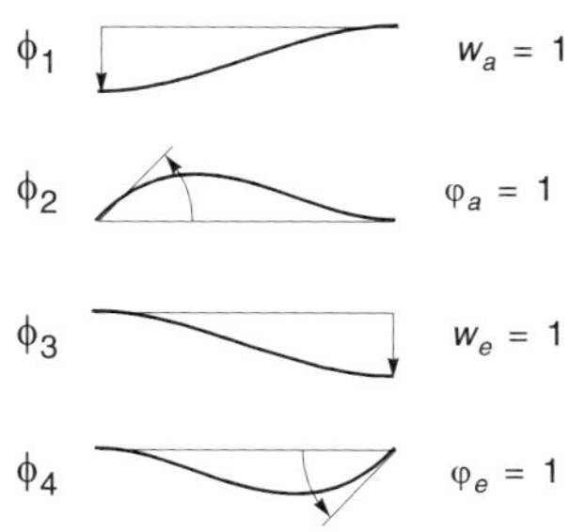

Bild 3.13 Kubische Hermite-Polynome

3.1.3.2 Aufbau des Gleichungssystems

Der Ansatz für die Biegelinie enthält als Unbekannte die Verformungen an den Endpunkten der einzelnen Bereiche. Die Gleichungen zur Ermittlung der Unbekannten ergeben sich durch Auswertung der Arbeitsgleichung des Prinzips der virtuellen Verschiebungen. Dabei wird jede der Ansatzfunktionen als virtuelle Verschiebung gewählt.

Der Balken in *Bild 3.14* ist in zwei Bereiche unterteilt. Innerhalb jedes Bereiches setzt sich die gesuchte Biegelinie grundsätzlich aus den vier Ansatzfunktionen in *Bild 3.13* zusammen.

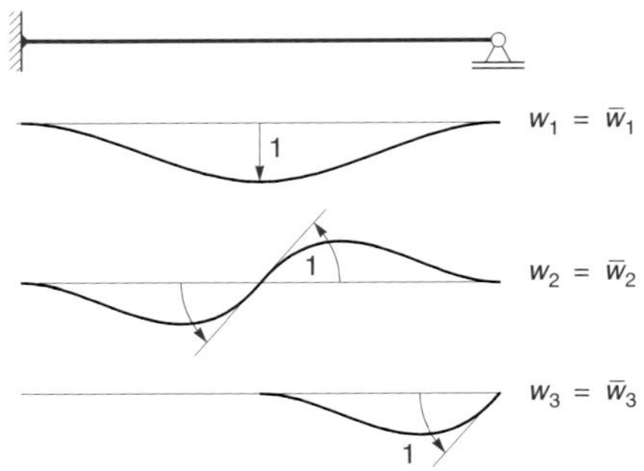

Bild 3.14 Balken mit zwei Bereichen

Da die Ansätze die Verformungsrandbedingungen erfüllen müssen, entfallen jedoch im linken Bereich die Funktionen ϕ_1 und ϕ_2, im rechten Bereich entfällt ϕ_3. Die Stetigkeit der Verformung wird dadurch gewährleistet, dass die Verschiebung und die Verdrehung an den Bereichsgrenzen in Balkenmitte gleichgesetzt wird.

Um die Faktoren für beide Ansatzfunktionen zu ermitteln, wird die Arbeitsgleichung jeweils für eine der virtuellen Funktionen ausgewertet. Die virtuellen Funktionen entsprechen den Ansätzen für die wirkliche Biegelinie.

Für die Auswertung der Arbeitsgleichung sind bei konstanten Koeffizienten folgende Integrale zu berechnen:

$$\int w''\bar{w}''\mathrm{d}x \qquad \int w'\bar{w}'\mathrm{d}x \qquad \int w\bar{w}\,\mathrm{d}x \qquad \int q\bar{w}\,\mathrm{d}x$$

Die Integrale können abschnittsweise für jeden der Teilbereiche ausgewertet werden. Für das erste Integral ergibt sich:

$$\int w''\bar{w}''\mathrm{d}x = \int (w_a\phi_1 + \varphi_a\phi_2 + w_e\phi_3 + \varphi_e\phi_4)''\,\bar{w}''\mathrm{d}x$$
$$= \int (w_a\phi_1 + \varphi_a\phi_2 + w_e\phi_3 + \varphi_e\phi_4)''\,\bar{\phi}_i''\mathrm{d}x$$
$$= w_a\int \phi_1''\bar{\phi}_i''\mathrm{d}x + \varphi_a\int \phi_2''\bar{\phi}_i''\mathrm{d}x + w_e\int \phi_3''\bar{\phi}_i''\mathrm{d}x + \varphi_e\int \phi_4''\bar{\phi}_i''\mathrm{d}x$$

Da für die virtuellen Verschiebungen dieselben Funktionen gewählt werden wie für die wirklichen Verschiebungen, kann als virtuelle Funktion $\bar{\phi}_i$ innerhalb eines Abschnitts grundsätzlich jede der vier Formfunktionen auftreten. Es werden daher die Integrale für die Produkte der Formfunktionen benötigt. Die Berechnung wird exemplarisch für das folgende Integral durchgeführt:

$$\int \phi_2''\bar{\phi}_3''\mathrm{d}x$$

Weil die Formfunktionen in Abhängigkeit von der Variablen ξ gegeben sind, ist der Zusammenhang zwischen ξ und x zu beachten. Die Ableitungen nach x sind in (3.14) gegeben. Mit der Variablensubstitution $\xi = x/l$ folgt das Integral mit:

$$\int_0^l \phi_2''\bar{\phi}_3''\mathrm{d}x = \int_0^1 \phi_2''\bar{\phi}_3''\,l\,\mathrm{d}\xi = l\int_0^1 \phi_2''\bar{\phi}_3''\mathrm{d}\xi = l\int_0^1 \frac{4-6\xi}{l}\,\frac{6-12\xi}{l^2}\,\mathrm{d}\xi$$
$$= \frac{1}{l^2}\int_0^1 (4-6\xi)(6-12\xi)\mathrm{d}\xi = \frac{1}{l^2}\int_0^1 (72\xi^2 - 84\xi + 24)\mathrm{d}\xi$$
$$= \frac{1}{l^2}\left[\frac{72}{3}\xi^3 - \frac{84}{2}\xi^2 + 24\xi\right]_0^1 = \frac{6}{l^2}$$

Die Berechnung der anderen Integrale erfolgt analog, die Ergebnisse sind in den Tabellen *3.3* bis *3.5* angegeben. Die in den Tabellen enthaltenen Werte sind die Elemente der in Kapitel 2 angegebenen Steifigkeitsmatrizen.

Die als virtuelle Funktionen benutzten Hermite-Polynome in *Bild 3.13* entsprechen den Einflusslinien für die Stabendschnittgrößen am beidseitig eingespannten Balken. Der Term $\int q\bar{w}\,\mathrm{d}x$ in der Arbeitsgleichung kann daher als die Auswertung einer Einflusslinie für die Stabbelastung interpretiert werden. Der Betrag der Arbeit entspricht den Stabendschnittgrößen am beidseitig eingespannten Balken. Das Vorzeichen der Arbeit folgt anschaulich aus der Richtung von Belastung und virtueller Verschiebung. Ist beides gleich gerichtet, ist die Arbeit positiv, sonst negativ.

So ist z. B. die Funktion ϕ_2 in *Bild 3.13* die Biegelinie infolge eines Knicks „-1" im Anfangspunkt des beidseitig eingespannten Balkens, also die Einflusslinie für das Moment in diesem Punkt. Für eine konstante, nach unten gerichtete Streckenlast ergibt sich:

$$\int q\bar{w}\,\mathrm{d}x = q\int \phi_2\,\mathrm{d}x = -\frac{ql^2}{12}$$

Dies ist das Stabendmoment am beidseitig eingespannten Balken infolge einer konstanten Streckenlast. Das negative Vorzeichen ergibt sich daraus, dass Streckenlast und virtuelle Funktion entgegengerichtet sind.

Tabelle 3.3 Werte der Integrale $EI\int_0^l \phi''\bar{\phi}''\,\mathrm{d}x$

	ϕ_1	ϕ_2	ϕ_3	ϕ_4
$\bar{\phi}_1$	$\frac{12EI}{l^3}$	$-\frac{6EI}{l^2}$	$-\frac{12EI}{l^3}$	$-\frac{6EI}{l^2}$
$\bar{\phi}_2$	$-\frac{6EI}{l^2}$	$\frac{4EI}{l}$	$\frac{6EI}{l^2}$	$\frac{2EI}{l}$
$\bar{\phi}_3$	$-\frac{12EI}{l^3}$	$\frac{6EI}{l^2}$	$\frac{12EI}{l^3}$	$\frac{6EI}{l^2}$
$\bar{\phi}_4$	$-\frac{6EI}{l^2}$	$\frac{2EI}{l}$	$\frac{6EI}{l^2}$	$\frac{4EI}{l}$

Tabelle 3.4 Werte der Integrale $H\int_0^l \phi'\bar{\phi}'\,\mathrm{d}x$

	ϕ_1	ϕ_2	ϕ_3	ϕ_4
$\bar{\phi}_1$	$\frac{36}{30}\frac{H}{l}$	$-\frac{3}{30}H$	$-\frac{36}{30}\frac{H}{l}$	$-\frac{3}{30}H$
$\bar{\phi}_2$	$-\frac{3}{30}H$	$\frac{4}{30}Hl$	$\frac{3}{30}H$	$-\frac{1}{30}Hl$
$\bar{\phi}_3$	$-\frac{36}{30}\frac{H}{l}$	$\frac{3}{30}H$	$\frac{36}{30}\frac{H}{l}$	$\frac{3}{30}H$
$\bar{\phi}_4$	$-\frac{3}{30}H$	$-\frac{1}{30}Hl$	$\frac{3}{30}H$	$\frac{4}{30}Hl$

Tabelle 3.5 Werte der Integrale $k_B\int_0^l \phi\bar{\phi}\,\mathrm{d}x$

	ϕ_1	ϕ_2	ϕ_3	ϕ_4
$\bar{\phi}_1$	$\frac{156}{420}k_B l$	$-\frac{22}{420}k_B l^2$	$\frac{54}{420}k_B l$	$\frac{13}{420}k_B l^2$
$\bar{\phi}_2$	$-\frac{22}{420}k_B l^2$	$\frac{4}{420}k_B l^3$	$-\frac{13}{420}k_B l^2$	$-\frac{3}{420}k_B l^3$
$\bar{\phi}_3$	$\frac{54}{420}k_B l$	$-\frac{13}{420}k_B l^2$	$\frac{156}{420}k_B l$	$\frac{22}{420}k_B l^2$
$\bar{\phi}_4$	$\frac{13}{420}k_B l^2$	$-\frac{3}{420}k_B l^3$	$\frac{22}{420}k_B l^2$	$\frac{4}{420}k_B l^3$

3.1.3.3 Ermittlung der Schnittgrößen

Nach der Lösung des Gleichungssystems sind die Faktoren für die Ansatzfunktionen, also die Verformungen bekannt. Um die Schnittgrößen zu erhalten, müssen diese in einer Nachlaufrechnung ermittelt werden. Dabei gibt es grundsätzlich zwei Möglichkeiten, die nachfolgend erläutert werden.

1. Ermittlung aus der Ableitung der Biegelinie

Aus den Beziehungen $M = -EIw''$ und $V = -EIw'''$ folgt mit den Ableitungen aus Gl. (3.14):

$$\begin{aligned} M(\xi) &= -EIw'' = -EI(w_a\phi_1'' + \varphi_a\phi_2'' + w_e\phi_3'' + \varphi_e\phi_4'') \\ &= -EI\cdot\frac{1}{l^2}\Big[w_a(-6+12\xi) + \varphi_a l(4-6\xi) \\ &\qquad + w_e(6-12\xi) \quad + \varphi_e l(2-6\xi)\Big] \\ V(\xi) &= -EIw''' = -EI(w_a\phi_1''' + \varphi_a\phi_2''' + w_e\phi_3''' + \varphi_e\phi_4''') \\ &= -\frac{12EI}{l^3}w_a + \frac{6EI}{l^2}\varphi_a + \frac{12EI}{l^3}w_e + \frac{6EI}{l^2}\varphi_e = \text{konst.} \end{aligned}$$

Die Auswertung der Gleichungen für den Anfangs- und Endpunkt des Stabes ergibt:

$$V_a = -V(\xi=0) = \frac{12EI}{l^3}w_a - \frac{6EI}{l^2}\varphi_a - \frac{12EI}{l^3}w_e - \frac{6EI}{l^2}\varphi_e$$

$$M_a = -M(\xi=0) = -\frac{6EI}{l^2}w_a + \frac{4EI}{l}\varphi_a + \frac{6EI}{l^2}w_e + \frac{2EI}{l}\varphi_e$$

$$V_e = V(\xi = 1) = -\frac{12EI}{l^3}w_a + \frac{6EI}{l^2}\varphi_a + \frac{12EI}{l^3}w_e + \frac{6EI}{l^2}\varphi_e$$

$$M_e = M(\xi = 1) = -\frac{6EI}{l^2}w_a + \frac{2EI}{l}\varphi_a + \frac{6EI}{l^2}w_e + \frac{4EI}{l}\varphi_e$$

Der Vorzeichenwechsel bei V_a und M_a ergibt sich durch den Unterschied der Vorzeichendefinitionen des Weggrößenverfahrens und den sonst üblichen Vorzeichen der Baustatik. In Matrizendarstellung folgt:

$$\begin{bmatrix} V_a \\ M_a \\ \hline V_e \\ M_e \end{bmatrix} = \left[\begin{array}{cc|cc} \frac{12EI}{l^3} & -\frac{6EI}{l^2} & -\frac{12EI}{l^3} & -\frac{6EI}{l^2} \\ -\frac{6EI}{l^2} & \frac{4EI}{l} & \frac{6EI}{l^2} & \frac{2EI}{l} \\ \hline -\frac{12EI}{l^3} & \frac{6EI}{l^2} & \frac{12EI}{l^3} & \frac{6EI}{l^2} \\ -\frac{6EI}{l^2} & \frac{2EI}{l} & \frac{6EI}{l^2} & \frac{4EI}{l} \end{array}\right] \begin{bmatrix} w_a \\ \varphi_a \\ \hline w_e \\ \varphi_e \end{bmatrix}$$

$$\boldsymbol{s} = \boldsymbol{k}_{(EI)} \cdot \boldsymbol{w}$$

Diese Gleichung ist die Steifigkeitsbeziehung zwischen den Stabendschnittgrößen und den Stabendverformungen aus Kapitel 2. Die Stabendkraftgrößen aus der Ableitung der Biegelinie folgen also aus der Multiplikation der Steifigkeitsmatrix $\boldsymbol{k}_{(EI)}$ des Teilbereiches infolge des Terms $\int EIw''\overline{w}''dx$, d. h. ohne die Anteile aus Theorie II. Ordnung und Bettung, mit dem Vektor der Stabendweggrößen.

2. Ermittlung durch näherungsweise Formulierung der Gleichgewichtsbedingungen mit dem Prinzip der virtuellen Verschiebungen

Für den erforderlichen virtuellen Zustand wird die zur gesuchten Stabendschnittgröße zugehörige Lagrangesche Befreiung durchgeführt und die entsprechende Weggröße mit dem Wert eins vorgegeben. Die virtuelle Verschiebung für die Ermittlung des Moments am Bereichsanfang ist in *Bild 3.15* dargestellt.

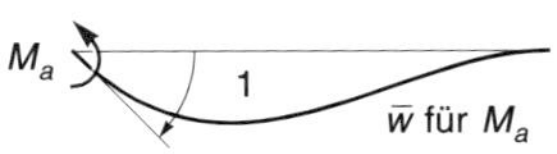

Bild 3.15 Virtuelle Verschiebung nach Lagrangescher Befreiung

Die Auswertung der Arbeitsgleichung für diesen virtuellen Zustand ergibt eine Bestimmungsgleichung für M_a:

$$\overline{W} = \int EIw''\overline{w}''dx + \int Hw'\overline{w}'dx + \int k_B w\overline{w}dx - \int q\overline{w}\,dx - M_a \cdot 1 = 0$$

$$M_a = \int EIw''\overline{w}''dx + \int Hw'\overline{w}'dx + \int k_B w\overline{w}dx - \int q\overline{w}\,dx$$

Diese Gleichung entspricht der zweiten Zeile der Steifigkeitsmatrix des Teilbereiches sowie der zugehörigen rechten Seite infolge der äußeren Last. Die Berechnung der anderen Stabendschnittgrößen erfolgt analog. Die zugehörigen virtuellen Zustände entsprechen genau den Ansatzfunktionen des Teilbereiches. Die Stabendschnittgrößen ergeben sich also durch Multiplikation der Steifigkeitsmatrix des Teilbereiches mit dem Vektor der Stabendweggrößen und Addition des zugehörigen Lastvektors.

$$\boldsymbol{s} = \boldsymbol{k} \cdot \boldsymbol{w} + \boldsymbol{s}^0$$
$$\boldsymbol{k} = \boldsymbol{k}_{(EI)} + \boldsymbol{k}_{(k_B)} + \boldsymbol{k}_{(H)}$$

Im Gegensatz zur Schnittgrößenermittlung aus der Differenziation der Biegelinie werden hierbei alle Anteile der Steifigkeitsmatrix berücksichtigt.

Das hier dargestellte Vorgehen mit dem Prinzip der virtuellen Verschiebungen ergibt erheblich bessere Ergebnisse für die Schnittgrößen als durch die Differenziation der Biegelinie. Bei einer Anwendung des hier behandelten Weggrößenverfahrens mit einem Näherungsansatz auf Flächentragwerke ist jedoch die Ermittlung der Schnittgrößen nur durch Ableitung der Ansatzfunktionen für die Verformungen möglich. Es werden daher in nachfolgendem Beispiel beide Varianten der Berechnung durchgeführt, um die Ergebnisse zu vergleichen.

Beispiel 3.4

Der elastisch gebettete Balken aus *Beispiel 3.3* ist näherungsweise mit dem Prinzip der virtuellen Verschiebungen mit Hermite-Ansätzen über Teilbereiche zu berechnen.

Wie in *Bild 3.16* dargestellt ist, erfolgt eine Unterteilung des Balkens in drei Bereiche. Innerhalb eines jeden Bereichs wird die Verformung als Hermite-Polynom angesetzt. Um die Stetigkeit der Verformung zu gewährleisten, werden die Verschiebungen und Verdrehungen an den Bereichsgrenzen gleichgesetzt.

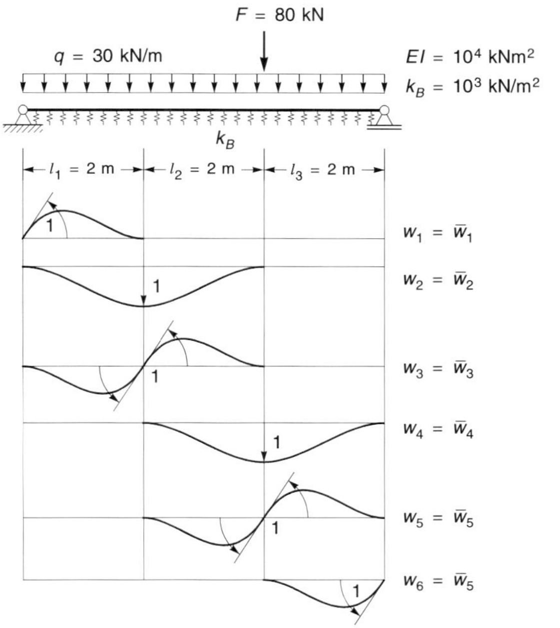

Bild 3.16 Gebetteter Balken mit Hermite-Ansätzen

Der Ansatz für die Biegelinie ist die Linearkombination der sechs Funktionen w_i in *Bild 3.16* mit den unbekannten Faktoren Y_i:

$$w(x) = Y_1 w_1 + Y_2 w_2 + Y_3 w_3 + Y_4 w_4 + Y_5 w_5 + Y_6 w_6$$

Die Ansatzfunktionen entsprechen den Einheitsverformungszuständen des Drehwinkelverfahrens am kinematisch bestimmten Hauptsystem in *Bild 3.17*.

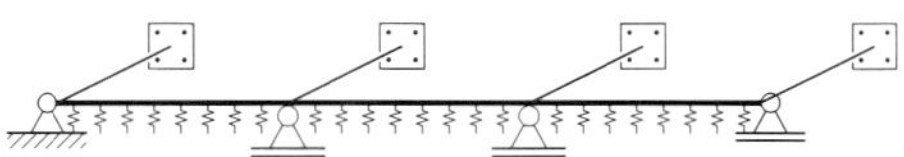

Bild 3.17 Kinematisch bestimmtes Hauptsystem

Die Arbeitsgleichung des Prinzips der virtuellen Verschiebungen für das vorliegende Problem lautet:

$$\overline{W} = EI\int w''\,\overline{w}''\mathrm{d}x + k_B\int w\,\overline{w}\,\mathrm{d}x - q\int \overline{w}\,\mathrm{d}x - F\,\overline{w}(4) = 0$$

Diese Gleichung ist für jeden der virtuellen Zustände zu erfüllen. Durch Auswertung der Arbeitsgleichung für die virtuellen Ansatzfunktionen ergeben sich sechs Bestimmungsgleichungen für die Unbekannten Y_i.

Auswertung der Arbeitsgleichung für $\overline{w}_1$

$$EI\int(Y_1 w_1'' + Y_2 w_2'' + Y_3 w_3'' + Y_4 w_4'' + Y_5 w_5'' + Y_6 w_6'')\,\overline{w}_1''\,\mathrm{d}x$$
$$+ k_B\int(Y_1 w_1 + Y_2 w_2 + Y_3 w_3 + Y_4 w_4 + Y_5 w_5 + Y_6 w_6)\,\overline{w}_1\,\mathrm{d}x$$
$$- q\int \overline{w}_1\,\mathrm{d}x - F\,\overline{w}_1(4)$$

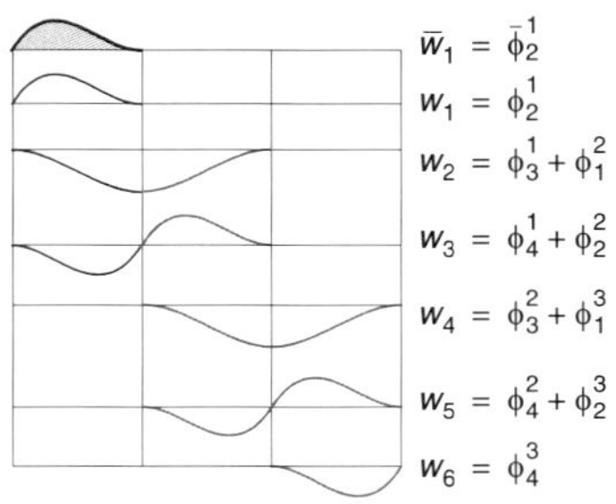

Bild 3.18 Arbeit auf $\overline{w}_1$

In *Bild 3.18* ist der Zusammenhang zwischen der virtuellen Funktion und den Ansatzfunktionen dargestellt. Da die virtuelle Verschiebung in den beiden rechten Bereichen gleich null ist, entfallen die in der Arbeitsgleichung grau gekennzeichneten Terme. Durch Ausmultiplizieren und Ausklammern der Y-Werte ergibt sich:

$$Y_1\,(EI\int w_1''\,\overline{w}_1''\,\mathrm{d}x + k_B\int w_1\,\overline{w}_1\,\mathrm{d}x)$$
$$+ Y_2(EI\int w_2''\,\overline{w}_1''\,\mathrm{d}x + k_B\int w_2\,\overline{w}_1\,\mathrm{d}x)$$
$$+ Y_3(EI\int w_3''\,\overline{w}_1''\,\mathrm{d}x + k_B\int w_3\,\overline{w}_1\,\mathrm{d}x) - q\int \overline{w}_1\,\mathrm{d}x = 0$$

Bereich 1	ϕ_1	ϕ_2	ϕ_3	ϕ_4
$\overline{\phi}_1$				
$\overline{\phi}_2$		$\frac{4EI}{l}$	$\frac{6EI}{l^2}$	$\frac{2EI}{l}$
$\overline{\phi}_3$				
$\overline{\phi}_4$				

Bild 3.19 Werte der Integrale

Die Werte der Integrale können den *Tabellen 3.3* und *3.5* entnommen werden. In *Bild 3.19* sind exemplarisch die relevanten Terme aus *Tabelle 3.3* angegeben. Die Integralwerte für die Anteile infolge Bettung sind entsprechend der *Tabelle 3.5* zu entnehmen. Der Term der äußeren Arbeit infolge der Streckenlast folgt aus der Interpretation des Integrals als Auswertung der Einflusslinie für das Auflagermoment am beidseitig eingespannten Balken für eine konstante Streckenlast. Es ergibt sich:

$$Y_1\left(\frac{4EI}{l_1}+\frac{4}{420}k_B l_1^3\right)+Y_2\left(\frac{6EI}{l_1^2}-\frac{13}{420}k_B l_1^2\right)$$
$$+Y_3\left(\frac{2EI}{l_1}-\frac{3}{420}k_B l_1^3\right)-\left(-\frac{q l_1^2}{12}\right) = 0$$

Durch Einsetzen der Zahlenwerte folgt die erste Zeile des Gleichungssystems:

$$20076.19\,Y_1+14876.19\,Y_2+9942.8571\,Y_3+10 = 0$$

Auswertung der Arbeitsgleichung für $\bar{w}_2$

$$EI\int(Y_1 w_1''+Y_2 w_2''+Y_3 w_3''+Y_4 w_4''+Y_5 w_5''+Y_6 w_6'')\,\bar{w}_2''\,dx$$
$$+k_B\int(Y_1 w_1+Y_2 w_2+Y_3 w_3+Y_4 w_4+Y_5 w_5+Y_6 w_6)\,\bar{w}_2\,dx$$
$$-q\int\bar{w}_2\,dx-F\,\bar{w}_2(4)$$

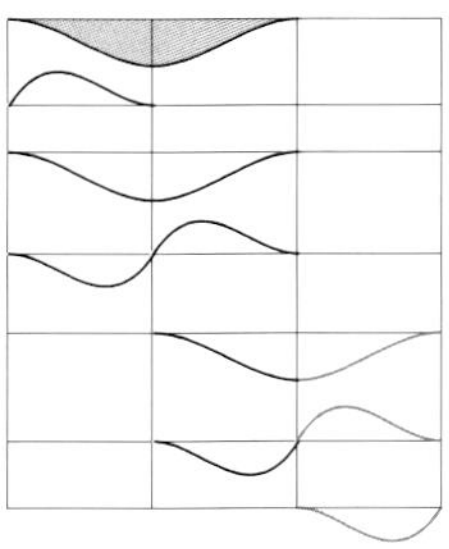

Bild 3.20 Arbeit auf $\bar{w}_2$

Wie in *Bild 3.20* erkennbar ist, ist die Arbeitsgleichung für zwei Bereiche auszuwerten. Die Integrale des dritten Bereichs entfallen, da die virtuelle Verschiebung gleich null ist. Die grau gekennzeichneten Terme in der Arbeitsgleichung entfallen, da w_6 in den beiden ersten Bereichen gleich null ist. Ausmultiplizieren und Ausklammern der Y-Werte ergibt:

$$Y_1(EI\int w_1''\bar{w}_2''\,dx+k_B\int w_1\bar{w}_2 dx)$$
$$+Y_2(EI\int w_2''\bar{w}_2''\,dx+k_B\int w_2\bar{w}_2 dx)$$
$$+Y_3(EI\int w_3''\bar{w}_2''\,dx+k_B\int w_3\bar{w}_2 dx)$$
$$+Y_4(EI\int w_4''\bar{w}_2''\,dx+k_B\int w_4\bar{w}_2 dx)$$
$$+Y_5(EI\int w_5''\bar{w}_2''\,dx+k_B\int w_5\bar{w}_2 dx)-q\int\bar{w}_2 dx = 0$$

Bereich 1	ϕ_1	ϕ_2	ϕ_3	ϕ_4
$\bar{\phi}_1$				
$\bar{\phi}_2$				
$\bar{\phi}_3$		$\frac{6EI}{l^2}$	$\frac{12EI}{l^3}$	$\frac{6EI}{l^2}$
$\bar{\phi}_4$				

Bereich 2	ϕ_1	ϕ_2	ϕ_3	ϕ_4
$\bar{\phi}_1$	$\frac{12EI}{l^3}$	$-\frac{6EI}{l^2}$	$-\frac{12EI}{l^3}$	$-\frac{6EI}{l^2}$
$\bar{\phi}_2$				
$\bar{\phi}_3$				
$\bar{\phi}_4$				

Bild 3.21 Werte der Integrale

Die Werte der Integrale für beide Bereiche sind auch hier exemplarisch für die Terme aus *Tabelle 3.3* in *Bild 3.21* angegeben. Es folgt:

$$Y_1\left(\frac{6EI}{l_1^2}-\frac{13}{420}k_B l_1^2\right)$$
$$+Y_2\left(\frac{12EI}{l_1^3}+\frac{156}{420}k_B l_1+\frac{12EI}{l_2^3}+\frac{156}{420}k_B l_2\right)$$
$$+Y_3\left(\frac{6EI}{l_1^2}+\frac{22}{420}k_B l_1^2-\frac{6EI}{l_2^2}-\frac{22}{420}k_B l_2^2\right)$$
$$+Y_4\left(-\frac{12EI}{l_2^3}+\frac{54}{420}k_B l_2\right)$$
$$+Y_5\left(-\frac{6EI}{l_2^2}+\frac{13}{420}k_B l_2^2\right)-q\frac{l_1+l_2}{2} = 0$$

In der oberen Gleichung ergibt sich in der Klammer, die mit Y_3 multipliziert wird, null, weil die Längen der Bereiche gleich sind. Dies ist anschaulich auch in *Bild 3.20* zu erkennen, denn die virtuelle Funktion $\bar{w}_2$ ist symmetrisch, die Funktion w_3 antimetrisch, so dass das Integral über das Produkt gleich null ist.

Die Arbeit der Streckenlast auf $\bar{w}_2$ entspricht der Summe der Auflagerkräfte am beidseitig eingespannten Balken für beide Bereiche. Einsetzen der Zahlenwerte ergibt die zweite Zeile des Gleichungssystems:

$$14876.19\,Y_1 + 31485.714\,Y_2 + 0\,Y_3 - 14742.857\,Y_4 - 14876.19\,Y_5 - 60 = 0$$

Für die restlichen virtuellen Funktionen erfolgt die Auswertung der Arbeitsgleichung analog und ist nachfolgend angegeben.

Auswertung der Arbeitsgleichung für $\bar{w}_3$

$$EI\int (Y_1 w_1'' + Y_2 w_2'' + Y_3 w_3'' + Y_4 w_4'' + Y_5 w_5'' + Y_6 w_6'')\,\bar{w}_3''\,dx$$
$$+ k_B\int (Y_1 w_1 + Y_2 w_2 + Y_3 w_3 + Y_4 w_4 + Y_5 w_5 + Y_6 w_6)\,\bar{w}_3\,dx$$
$$- q\int \bar{w}_3\,dx - F\,\bar{w}_3(4)$$

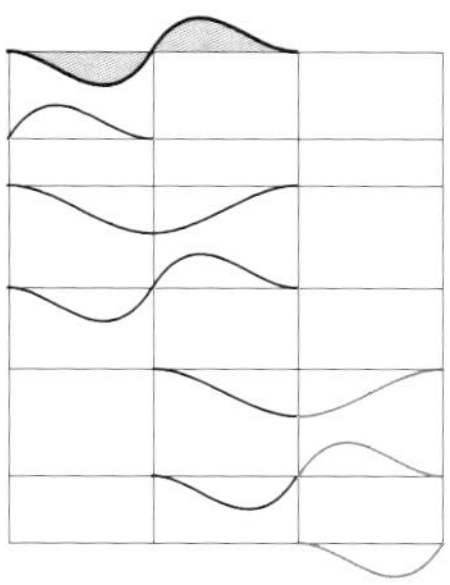

$\bar{w}_3 = \bar{\phi}_4^1 + \bar{\phi}_2^2$

$w_1 = \phi_2^1$

$w_2 = \phi_3^1 + \phi_1^2$

$w_3 = \phi_4^1 + \phi_2^2$

$w_4 = \phi_3^2 + \phi_1^3$

$w_5 = \phi_4^2 + \phi_2^3$

$w_6 = \phi_4^3$

Bild 3.22 Arbeit auf $\bar{w}_3$

$$Y_1(EI\int w_1''\bar{w}_3''\,dx + k_B\int w_1\bar{w}_3\,dx)$$
$$+ Y_2(EI\int w_2''\bar{w}_3''\,dx + k_B\int w_2\bar{w}_3\,dx)$$
$$+ Y_3(EI\int w_3''\bar{w}_3''\,dx + k_B\int w_3\bar{w}_3\,dx)$$
$$+ Y_4(EI\int w_4''\bar{w}_3''\,dx + k_B\int w_4\bar{w}_3\,dx)$$
$$+ Y_5(EI\int w_5''\bar{w}_3''\,dx + k_B\int w_5\bar{w}_3\,dx) - q\int \bar{w}_3\,dx = 0$$

Bereich 1	ϕ_1	ϕ_2	ϕ_3	ϕ_4
$\bar{\phi}_1$				
$\bar{\phi}_2$				
$\bar{\phi}_3$				
$\bar{\phi}_4$		$\frac{2EI}{l}$	$\frac{6EI}{l^2}$	$\frac{4EI}{l}$

Bereich 2	ϕ_1	ϕ_2	ϕ_3	ϕ_4
$\bar{\phi}_1$				
$\bar{\phi}_2$	$-\frac{6EI}{l^2}$	$\frac{4EI}{l}$	$\frac{6EI}{l^2}$	$\frac{2EI}{l}$
$\bar{\phi}_3$				
$\bar{\phi}_4$				

Bild 3.23 Werte der Integrale

$$Y_1\left(\frac{2EI}{l_1} - \frac{3}{420}k_B l_1^3\right)$$
$$+ Y_2\left(\frac{6EI}{l_1^2} + \frac{22}{420}k_B l_1^2 - \frac{6EI}{l_2^2} - \frac{22}{420}k_B l_2^2\right)$$
$$+ Y_3\left(\frac{4EI}{l_1} + \frac{4}{420}k_B l_1^3 + \frac{4EI}{l_2} + \frac{4}{420}k_B l_2^3\right)$$
$$+ Y_4\left(\frac{6EI}{l_2^2} - \frac{13}{420}k_B l_2^2\right)$$
$$+ Y_5\left(\frac{2EI}{l_2} - \frac{3}{420}k_B l_2^3\right) - q\frac{l_1^2 - l_2^2}{12} = 0$$

Zeile drei des Gleichungssystems:

$$9942.8571\,Y_1 + 0\,Y_2 + 40152.381\,Y_3 + 14876.19\,Y_4 + 9942.8571\,Y_5 - 0 = 0$$

Auswertung der Arbeitsgleichung für $\bar{w}_4$

$$EI\int (Y_1 w_1'' + Y_2 w_2'' + Y_3 w_3'' + Y_4 w_4'' + Y_5 w_5'' + Y_6 w_6'')\,\bar{w}_4''\,dx$$
$$+ k_B\int (Y_1 w_1 + Y_2 w_2 + Y_3 w_3 + Y_4 w_4 + Y_5 w_5 + Y_6 w_6)\,\bar{w}_4\,dx$$
$$- q\int \bar{w}_4\,dx - F\,\bar{w}_4(4)$$

Wie in Bild 3.24 erkennbar ist, ist bei dieser virtuellen Verschiebung die Arbeit der Einzelkraft zu berücksichtigen.

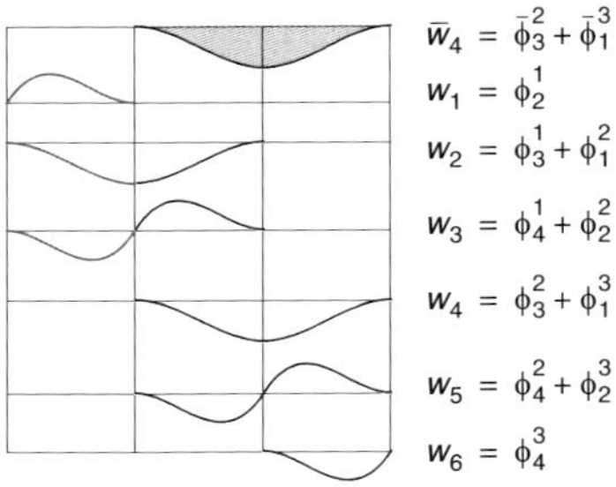

Bild 3.24 Arbeit auf $\bar{w}_4$

$$Y_2(EI\int w_2'' \bar{w}_4'' \,dx + k_B \int w_2 \bar{w}_4 dx)$$
$$+ Y_3(EI\int w_3'' \bar{w}_4'' \,dx + k_B \int w_3 \bar{w}_4 dx)$$
$$+ Y_4(EI\int w_4'' \bar{w}_4'' \,dx + k_B \int w_4 \bar{w}_4 dx)$$
$$+ Y_5(EI\int w_5'' \bar{w}_4'' \,dx + k_B \int w_5 \bar{w}_4 dx)$$
$$+ Y_6(EI\int w_6'' \bar{w}_4'' \,dx + k_B \int w_6 \bar{w}_4 dx)$$
$$- q\int \bar{w}_4 dx - F\bar{w}_4(4) = 0$$

Bereich 2	ϕ_1	ϕ_2	ϕ_3	ϕ_4
$\bar{\phi}_1$				
$\bar{\phi}_2$				
$\bar{\phi}_3$	$-\frac{12EI}{l^3}$	$\frac{6EI}{l^2}$	$\frac{12EI}{l^3}$	$\frac{6EI}{l^2}$
$\bar{\phi}_4$				

Bereich 3	ϕ_1	ϕ_2	ϕ_3	ϕ_4
$\bar{\phi}_1$	$\frac{12EI}{l^3}$	$-\frac{6EI}{l^2}$		$-\frac{6EI}{l^2}$
$\bar{\phi}_2$				
$\bar{\phi}_3$				
$\bar{\phi}_4$				

Bild 3.25 Werte der Integrale

$$Y_2\left(-\frac{12EI}{l_2^3} + \frac{54}{420}k_B l_2\right) + Y_3\left(\frac{6EI}{l_2^2} - \frac{13}{420}k_B l_2^2\right)$$
$$+ Y_4\left(\frac{12EI}{l_2^3} + \frac{156}{420}k_B l_2 + \frac{12EI}{l_3^3} + \frac{156}{420}k_B l_3\right)$$
$$+ Y_5\left(\frac{6EI}{l_2^2} + \frac{22}{420}k_B l_2^2 - \frac{6EI}{l_3^2} - \frac{22}{420}k_B l_3^2\right)$$
$$+ Y_6\left(-\frac{6EI}{l_3^2} + \frac{13}{420}k_B l_3^2\right) - q\frac{l_2 + l_3}{2} - F\cdot 1 = 0$$

Zeile vier des Gleichungssystems:

$$-14742.857\,Y_2 + 14876.19\,Y_3 + 31485.714\,Y_4 + 0\,Y_5$$
$$-14876.19\,Y_6 - 140 = 0$$

Auswertung der Arbeitsgleichung für $\bar{w}_5$

$$EI\int (Y_1 w_1'' + Y_2 w_2'' + Y_3 w_3'' + Y_4 w_4'' + Y_5 w_5'' + Y_6 w_6'')\,\bar{w}_5''\,dx$$
$$+ k_B\int (Y_1 w_1 + Y_2 w_2 + Y_3 w_3 + Y_4 w_4 + Y_5 w_5 + Y_6 w_6)\,\bar{w}_5\,dx$$
$$- q\int \bar{w}_5\,dx - F\bar{w}_5(4)$$

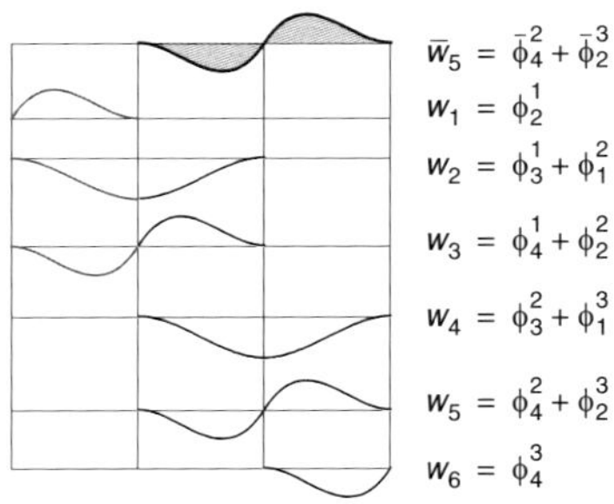

Bild 3.26 Arbeit auf $\bar{w}_5$

$$Y_2(EI\int w_2'' \bar{w}_5'' \,dx + k_B \int w_2 \bar{w}_5 dx)$$
$$+ Y_3(EI\int w_3'' \bar{w}_5'' \,dx + k_B \int w_3 \bar{w}_5 dx)$$
$$+ Y_4(EI\int w_4'' \bar{w}_5'' \,dx + k_B \int w_4 \bar{w}_5 dx)$$
$$+ Y_5(EI\int w_5'' \bar{w}_5'' \,dx + k_B \int w_5 \bar{w}_5 dx)$$
$$+ Y_6(EI\int w_6'' \bar{w}_5'' \,dx + k_B \int w_6 \bar{w}_5 dx) - q\int \bar{w}_5 dx = 0$$

Bereich 2	ϕ_1	ϕ_2	ϕ_3	ϕ_4
$\bar{\phi}_1$				
$\bar{\phi}_2$				
$\bar{\phi}_3$				
$\bar{\phi}_4$	$-\frac{6EI}{l^2}$	$\frac{2EI}{l}$	$\frac{6EI}{l^2}$	$\frac{4EI}{l}$

Bereich 3	ϕ_1	ϕ_2	ϕ_3	ϕ_4
$\bar{\phi}_1$				
$\bar{\phi}_2$	$-\frac{6EI}{l^2}$	$\frac{4EI}{l}$		$\frac{2EI}{l}$
$\bar{\phi}_3$				
$\bar{\phi}_4$				

Bild 3.27 Werte der Integrale

$$Y_2\left(-\frac{6EI}{l_2^2}+\frac{13}{420}k_B l_2^2\right)$$
$$+Y_3\left(\frac{2EI}{l_2}-\frac{3}{420}k_B l_2^3\right)$$
$$+Y_4\left(\frac{6EI}{l_2^2}+\frac{22}{420}k_B l_2^2-\frac{6EI}{l_3^2}-\frac{22}{420}k_B l_3^2\right)$$
$$+Y_5\left(\frac{4EI}{l_2}+\frac{4}{420}k_B l_2^3+\frac{4EI}{l_3}+\frac{4}{420}k_B l_3^3\right)$$
$$+Y_6\left(\frac{2EI}{l_3}-\frac{3}{420}k_B l_3^3\right)-q\frac{l_2^2-l_3^2}{12}=0$$

Zeile fünf des Gleichungssystems:

$$-14876.19\,Y_2+9942.8571\,Y_3+0\,Y_4+40152.381\,Y_5$$
$$+9942.8571\,Y_6=0$$

Auswertung der Arbeitsgleichung für $\bar{w}_6$

$$EI\int(Y_1 w_1''+Y_2 w_2''+Y_3 w_3''+Y_4 w_4''+Y_5 w_5''+Y_6 w_6'')\,\bar{w}_6''\,dx$$
$$+k_B\int(Y_1 w_1+Y_2 w_2+Y_3 w_3+Y_4 w_4+Y_5 w_5+Y_6 w_6)\,\bar{w}_6\,dx$$
$$-q\int\bar{w}_6\,dx-F\,\bar{w}_6(4)$$

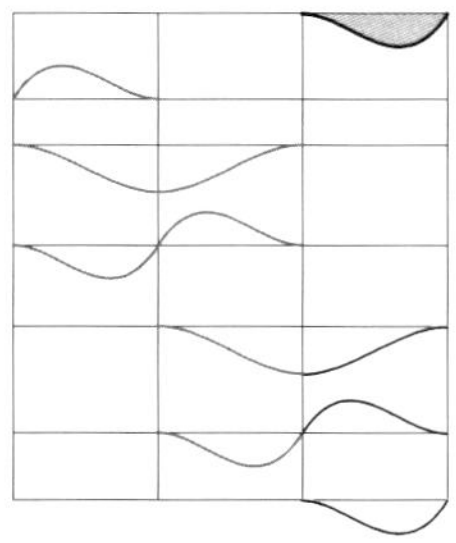

Bild 3.28 Arbeit auf $\bar{w}_6$

$$Y_4\left(EI\int w_4''\bar{w}_6''\,dx+k_B\int w_4\bar{w}_6\,dx\right)$$
$$+Y_5\left(EI\int w_5''\bar{w}_6''\,dx+k_B\int w_5\bar{w}_6\,dx\right)$$
$$+Y_6\left(EI\int w_6''\bar{w}_6''\,dx+k_B\int w_6\bar{w}_6\,dx\right)-q\int\bar{w}_6\,dx=0$$

Bereich 3	ϕ_1	ϕ_2	ϕ_3	ϕ_4
$\bar{\phi}_1$				
$\bar{\phi}_2$				
$\bar{\phi}_3$				
$\bar{\phi}_4$	$-\frac{6EI}{l^2}$	$\frac{2EI}{l}$		$\frac{4EI}{l}$

Bild 3.29 Werte der Integrale

$$Y_4\left(-\frac{6EI}{l_3^2}+\frac{13}{420}k_B l_3^2\right)$$
$$Y_5\left(\frac{2EI}{l_3}-\frac{3}{420}k_B l_3^3\right)$$
$$+Y_6\left(\frac{4EI}{l_3}+\frac{4}{420}k_B l_3^3\right)-q\frac{l_3^2}{12}=0$$

Zeile sechs des Gleichungssystems:

$$-14876.19\,Y_4+9942.8571\,Y_5+20076.19\,Y_6-10=0$$

Gleichungssystem und Lösung

Das Gleichungssystem zur Berechnung der Faktoren Y_i sowie der Lösungsvektor ist nachfolgend angegeben.

$$\begin{bmatrix} 20076{,}19 & 14876{,}19 & 9942{,}86 & 0 & 0 & 0 \\ 14876{,}19 & 31485{,}71 & 0 & -14742{,}86 & -14876{,}19 & 0 \\ 9942{,}86 & 0 & 40152{,}38 & 14876{,}19 & 9942{,}86 & 0 \\ 0 & -14742{,}86 & 14876{,}19 & 31485{,}71 & 0 & -14876{,}19 \\ 0 & -14876{,}19 & 9942{,}86 & 0 & 40152{,}38 & 9942{,}86 \\ 0 & 0 & 0 & -14876{,}19 & 9942{,}86 & 20076{,}19 \end{bmatrix} \begin{bmatrix} Y_1 \\ Y_2 \\ Y_3 \\ Y_4 \\ Y_5 \\ Y_6 \end{bmatrix} + \begin{bmatrix} 10 \\ -60 \\ 0 \\ -140 \\ 0 \\ -10 \end{bmatrix} = \begin{bmatrix} 0 \\ 0 \\ 0 \\ 0 \\ 0 \\ 0 \end{bmatrix} \Rightarrow \begin{bmatrix} Y_1 \\ Y_2 \\ Y_3 \\ Y_4 \\ Y_5 \\ Y_6 \end{bmatrix} = \begin{bmatrix} -0{,}016999 \\ 0{,}028705 \\ -0{,}009630 \\ 0{,}032004 \\ 0{,}008006 \\ 0{,}020248 \end{bmatrix}$$

Schnittgrößen

Die Berechnung der Schnittgrößen erfolgt in einer Nachlaufrechnung nach Abschnitt 3.1.3.3.

Es werden zunächst die Steifigkeitsmatrix sowie der Stablastvektor der Teilbereiche ermittelt. Diese Größen sind für alle drei Abschnitte gleich. Aus *Tabelle 3.3* folgt durch Einsetzen der Zahlenwerte:

$$\boldsymbol{k}_{(EI)} = \begin{bmatrix} 15000 & -15000 & -15000 & -15000 \\ -15000 & 20000 & 15000 & 10000 \\ -15000 & 15000 & 15000 & 15000 \\ -15000 & 10000 & 15000 & 20000 \end{bmatrix}$$

Entsprechend ergibt sich der Anteil infolge der Bettung aus *Tabelle 3.5*:

$$\boldsymbol{k}_{(k_B)} = \begin{bmatrix} 742.857 & -209.524 & 257.143 & -123.810 \\ -209.524 & 76.191 & -123.810 & -57.143 \\ 257.143 & -123.810 & 742.857 & 209.524 \\ 123.810 & -57.143 & 209.524 & 76.191 \end{bmatrix}$$

Die gesamte Steifigkeitsmatrix ist die Summe beider Anteile:

$$\boldsymbol{k} = \boldsymbol{k}_{(EI)} + \boldsymbol{k}_{(k_B)}$$

$$= \begin{bmatrix} 15742.857 & -15209.524 & -14742.857 & -14876.190 \\ -15209.524 & 20076.190 & 14876.190 & 9942.857 \\ -14742.857 & 14876.190 & 15742.857 & 15209.524 \\ -14876.190 & 9942.8571 & 15209.524 & 20076.191 \end{bmatrix}$$

Die Elemente des Stablastvektors sind die Stabendschnittgrößen des beidseitig eingespannten Balkens infolge einer konstanten Streckenlast.

Die Vorzeichen folgen daraus, dass der Term $\int q\bar{w}\,dx$ in die Arbeitsgleichung negativ eingeht. Weiterhin ist das Vorzeichen der Arbeit zu beachten. Von den Ansatzfunktionen in Bild 3.13 ist nur ϕ_2 nach oben gerichtet, also wird auf dieser virtuellen Funktion negative Arbeit geleistet.

$$\boldsymbol{s}^{i0} = \begin{bmatrix} -ql/2 \\ ql^2/12 \\ -ql/2 \\ -ql^2/12 \end{bmatrix} = \begin{bmatrix} -30 \\ 10 \\ -30 \\ -10 \end{bmatrix}$$

Die Vektoren der Stabendweggrößen für die einzelnen Teilbereiche folgen aus dem Lösungsvektor durch Zuordnung der Y-Werte zu den Verformungen der Bereichsenden:

$$\hat{\boldsymbol{w}}^1 = \begin{bmatrix} 0 \\ -0.016999 \\ 0.028705 \\ -0.009630 \end{bmatrix} \qquad \hat{\boldsymbol{w}}^2 = \begin{bmatrix} 0.028705 \\ -0.009630 \\ 0.032004 \\ 0.008006 \end{bmatrix}$$

$$\hat{\boldsymbol{w}}^3 = \begin{bmatrix} 0.032004 \\ 0.008006 \\ 0 \\ 0.020248 \end{bmatrix}$$

Die Nachlaufrechnung wird im Folgenden bereichsweise für beide Varianten nach Abschnitt 3.1.3.3 durchgeführt.

Bereich 1

- Aus der Ableitung der Biegelinie

$$\boldsymbol{s}^1 = \boldsymbol{k}^1_{(EI)} \cdot \hat{\boldsymbol{w}}^1$$

$$\begin{bmatrix} V_a \\ M_a \\ V_e \\ M_e \end{bmatrix} = \begin{bmatrix} 15000 & -15000 & -15000 & -15000 \\ -15000 & 20000 & 15000 & 10000 \\ -15000 & 15000 & 15000 & 15000 \\ -15000 & 10000 & 15000 & 20000 \end{bmatrix} \begin{bmatrix} 0 \\ -0{,}016999 \\ 0{,}028705 \\ -0{,}009630 \end{bmatrix} = \begin{bmatrix} -31{,}141 \\ -5{,}701 \\ 31{,}141 \\ 67{,}984 \end{bmatrix}$$

- Formulierung der Gleichgewichtsbedingungen mit dem Prinzip der virtuellen Verschiebungen

$$\boldsymbol{s}^1 = \left[\boldsymbol{k}^1_{(EI)} + \boldsymbol{k}^1_{(k_B)}\right] \cdot \hat{\boldsymbol{w}}^1 + \boldsymbol{s}^{10}$$

$$\begin{bmatrix} 15742{,}857 & -15209{,}524 & -14742{,}857 & -14876{,}190 \\ -15209{,}524 & 20076{,}190 & -14876{,}190 & 9942{,}857 \\ -14742{,}857 & -14876{,}190 & 15742{,}857 & 15209{,}524 \\ -14876{,}190 & 9942{,}857 & 15209{,}524 & 20076{,}190 \end{bmatrix} \begin{bmatrix} 0 \\ -0{,}016999 \\ 0{,}028705 \\ -0{,}009630 \end{bmatrix}$$

$$+ \begin{bmatrix} -30 \\ 10 \\ -30 \\ -10 \end{bmatrix} = \begin{bmatrix} V_a \\ M_a \\ V_e \\ M_e \end{bmatrix} = \begin{bmatrix} -51{,}391 \\ 0 \\ 22{,}552 \\ 64{,}236 \end{bmatrix}$$

Bereich 2

- Aus der Ableitung der Biegelinie

$$\boldsymbol{s}^2 = \boldsymbol{k}^2_{(EI)} \cdot \hat{\boldsymbol{w}}^2$$

$$\begin{bmatrix} V_a \\ M_a \\ V_e \\ M_e \end{bmatrix} = \begin{bmatrix} 15000 & -15000 & -15000 & -15000 \\ -15000 & 20000 & 15000 & 10000 \\ -15000 & 15000 & 15000 & 15000 \\ -15000 & 10000 & 15000 & 20000 \end{bmatrix} \begin{bmatrix} 0{,}028705 \\ -0{,}009630 \\ 0{,}032004 \\ 0{,}008006 \end{bmatrix} = \begin{bmatrix} -25{,}115 \\ -63{,}068 \\ 25{,}115 \\ 113{,}297 \end{bmatrix}$$

- Formulierung der Gleichgewichtsbedingungen mit dem Prinzip der virtuellen Verschiebungen

$$\boldsymbol{s}^2 = \left[\boldsymbol{k}^2_{(EI)} + \boldsymbol{k}^2_{(k_B)}\right] \cdot \hat{\boldsymbol{w}}^2 + \boldsymbol{s}^{20}$$

$$\begin{bmatrix} 15742{,}857 & -15209{,}524 & -14742{,}857 & -14876{,}190 \\ -15209{,}524 & 20076{,}190 & -14876{,}190 & 9942{,}857 \\ -14742{,}857 & -14876{,}190 & 15742{,}857 & 15209{,}524 \\ -14876{,}190 & 9942{,}857 & 15209{,}524 & 20076{,}190 \end{bmatrix} \begin{bmatrix} 0{,}028705 \\ -0{,}009630 \\ 0{,}032004 \\ 0{,}008006 \end{bmatrix}$$

$$+ \begin{bmatrix} -30 \\ 10 \\ -30 \\ -10 \end{bmatrix} = \begin{bmatrix} V_a \\ M_a \\ V_e \\ M_e \end{bmatrix} = \begin{bmatrix} -22{,}552 \\ -64{,}236 \\ 29{,}140 \\ 114{,}717 \end{bmatrix}$$

Bereich 3

- Aus der Ableitung der Biegelinie

$$\boldsymbol{s}^3 = \boldsymbol{k}^3_{(EI)} \cdot \hat{\boldsymbol{w}}^3$$

$$\begin{bmatrix} V_a \\ M_a \\ V_e \\ M_e \end{bmatrix} = \begin{bmatrix} 15000 & -15000 & -15000 & -15000 \\ -15000 & 20000 & 15000 & 10000 \\ -15000 & 15000 & 15000 & 15000 \\ -15000 & 10000 & 15000 & 20000 \end{bmatrix} \begin{bmatrix} 0{,}032004 \\ 0{,}008006 \\ 0 \\ 0{,}020248 \end{bmatrix} = \begin{bmatrix} 56{,}256 \\ -117{,}464 \\ -56{,}256 \\ 4{,}952 \end{bmatrix}$$

- Formulierung der Gleichgewichtsbedingungen mit dem Prinzip der virtuellen Verschiebungen

$$\boldsymbol{s}^3 = \left[\boldsymbol{k}^3_{(EI)} + \boldsymbol{k}^3_{(k_B)}\right] \cdot \hat{\boldsymbol{w}}^3 + \boldsymbol{s}^{30}$$

$$\begin{bmatrix} 15742{,}857 & -15209{,}524 & -14742{,}857 & -14876{,}190 \\ -15209{,}524 & 20076{,}190 & -14876{,}190 & 9942{,}857 \\ -14742{,}857 & -14876{,}190 & 15742{,}857 & 15209{,}524 \\ -14876{,}190 & 9942{,}857 & 15209{,}524 & 20076{,}190 \end{bmatrix} \cdot \begin{bmatrix} 0{,}032004 \\ 0{,}008006 \\ 0 \\ 0{,}020248 \end{bmatrix}$$

$$+ \begin{bmatrix} -30 \\ 10 \\ -30 \\ -10 \end{bmatrix} = \begin{bmatrix} V_a \\ M_a \\ V_e \\ M_e \end{bmatrix} = \begin{bmatrix} 50{,}860 \\ -114{,}717 \\ -74{,}775 \\ 0 \end{bmatrix}$$

Die Ergebnisse zeigen, dass die Schnittgrößen aus der Berechnung mit dem Prinzip der virtuellen Verschiebungen an den Bereichsgrenzen gleiche Werte ergeben. Aus der Berechnung durch Ableitung der Biegelinie ergeben sich an den Bereichsgrenzen Sprünge. Diese Ergebnisse sind in *Bild 3.30* dargestellt.

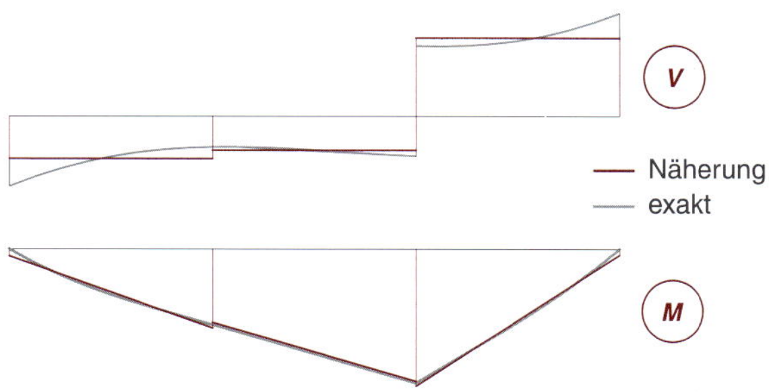

Bild 3.30 Schnittgrößen aus der Ableitung der Biegelinie im Vergleich zur exakten Lösung

Da die Ansatzfunktion der Durchbiegung ein kubisches Polynom darstellt, ergibt sich durch Ableitung abschnittsweise ein linearer Verlauf für die Momente und ein konstanter Verlauf für die Querkräfte. Es ist erkennbar, dass diese Verläufe die exakte Lösung im Mittel recht gut annähern.

Wie in diesem Abschnitt bereits erwähnt wurde, ist die Ermittlung der Schnittgrößen bei Flächentragwerken nur durch die Ableitung des Ansatzes für die Verformungen möglich. Da die Größe der Sprünge davon abhängt, in wie viele Bereiche das System unterteilt wird, kann daraus geschlossen werden, ob die Unterteilung fein genug ist.

3.1.3.4 Schematischer Aufbau des Gleichungssystems

Zur Vereinfachung der Darstellung wird zunächst nur der ungebettete Balken nach Theorie I. Ordnung betrachtet.

Die verwendeten Ansatzfunktionen werden zur Schematisierung wie in *Bild 3.31* dargestellt bezeichnet. Der hochgestellte Index bezeichnet den Integrationsbereich.

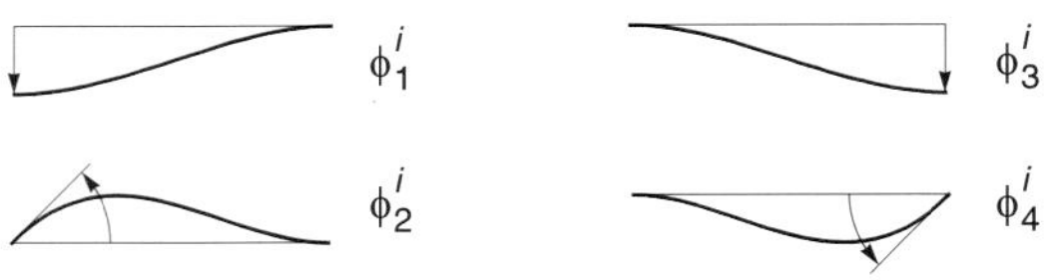

Bild 3.31 Formfunktionen

Damit ergibt sich die in *Bild 3.32* dargestellte Bezeichnung der Ansatzfunktion für das *Beispiel 3.4*.

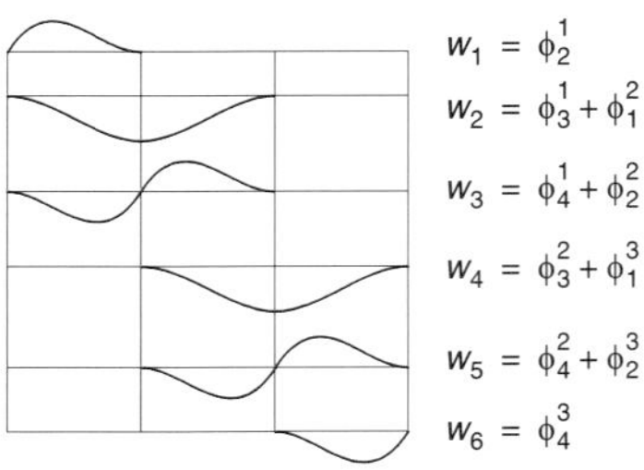

Bild 3.32 Ansatzfunktionen aus *Beispiel 3.4*

Mit dieser schematischen Darstellung wird nun das erste Integral der Arbeitsgleichung für die sechs virtuellen Ansatzfunktionen nochmals ausgewertet. Die resultierenden Integrale werden entsprechend der Indizierung der Formfunktionen bezeichnet.

$$\int \phi_i^{k}{}'' \phi_j^{k}{}'' dx = k_{ij}^k$$

Weiterhin wird die virtuelle Funktion unter dem Integral als erster Faktor geschrieben. Damit folgt:

- Arbeit auf $\overline{w}_1$:

$$EI\int \overline{w}_1'' w'' dx = Y_1 EI\int \phi_2^1{}'' \phi_2^1{}'' dx + Y_2 EI\int \phi_2^1{}'' \phi_3^1{}'' dx$$
$$+ Y_3 EI\int \phi_2^1{}'' \phi_4^1{}'' dx = Y_1 k_{22}^1 + Y_2 k_{23}^1 + Y_3 k_{24}^1$$

- Arbeit auf $\overline{w}_2$:

$$EI\int \overline{w}_2'' w'' dx = Y_1 EI\int \phi_3^1{}'' \phi_2^1{}'' dx + Y_2 EI\int \phi_3^1{}'' \phi_3^1{}'' dx$$
$$+ Y_3 EI\int \phi_3^1{}'' \phi_4^1{}'' dx + Y_2 EI\int \phi_1^2{}'' \phi_1^2{}'' dx + Y_3 EI\int \phi_1^2{}'' \phi_2^2{}'' dx$$
$$+ Y_4 EI\int \phi_1^2{}'' \phi_3^2{}'' dx + Y_5 EI\int \phi_1^2{}'' \phi_4^2{}'' dx$$
$$= Y_1 k_{32}^1 + Y_2 (k_{33}^1 + k_{11}^2) + Y_3 (k_{34}^1 + k_{12}^2) + Y_4 k_{13}^2 + Y_5 k_{14}^2$$

- Arbeit auf $\overline{w}_3$:

$$EI\int \overline{w}_3'' w'' dx = Y_1 EI\int \phi_4^1{}'' \phi_2^1{}'' dx + Y_2 EI\int \phi_4^1{}'' \phi_3^1{}'' dx$$
$$+ Y_3 EI\int \phi_4^1{}'' \phi_4^1{}'' dx + Y_2 EI\int \phi_2^2{}'' \phi_1^2{}'' dx + Y_3 EI\int \phi_2^2{}'' \phi_2^2{}'' dx$$
$$+ Y_4 EI\int \phi_2^2{}'' \phi_3^2{}'' dx + Y_5 EI\int \phi_2^2{}'' \phi_4^2{}'' dx$$
$$= Y_1 k_{42}^1 + Y_2 (k_{43}^1 + k_{21}^2) + Y_3 (k_{44}^1 + k_{22}^2) + Y_4 k_{23}^2 + Y_5 k_{24}^2$$

- Arbeit auf $\overline{w}_4$:

$$EI\int \overline{w}_4'' w'' dx = Y_2 EI\int \phi_3^2{}'' \phi_1^2{}'' dx + Y_3 EI\int \phi_3^2{}'' \phi_2^2{}'' dx$$
$$+ Y_4 EI\int \phi_3^2{}'' \phi_3^2{}'' dx + Y_5 EI\int \phi_3^2{}'' \phi_4^2{}'' dx + Y_4 EI\int \phi_1^3{}'' \phi_1^3{}'' dx$$
$$+ Y_5 EI\int \phi_1^3{}'' \phi_2^3{}'' dx + Y_6 EI\int \phi_1^3{}'' \phi_4^3{}'' dx$$
$$= Y_2 k_{31}^2 + Y_3 k_{32}^2 + Y_4 (k_{33}^2 + k_{11}^3) + Y_5 (k_{34}^2 + k_{12}^3) + Y_6 k_{14}^3$$

- Arbeit auf $\overline{w}_5$:

$$EI\int \overline{w}_5'' w'' dx = Y_2 EI\int \phi_4^2{}'' \phi_1^2{}'' dx + Y_3 EI\int \phi_4^2{}'' \phi_2^2{}'' dx$$
$$+ Y_4 EI\int \phi_4^2{}'' \phi_3^2{}'' dx + Y_5 EI\int \phi_4^2{}'' \phi_4^2{}'' dx + Y_4 EI\int \phi_2^3{}'' \phi_1^3{}'' dx$$
$$+ Y_5 EI\int \phi_2^3{}'' \phi_2^3{}'' dx + Y_6 EI\int \phi_2^3{}'' \phi_4^3{}'' dx$$
$$= Y_2 k_{41}^2 + Y_3 k_{42}^2 + Y_4 (k_{43}^2 + k_{21}^3) + Y_5 (k_{44}^2 + k_{22}^3) + Y_6 k_{24}^3$$

- Arbeit auf $\overline{w}_6$:

$$EI\int \overline{w}_6'' w''\,dx = Y_4\,EI\int \phi_4^{3}{}''\phi_1^{3}{}''\,dx + Y_5\,EI\int \phi_4^{3}{}''\phi_2^{3}{}''\,dx$$

$$+\,Y_6\,EI\int \phi_4^{3}{}''\phi_4^{3}{}''\,dx = Y_4\,k_{41}^3 + Y_5\,k_{42}^3 + Y_6\,k_{44}^3$$

Damit ergibt sich die folgende Koeffizientenmatrix:

$$\begin{bmatrix} k_{22}^1 & k_{23}^1 & k_{24}^1 & & & \\ k_{32}^1 & k_{33}^1+k_{11}^2 & k_{34}^1+k_{12}^2 & k_{13}^2 & k_{14}^2 & \\ k_{42}^1 & k_{42}^1+k_{21}^2 & k_{44}^1+k_{22}^2 & k_{23}^2 & k_{24}^2 & \\ & k_{31}^2 & k_{32}^2 & k_{33}^2+k_{11}^3 & k_{34}^2+k_{12}^3 & k_{14}^3 \\ & k_{41}^2 & k_{42}^2 & k_{43}^2+k_{21}^3 & k_{44}^2+k_{22}^3 & k_{24}^3 \\ & & & k_{41}^3 & k_{42}^3 & k_{44}^3 \end{bmatrix}$$

Dieses Schema entspricht genau dem des Weggrößenverfahrens in Matrizendarstellung. Das zeilen- und spaltenweise Überlappen der Matrizen der einzelnen Teilbereiche resultiert aus der Stetigkeit der Ansätze für w und φ an den Bereichgrenzen.

Das spaltenweise Überlappen entspricht der Stetigkeit der wirklichen Ansatzfunktionen, das zeilenweise Überlappen der Stetigkeit der virtuellen Ansatzfunktionen.

Das hier gezeigte Vorgehen ist ohne Weiteres auf die Berücksichtigung von Theorie II. Ordnung und Bettung zu erweitern, indem die zusätzlichen Arbeitsterme mit den Integralen $H\int w'\overline{w}'dx$ und $k_B\int w\overline{w}\,dx$ additiv berücksichtigt werden.

Die Koeffizienten der Matrix setzen sich dann aus mehreren Anteilen zusammen:

$$k_{ij} = k_{ij}(EI) + k_{ij}(H) + k_{ij}(k_B)$$

Eine weitere, noch etwas formalere Möglichkeit der Herleitung ergibt sich durch die Darstellung der Ansätze als Matrizenprodukt. Diese Möglichkeit entspricht dem üblichen Vorgehen bei der *Finite Element Methode*.

Die Formfunktionen ϕ_i werden als Vektor dargestellt:

$$\boldsymbol{\Phi} = \begin{bmatrix} \phi_1 \\ \phi_2 \\ \phi_3 \\ \phi_4 \end{bmatrix}$$

Damit kann die Funktion $w(x)$ als Skalarprodukt aus dem Vektor der Formfunktionen und dem Vektor der Knotenvariablen dargestellt werden:

$$w(x) = w_a\phi_1 + \varphi_a\phi_2 + w_e\phi_3 + \varphi_e\phi_4$$

$$= \begin{bmatrix} \phi_1 & \phi_2 & \phi_3 & \phi_4 \end{bmatrix} \begin{bmatrix} w_a \\ \varphi_a \\ w_e \\ \varphi_e \end{bmatrix} = \boldsymbol{\Phi}^T\hat{\boldsymbol{w}}$$

Durch Einsetzen in die Arbeitsgleichung erhält man z. B. für den ersten Term:

$$EI\int \overline{w}''w''\,dx = EI\int \boldsymbol{\Phi}''\boldsymbol{\Phi}^{T}{}''\,\hat{\boldsymbol{w}}\,dx$$

$$= EI\int \begin{bmatrix} \phi_1'' \\ \phi_2'' \\ \phi_3'' \\ \phi_4'' \end{bmatrix} \begin{bmatrix} \phi_1'' & \phi_2'' & \phi_3'' & \phi_4'' \end{bmatrix} \hat{\boldsymbol{w}}\,dx \tag{3.15}$$

$$= EI\int \begin{bmatrix} \phi_1''^2 & \phi_1''\phi_2'' & \phi_1''\phi_3'' & \phi_1''\phi_4'' \\ \phi_2''\phi_1'' & \phi_2''^2 & \phi_2''\phi_3'' & \phi_2''\phi_4'' \\ \phi_3''\phi_1'' & \phi_3''\phi_2'' & \phi_3''^2 & \phi_3''\phi_4'' \\ \phi_4''\phi_1'' & \phi_4''\phi_2'' & \phi_4''\phi_3'' & \phi_4''^2 \end{bmatrix} dx\,\hat{\boldsymbol{w}} \tag{3.16}$$

$$= \begin{bmatrix} k_{11} & k_{12} & k_{13} & k_{14} \\ k_{21} & k_{22} & k_{23} & k_{24} \\ k_{31} & k_{32} & k_{33} & k_{34} \\ k_{41} & k_{42} & k_{43} & k_{44} \end{bmatrix} \begin{bmatrix} w_a \\ \varphi_a \\ w_e \\ \varphi_e \end{bmatrix} = \boldsymbol{k}\hat{\boldsymbol{w}}$$

$\boldsymbol{k}$ ist die Steifigkeitsmatrix des Teilbereiches.

3.2 Gemischtes Verfahren

Das Näherungsverfahren auf Grundlage des Prinzips der virtuellen Verschiebungen führt auf eine Weggrößenformulierung, weil in der Arbeitsgleichung alle Größen durch die Verformung $w(x)$ ausgedrückt werden. Der Nachteil dieses Verfahrens besteht darin, dass die Schnittgrößen im Allgemeinen nur durch Differenziation des Verformungsansatzes ermittelt werden können.

Der Vorteil des gemischten Verfahrens besteht darin, dass aufgrund der Formulierung ein von den Verformungen unabhängiger Ansatz für die Schnittgrößen gemacht wird, diese also unmittelbar aus der Lösung des Gleichungssystems erhalten werden.

Diesem Vorteil stehen allerdings auch Nachteile gegenüber. Ein Nachteil, der jedoch bei dem hier behandelten Balkenproblem nicht zum Tragen kommt, besteht darin, dass im Allgemeinen die Zahl der Unbekannten größer ist, da zusätzlich zu den Verformungen auch die Schnittgrößen als Unbekannte auftreten.

Ein anderer Nachteil ist, dass eine Kopplung unterschiedlicher Strukturelemente schwieriger ist, da nicht nur Verformungs- sondern auch Gleichgewichtsbedingungen an den Kopplungsstellen erfüllt werden müssen. Weiterhin ist die Koeffizientenmatrix des Gleichungssystems, das sich beim gemischten Verfahren ergibt, für die numerische Behandlung ungünstiger als die Steifigkeitsmatrix des Weggrößenverfahrens.

3.2.1 Herleitung der Arbeitsgleichungen

Bei der Herleitung der Arbeitsgleichung des Prinzips der virtuellen Verschiebungen im Abschnitt 3.1 wird die Differenzialgleichung des Gleichgewichts äquivalent mit dem Prinzip der virtuellen Verschiebungen formuliert und damit in eine integrale Form überführt. Daraus ergibt sich die schwache Form des Gleichgewichts unter der Voraussetzung, dass die wirklichen und virtuellen Funktionen die Verträglichkeitsbedingungen im Gebiet und am Rand erfüllen.

Beim gemischten Verfahren wird nun auch die Verträglichkeitsbedingung in integraler Form mit der Arbeitsgleichung des Prinzips der virtuellen Kräfte formuliert, um eine schwache Form der Verträglichkeit zu erhalten.

Ausgangspunkt sind die beiden Differenzialgleichungen zweiter Ordnung.

1. Gleichgewichtsbedingung

$$M'' + (Hw')' - k_B w + q = 0 \tag{3.17}$$

Mit den Kraftrandbedingungen:

$$\begin{aligned} \tilde{T} - T &= 0 \quad \text{auf } R_T \\ \tilde{M} - M &= 0 \quad \text{auf } R_M \end{aligned} \tag{3.18}$$

R_T bezeichnet den Rand, an dem die Transversalkraft vorgeschrieben ist, R_M den Rand mit vorgeschriebenem Moment.

2. Verträglichkeitsbedingung

$$w'' + \frac{M}{EI} = 0 \tag{3.19}$$

Diese Gleichung formuliert die Übereinstimmung der Krümmung aus der kinematischen Beziehung (w'') mit der Krümmung aus dem Werkstoffgesetz ($M/(EI)$).

Die Verformungsrandbedingungen lauten:

$$\begin{aligned} \tilde{w} - w &= 0 \quad \text{auf } R_w \\ \tilde{w}' - w' &= 0 \quad \text{auf } R_{w'} \end{aligned} \tag{3.20}$$

R_w bezeichnet den Rand, an dem die Verschiebung vorgeschrieben ist, $R_{w'}$ den Rand mit vorgeschriebener Verdrehung.

Beide differenzielle Formulierungen werden wieder durch äquivalente Arbeitsprinzipe gleichwertig formuliert.

- Schwache Form der Gleichgewichtsbedingung

Die Formulierung der Gleichgewichtsbedingung mit dem Prinzip der virtuellen Verschiebungen durch Multiplikation der Kräftesumme mit einer virtuellen Verschiebung $\bar{w}$ und Integration über das Gebiet ergibt:

$$\int \left[M'' + (Hw')' - k_B w + q \right] \bar{w} \, dx = 0$$

Bei den Kraftrandbedingungen in Gl. (3.18) setzen wir nun voraus, dass die wirklichen Funktionen die Randbedingungen auf dem Rand R_M exakt erfüllen. Dann ist nur die Arbeit der Kräftesumme am Rand R_T auf einer virtuellen Verschiebung des Randpunktes als schwache Form des Gleichgewichts zu berücksichtigen.

Die gesamte virtuelle Arbeit ergibt sich aus der Summe der Arbeiten im Gebiet und auf dem Rand:

$$\overline{W} = \int \left[M'' + (Hw')' - k_B w + q \right] \overline{w}\, dx + (\tilde{T} - T)\,\overline{w}\big|_{R_T}$$

Die Terme mit zweifachen Ableitungen werden durch partielle Integration umgeformt:

$$\int M'' \overline{w}\, dx = -\int M' \overline{w}'\, dx + M' \overline{w}\big|_R$$

$$\int (Hw')' \,\overline{w}\, dx = -\int Hw' \,\overline{w}'\, dx + Hw' \,\overline{w}\big|_R$$

Die bei der partiellen Integration entstandenen Randterme werden zusammengefasst.

$$\begin{aligned} M'\overline{w}\big|_R + Hw'\overline{w}\big|_R &= (T - Hw')\overline{w}\big|_R + Hw'\overline{w}\big|_R \\ &= T\overline{w}\big|_R = T\overline{w}\big|_{R_T} + T\overline{w}\big|_{R_w} \end{aligned}$$

Damit folgt aus Gl. (3.4):

$$\begin{aligned} \overline{W} = &-\int M'\overline{w}'\, dx - \int Hw'\overline{w}'\, dx - \int k_B w\overline{w}\, dx + \int q\overline{w}\, dx \\ &+ (\tilde{T} - T)\,\overline{w}\big|_{R_T} + T\overline{w}\big|_{R_T} + T\overline{w}\big|_{R_w} \end{aligned}$$

Es verbleibt:

$$\begin{aligned} \overline{W} = &-\int M'\overline{w}'\, dx - \int Hw'\overline{w}'\, dx - \int k_B w\overline{w}\, dx + \int q\overline{w}\, dx \\ &+ \tilde{T}\overline{w}\big|_{R_T} - T\overline{w}\big|_{R_w} \end{aligned}$$

Wir setzen nun voraus, dass die virtuellen Funktionen die Verformungsrandbedingungen auf dem Rand R_w erfüllen. Dann gilt:

$$\overline{w} = 0 \qquad \text{auf } R_w$$

und der grau markierte Term verschwindet.

Im Fall einer elastischen Lagerung ist nur die Arbeit einer Dehnfeder zu berücksichtigen, da wir das Momentengleichgewicht als exakt erfüllt voraussetzen. Die Kraftgröße T am Rand wird durch das Produkt aus Federsteifigkeit und Verformung ausgedrückt. Es ergibt sich:

$$T\overline{w}\big|_{R_{k_F}} = (-k_F w)\overline{w}\big|_{R_{k_F}} = -k_F w\overline{w}$$

Damit lautet die Arbeitsgleichung des Prinzips der virtuellen Verschiebungen:

$$\begin{aligned} &\int M'\overline{w}'\, dx + \int Hw'\overline{w}'\, dx + \int k_B w\overline{w}\, dx - \int q\overline{w}\, dx \\ &- \tilde{T}\overline{w}\big|_{R_T} + \sum k_F w\overline{w} = 0 \end{aligned} \qquad (3.21)$$

Die Voraussetzung bei der Herleitung von Gl. (3.21) ist in folgendem Satz zusammengefasst.

Die wirklichen und virtuellen Ansatzfunktionen für die Verschiebung müssen die Verformungsrandbedingungen am Rand R_w erfüllen.

- Schwache Form der Verträglichkeitsbedingung

Die Formulierung der Verträglichkeitsbedingung mit dem Prinzip der virtuellen Kräfte durch Multiplikation der Krümmungssumme mit einem virtuellen Moment $\overline{M}$ und Integration über das Gebiet ergibt:

$$-\int \left(w'' + \frac{M}{EI} \right) \overline{M}\, dx = -\int w'' \overline{M}\, dx - \int \frac{M}{EI} \overline{M}\, dx$$

Das negative Vorzeichen in dieser Gleichung resultiert daraus, dass ein positives w'' einem positiven Moment entgegengerichtet ist, die Arbeit ist also negativ, siehe *Bild 3.33*.

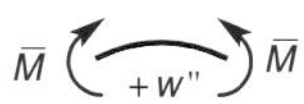

Bild 3.33 Negative Arbeit auf w''

Auch die Verformungsrandbedingungen in Gl. (3.20) stellen Verträglichkeitsbedingungen dar, die nun mit dem Prinzip der virtuellen Kräfte formuliert werden. Wir setzen voraus, dass die wirklichen Funktionen die Randbedingungen auf dem Rand R_w exakt erfüllen. Dann ist nur die Arbeit der Verdrehung am Rand $R_{w'}$ auf dem virtuellen Moment des Randpunktes als schwache Form der Verträglichkeit zu berücksichtigen.

Wie in *Bild 3.34* dargestellt ist, leistet die Momentensumme am Rand $R_{w'}$ auf einer virtuellen Verdrehung des Randpunktes die Arbeit $-(\tilde{w}' - w')\,\overline{M}$.

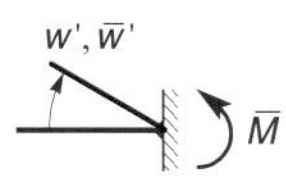

Bild 3.34 Verformungsrandbedingungen

Die gesamte virtuelle Arbeit ist wieder die Summe der Arbeiten im Gebiet und auf dem Rand:

$$\overline{W} = -\int w'' \overline{M}\, dx - \int \frac{M}{EI} \overline{M}\, dx - (\tilde{w}' - w')\,\overline{M}\big|_{R_{w'}} \qquad (3.22)$$

Der erste Term wird wiederum durch partielle Integration umgeformt:

$$\int w''\overline{M}\,dx = -\int w'\overline{M}'dx + w'\overline{M}\,\Big|_R$$
$$= -\int w'\overline{M}'dx + w'\overline{M}\,\Big|_{R_M} + w'\overline{M}\,\Big|_{R_{w'}}$$

Damit folgt aus Gl. (3.22):

$$\overline{W} = \int w'\overline{M}'dx - \int \frac{M}{EI}\overline{M}\,dx$$
$$-(\tilde{w}' - w')\,\overline{M}\,\Big|_{R_{w'}} - w'\overline{M}\,\Big|_{R_M} - w'\overline{M}\,\Big|_{R_w}$$

$$\overline{W} = \int w'\overline{M}'dx - \int \frac{M}{EI}\overline{M}\,dx - \tilde{w}'\overline{M}\,\Big|_{R_{w'}} - w'\overline{M}\,\Big|_{R_M} \qquad (3.23)$$

Wir setzen nun voraus, dass die virtuellen Funktionen die Kraftrandbedingung auf dem Rand R_M erfüllen. Dann gilt:

$$\overline{M} = 0 \qquad \text{auf} \quad R_M$$

und der grau markierte Term in Gl. (3.23) verschwindet.

Im Fall einer elastischen Lagerung ist nur die Arbeit einer Drehfeder zu berücksichtigen, da wir die Verformungsbedingungen am Rand R_w als exakt erfüllt voraussetzen. Die Verdrehung w' am Rand wird durch den Quotienten aus Federsteifigkeit und Verformung ausgedrückt, wie in *Bild 3.35* dargestellt ist. Es ergibt sich:

$$w'\overline{M}\,\Big|_{R_{k_M}} = \frac{M}{k_M}\overline{M}$$

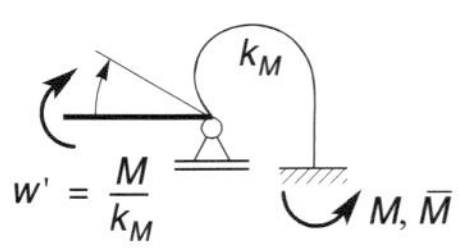

Bild 3.35 Federnd gelagerter Rand

Unter Berücksichtigung des Federterms lautet die Arbeitsgleichung des Prinzips der virtuellen Kräfte:

$$\int w'\overline{M}'dx - \int \frac{M\overline{M}}{EI}dx - \tilde{w}'\overline{M}\,\Big|_{R_{w'}} - \sum \frac{M\overline{M}}{k_M} = 0 \qquad (3.24)$$

Die Voraussetzung bei der Herleitung von Gleichung (3.24) ist in folgendem Satz zusammengefasst.

Die wirklichen und virtuellen Ansatzfunktionen für das Moment müssen die Kraftrandbedingungen am Rand R_M erfüllen.

3.2.2 Ansätze über das Gesamtgebiet

Im Sinne einer Näherung werden wiederum Ansätze für die gesuchten Funktionen $w(x)$ und $M(x)$ gemacht.

Im Unterschied zum Weggrößenverfahren des Prinzips der virtuellen Verschiebungen werden bei der gemischten Formulierung beide Zustandsgrößen unabhängig approximiert, d.h.:

$$w(x) = Y_1 \cdot w_1(x) + Y_2 \cdot w_2(x) + \ldots + Y_n \cdot w_n(x)$$
$$M(x) = X_1 \cdot M_1(x) + X_2 \cdot M_2(x) + \ldots + X_n \cdot M_n(x)$$

Die virtuelle Funktionen entsprechen wieder den Ansätzen für die wirklichen Zustandsgrößen.

Beispiel 3.5

Der in *Bild 3.36* dargestellte Einfeldträger ist näherungsweise mit dem gemischten Verfahren zu berechnen.

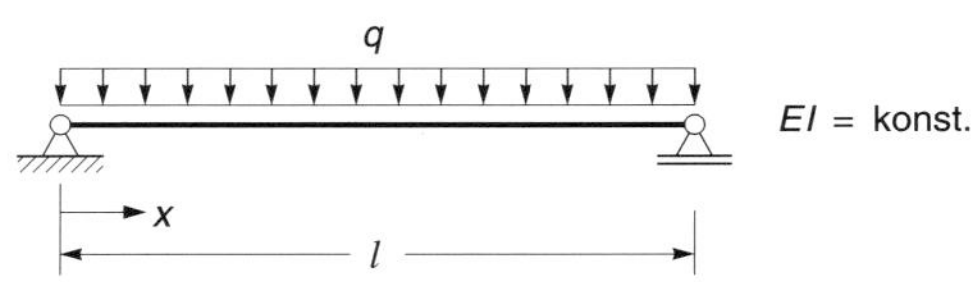

Bild 3.36 Einfeldträger unter Gleichlast

Da in beiden Arbeitsgleichungen nur erste Ableitungen auftreten, ist grundsätzlich ein linearer Ansatz ausreichend. Da jedoch am linken und rechten Rand die Verschiebung und das Moment gleich null sind, würde ein linearer Ansatz einen konstanten Verlauf mit der Wert Null ergeben. Es wird daher für beide Zustandsgrößen ein quadratischer Ansatz gewählt.

- Ansatz für w

Als Ansatzfunktion für die Biegelinie wird eine quadratische Parabel gewählt, die die Verformungsrandbedingungen erfüllt ($w(0) = w(l) = 0$).

Der Ansatz lautet:

$$w(x) = Y \cdot x(l - x) = Y \cdot (lx - x^2)$$
$$\overline{w}(x) = x(l - x) = lx - x^2$$

$$w'(x) = Y \cdot (l-2x)$$
$$\bar{w}'(x) = l-2x$$

- Ansatz für M:

Als Ansatzfunktion für die Momentenlinie wird eine quadratische Parabel gewählt, die die Kraftrandbedingungen auf dem Rand R_M erfüllt ($M(0) = M(l) = 0$).

Der Ansatz lautet:

$$M(x) = X \cdot x(l-x) = X \cdot (lx - x^2)$$
$$\bar{M}(x) = x(l-x) = lx - x^2$$

$$M'(x) = X \cdot (l-2x)$$
$$\bar{M}'(x) = l-2x$$

Die Bestimmung der Faktoren X und Y erfolgt durch Auswertung der Arbeitsgleichungen.

1. Gleichgewichtsbedingung mit dem Prinzip der virtuellen Verschiebungen

Aus der Arbeitsgleichung (3.21) verbleibt für dieses Beispiel:

$$\int M'\bar{w}'\,dx - \int q\bar{w}\,dx = 0$$

In dieser Gleichung ist nur der Faktor X für den Momentenverlauf unbekannt. Da nur eine Unbekannte vorhanden ist, kann sie allein aus der Gleichgewichtsbedingung ermittelt werden, weil das System statisch bestimmt ist, d. h., die Schnittgrößen lassen sich allein aus Gleichgewichtsbedingungen ermitteln.

Durch Einsetzen des Ansatzes für M und $\bar{w}$ und Integration ergibt sich:

$$X\int (l-2x)^2\,dx - q\int (lx-x^2)\,dx = 0$$

$$X\int (l^2-4lx+4x^2)\,dx - q\int (lx-x^2)\,dx = 0$$

$$X\left[l^2x - 2lx^2 + \frac{4}{3}x^3\right]_0^l - q\left[\frac{l}{2}x^2 - \frac{1}{3}x^3\right]_0^l = 0$$

$$X\frac{l^3}{3} - q\frac{l^3}{6} = 0 \Rightarrow X = \frac{q}{2}$$

Damit liegt der Momentenverlauf fest.

$$M(x) = \frac{q}{2}(lx-x^2)$$

Das maximale Moment ergibt sich in Balkenmitte:

$$M_{max} = M\left(\frac{l}{2}\right) = \frac{q}{2}\left(l\frac{l}{2} - \left(\frac{l}{2}\right)^2\right) = \frac{ql^2}{8}$$

Der Näherungsansatz ergibt hier die exakte Lösung, da die Ansatzfunktion für das Moment dem exakten Lösungsverlauf, nämlich einer quadratischen Parabel entspricht.

2. Verträglichkeitsbedingung mit dem Prinzip der virtuellen Kräfte

Aus der Arbeitsgleichung (3.24) verbleibt für dieses Beispiel:

$$\int w'\bar{M}'\,dx - \int \frac{M\bar{M}}{EI}\,dx = 0$$

Durch Einsetzen des Ansatzes für w und $\bar{M}$ und Integration ergibt sich:

$$Y\int (l-2x)^2\,dx - X\frac{1}{EI}\int (lx-x^2)^2\,dx = 0$$

$$Y\int (l^2-4lx+4x^2)\,dx - X\frac{1}{EI}\int (l^2x^2 - 2lx^3 + x^4)\,dx = 0$$

$$Y\left[l^2x - 2lx^2 + \frac{4}{3}x^3\right]_0^l - X\frac{1}{EI}\left[\frac{l^2}{3}x^3 - \frac{1}{2}lx^4 + \frac{1}{5}x^5\right]_0^l = 0$$

$$Y\frac{l^3}{3} - X\frac{l^5}{30EI} = 0 \Rightarrow Y = X\frac{l^2}{10EI}$$

Mit dem bereits berechneten Faktor X folgt:

$$X = \frac{q}{2} \Rightarrow Y = \frac{q}{2}\frac{l^2}{10EI} = \frac{ql^2}{20EI}$$

Der Verlauf der Verschiebung ist:

$$w(x) = \frac{ql^2}{20EI}(lx-x^2)$$

Die maximale Durchbiegung in Balkenmitte beträgt:

$$w_{max} = w\left(\frac{l}{2}\right) = \frac{ql^2}{20EI}\left(l\frac{l}{2} - \left(\frac{l}{2}\right)^2\right) = \frac{ql^4}{80EI}$$

Diese Lösung entspricht einer Abweichung von 4,2 % gegenüber dem exakten Wert. Die Verträglichkeitsbedingung enthält eine Kopplung zwischen Moment und Verformung, da die Durchbiegung vom Verlauf des Moments abhängt.

Beispiel 3.6

Der in *Bild 3.37* dargestellte, einseitig eingespannte Balken ist näherungsweise mit dem gemischten Verfahren zu berechnen.

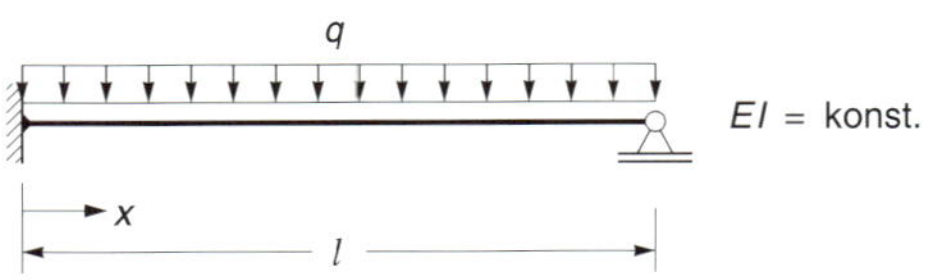

Bild 3.37 Einseitig eingespannter Träger unter Gleichlast

- Ansatz für w

Wie in *Beispiel 3.5* wird auch hier als Ansatzfunktion für die Biegelinie eine quadratische Parabel gewählt. Da nur die Verformungsrandbedingungen für die Durchbiegung und nicht für die Verdrehung erfüllt sein müssen, ist dies ein möglicher Ansatz, obwohl dadurch an der Einspannung keine horizontale Tangente vorliegt.

Der Ansatz lautet:

$$w(x) = Y \cdot x(l-x) = Y \cdot (lx - x^2)$$
$$\bar{w}(x) = x(l-x) = lx - x^2$$
$$w'(x) = Y \cdot (l-2x)$$
$$\bar{w}'(x) = l - 2x$$

- Ansatz für M

Als Ansatzfunktion für die Momentenlinie wird ein zweiparametrischer Ansatz gewählt, der sich aus einer linearen und einer quadratischen Funktion zusammensetzt. Ein quadratischer Ansatz mit einem Freiheitsgrad ist zwar grundsätzlich möglich, jedoch würde dadurch das Verhältnis des gekrümmten Anteils zum linearen von vornherein festgelegt. Die Ansatzfunktionen müssen hier nur eine Kraftrandbedingung für M erfüllen, nämlich $M(l) = 0$. Durch diesen Ansatz ist das Moment an der Einspannung unabhängig vom Momentenverlauf im restlichen Bereich des Balkens.

Der Ansatz lautet:

$$M(x) = X_1 \cdot M_1 + X_2 \cdot M_2 = X_1 \cdot x(l-x) + X_2 \cdot (l-x)$$
$$\bar{M}_1(x) = x(l-x) = lx - x^2$$
$$\bar{M}_2(x) = l - x$$
$$M'(x) = X_1 \cdot (l-2x) - X_2$$
$$\bar{M}'_1(x) = l - 2x$$
$$\bar{M}'_2(x) = -1$$

Die Ermittlung der drei unbekannten Faktoren erfolgt durch Auswertung der Arbeitsgleichungen.

1. Gleichgewichtsbedingung mit dem Prinzip der virtuellen Verschiebungen

$$\int M'\bar{w}'\,dx - \int q\bar{w}\,dx = 0$$
$$X_1 \int (l-2x)^2 dx + X_2 \int (-1)(l-2x)dx - q\int (lx - x^2)dx = 0$$
$$X_1 \frac{l^3}{3} + X_2 \int (2x - l)\,dx - q\frac{l^3}{6} = 0$$
$$X_1 \frac{l^3}{3} + X_2 \Big[x^2 - lx\Big]_0^l - q\frac{l^3}{6} = 0$$
$$X_1 \frac{l^3}{3} - q\frac{l^3}{6} = 0 \Rightarrow X_1 = \frac{q}{2}$$

In die Gleichgewichtsbedingung geht der lineare Anteil des Momentenansatzes nicht ein, da die Unbekannte X_2 herausfällt. Anschaulich bedeutet dies, dass das Moment an der Einspannung zur Erfüllung des Gleichgewichts nicht benötigt wird. Es ergibt sich derselbe Wert wie beim beidseitig gelenkigen Balken.

2. Verträglichkeitsbedingung mit dem Prinzip der virtuellen Kräfte

Die Arbeitsgleichung (3.24) ist für beide virtuelle Momentenfunktionen auszuwerten.

- Arbeit auf $\bar{M}_1$

$$\int w'\bar{M}'_1\,dx - \frac{1}{EI}\int M\bar{M}_1\,dx = 0$$
$$Y\int (l-2x)^2\,dx - X_1\frac{1}{EI}\int (lx - x^2)^2\,dx$$
$$- X_2\int (l-x)(lx - x^2)\,dx = 0$$
$$Y\frac{l^3}{3} - X_1\frac{l^5}{30\,EI} - X_2\frac{1}{EI}\int (l^2x - 2lx^2 + x^3)\,dx = 0$$
$$Y\frac{l^3}{3} - X_1\frac{l^5}{30\,EI} - X_2\frac{1}{EI}\left[l^2\frac{x^2}{2} - \frac{2}{3}lx^3 + \frac{1}{4}x^4\right]_0^l = 0$$
$$Y\frac{l^3}{3} - X_1\frac{l^5}{30\,EI} - X_2\frac{l^4}{12\,EI} = 0$$

- Arbeit auf $\overline{M}_2$

$$\int w'\overline{M}_2'\,dx - \frac{1}{EI}\int M\overline{M}_2\,dx = 0$$

$$Y\int(l-2x)(-1)\,dx - X_1\frac{1}{EI}\int(lx-x^2)(l-x)\,dx$$
$$- X_2\int(l-x)(l-x)\,dx = 0$$

$$Y\int(-l+2x)\,dx - X_1\frac{1}{EI}\int(l^2x-2lx^2+x^3)\,dx$$
$$- X_2\int(l^2-2lx+x^2)\,dx = 0$$

$$Y\left[-lx+x^2\right]_0^l - X_1\frac{1}{EI}\left[l^2\frac{x^2}{2}-\frac{2}{3}lx^3+\frac{x^4}{4}\right]_0^l$$
$$- X_2\frac{1}{EI}\left[l^2x-lx^2+\frac{x^3}{3}\right]_0^l = 0$$

$$-X_1\frac{l^4}{12EI} - X_2\frac{l^3}{3EI} = 0$$

Weil X_1 schon bekannt ist, kann aus dieser Gleichung die Unbekannte X_2 ermittelt werden. Die gesamte Momentenlinie folgt bei diesem Beispiel nicht allein aus Gleichgewichtsbedingungen, da das System statisch unbestimmt ist.

$$X_2 = -X_1\frac{l}{4} = -\frac{ql}{8}$$

Es folgt als Momentenverlauf die exakte Lösung.

$$M(x) = \frac{q}{2}\cdot x(l-x) - \frac{ql}{8}\cdot(l-x) = \frac{ql^2}{8}\left(-4\frac{x^2}{l^2}+5\frac{x}{l}-1\right)$$

Aus der zweiten Gleichung kann mit den bekannten X-Werten die Unbekannte Y ermittelt werden. Es ergibt sich:

$$Y\frac{l^3}{3} - X_1\frac{l^5}{30EI} - X_2\frac{l^4}{12EI} = 0$$

Durch Einsetzen von X_1 und X_2 folgt die Unbekannte Y mit:

$$Y = X_1\frac{l^2}{10EI} + X_2\frac{l}{4EI} = \frac{q}{2}\frac{l^2}{10EI} + \left(-\frac{ql}{8}\right)\frac{l}{4EI} = \frac{3}{160}\frac{ql^2}{EI}$$

Damit ergibt sich der Durchbiegungsverlauf und der Maximalwert in Balkenmitte:

$$w(x) = \frac{3}{160}\frac{ql^2}{EI}(lx-x^2)$$

$$w\left(\frac{l}{2}\right) = \frac{3}{160}\frac{ql^2}{EI}\left(l\frac{l}{2}-\left(\frac{l}{2}\right)^2\right) = \frac{3}{640}\frac{ql^4}{EI}$$

Diese Lösung entspricht einer Abweichung von 11 % gegenüber dem exakten Wert. Die recht hohe Abweichung resultiert daraus, dass mit dem quadratischen Ansatz für die Biegelinie ein symmetrischer Verlauf festgelegt ist. Im Rahmen dieses Ansatzes wird der exakte Verlauf der Biegelinie im Mittel sehr gut angenähert, wie in Bild 3.38 zu erkennen ist.

Bild 3.38 Näherung und exakte Biegelinie

Beispiel 3.7

Der in *Bild 3.39* dargestellte Kragträger ist näherungsweise mit dem gemischten Verfahren zu berechnen.

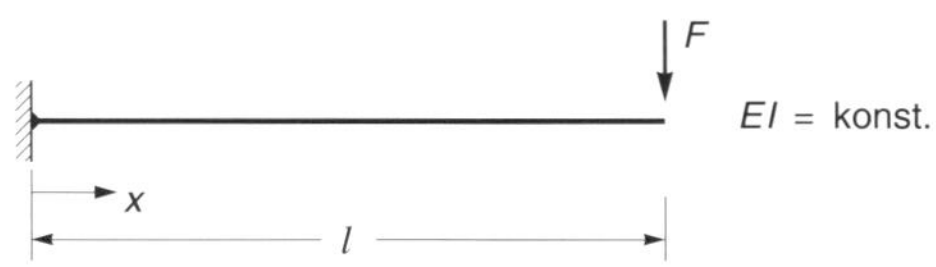

Bild 3.39 Kragträger mit Einzelkraft

Bei den vorherigen Beispielen waren zur Erfüllung der Randbedingungen mindestens quadratische Ansätze nötig. Für den Kragträger ist sowohl für den Durchbiegungs- als auch für den Momentenverlauf ein linearer Ansatz ausreichend.

Der Ansatz für die Biegelinie muss die Randbedingung $w(0) = 0$ erfüllen, der Ansatz für die Momentenlinie die Randbedingung $M(l) = 0$. Damit ergibt sich:

$$w(x) = Y\cdot x \qquad w'(x) = Y$$
$$\overline{w}(x) = x \qquad \overline{w}'(x) = 1$$

$$M(x) = X\cdot(l-x) \qquad M'(x) = -X$$
$$\overline{M}(x) = l-x \qquad \overline{M}'(x) = -1$$

Die Faktoren X und Y folgen durch Auswertung der Arbeitsgleichungen.

1. Gleichgewichtsbedingung mit dem Prinzip der virtuellen Verschiebungen

$$\int M'\overline{w}'\,\mathrm{d}x - \tilde{T}\,\overline{w}\,|_{R_T} = \int M'\overline{w}'\,\mathrm{d}x - F\,\overline{w}(l) = 0$$

$$X\int 1\cdot(-1)\,\mathrm{d}x - F\,l = 0$$

$$-X\,l - F\,l = 0 \Rightarrow X = -F$$

Aufgrund der statischen Bestimmtheit ergibt sich das Moment unmittelbar aus der Gleichgewichtsbedingung.

2. Verträglichkeitsbedingung mit dem Prinzip der virtuellen Kräfte

$$\int w'\overline{M}'\mathrm{d}x - \int \frac{M\overline{M}}{EI}\,\mathrm{d}x = 0$$

$$Y\int 1\cdot(-1)\,\mathrm{d}x - X\frac{1}{EI}\int (l-x)^2\,\mathrm{d}x = 0$$

$$-Y\,l - X\frac{1}{EI}\,\frac{l^3}{3} = 0 \Rightarrow Y = -X\frac{1}{EI}\,\frac{l^2}{3} = \frac{F\,l^2}{3\,EI}$$

Damit folgt:

$$w(x) = \frac{F\,l^2}{3\,EI}\cdot x$$

$$M(x) = F\cdot(l-x)$$

Da der lineare Ansatz für $M(x)$ der exakten Lösung entspricht, ist das Ergebnis für $M(x)$ exakt. Obwohl der Ansatz für die Biegelinie linear ist, ergibt sich für die Verschiebung am Ende des Kragarms der genaue Wert.

3.2.3 Ansätze über Teilbereiche des Systems

Wie beim Weggrößenverfahren ist es auch bei der gemischten Methode besser, Ansätze niedriger Ordnung über Teilbereiche des Systems zu wählen, als zu versuchen, komplizierte Verläufe der Zustandsgrößen mit Ansatzfunktionen hoher Ordnung über das gesamte Gebiet zu approximieren.

3.2.3.1 Lineare Ansätze

Da in der Arbeitsgleichung nur erste Ableitungen auftreten, sind lineare Ansatzfunktionen ausreichend. Die bei der Auswertung der Arbeitsgleichung erforderlichen Integrale werden hier gleich in schematisierter Form, d. h. in Matrizendarstellung, bereichsweise ermittelt. Für eine Zustandsgröße $z(x)$ lautet der lineare Ansatz:

$$z(x) = a_0 + a_1 x \tag{3.25}$$

Die mathematischen Parameter a_i werden durch mechanisch sinnvolle Größen an den Bereichsgrenzen ausgedrückt. Aus den Bedingungen:

$$z(0) = a_0 + a_1 0 = z_1$$

$$z(l) = a_0 + a_1 l = z_2$$

folgen die Parameter a_0 und a_1 mit:

$$a_0 = z_1$$

$$a_1 = \frac{z_2 - z_1}{l}$$

Es ergibt sich:

$$z(x) = z_1 + \frac{z_2 - z_1}{l}x = z_1 + (z_2 - z_1)\frac{x}{l}$$

Mit der dimensionslosen Variablen $\xi = x/l$ folgt:

$$z(\xi) = z_1 + (z_2 - z_1)\xi = z_1 + \xi z_2 - \xi z_1$$

$$z(\xi) = z_1(1-\xi) + z_2\xi = z_1\phi_1 + z_2\phi_2$$

mit den in *Bild 3.40* dargestellten Formfunktionen:

$$\begin{aligned} \phi_1 &= 1 - \xi & \phi'_1 &= -1/l \\ \phi_2 &= \xi & \phi'_2 &= 1/l \end{aligned} \tag{3.26}$$

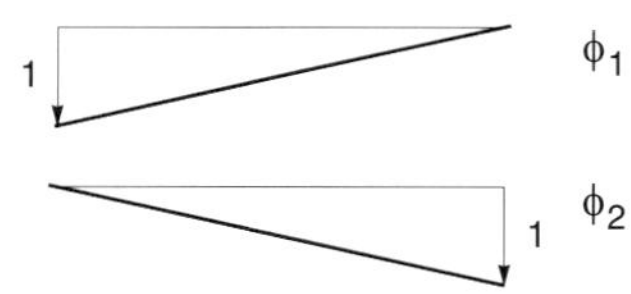

Bild 3.40 Lineare Ansatzfunktionen

Die Ansatzfunktionen ϕ_i werden als Vektor dargestellt:

$$\mathbf{\Phi} = \begin{bmatrix}\phi_1 \\ \phi_2\end{bmatrix}$$

Diese Ansatzfunktionen werden jeweils als virtuelle Funktionen für die Auswertung der Arbeitsgleichungen (3.21) und (3.24) gewählt.

Der Verlauf der Durchbiegung und des Moments ist das Matrizenprodukt aus Ansatzfunktionen und Knotenvariablen.

$$w(x) = w_1\phi_1 + w_2\phi_2 = \begin{bmatrix}\phi_1 & \phi_2\end{bmatrix}\begin{bmatrix}w_1\\ w_2\end{bmatrix} = \boldsymbol{\Phi}^T\hat{\boldsymbol{w}} \qquad (3.27)$$

$$M(x) = M_1\phi_1 + M_2\phi_2 = \begin{bmatrix}\phi_1 & \phi_2\end{bmatrix}\begin{bmatrix}M_1\\ M_2\end{bmatrix} = \boldsymbol{\Phi}^T\hat{\boldsymbol{M}} \qquad (3.28)$$

Mit den Beziehungen (3.27) und (3.28) folgt aus den Gleichungen (3.21) und (3.24):

$$\begin{aligned}&\int\boldsymbol{\Phi}'\boldsymbol{\Phi}^{T'}\mathrm{d}x\,\hat{\boldsymbol{M}} + H\int\boldsymbol{\Phi}'\boldsymbol{\Phi}^{T'}\mathrm{d}x\,\hat{\boldsymbol{w}}\\ &+k_B\int\boldsymbol{\Phi}\boldsymbol{\Phi}^T\mathrm{d}x\,\hat{\boldsymbol{w}} - \int\boldsymbol{\Phi}q\,\mathrm{d}x = 0\end{aligned} \qquad (3.29)$$

$$\int\boldsymbol{\Phi}'\boldsymbol{\Phi}^{T'}\mathrm{d}x\,\hat{\boldsymbol{w}} - \frac{1}{EI}\int\boldsymbol{\Phi}\boldsymbol{\Phi}^T\mathrm{d}x\,\hat{\boldsymbol{M}} = 0 \qquad (3.30)$$

Diese beiden Matrizengleichungen beinhalten jeweils zwei skalare Gleichungen, nämlich die Arbeit auf jeder der beiden Ansatzfunktionen ϕ_i. In der ersten Gleichung sind dies die virtuellen Verschiebungen $\overline{w}$, in der zweiten Gleichung die virtuellen Momente $\overline{M}$.

Die benötigten Integrale werden nachfolgend berechnet.

$$\begin{aligned}\int\boldsymbol{\Phi}'\boldsymbol{\Phi}^{T'}\mathrm{d}x &= \int\begin{bmatrix}\phi'_1\\ \phi'_2\end{bmatrix}\begin{bmatrix}\phi'_1 & \phi'_2\end{bmatrix}\mathrm{d}x = \int\begin{bmatrix}\phi'^2_1 & \phi'_1\phi'_2\\ \phi'_1\phi'_2 & \phi'^2_2\end{bmatrix}\mathrm{d}x\\ &= \int_0^1\begin{bmatrix}\phi'^2_1 & \phi'_1\phi'_2\\ \phi'_1\phi'_2 & \phi'^2_2\end{bmatrix} l\,\mathrm{d}\xi = \frac{1}{l}\int_0^1\begin{bmatrix}1 & -1\\ -1 & 1\end{bmatrix}\mathrm{d}\xi\\ &= \frac{1}{l}\begin{bmatrix}1 & -1\\ -1 & 1\end{bmatrix}\end{aligned}$$

$$\begin{aligned}\int\boldsymbol{\Phi}\boldsymbol{\Phi}^T\mathrm{d}x &= \int\begin{bmatrix}\phi_1\\ \phi_2\end{bmatrix}\begin{bmatrix}\phi_1 & \phi_2\end{bmatrix}\mathrm{d}x = \int\begin{bmatrix}\phi^2_1 & \phi_1\phi_2\\ \phi_2\phi_1 & \phi^2_2\end{bmatrix}\mathrm{d}x\\ &= \int_0^1\begin{bmatrix}\phi^2_1 & \phi_1\phi_2\\ \phi_2\phi_1 & \phi^2_2\end{bmatrix} l\,\mathrm{d}\xi = l\int_0^1\begin{bmatrix}(1-\xi)^2 & (1-\xi)\xi\\ (1-\xi)\xi & \xi^2\end{bmatrix}\mathrm{d}\xi\\ &= \frac{l}{6}\begin{bmatrix}2 & 1\\ 1 & 2\end{bmatrix}\end{aligned}$$

$$\int\begin{bmatrix}\phi_1\\ \phi_2\end{bmatrix}\mathrm{d}x = l\int_0^1\begin{bmatrix}1-\xi\\ \xi\end{bmatrix}\mathrm{d}\xi = \frac{l}{2}\begin{bmatrix}1\\ 1\end{bmatrix}$$

Prinzip der virtuellen Verschiebungen

Die Terme des Prinzips der virtuellen Verschiebungen in Gleichung (3.29) ergeben sich zu:

$$\int\overline{w}'M'\mathrm{d}x = \int\boldsymbol{\Phi}'\boldsymbol{\Phi}^{T'}\mathrm{d}x\,\hat{\boldsymbol{M}} = \frac{1}{l}\begin{bmatrix}1 & -1\\ -1 & 1\end{bmatrix}\begin{bmatrix}M_1\\ M_2\end{bmatrix}$$

$$H\int w'\overline{w}'\mathrm{d}x = H\int\boldsymbol{\Phi}'\boldsymbol{\Phi}^{T'}\mathrm{d}x\,\hat{\boldsymbol{w}} = \frac{H}{l}\begin{bmatrix}1 & -1\\ -1 & 1\end{bmatrix}\begin{bmatrix}w_1\\ w_2\end{bmatrix}$$

$$k_B\int w\overline{w}\,\mathrm{d}x = k_B\int\boldsymbol{\Phi}\boldsymbol{\Phi}^T\mathrm{d}x\,\hat{\boldsymbol{w}} = \frac{k_B l}{6}\begin{bmatrix}2 & 1\\ 1 & 2\end{bmatrix}\begin{bmatrix}w_1\\ w_2\end{bmatrix}$$

Die unbekannten Verformungen und Momente werden nun knotenweise in einem Vektor zusammengefasst. Durch formale Erweiterung der Matrizen folgt:

$$\int\overline{w}'M'\,\mathrm{d}x = \boldsymbol{g}_a\cdot\boldsymbol{z} = \frac{1}{l}\begin{bmatrix}0 & 1 & 0 & -1\\ 0 & 0 & 0 & 0\\ 0 & -1 & 0 & 1\\ 0 & 0 & 0 & 0\end{bmatrix}\begin{bmatrix}w_1\\ M_1\\ w_2\\ M_2\end{bmatrix} \qquad (3.31)$$

$$H\int w'\overline{w}'\,\mathrm{d}x = \boldsymbol{g}_{(H)}\cdot\boldsymbol{z} = \frac{H}{l}\begin{bmatrix}1 & 0 & -1 & 0\\ 0 & 0 & 0 & 0\\ -1 & 0 & 1 & 0\\ 0 & 0 & 0 & 0\end{bmatrix}\begin{bmatrix}w_1\\ M_1\\ w_2\\ M_2\end{bmatrix}$$

$$k_B\int w'\overline{w}'\,\mathrm{d}x = \boldsymbol{g}_{(k_B)}\cdot\boldsymbol{z} = \frac{k_B l}{6}\begin{bmatrix}2 & 0 & 1 & 0\\ 0 & 0 & 0 & 0\\ 1 & 0 & 2 & 0\\ 0 & 0 & 0 & 0\end{bmatrix}\begin{bmatrix}w_1\\ M_1\\ w_2\\ M_2\end{bmatrix}$$

Mit:

$$\boldsymbol{s} = \int q\overline{w}\,\mathrm{d}x$$

folgt das Prinzip der virtuellen Verschiebungen mit:

$$\left[\boldsymbol{g}_a + \boldsymbol{g}_{(H)} + \boldsymbol{g}_{(k_B)}\right]\boldsymbol{z} - \boldsymbol{s} = 0 \qquad (3.32)$$

Für eine konstante Streckenlast ergibt sich:

$$\boldsymbol{s} = \frac{ql}{2}\begin{bmatrix}1\\0\\1\\0\end{bmatrix} \tag{3.33}$$

Gl. (3.32) enthält die beiden Gleichgewichtsbedingungen als erste und dritte Zeile.

Prinzip der virtuellen Kräfte

Die Terme in Gleichung (3.30) ergeben sich zu:

$$\int \overline{M}'w'\,\mathrm{d}x = \int \Phi'\Phi^{T\prime}\mathrm{d}x\,\hat{\boldsymbol{w}} = \frac{1}{l}\begin{bmatrix}1 & -1\\-1 & 1\end{bmatrix}\begin{bmatrix}w_1\\w_2\end{bmatrix}$$

$$\frac{1}{EI}\int \overline{M}M\,\mathrm{d}x = \frac{1}{EI}\int \Phi\Phi^{T}\mathrm{d}x\,\hat{\boldsymbol{M}} = \frac{l}{6EI}\begin{bmatrix}2 & 1\\1 & 2\end{bmatrix}\begin{bmatrix}M_1\\M_2\end{bmatrix}$$

Die unbekannten Verformungen und Momente werden wieder knotenweise in einem Vektor zusammengefasst und die Matrizen formal erweitert:

$$\int \overline{M}'w'\,\mathrm{d}x = \boldsymbol{g}_b\cdot\boldsymbol{z} = \frac{1}{l}\begin{bmatrix}0 & 0 & 0 & 0\\1 & 0 & -1 & 0\\0 & 0 & 0 & 0\\-1 & 0 & 1 & 0\end{bmatrix}\begin{bmatrix}w_1\\M_1\\w_2\\M_2\end{bmatrix} \tag{3.34}$$

$$\frac{1}{EI}\int \overline{M}M\,\mathrm{d}x = \boldsymbol{g}_{(EI)}\cdot\boldsymbol{z} = \frac{l}{6EI}\begin{bmatrix}0 & 0 & 0 & 0\\0 & 2 & 0 & 1\\0 & 0 & 0 & 0\\0 & 1 & 0 & 2\end{bmatrix}\begin{bmatrix}w_1\\M_1\\w_2\\M_2\end{bmatrix}$$

Damit folgt das Prinzip der virtuellen Kräfte mit:

$$(\boldsymbol{g}_b - \boldsymbol{g}_{(EI)})\,\boldsymbol{z} = 0 \tag{3.35}$$

Gl. (3.35) enthält die beiden Verträglichkeitsbedingungen als zweite und vierte Zeile.

Gesamtmatrix

Aus der Summe von Gl. (3.32) und Gl. (3.35) folgt:

$$\left[\boldsymbol{g}_a + \boldsymbol{g}_{(H)} + \boldsymbol{g}_{(k_B)} + \boldsymbol{g}_b - \boldsymbol{g}_{(EI)}\right]\boldsymbol{z} - \boldsymbol{s} = 0$$

$$\boldsymbol{g}\cdot\boldsymbol{z} - \boldsymbol{s} = 0 \tag{3.36}$$

$$\boldsymbol{g} = \left[\begin{array}{cc|cc}\frac{H}{l}+\frac{k_B}{3}l & \frac{1}{l} & -\frac{H}{l}+\frac{k_B}{6}l & -\frac{1}{l}\\ \frac{1}{l} & -\frac{l}{3EI} & -\frac{1}{l} & -\frac{l}{6EI}\\ \hline -\frac{H}{l}+\frac{k_B}{6}l & -\frac{1}{l} & \frac{H}{l}+\frac{k_B}{3}l & \frac{1}{l}\\ -\frac{1}{l} & -\frac{l}{6EI} & \frac{1}{l} & -\frac{l}{3EI}\end{array}\right] \tag{3.37}$$

Querkräfte

Die Querkräfte können aus dem Ansatz für die Momentlinie durch Ableitung ermittelt werden.

$$V(x) = M'(x) = \phi_1' M_1 + \phi_2' M_2$$

Mit den Ableitungen der Ansatzfunktionen aus Gl. (3.26) folgt die bereichsweise konstante Querkraft:

$$V = \frac{M_2 - M_1}{l}$$

Beispiel 3.8

Der in *Bild 3.41* dargestellte Kragträger ist näherungsweise nach Theorie I. und II. Ordnung mit dem gemischten Verfahren zu berechnen. Es sind lineare Ansätze in einem Teilbereich zu wählen.

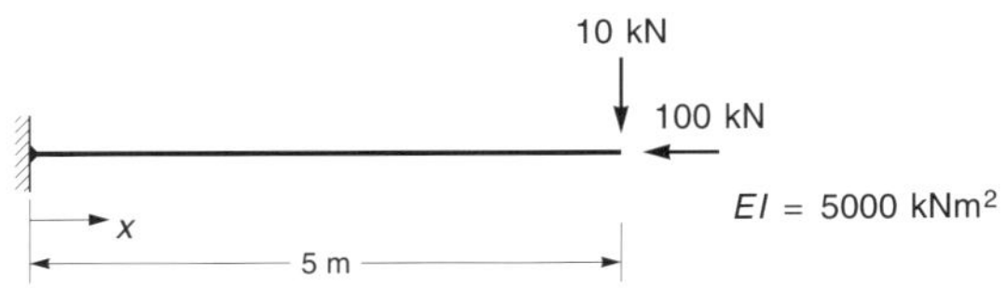

Bild 3.41 Kragträger

Theorie I. Ordnung

Aus Gl. (3.36) folgt mit der Elementmatrix Gl. (3.37):

$$\left[\begin{array}{cc|cc}0 & \frac{1}{l} & 0 & -\frac{1}{l}\\ \frac{1}{l} & -\frac{l}{3EI} & -\frac{1}{l} & -\frac{l}{6EI}\\ \hline 0 & -\frac{1}{l} & 0 & \frac{1}{l}\\ -\frac{1}{l} & -\frac{l}{6EI} & \frac{1}{l} & -\frac{l}{3EI}\end{array}\right]\left[\begin{array}{c}w_1\\M_1\\ \hline w_2\\M_2\end{array}\right] - \left[\begin{array}{c}0\\0\\ \hline F\\0\end{array}\right] = \left[\begin{array}{c}0\\0\\ \hline 0\\0\end{array}\right]$$

Aufgrund der Randbedingungen sind w_1 und M_2 gleich null. Die erste und vierte Zeile und Spalte kann daher gestrichen werden. Das verbleibende Gleichungssystem und der Lösungsvektor folgt mit:

$$\begin{bmatrix} -\frac{l}{3EI} & -\frac{1}{l} \\ -\frac{1}{l} & 0 \end{bmatrix} \begin{bmatrix} M_1 \\ w_2 \end{bmatrix} - \begin{bmatrix} 0 \\ F \end{bmatrix} = \begin{bmatrix} 0 \\ 0 \end{bmatrix} \quad \Rightarrow \quad \begin{bmatrix} M_1 \\ w_2 \end{bmatrix} = \begin{bmatrix} -Fl \\ \frac{Fl^3}{3EI} \end{bmatrix}$$

Die beiden Gleichungen sind entkoppelt, da das System statisch bestimmt ist. Es ergeben sich die exakten Werte, obwohl der Verlauf der Verschiebung durch einen linearen Ansatz angenähert wird.

Die hier formal ermittelte Lösung kann anschaulich als eine Kombination von Weggrößen- und Kraftgrößenverfahren interpretiert werden. Es wird ein sowohl kinematisch als auch statisch bestimmtes Hauptsystem zugrunde gelegt, wobei als Verformung nur die Durchbiegung und als Kraftgröße nur das Moment betrachtet wird. Zur Bildung des Hauptsystems wird rechts ein Auflager hinzugefügt und links ein Gelenk eingelegt, wie in *Bild 3.42* dargestellt ist.

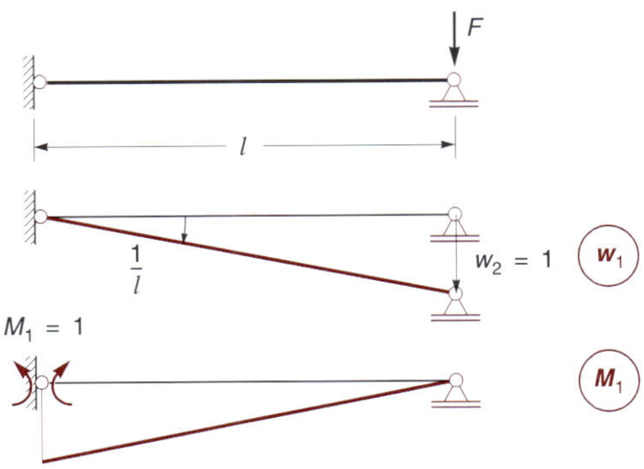

Bild 3.42 Lastzustand und Einheitszustände

Durch das hinzugefügte Auflager wird die Gleichgewichtsbedingung $\sum V = 0$ verletzt und durch das eingelegte Gelenk entsteht ein Knick, der die Verformungsbedingung verletzt. Die am Hauptsystem gleich null gesetzte Verschiebung wird nun als Einheitsgröße vorgegeben, entsprechend wird das Moment am Auflagerpunkt als Einheitsgröße angesetzt. Für diese beiden Einheitszustände werden Faktoren gesucht, die aus einer Gleichgewichtsbedingung und einer Verformungsbedingung ermittelt werden.

1. Verformungsbedingung

Wie in *Bild 3.42* zu erkennen ist, setzt sich der Knick an der Einspannung aus zwei Anteilen zusammen. Infolge der Auflagerverschiebung ergibt sich ein Knick der Größe $1/l$. Durch das Doppelmoment biegt sich der Stab und erzeugt einen Knick am Gelenk. Der für die Berechnung des Knicks erforderliche virtuelle Zustand ist mit dem Einheitszustand identisch. Es ergibt sich:

$$\frac{1}{EI}\int M_1^2 \, dx = \frac{1}{EI} \cdot l \cdot \frac{1}{3} \cdot 1^2 = \frac{l}{3EI}$$

Die Verformungsbedingung lautet damit:

$$\frac{l}{3EI} \cdot M_1 + \frac{1}{l} \cdot w_2 = 0$$

2. Gleichgewichtsbedingung

Die Gleichgewichtsbedingung $\sum V = 0$ am rechten Auflager wird mit dem Prinzip der virtuellen Verschiebungen formuliert. Als virtueller Zustand wird der Einheitsverschiebungszustand verwandt. Damit folgt für die virtuelle Arbeit:

$$\frac{1}{l} \cdot 1 \cdot M_1 + F \cdot 1 = 0$$

Die Gleichungen ergeben nach Multiplikation mit dem Faktor -1 das zuvor ermittelte Gleichungssystem.

Theorie II. Ordnung

Für die Berechnung nach Theorie II. Ordnung ist in Gl. (3.37) der Anteil aus der Horizontalkraft zu berücksichtigen.

$$\begin{bmatrix} -\frac{l}{3EI} & -\frac{1}{l} \\ -\frac{1}{l} & \frac{H}{l} \end{bmatrix} \begin{bmatrix} M_1 \\ w_2 \end{bmatrix} - \begin{bmatrix} 0 \\ F \end{bmatrix} = \begin{bmatrix} 0 \\ 0 \end{bmatrix}$$

Die beiden Gleichungen sind entkoppelt, da das System statisch bestimmt ist. Als Lösung ergibt sich:

$$\begin{bmatrix} M_1 \\ w_2 \end{bmatrix} = \begin{bmatrix} -\frac{F}{\frac{Hl}{3EI} + \frac{1}{l}} \\ \frac{Fl^3}{Hl^2 + 3EI} \end{bmatrix}$$

Zum Vergleich mit der exakten Lösung werden die gegebenen Zahlenwerte eingesetzt, damit folgt:

$$\begin{bmatrix} M_1 \\ w_2 \end{bmatrix} = \begin{bmatrix} -60 \\ 0.1 \end{bmatrix}$$

In Kapitel 1, *Beispiel 1.5* ergab sich als exakte Lösung:

$$M_1 = -60.423012$$

$$w_2 = 0.10423012$$

Die prozentuale Abweichung der Näherungslösung beträgt für M_1 0.7 %, für w_2 4.1 %. In Anbetracht des niedrigen Ansatzes und der Wahl eines Teilbereichs ist dies ein sehr gutes Ergebnis.

- Knicklast

Die Bedingung für die Ermittlung der Knicklast lautet wie beim Weggrößenverfahren, dass die Determinante der Koeffizientenmatrix gleich null ist.

$$\left\| \begin{bmatrix} -\dfrac{l}{3EI} & -\dfrac{1}{l} \\ -\dfrac{1}{l} & \dfrac{H}{l} \end{bmatrix} \right\| = -\frac{H}{3EI} - \frac{1}{l^2} = 0$$

$$H = -\frac{3EI}{l^2} = -\frac{3 \cdot 5000}{5^2} = -600$$

Das exakte Ergebnis ist:

$$H = -\frac{\pi^2 \cdot 5000}{10^2} = -493.48022$$

Im Gegensatz zu den vorherigen Ergebnissen ergibt sich für die Knicklast eine sehr schlechte Näherung mit einer Abweichung von 21.6 %.

Beispiel 3.9

Der elastisch gebettete Balken aus *Beispiel 3.3* ist näherungsweise mit dem gemischten Verfahren mit linearen Ansätzen über Teilbereiche zu berechnen.

Die Berechnung erfolgt für den schon mit dem Weggrößenverfahren berechneten gebetteten Biegeträger. Der Träger wird zunächst in drei Bereiche unterteilt, wie in Bild 3.43 dargestellt ist. Die Ansatzfunktionen werden nach den Nummern der Knoten bezeichnet.

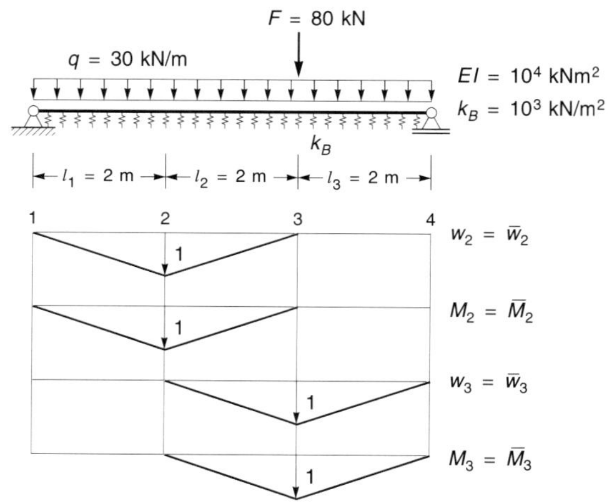

Bild 3.43 Gebetteter Balken mit linearen Ansatzfunktionen

Die Stetigkeit der Funktionen ist dadurch gewährleistet, dass die Funktionswerte an den Bereichsgrenzen gleich vorgegeben werden. An den beiden Auflagern ist sowohl die Verschiebung als auch das Moment gleich null, was durch die vorgegebenen Ansätze erfüllt ist.

Ermittlung der Elementmatrix

Aus Gl. (3.37) folgt durch Einsetzen der Zahlenwerte:

$$\boldsymbol{g} = \frac{1}{6} \begin{bmatrix} 4000 & 3 & 2000 & -3 \\ 3 & -0.0004 & -3 & -0.0002 \\ 2000 & -3 & 4000 & 3 \\ -3 & -0.0002 & 3 & -0.0004 \end{bmatrix}$$

Ermittlung des Elementlastvektors

Der Elementlastvektor ergibt sich aus Gl. (3.33) zu:

$$\boldsymbol{s} = \frac{ql}{2} \begin{bmatrix} 1 \\ 0 \\ 1 \\ 0 \end{bmatrix} = \begin{bmatrix} 30 \\ 0 \\ 30 \\ 0 \end{bmatrix}$$

Aufbau der Systemmatrix

Der Aufbau der Systemmatrix erfolgt analog zum Weggrößenverfahren. Die Stetigkeit der virtuellen und wirklichen Ansätze für w und M an den Elementgrenzen ergibt wiederum ein zeilen- und spaltenweises Überlappen der Elementmatrizen.

$$g^1 = \begin{bmatrix} g^1_{11} & g^1_{12} \\ g^1_{21} & g^1_{22} \end{bmatrix} \quad g^2 = \begin{bmatrix} g^2_{22} & g^2_{23} \\ g^2_{32} & g^2_{33} \end{bmatrix} \quad g^3 = \begin{bmatrix} g^3_{33} & g^3_{34} \\ g^3_{43} & g^3_{44} \end{bmatrix}$$

Der Aufbau des Gleichungssystems ist nachfolgend schematisch dargestellt. Im farbig angelegten Bereich sind die Untermatrizen der Elemente zu addieren.

$$\begin{bmatrix} g^1_{11} & g^1_{12} & & \\ g^1_{21} & g^1_{22} + g^2_{22} & g^2_{23} & \\ & g^2_{32} & g^2_{33} + g^3_{33} & g^3_{34} \\ & & g^3_{43} & g^3_{44} \end{bmatrix} \begin{bmatrix} z_1 \\ z_2 \\ z_3 \\ z_4 \end{bmatrix} - \begin{bmatrix} s^1_1 \\ s^1_2 + s^2_2 \\ s^2_3 + s^3_3 \\ s^3_4 \end{bmatrix} = \mathbf{0}$$

Beim Aufbau des Lastvektors ist zusätzlich die Arbeit der Einzelkraft auf $\bar{w}_2$ zu berücksichtigen. Da die Zustandsgrößen in den Punkten 1 und 4 gleich null sind, werden die beiden ersten und die beiden letzten Zeilen und Spalten des Gleichungssystems gestrichen.

Das gesamte Gleichungssystem wurde mit dem Faktor 6 multipliziert, um „glattere" Zahlen zu erhalten.

Gleichungssystem und Lösung:

$$\begin{bmatrix} 8000 & 6 & 2000 & -3 \\ 6 & -0.0008 & -3 & -0.0002 \\ 2000 & -3 & 8000 & 6 \\ -3 & -0.0002 & 6 & -0.0008 \end{bmatrix} \begin{bmatrix} w_2 \\ M_2 \\ w_3 \\ M_3 \end{bmatrix} + \begin{bmatrix} 360 \\ 0 \\ 840 \\ 0 \end{bmatrix} = \mathbf{0}$$

$$\begin{bmatrix} w_2 \\ M_2 \\ w_3 \\ M_3 \end{bmatrix} = \begin{bmatrix} 0.029877 \\ 69.205 \\ 0.033281 \\ 120.269 \end{bmatrix}$$

Ermittlung der Querkräfte

- Bereich 1 – 2

$$V = \frac{69.205 - 0}{2} = 34.6025$$

- Bereich 2 – 3

$$V = \frac{120.269 - 69.205}{2} = 25.532$$

- Bereich 3 – 4

$$V = \frac{0 - 120.269}{2} = -60.1345$$

Eine Verbesserung der Lösung kann durch eine höhere Anzahl von Teilbereichen erzielt werden. Nachfolgend ist das Ergebnis einer Berechnung für die doppelte Anzahl der Teilbereiche angegeben.

$$\begin{bmatrix} w_2 \\ M_2 \\ w_3 \\ M_3 \\ w_4 \\ M_4 \end{bmatrix} = \begin{bmatrix} 0.016387 \\ 39.797 \\ 0.029032 \\ 65.356 \\ 0.035175 \\ 88.864 \end{bmatrix} \quad \begin{bmatrix} w_5 \\ M_5 \\ w_6 \\ M_6 \end{bmatrix} = \begin{bmatrix} 0.032370 \\ 116.055 \\ 0.019282 \\ 63.903 \end{bmatrix} \quad \begin{bmatrix} V_{1-2} \\ V_{2-3} \\ V_{3-4} \\ V_{4-5} \\ V_{5-6} \\ V_{6-7} \end{bmatrix} = \begin{bmatrix} 39.797 \\ 25.559 \\ 23.508 \\ 27.191 \\ -52.152 \\ -63.903 \end{bmatrix}$$

Die Zustandslinien für die unterschiedlichen Teilungen sind in *Bild 3.44* im Vergleich zur exakten Lösung dargestellt. Aufgrund des bereichsweise linearen Verlaufs der Durchbiegung und des Moments wird der Verlauf der exakten Lösung im Mittel gut angenähert. Da die Querkraft aus der Ableitung des linearen Ansatzes für die Momentenlinie berechnet wird, kann die wirkliche Lösung nur abschnittsweise als konstanter Mittelwert angenähert werden.

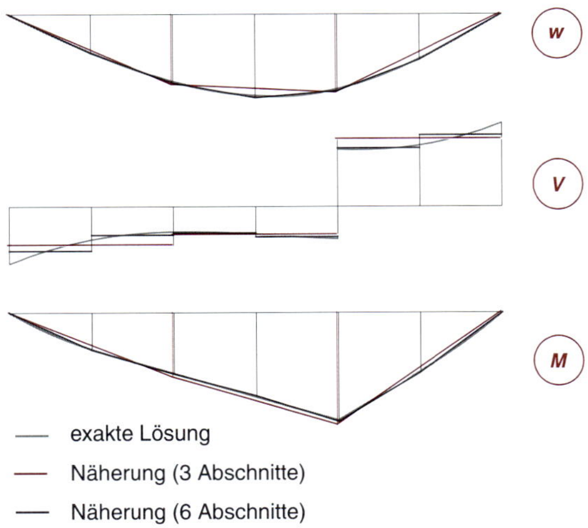

Bild 3.44 Vergleich der Zustandslinien

3.2.3.2 Quadratische Ansätze

Eine allgemeine quadratische Funktion hat die Form:

$$z(x) = a_0 + a_1 x + a_2 x^2 \tag{3.38}$$

Die mathematischen Parameter a_i werden durch Funktionswerte der Zustandsgrößen an drei Stellen ausgedrückt, nämlich an den Endpunkten und der Mitte des Bereichs. Diesen Typ von Ansatzfunktionen nennt man *Lagrange-Polynome.*

Im Gegensatz zu den Hermite-Polynomen, bei denen der Funktionsverlauf durch die Funktionswerte und ihre Ableitungen an den Endpunkten des Bereichs ausgedrückt wird, wird bei Lagrange-Polynomen der Funktionsverlauf nur durch die Funktionswerte an einzelnen Punkten ausgedrückt.

Aus den Bedingungen:

$$z(0) = a_0 + a_1 0 + a_2 0^2 = z_1$$

$$z\left(\frac{l}{2}\right) = a_0 + a_1 \frac{l}{2} + a_2 \left(\frac{l}{2}\right)^2 = z_2$$

$$z(l) = a_0 + a_1 l + a_2 l^2 = z_3$$

folgen drei Gleichungen für die Parameter a_i.

$$\begin{bmatrix} 1 & 0 & 0 \\ 1 & \frac{l}{2} & \frac{l^2}{4} \\ 1 & l & l^2 \end{bmatrix} \begin{bmatrix} a_0 \\ a_1 \\ a_2 \end{bmatrix} = \begin{bmatrix} z_1 \\ z_2 \\ z_3 \end{bmatrix}$$

$$\begin{bmatrix} a_0 \\ a_1 \\ a_2 \end{bmatrix} = \begin{bmatrix} z_1 \\ \dfrac{-3z_1 + 4z_2 - z_3}{l} \\ 2\dfrac{z_1 - 2z_2 + z_3}{l^2} \end{bmatrix}$$

Damit wird aus dem Ansatz Gl. (3.38):

$$z(x) = z_1 + \frac{-3z_1 + 4z_2 - z_3}{l} x + 2\frac{z_1 - 2z_2 + z_3}{l^2} x^2$$

$$= z_1 + (-3z_1 + 4z_2 - z_3)\frac{x}{l} + 2(z_1 - 2z_2 + z_3)\frac{x^2}{l^2}$$

Mit der dimensionslosen Variablen $\xi = x/l$ folgt:

$$z(\xi) = z_1 + (-3z_1 + 4z_2 - z_3)\xi + 2(z_1 - 2z_2 + z_3)\xi^2$$

$$z(\xi) = z_1(1 - 3\xi + 2\xi^2) + z_2(4\xi - 4\xi^2) + z_3(-\xi + 2\xi^2)$$

$$z(\xi) = z_1\phi_1 + z_2\phi_2 + z_3\phi_3 = \boldsymbol{\Phi}^T \hat{\boldsymbol{z}}$$

mit den in *Bild 3.45* dargestellten Formfunktionen:

$$\begin{aligned} \phi_1 &= 1 - 3\xi + 2\xi^2 & \phi_1' &= (-3 + 4\xi)/l \\ \phi_2 &= 4\xi - 4\xi^2 & \phi_2' &= (4 - 8\xi)/l \\ \phi_3 &= -\xi + 2\xi^2 & \phi_3' &= (-1 + 4\xi)/l \end{aligned} \tag{3.39}$$

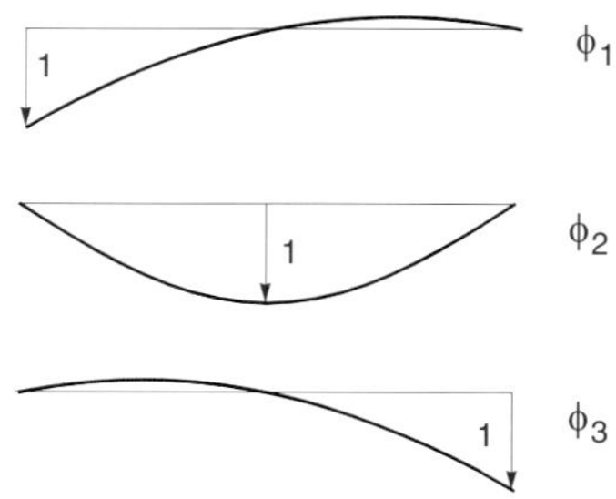

Bild 3.45 Quadratische Lagrange-Polynome

Die Funktionen ϕ_i werden als Vektor dargestellt:

$$\boldsymbol{\Phi} = \begin{bmatrix} \phi_1 \\ \phi_2 \\ \phi_3 \end{bmatrix}$$

Damit lauten die Ansätze für die Zustandsgrößen:

$$w(x) = w_1\phi_1 + w_2\phi_2 + w_3\phi_3$$

$$= \begin{bmatrix} \phi_1 & \phi_2 & \phi_3 \end{bmatrix} \begin{bmatrix} w_1 \\ w_2 \\ w_3 \end{bmatrix} = \boldsymbol{\Phi}^T \hat{\boldsymbol{w}} \tag{3.40}$$

$$M(x) = M_1\phi_1 + M_2\phi_2 + M_3\phi_3$$

$$= \begin{bmatrix} \phi_1 & \phi_2 & \phi_3 \end{bmatrix} \begin{bmatrix} M_1 \\ M_2 \\ M_3 \end{bmatrix} = \boldsymbol{\Phi}^T \hat{\boldsymbol{M}} \tag{3.41}$$

Mit den Beziehungen (3.40) und (3.41) folgt aus den Gleichungen (3.21) und (3.24):

$$\int \boldsymbol{\Phi}'\boldsymbol{\Phi}^{T\prime}\,\mathrm{d}x\,\hat{\boldsymbol{M}} + H\int \boldsymbol{\Phi}'\boldsymbol{\Phi}^{T\prime}\,\mathrm{d}x\,\hat{\boldsymbol{w}} + k_B\int \boldsymbol{\Phi}\boldsymbol{\Phi}^T\mathrm{d}x\,\hat{\boldsymbol{w}} - q\int \boldsymbol{\Phi}\,\mathrm{d}x = 0 \tag{3.42}$$

$$\int \boldsymbol{\Phi}'\boldsymbol{\Phi}^{T\prime}\,\mathrm{d}x\,\hat{\boldsymbol{w}} - \frac{1}{EI}\int \boldsymbol{\Phi}\boldsymbol{\Phi}^T\,\mathrm{d}x\,\hat{\boldsymbol{M}} = 0 \tag{3.43}$$

Diese beiden Matrizengleichungen beinhalten jeweils drei skalare Gleichungen, nämlich die Arbeit auf jeder der drei Ansatzfunktionen ϕ_i. In der ersten Gleichung sind dies die virtuellen Verschiebungen $\overline{w}$, in der zweiten Gleichung die virtuellen Momente $\overline{M}$.

Die benötigten Integrale werden nachfolgend berechnet.

$$\int \boldsymbol{\Phi}'\boldsymbol{\Phi}^{T\prime}\mathrm{d}x = \int \begin{bmatrix}\phi'_1\\ \phi'_2\\ \phi'_3\end{bmatrix}\begin{bmatrix}\phi'_1 & \phi'_2 & \phi'_3\end{bmatrix}\mathrm{d}x = \int \begin{bmatrix}\phi'^2_1 & \phi'_1\phi'_2 & \phi'_1\phi'_3\\ \phi'_1\phi'_2 & \phi'^2_2 & \phi'_2\phi'_3\\ \phi'_1\phi'_3 & \phi'_2\phi'_3 & \phi'^2_3\end{bmatrix}\mathrm{d}x$$

$$= \int_0^1 \begin{bmatrix}\phi'^2_1 & \phi'_1\phi'_2 & \phi'_1\phi'_3\\ \phi'_1\phi'_2 & \phi'^2_2 & \phi'_2\phi'_3\\ \phi'_1\phi'_3 & \phi'_2\phi'_3 & \phi'^2_3\end{bmatrix} l\,\mathrm{d}\xi = \frac{1}{3l}\begin{bmatrix}7 & -8 & 1\\ -8 & 16 & -8\\ 1 & -8 & 7\end{bmatrix}$$

$$\int \boldsymbol{\Phi}\boldsymbol{\Phi}^T\mathrm{d}x = l\int \begin{bmatrix}\phi^2_1 & \phi_1\phi_2 & \phi_1\phi_3\\ \phi_2\phi_1 & \phi^2_2 & \phi_2\phi_3\\ \phi_3\phi_1 & \phi_3\phi_2 & \phi^2_3\end{bmatrix}\mathrm{d}\xi = \frac{l}{30}\begin{bmatrix}4 & 2 & -1\\ 2 & 16 & 2\\ -1 & 2 & 4\end{bmatrix}$$

$$\int \boldsymbol{\Phi}\,\mathrm{d}x = l\int \begin{bmatrix}\phi_1\\ \phi_2\\ \phi_3\end{bmatrix}\mathrm{d}\xi = l\int \begin{bmatrix}1-3\xi+2\xi^2\\ 4\xi-4\xi^2\\ -\xi+2\xi^2\end{bmatrix}\mathrm{d}\xi = \frac{1}{6}\begin{bmatrix}1\\ 4\\ 1\end{bmatrix}$$

Prinzip der virtuellen Verschiebungen

Die Terme des Prinzips der virtuellen Verschiebungen in Gleichung (3.42) ergeben sich zu:

$$\int \overline{w}'M'\mathrm{d}x = \int \boldsymbol{\Phi}'\boldsymbol{\Phi}^{T\prime}\mathrm{d}x\,\hat{\boldsymbol{M}} = \frac{1}{3l}\begin{bmatrix}7 & -8 & 1\\ -8 & 16 & -8\\ 1 & -8 & 7\end{bmatrix}\begin{bmatrix}M_1\\ M_2\\ M_3\end{bmatrix}$$

$$H\int w'\overline{w}'\mathrm{d}x = H\int \boldsymbol{\Phi}'\boldsymbol{\Phi}^{T\prime}\mathrm{d}x\,\hat{\boldsymbol{w}} = \frac{H}{3l}\begin{bmatrix}7 & -8 & 1\\ -8 & 16 & -8\\ 1 & -8 & 7\end{bmatrix}\begin{bmatrix}w_1\\ w_2\\ w_3\end{bmatrix}$$

$$k_B\int w\overline{w}\,\mathrm{d}x = k_B\int \boldsymbol{\Phi}\boldsymbol{\Phi}^T\mathrm{d}x\,\hat{\boldsymbol{w}} = \frac{k_B\,l}{30}\begin{bmatrix}4 & 2 & -1\\ 2 & 16 & 2\\ -1 & 2 & 4\end{bmatrix}\begin{bmatrix}w_1\\ w_2\\ w_3\end{bmatrix}$$

Die unbekannten Verformungen und Momente werden wieder knotenweise in einem Vektor zusammengefasst. Durch formale Erweiterung der Matrizen folgt:

$$\int \overline{w}'M'\,\mathrm{d}x = \boldsymbol{g}_a\cdot\boldsymbol{z}$$

$$\boldsymbol{g}_a = \frac{1}{3l}\begin{bmatrix}0 & 7 & 0 & -8 & 0 & 1\\ 0 & 0 & 0 & 0 & 0 & 0\\ 0 & -8 & 0 & 16 & 0 & -8\\ 0 & 0 & 0 & 0 & 0 & 0\\ 0 & 1 & 0 & -8 & 0 & 7\\ 0 & 0 & 0 & 0 & 0 & 0\end{bmatrix} \tag{3.44}$$

$$H\int w'\overline{w}'\,\mathrm{d}x = \boldsymbol{g}_{(H)}\cdot\boldsymbol{z}$$

$$\boldsymbol{g}_{(H)} = \frac{H}{3l}\begin{bmatrix}7 & 0 & -8 & 0 & 1 & 0\\ 0 & 0 & 0 & 0 & 0 & 0\\ -8 & 0 & 16 & 0 & -8 & 0\\ 0 & 0 & 0 & 0 & 0 & 0\\ 1 & 0 & -8 & 0 & 7 & 0\\ 0 & 0 & 0 & 0 & 0 & 0\end{bmatrix} \tag{3.45}$$

$$k_B\int w\overline{w}\,\mathrm{d}x = \boldsymbol{g}_{(k_B)}\cdot\boldsymbol{z}$$

$$\boldsymbol{g}_{(k_B)} = \frac{k_B\,l}{30}\begin{bmatrix}4 & 0 & 2 & 0 & -1 & 0\\ 0 & 0 & 0 & 0 & 0 & 0\\ 2 & 0 & 16 & 0 & 2 & 0\\ 0 & 0 & 0 & 0 & 0 & 0\\ -1 & 0 & 2 & 0 & 4 & 0\\ 0 & 0 & 0 & 0 & 0 & 0\end{bmatrix} \tag{3.46}$$

Mit:

$$\boldsymbol{s} = \int q\overline{w}\,\mathrm{d}x$$

folgt das Prinzip der virtuellen Verschiebungen:

$$\left[\boldsymbol{g}_a + \boldsymbol{g}_{(H)} + \boldsymbol{g}_{(k_B)}\right]\boldsymbol{z} - \boldsymbol{s} = 0 \tag{3.47}$$

3

Für eine konstante Streckenlast ergibt sich:

$$\boldsymbol{s} = \frac{ql}{6}\begin{bmatrix}1\\0\\4\\0\\1\\0\end{bmatrix} \tag{3.48}$$

Gl. (3.47) enthält die drei Gleichgewichtsbedingungen als erste, dritte und fünfte Zeile.

Prinzip der virtuellen Kräfte

Die Terme in Gleichung (3.43) ergeben sich zu:

$$\int \bar{M}' w' \mathrm{d}x = \int \Phi' \Phi'^T \mathrm{d}x\, \hat{\boldsymbol{w}} = \frac{1}{3l}\begin{bmatrix}7 & -8 & 1\\ -8 & 16 & -8\\ 1 & -8 & 7\end{bmatrix}\begin{bmatrix}w_1\\w_2\\w_3\end{bmatrix}$$

$$\frac{1}{EI}\int \bar{M} M\, \mathrm{d}x = \frac{1}{EI}\int \Phi\Phi^T \mathrm{d}x\, \hat{\boldsymbol{M}} = \frac{l}{30EI}\begin{bmatrix}4 & 2 & -1\\ 2 & 16 & 2\\ -1 & 2 & 4\end{bmatrix}\begin{bmatrix}M_1\\M_2\\M_3\end{bmatrix}$$

Die unbekannten Verformungen und Momente werden wieder knotenweise in einem Vektor zusammengefasst und die Matrizen formal erweitert:

$$\int \bar{M}' w' \mathrm{d}x = \boldsymbol{g}_b \cdot \boldsymbol{z}$$

$$\boldsymbol{g}_b = \frac{1}{3l}\begin{bmatrix}0&0&0&0&0&0\\ 7&0&-8&0&1&0\\ 0&0&0&0&0&0\\ -8&0&16&0&-8&0\\ 0&0&0&0&0&0\\ 1&0&-8&0&7&0\end{bmatrix} \tag{3.49}$$

$$\frac{1}{EI}\int \bar{M} M\, \mathrm{d}x = \boldsymbol{g}_{(EI)} \cdot \boldsymbol{z}$$

$$\boldsymbol{g}_{(EI)} = \frac{l}{30EI}\begin{bmatrix}0&0&0&0&0&0\\ 0&4&0&2&0&-1\\ 0&0&0&0&0&0\\ 0&2&0&16&0&2\\ 0&0&0&0&0&0\\ 0&-1&0&2&0&4\end{bmatrix} \tag{3.50}$$

Damit folgt das Prinzip der virtuellen Kräfte mit:

$$(\boldsymbol{g}_b - \boldsymbol{g}_{(EI)})\,\boldsymbol{z} = 0 \tag{3.51}$$

Gl. (3.51) enthält die drei Verträglichkeitsbedingungen als zweite, vierte und sechste Zeile.

Gesamtmatrix

Aus der Summe von Gl. (3.47) und Gl. (3.51) folgt:

$$\left[\boldsymbol{g}_a + \boldsymbol{g}_{(H)} + \boldsymbol{g}_{(k_B)} + \boldsymbol{g}_b - \boldsymbol{g}_{(EI)}\right]\boldsymbol{z} - \boldsymbol{s} = 0$$

$$\boldsymbol{g}\cdot\boldsymbol{z} - \boldsymbol{s} = 0 \tag{3.52}$$

$$\boldsymbol{g} = \left[\begin{array}{cc|cc|cc}
\frac{35H+2k_Bl^2}{15l} & \frac{7}{3l} & \frac{-40H+k_Bl^2}{15l} & -\frac{8}{3l} & \frac{10H-k_Bl^2}{30l} & \frac{1}{3l}\\
\frac{7}{3l} & -\frac{2l}{15EI} & -\frac{8}{3l} & -\frac{l}{15EI} & \frac{1}{3l} & \frac{l}{30EI}\\
\hline
\frac{-40H+k_Bl^2}{15l} & -\frac{8}{3l} & \frac{80H+8k_Bl^2}{15l} & \frac{16}{3l} & \frac{-40H+k_Bl^2}{15l} & -\frac{8}{3l}\\
-\frac{8}{3l} & -\frac{l}{15EI} & \frac{16}{3l} & -\frac{8l}{15EI} & -\frac{8}{3l} & -\frac{l}{15EI}\\
\hline
\frac{10H-k_Bl^2}{30l} & \frac{1}{3l} & \frac{-40H+k_Bl^2}{15l} & -\frac{8}{3l} & \frac{35H+2k_Bl^2}{15l} & \frac{7}{3l}\\
\frac{1}{3l} & \frac{l}{30EI} & -\frac{8}{3l} & -\frac{l}{15EI} & \frac{7}{3l} & -\frac{2l}{15EI}
\end{array}\right] \tag{3.53}$$

Querkräfte

Die Querkräfte werden wieder aus dem Ansatz für die Momentenlinie durch Ableitung ermittelt.

$$V(x) = M'(x) = \phi'_1 M_1 + \phi'_2 M_2 + \phi'_3 M_3$$

Mit den Ableitungen der Ansatzfunktionen aus Gl. (3.39) folgt die bereichsweise lineare Querkraft.

$$V(\xi) = M'(\xi) = \frac{4\xi - 3}{l} M_1 + \frac{4 - 8\xi}{l} M_2 + \frac{4\xi - 1}{l} M_3$$

Die Querkräfte an den Bereichsenden ergeben sich mit $\xi = 0$ und $\xi = 1$.

$$V(0) = M'(0) = \frac{-3}{l} M_1 + \frac{4}{l} M_2 + \frac{-1}{l} M_3$$

$$V(1) = M'(1) = \frac{1}{l} M_1 - \frac{4}{l} M_2 + \frac{3}{l} M_3$$

$$\begin{bmatrix} V_1 \\ V_3 \end{bmatrix} = \frac{1}{l} \begin{bmatrix} -3 & 4 & -1 \\ 1 & -4 & 3 \end{bmatrix} \begin{bmatrix} M_1 \\ M_2 \\ M_3 \end{bmatrix} \qquad (3.54)$$

Beispiel 3.10

Der in *Bild 3.46* dargestellte Kragträger ist nach Theorie I. und II. Ordnung näherungsweise mit dem gemischten Verfahren zu berechnen. Es sind quadratische Ansätze in einem Teilbereich zu wählen.

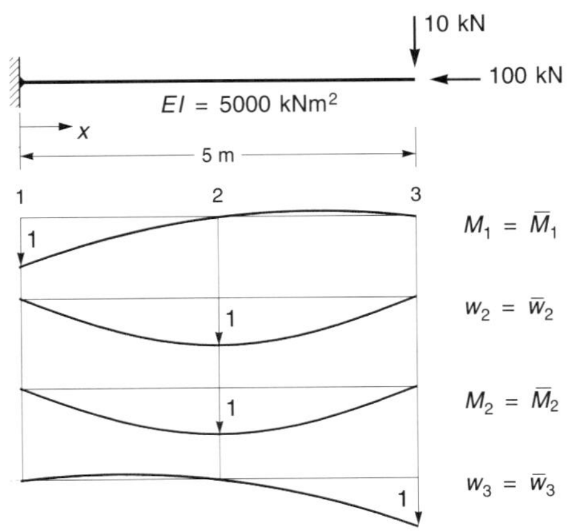

Bild 3.46 Kragträger mit quadratischen Ansatzfunktionen

Theorie I. Ordnung

Aus Gl. (3.52) folgt mit der Elementmatrix Gl. (3.53):

$$\begin{bmatrix} 0 & \frac{7}{3l} & 0 & -\frac{8}{3l} & 0 & \frac{1}{3l} \\ \frac{7}{3l} & -\frac{2l}{15EI} & -\frac{8}{3l} & -\frac{l}{15EI} & \frac{1}{3l} & \frac{l}{30EI} \\ 0 & -\frac{8}{3l} & 0 & \frac{16}{3l} & 0 & -\frac{8}{3l} \\ -\frac{8}{3l} & -\frac{l}{15EI} & \frac{16}{3l} & -\frac{8l}{15EI} & -\frac{8}{3l} & -\frac{l}{15EI} \\ 0 & \frac{1}{3l} & 0 & -\frac{8}{3l} & 0 & \frac{7}{3l} \\ \frac{1}{3l} & \frac{l}{30EI} & -\frac{8}{3l} & -\frac{l}{15EI} & \frac{7}{3l} & -\frac{2l}{15EI} \end{bmatrix} \begin{bmatrix} w_1 \\ M_1 \\ w_2 \\ M_2 \\ w_3 \\ M_3 \end{bmatrix} - \begin{bmatrix} 0 \\ 0 \\ 0 \\ 0 \\ F \\ 0 \end{bmatrix} = \begin{bmatrix} 0 \\ 0 \\ 0 \\ 0 \\ 0 \\ 0 \end{bmatrix}$$

Aufgrund der Randbedingungen sind w_1 und M_3 gleich null. Die erste und sechste Zeile und Spalte kann daher gestrichen werden und es verbleibt:

$$\begin{bmatrix} -\frac{2l}{15EI} & -\frac{8}{3l} & -\frac{l}{15EI} & \frac{1}{3l} \\ -\frac{8}{3l} & 0 & \frac{16}{3l} & 0 \\ -\frac{l}{15EI} & \frac{16}{3l} & -\frac{8l}{15EI} & -\frac{8}{3l} \\ \frac{1}{3l} & 0 & -\frac{8}{3l} & 0 \end{bmatrix} \begin{bmatrix} M_1 \\ w_2 \\ M_2 \\ w_3 \end{bmatrix} - \begin{bmatrix} 0 \\ 0 \\ 0 \\ F \end{bmatrix} = \begin{bmatrix} 0 \\ 0 \\ 0 \\ 0 \end{bmatrix}$$

Das Gleichungssystem ist teilweise entkoppelt. Aufgrund der statischen Bestimmtheit können die Momente aus den Gleichgewichtsbedingungen der zweiten und vierten Zeile ermittelt werden. Als Lösung ergibt sich:

$$\begin{bmatrix} M_1 \\ M_2 \end{bmatrix} = -Fl \begin{bmatrix} 1 \\ 0.5 \end{bmatrix}$$

Mit den bekannten Momenten verbleiben aus der ersten und dritten Zeile zwei Gleichungen für die beiden unbekannten Verschiebungen. Einsetzen der Ergebnisse für M_1 und M_2 und Multiplikation des Gleichungssystems mit $3l$ ergibt:

$$\begin{bmatrix} -8 & 1 \\ 16 & -8 \end{bmatrix} \begin{bmatrix} w_2 \\ w_3 \end{bmatrix} + \begin{bmatrix} 1 \\ 2 \end{bmatrix} \frac{Fl^3}{2EI} = \begin{bmatrix} 0 \\ 0 \end{bmatrix}$$

Als Lösung folgt:

$$\begin{bmatrix} w_2 \\ w_3 \end{bmatrix} = \frac{Fl^3}{48EI}\begin{bmatrix} 5 \\ 16 \end{bmatrix}$$

Theorie II. Ordnung

$$\begin{bmatrix} -\frac{2l}{15EI} & -\frac{8}{3l} & -\frac{l}{15EI} & \frac{1}{3l} \\ -\frac{8}{3l} & \frac{16H}{3l} & \frac{16}{3l} & -\frac{8H}{3l} \\ -\frac{l}{15EI} & \frac{16}{3l} & -\frac{8l}{15EI} & -\frac{8}{3l} \\ \frac{1}{3l} & -\frac{8H}{3l} & -\frac{8}{3l} & \frac{7H}{3l} \end{bmatrix} \begin{bmatrix} M_1 \\ w_2 \\ M_2 \\ w_3 \end{bmatrix} - \begin{bmatrix} 0 \\ 0 \\ 0 \\ F \end{bmatrix} = \begin{bmatrix} 0 \\ 0 \\ 0 \\ 0 \end{bmatrix}$$

Das Gleichungssystem wird zunächst mit $3l$ multipliziert und EI-fache Verformungen eingeführt. Hierfür wird die zweite und vierte Zeile mit EI multipliziert. Die zweite und vierte Spalte, die mit den Verformungen multipliziert werden, ist durch EI_c zu dividieren. Damit ergibt sich:

$$\begin{bmatrix} -\frac{2l}{15} & -8 & -\frac{l^2}{5} & 1 \\ -8 & 16\frac{H}{EI} & 16 & -8\frac{H}{EI} \\ -\frac{l^2}{5} & 16 & -\frac{8l^2}{5} & -8 \\ 1 & -8\frac{H}{EI} & -8 & 7\frac{H}{EI} \end{bmatrix} \begin{bmatrix} M_1 \\ EIw_2 \\ M_2 \\ EIw_3 \end{bmatrix} - \begin{bmatrix} 0 \\ 0 \\ 0 \\ 3lF \end{bmatrix} = \begin{bmatrix} 0 \\ 0 \\ 0 \\ 0 \end{bmatrix}$$

Wie in *Beispiel 3.8* erfolgt ein Vergleich mit der exakten Lösung durch Einsetzen der Zahlenwerte.

$$\begin{bmatrix} -10 & -8 & -5 & 1 \\ -8 & -0.32 & 16 & 0.16 \\ -5 & 16 & -40 & -8 \\ 1 & 0.16 & -8 & -0.14 \end{bmatrix} \begin{bmatrix} M_1 \\ EIw_2 \\ M_2 \\ EIw_3 \end{bmatrix} - \begin{bmatrix} 0 \\ 0 \\ 0 \\ 150 \end{bmatrix}$$

Mit der Lösung:

$$\begin{bmatrix} M_1 \\ EIw_2 \\ M_2 \\ EIw_3 \end{bmatrix} = \begin{bmatrix} -60.3973510 \\ 160.596026 \\ -32.1854305 \\ 519.867550 \end{bmatrix} \Rightarrow \begin{bmatrix} M_1 \\ w_2 \\ M_2 \\ w_3 \end{bmatrix} = \begin{bmatrix} -60.3973510 \\ 0.032119205 \\ -32.1854305 \\ 0.10397351 \end{bmatrix}$$

In Kapitel 1, *Beispiel 1.5* ergab sich als exakte Lösung:

$$w_3 = 0.10423012$$
$$M_1 = -60.423012$$

- Knicklast

$$\left|\begin{bmatrix} -10 & -8 & -5 & 1 \\ -8 & \frac{2H}{625} & 16 & -\frac{H}{625} \\ -5 & 16 & -40 & -8 \\ 1 & -\frac{H}{625} & -8 & \frac{7H}{5000} \end{bmatrix}\right| = 0$$

$$H^2 + 6933.3333H + 3200000 = 0$$

$$H_{1,2} = -3466.6667 \pm \sqrt{\left(\frac{-6933.3333}{2}\right)^2 - 3200000}$$

$$H_1 = -497.19234$$
$$H_2 = -6436.141$$

Das exakte Ergebnis lautet:

$$H = -\frac{\pi^2 \cdot 5000}{10^2} = -493.48022$$

Die prozentualen Abweichungen zwischen Näherung und exakter Lösung betragen:

w_3 : 0.25 %

M_1 : 0.04 %

Knicklast: 0.75 %

Der quadratische Ansatz liefert also sehr genaue Ergebnisse, obwohl nur ein Teilbereich gewählt wurde.

Elimination des Mittelknotens

Da der mittlere Knoten des Elements nicht mit den Knoten der Nachbarelemente gekoppelt ist, können die Unbekannten dieses Knotens innerhalb des Elements eliminiert werden. Wir betrachten dazu die Elementmatrix mit der Partitionierung bezüglich der drei Knoten.

$$\begin{bmatrix} \mathbf{g}_{11} & \mathbf{g}_{12} & \mathbf{g}_{13} \\ \mathbf{g}_{12} & \mathbf{g}_{22} & \mathbf{g}_{23} \\ \mathbf{g}_{13} & \mathbf{g}_{23} & \mathbf{g}_{33} \end{bmatrix} \begin{bmatrix} \mathbf{z}_1 \\ \mathbf{z}_2 \\ \mathbf{z}_3 \end{bmatrix} - \begin{bmatrix} \mathbf{s}_1 \\ \mathbf{s}_2 \\ \mathbf{s}_3 \end{bmatrix} = \begin{bmatrix} \mathbf{0} \\ \mathbf{0} \\ \mathbf{0} \end{bmatrix}$$

Die zweite Zeile wird nach den Zustandsgrößen des zweiten Knotens aufgelöst:

$$\boldsymbol{g}_{12}\boldsymbol{z}_1 + \boldsymbol{g}_{22}\boldsymbol{z}_2 + \boldsymbol{g}_{23}\boldsymbol{z}_3 - \boldsymbol{s}_2 = \boldsymbol{0}$$

$$\boldsymbol{z}_2 = \boldsymbol{g}_{22}^{-1}(\boldsymbol{s}_2 - \boldsymbol{g}_{12}\boldsymbol{z}_1 - \boldsymbol{g}_{23}\boldsymbol{z}_3) \qquad (3.55)$$

Damit folgt aus der ersten Zeile:

$$\boldsymbol{g}_{11}\boldsymbol{z}_1 + \boldsymbol{g}_{12}\boldsymbol{z}_2 + \boldsymbol{g}_{13}\boldsymbol{z}_3 - \boldsymbol{s}_1 = \boldsymbol{0}$$

$$\boldsymbol{g}_{11}\boldsymbol{z}_1 + \boldsymbol{g}_{12}\boldsymbol{g}_{22}^{-1}(\boldsymbol{s}_2 - \boldsymbol{g}_{12}\boldsymbol{z}_1 - \boldsymbol{g}_{23}\boldsymbol{z}_3) + \boldsymbol{g}_{13}\boldsymbol{z}_3 - \boldsymbol{s}_1 = \boldsymbol{0}$$

$$\boldsymbol{g}_{11}\boldsymbol{z}_1 + \boldsymbol{g}_{12}\boldsymbol{g}_{22}^{-1}\boldsymbol{s}_2 - \boldsymbol{g}_{12}\boldsymbol{g}_{22}^{-1}\boldsymbol{g}_{12}\boldsymbol{z}_1 - \boldsymbol{g}_{12}\boldsymbol{g}_{22}^{-1}\boldsymbol{g}_{23}\boldsymbol{z}_3 + \boldsymbol{g}_{13}\boldsymbol{z}_3 - \boldsymbol{s}_1 = \boldsymbol{0}$$

$$(\boldsymbol{g}_{11} - \boldsymbol{g}_{12}\boldsymbol{g}_{22}^{-1}\boldsymbol{g}_{12})\boldsymbol{z}_1 + (\boldsymbol{g}_{13} - \boldsymbol{g}_{12}\boldsymbol{g}_{22}^{-1}\boldsymbol{g}_{23})\boldsymbol{z}_3 - \boldsymbol{s}_1 + \boldsymbol{g}_{12}\boldsymbol{g}_{22}^{-1}\boldsymbol{s}_2 = \boldsymbol{0}$$

$$\tilde{\boldsymbol{g}}_{11}\boldsymbol{z}_1 + \tilde{\boldsymbol{g}}_{13}\boldsymbol{z}_3 - \tilde{\boldsymbol{s}}_1 = \boldsymbol{0}$$

Aus der dritten Zeile ergibt sich entsprechend:

$$\boldsymbol{g}_{13}\boldsymbol{z}_1 + \boldsymbol{g}_{23}\boldsymbol{z}_2 + \boldsymbol{g}_{33}\boldsymbol{z}_3 - \boldsymbol{s}_3 = \boldsymbol{0}$$

$$\boldsymbol{g}_{13}\boldsymbol{z}_1 + \boldsymbol{g}_{23}\boldsymbol{g}_{22}^{-1}(\boldsymbol{s}_2 - \boldsymbol{g}_{12}\boldsymbol{z}_1 - \boldsymbol{g}_{23}\boldsymbol{z}_3) + \boldsymbol{g}_{33}\boldsymbol{z}_3 - \boldsymbol{s}_3 = \boldsymbol{0}$$

$$\boldsymbol{g}_{13}\boldsymbol{z}_1 + \boldsymbol{g}_{23}\boldsymbol{g}_{22}^{-1}\boldsymbol{s}_2 - \boldsymbol{g}_{23}\boldsymbol{g}_{22}^{-1}\boldsymbol{g}_{12}\boldsymbol{z}_1 - \boldsymbol{g}_{23}\boldsymbol{g}_{22}^{-1}\boldsymbol{g}_{23}\boldsymbol{z}_3 + \boldsymbol{g}_{33}\boldsymbol{z}_3 - \boldsymbol{s}_3 = \boldsymbol{0}$$

$$(\boldsymbol{g}_{13} - \boldsymbol{g}_{23}\boldsymbol{g}_{22}^{-1}\boldsymbol{g}_{12})\boldsymbol{z}_1 + (\boldsymbol{g}_{33} - \boldsymbol{g}_{23}\boldsymbol{g}_{22}^{-1}\boldsymbol{g}_{23})\boldsymbol{z}_3 - \boldsymbol{s}_3 + \boldsymbol{g}_{23}\boldsymbol{g}_{22}^{-1}\boldsymbol{s}_2 = \boldsymbol{0}$$

$$\tilde{\boldsymbol{g}}_{31}\boldsymbol{z}_1 + \tilde{\boldsymbol{g}}_{33}\boldsymbol{z}_3 - \tilde{\boldsymbol{s}}_3 = \boldsymbol{0}$$

Mit den Untermatrizen:

$$\tilde{\boldsymbol{g}}_{11} = \boldsymbol{g}_{11} - \boldsymbol{g}_{12}\boldsymbol{g}_{22}^{-1}\boldsymbol{g}_{12}$$
$$\tilde{\boldsymbol{g}}_{13} = \boldsymbol{g}_{13} - \boldsymbol{g}_{12}\boldsymbol{g}_{22}^{-1}\boldsymbol{g}_{23}$$
$$\tilde{\boldsymbol{g}}_{31} = \boldsymbol{g}_{13} - \boldsymbol{g}_{12}\boldsymbol{g}_{22}^{-1}\boldsymbol{g}_{23}$$
$$\tilde{\boldsymbol{g}}_{33} = \boldsymbol{g}_{33} - \boldsymbol{g}_{23}\boldsymbol{g}_{22}^{-1}\boldsymbol{g}_{23}$$
$$\tilde{\boldsymbol{s}}_1 = \boldsymbol{s}_1 - \boldsymbol{g}_{12}\boldsymbol{g}_{22}^{-1}\boldsymbol{s}_2$$
$$\tilde{\boldsymbol{s}}_3 = \boldsymbol{s}_3 - \boldsymbol{g}_{23}\boldsymbol{g}_{22}^{-1}\boldsymbol{s}_2$$

Da gilt:

$$\boldsymbol{g}_{11} = \boldsymbol{g}_{33}$$
$$\boldsymbol{g}_{12} = \boldsymbol{g}_{23}$$

ergibt sich:

$$\begin{aligned}
\tilde{\boldsymbol{g}}_{11} &= \tilde{\boldsymbol{g}}_{33} = \boldsymbol{g}_{11} - \boldsymbol{g}_{12}\boldsymbol{g}_{22}^{-1}\boldsymbol{g}_{12}\\
\tilde{\boldsymbol{g}}_{13} &= \tilde{\boldsymbol{g}}_{31} = \boldsymbol{g}_{13} - \boldsymbol{g}_{12}\boldsymbol{g}_{22}^{-1}\boldsymbol{g}_{12}\\
\tilde{\boldsymbol{s}}_1 &= \boldsymbol{s}_1 - \boldsymbol{g}_{12}\boldsymbol{g}_{22}^{-1}\boldsymbol{s}_2\\
\tilde{\boldsymbol{s}}_3 &= \boldsymbol{s}_3 - \boldsymbol{g}_{12}\boldsymbol{g}_{22}^{-1}\boldsymbol{s}_2
\end{aligned} \qquad (3.56)$$

Die Elementmatrix für die unbekannten Zustandsgrößen der beiden Endknoten sowie der Lastvektor folgt mit:

$$\begin{bmatrix} \tilde{\boldsymbol{g}}_{11} & \tilde{\boldsymbol{g}}_{13} \\ \tilde{\boldsymbol{g}}_{31} & \tilde{\boldsymbol{g}}_{33} \end{bmatrix} \begin{bmatrix} \boldsymbol{z}_1 \\ \boldsymbol{z}_3 \end{bmatrix} - \begin{bmatrix} \tilde{\boldsymbol{s}}_1 \\ \tilde{\boldsymbol{s}}_3 \end{bmatrix} = \begin{bmatrix} \boldsymbol{0} \\ \boldsymbol{0} \end{bmatrix}$$

Der dargestellte Prozess, durch den die Zahl der Unbekannten des Gleichungssystems reduziert wird, wird auch als Kondensation bezeichnet. Es handelt sich dabei um einen vorweg genommenen Teil des Eliminationsvorgangs bei der Lösung des Gleichungssystems.

Beispiel 3.11

Der Kragträger aus *Beispiel 3.10* ist näherungsweise nach Theorie II. Ordnung mit dem gemischten Verfahren zu berechnen. Es sind quadratische Ansätzen über einen Teilbereich zu wählen. Die Unbekannten des Mittelknotens sind zu eliminieren.

Aus Gl. (3.53) folgt nach Multiplikation der Matrix mit $3l$ sowie Multiplikation der zweiten, vierten und sechsten Zeile mit EI und Einführung der EI-fachen Verformungen:

$$\boldsymbol{g} = \begin{bmatrix}
7\frac{H}{EI} & 7 & -8\frac{H}{EI} & -8 & \frac{H}{EI} & 1 \\
7 & -\frac{2l^2}{5} & -8 & -\frac{l^2}{5} & 1 & \frac{l^2}{10} \\
-8\frac{H}{EI} & -8 & 16\frac{H}{EI} & 16 & -8\frac{H}{EI} & -8 \\
-8 & -\frac{l^2}{5} & 16 & -\frac{8l^2}{5} & -8 & -\frac{l^2}{5} \\
\frac{H}{EI} & 1 & -8\frac{H}{EI} & -8 & 7\frac{H}{EI} & 7 \\
1 & \frac{l^2}{10} & -8 & -\frac{l^2}{5} & 7 & -\frac{2l^2}{5}
\end{bmatrix} \qquad (3.57)$$

Es ist zu beachten, dass auch der Lastvektor mit $3l$ zu multiplizieren ist. Einsetzen der Zahlenwerte ergibt:

$$\boldsymbol{g} = \begin{bmatrix} -0.14 & 7 & 0.16 & -8 & -0.02 & 1 \\ 7 & -10 & -8 & -5 & 1 & 2.5 \\ 0.16 & -8 & -0.32 & 16 & 0.16 & -8 \\ -8 & -5 & 16 & -40 & -8 & -5 \\ -0.02 & 1 & 0.16 & -8 & -0.14 & 7 \\ 1 & 2.5 & -8 & -5 & 7 & -10 \end{bmatrix}$$

Die für die Auswertung von Gl. (3.56) benötigten Matrizen werden nachfolgend berechnet.

$$\boldsymbol{g}_{22} = \begin{bmatrix} -0.32 & 16 \\ 16 & -40 \end{bmatrix} \Rightarrow \boldsymbol{g}_{22}^{-1} = \begin{bmatrix} 0.1644737 & 0.0657895 \\ 0.0657895 & 0.0013158 \end{bmatrix}$$

$$\boldsymbol{g}_{11} = \begin{bmatrix} -0.14 & 7 \\ 7 & -10 \end{bmatrix} \quad \boldsymbol{g}_{13} = \begin{bmatrix} -0.02 & 1 \\ 1 & 2.5 \end{bmatrix}$$

$$\boldsymbol{g}_{12} = \begin{bmatrix} 0.16 & -8 \\ -8 & -5 \end{bmatrix}$$

$$\boldsymbol{g}_{12}\boldsymbol{g}_{22}^{-1}\boldsymbol{g}_{12} = \begin{bmatrix} -0.08 & 4 \\ 4 & 15.822368 \end{bmatrix}$$

$$-\boldsymbol{g}_{22}^{-1}\boldsymbol{g}_{12} = \begin{bmatrix} 0.5 & 1.64474 \\ 0 & 0.53289 \end{bmatrix}$$

$$\tilde{\boldsymbol{g}}_{11} = \tilde{\boldsymbol{g}}_{33} = \boldsymbol{g}_{11} - \boldsymbol{g}_{12}\boldsymbol{g}_{22}^{-1}\boldsymbol{g}_{12} = \begin{bmatrix} -0.06 & 3 \\ 3 & -25.8224 \end{bmatrix}$$

$$\tilde{\boldsymbol{g}}_{13} = \tilde{\boldsymbol{g}}_{31} = \boldsymbol{g}_{13} - \boldsymbol{g}_{12}\boldsymbol{g}_{22}^{-1}\boldsymbol{g}_{12} = \begin{bmatrix} 0.06 & -3 \\ -3 & -13.3224 \end{bmatrix}$$

$$\tilde{\boldsymbol{g}} = \begin{bmatrix} -0.06 & 3 & 0.06 & -3 \\ 7 & -25.8224 & -3 & -13.3224 \\ 0.06 & -3 & -0.06 & 3 \\ -3 & -13.3224 & 3 & -25.8224 \end{bmatrix}$$

Dies ist die Koeffizientenmatrix für die unbekannten Zustandsgrößen in den Punkten 1 und 3 in *Bild 3.46*. Aufgrund der Randbedingungen sind w_1 und M_3 gleich null. Die erste und vierte Spalte und Zeile werden gestrichen und es ergibt sich:

$$\begin{bmatrix} -25.8224 & -3 \\ -3 & -0.06 \end{bmatrix} \begin{bmatrix} M_1 \\ EIw_3 \end{bmatrix} = \begin{bmatrix} 0 \\ 150 \end{bmatrix}$$

$$\begin{bmatrix} M_1 \\ EIw_3 \end{bmatrix} = \begin{bmatrix} -60.397 \\ 519.868 \end{bmatrix} \Rightarrow \begin{bmatrix} M_1 \\ w_3 \end{bmatrix} = \begin{bmatrix} -60.397 \\ 0.103974 \end{bmatrix}$$

Damit können die Zustandsgrößen des Mittelknotens aus Gl. (3.55) berechnet werden.

$$\boldsymbol{z}_2 = -\boldsymbol{g}_{22}^{-1}\boldsymbol{g}_{12}(\boldsymbol{z}_1 + \boldsymbol{z}_3)$$

$$\begin{bmatrix} EIw_2 \\ M_2 \end{bmatrix} = \begin{bmatrix} 0.5 & 1.64474 \\ 0 & 0.53289 \end{bmatrix} \begin{bmatrix} 519.868 \\ -60.397 \end{bmatrix} = \begin{bmatrix} 160.59603 \\ -32.18543 \end{bmatrix}$$

Wie zu erwarten war, folgen exakt dieselben Ergebnisse wie in *Beispiel 3.10*.

- Ermittlung der Knicklast

Bei der Berechnung der Knicklast ist die Horizontalkraft als Unbekannte in der Elementmatrix enthalten. Die Durchführung des Eliminationsprozesses kann daher nicht rein numerisch erfolgen, sondern algebraisch in Abhängigkeit von der Horizontalkraft. Aus Gl. (3.57) folgt die Elementmatrix in Abhängigkeit von H. Die Berechnung der kondensierten Elementmatrix ist nachfolgend dargestellt.

$$\boldsymbol{g} = \begin{bmatrix} 0.0014H & 7 & -0.0016H & -8 & 0.0002H & 1 \\ 7 & -10 & -8 & -5 & 1 & 2.5 \\ -0.0016H & -8 & 0.0032H & 16 & -0.0016H & -8 \\ -8 & -5 & 16 & -40 & -8 & -5 \\ 0.0002H & 1 & -0.0016H & -8 & 0.0014H & 7 \\ 1 & 2.5 & -8 & -5 & 7 & -10 \end{bmatrix}$$

$$\boldsymbol{g}_{22} = \begin{bmatrix} 0.0032H & 16 \\ 16 & -40 \end{bmatrix}$$

$$\boldsymbol{g}_{22}^{-1} = \frac{1}{0.128H + 256} \begin{bmatrix} 40 & 16 \\ 16 & -0.0032H \end{bmatrix}$$

$$\boldsymbol{g}_{11} = \begin{bmatrix} 0.0014H & 7 \\ 7 & -10 \end{bmatrix} \quad \boldsymbol{g}_{13} = \begin{bmatrix} 0.0002H & 1 \\ 1 & 2.5 \end{bmatrix}$$

$$\boldsymbol{g}_{12} = \begin{bmatrix} -0.0016H & -8 \\ -8 & -5 \end{bmatrix}$$

$$\boldsymbol{g}_{12}\boldsymbol{g}_{22}^{-1}\boldsymbol{g}_{12} = \begin{bmatrix} 0.0008H & 4 \\ 4 & \dfrac{-0.08H+3840}{0.128H+256} \end{bmatrix}$$

$$\tilde{\boldsymbol{g}}_{11} = \tilde{\boldsymbol{g}}_{33} = \boldsymbol{g}_{11} - \boldsymbol{g}_{12}\boldsymbol{g}_{22}^{-1}\boldsymbol{g}_{12}$$

$$= \begin{bmatrix} 0.0006H & 3 \\ 3 & -\dfrac{-0.08H+3840}{0.128H+256} - 10 \end{bmatrix}$$

$$= \begin{bmatrix} \dfrac{6H}{10000} & 3 \\ 3 & -\dfrac{1.2H+6400}{0.128H+256} \end{bmatrix}$$

$$\tilde{\boldsymbol{g}}_{13} = \tilde{\boldsymbol{g}}_{31} = \boldsymbol{g}_{13} - \boldsymbol{g}_{12}\boldsymbol{g}_{22}^{-1}\boldsymbol{g}_{12}$$

$$= \begin{bmatrix} -0.0006H & -3 \\ -3 & -\dfrac{-0.08H+3840}{0.128H+256} + 2.5 \end{bmatrix}$$

$$= \begin{bmatrix} -\dfrac{6H}{10000} & -3 \\ -3 & \dfrac{0.4H-3200}{0.128H+256} \end{bmatrix}$$

$$\tilde{\boldsymbol{g}} = \begin{bmatrix} \dfrac{6H}{10000} & 3 & -\dfrac{6H}{10000} & -3 \\ 3 & -\dfrac{1.2H+6400}{0.128H+256} & -3 & \dfrac{0.4H-3200}{0.128H+256} \\ -\dfrac{6H}{10000} & -3 & \dfrac{6H}{10000} & 3 \\ -3 & \dfrac{0.4H-3200}{0.128H+256} & 3 & -\dfrac{1.2H+6400}{0.128H+256} \end{bmatrix}$$

Wie aus dem Ergebnis erkennbar ist, kann die Matrix durch den Kondensationsprozess nicht mehr additiv in zwei Teilmatrizen zerlegt werden, von denen eine Teilmatrix linear vom unbekannten Parameter H abhängt. Eine Darstellung als allgemeines algebraisches Eigenwertproblem in der Form $\boldsymbol{Ax} = \lambda\boldsymbol{Bx}$ ist nicht möglich und die dafür verfügbaren Lösungsalgorithmen sind nicht anwendbar. Im Rahmen dieses Buches wird jedoch auf eine Vertiefung dieser Problematik verzichtet.

Die Koeffizientenmatrix des Gleichungssystems folgt durch Streichen der ersten und vierten Spalte und Zeile.

$$\tilde{\boldsymbol{g}} = \begin{bmatrix} -\dfrac{1.2H+6400}{0.128H+256} & -3 \\ -3 & \dfrac{6H}{10000} \end{bmatrix}$$

Die Knicklast folgt aus der Bedingung, dass die Determinante der Matrix verschwindet. Aufgrund der Einfachheit des vorliegenden Beispiels ist die Berechnung der Determinante problemlos möglich. Es ergibt sich eine quadratische Gleichung für die gesuchte Knicklast H.

$$\left\| \begin{bmatrix} -\dfrac{1.2H+6400}{0.128H+256} & -3 \\ -3 & \dfrac{6H}{10000} \end{bmatrix} \right\| = -\frac{1.2H+6400}{0.128H+256}\,\frac{6H}{10000} - 9 = 0$$

$$H^2 + 6933.3333H + 3200000 = 0$$

$$H_{1,2} = \frac{-6933.3333}{2} \pm \sqrt{\left(\frac{-6933.3333}{2}\right)^2 - 3200000}$$

$$H_1 = -497.19234$$

$$H_2 = -6436.141$$

Beispiel 3.12

Der Kragträger aus *Beispiel 3.10* soll wiederum näherungsweise nach Theorie II. Ordnung mit dem gemischten Verfahren berechnet werden. Die quadratischen Ansätze sind dabei über zwei Teilbereiche zu wählen. Die Unbekannten des Mittelknotens sind zu eliminieren.

Ermittlung der Elementmatrix

Mit der Elementmatrix nach Gl. (3.57) ergibt sich durch Einsetzen der Zahlenwerte mit $l = 2.5$:

$$\boldsymbol{g} = \begin{bmatrix} -0.14 & 7 & 0.16 & -8 & -0.02 & 1 \\ 7 & -2.5 & -8 & -1.25 & 1 & 0.625 \\ 0.16 & -8 & -0.32 & 16 & 0.16 & -8 \\ -8 & -1.25 & 16 & -10 & -8 & -1.25 \\ -0.02 & 1 & 0.16 & -8 & -0.14 & 7 \\ 1 & 0.625 & -8 & -1.25 & 7 & -2.5 \end{bmatrix}$$

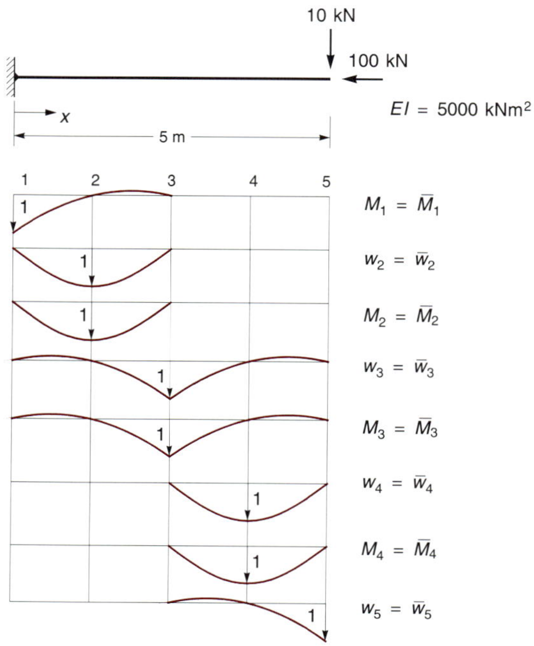

Bild 3.47 Kragträger mit Ansatzfunktionen

Es erfolgt die Elimination des Mittelknotens aus den Beziehungen nach Gl. (3.56).

$$\boldsymbol{g}_{22} = \begin{bmatrix} -0.32 & 16 \\ 16 & -40 \end{bmatrix}$$

$$\boldsymbol{g}_{22}^{-1} = \begin{bmatrix} 0.0395570 & 0.0632911 \\ 0.0632911 & 0.0012658 \end{bmatrix}$$

$$\boldsymbol{g}_{11} = \begin{bmatrix} -0.14 & 7 \\ 7 & -2.5 \end{bmatrix} \quad \boldsymbol{g}_{13} = \begin{bmatrix} -0.02 & 1 \\ 1 & 0.625 \end{bmatrix}$$

$$\boldsymbol{g}_{12} = \begin{bmatrix} 0.16 & -8 \\ -8 & -1.25 \end{bmatrix}$$

$$\boldsymbol{g}_{12}\boldsymbol{g}_{22}^{-1}\boldsymbol{g}_{12} = \begin{bmatrix} -0.08 & 4 \\ 4 & 3.7994462 \end{bmatrix}$$

$$-\boldsymbol{g}_{22}^{-1}\boldsymbol{g}_{12} = \begin{bmatrix} 0.5 & 0.39556962 \\ 0 & 0.50791139 \end{bmatrix}$$

$$\tilde{\boldsymbol{g}}_{11} = \tilde{\boldsymbol{g}}_{33} = \boldsymbol{g}_{11} - \boldsymbol{g}_{12}\boldsymbol{g}_{22}^{-1}\boldsymbol{g}_{12} = \begin{bmatrix} -0.06 & 3 \\ 3 & -6.2994462 \end{bmatrix}$$

$$\tilde{\boldsymbol{g}}_{13} = \tilde{\boldsymbol{g}}_{31} = \boldsymbol{g}_{13} - \boldsymbol{g}_{12}\boldsymbol{g}_{22}^{-1}\boldsymbol{g}_{12} = \begin{bmatrix} 0.06 & -3 \\ -3 & -3.1744462 \end{bmatrix}$$

Die modifizierte Elementmatrix lautet damit:

$$\tilde{\boldsymbol{g}} = \begin{bmatrix} -0.06 & 3 & 0.06 & -3 \\ 3 & -6.2994462 & -3 & -3.1744462 \\ 0.06 & -3 & -0.06 & 3 \\ -3 & -3.1744462 & 3 & -6.2994462 \end{bmatrix}$$

Aufbau des Gleichungssystems

Der Aufbau der Systemmatrix ist nachfolgend dargestellt. Die Untermatrizen sind dabei nach der Nummerierung der Knoten in Bild 3.47 bezeichnet. Durch die Stetigkeit der Ansätze für w und M überlappen sich die zum Knoten 3 gehörenden Untermatrizen. Eine Stabbelastung ist nicht vorhanden, die Einzelkraft leistet Arbeit auf der virtuellen Verschiebung $\bar{w}_5$ und geht in die vorletzte Zeile ein.

$$\begin{bmatrix} \tilde{\boldsymbol{g}}_{11}^{1} & \tilde{\boldsymbol{g}}_{13}^{1} & \\ \tilde{\boldsymbol{g}}_{31}^{1} & \tilde{\boldsymbol{g}}_{33}^{1} + \tilde{\boldsymbol{g}}_{33}^{2} & \tilde{\boldsymbol{g}}_{35}^{2} \\ & \tilde{\boldsymbol{g}}_{53}^{2} & \tilde{\boldsymbol{g}}_{55}^{2} \end{bmatrix} \begin{bmatrix} \boldsymbol{z}_1 \\ \boldsymbol{z}_3 \\ \boldsymbol{z}_5 \end{bmatrix} - \begin{bmatrix} \mathbf{0} \\ \mathbf{0} \\ F \\ 0 \end{bmatrix} = \mathbf{0}$$

Es ist zu beachten, dass die Systemmatrix mit den $3l$-fachen Elementmatrizen gebildet wird, darum ist auch der Lastvektor mit diesem Faktor zu multiplizieren. Da w_1 und M_5 gleich null sind, ist die erste und sechste Zeile und Spalte zu streichen und es verbleibt ein Gleichungssystem für die Unbekannten an den Punkten 1, 3 und 5.

Das Gleichungssystem und der Lösungsvektor sind nachfolgend angegeben. Der Vergleich der Ergebnisse mit der genauen Lösung zeigt, dass die erzielten Resultate fast exakt sind.

Gleichungssystem mit Berücksichtigung der Randbedingungen

$$\begin{bmatrix} -0.06 & 3 & 0.06 & -3 & 0 & 0 \\ 3 & -6.2995 & -3 & -3.1745 & 0 & 0 \\ 0.06 & -3 & -0.12 & 6 & 0.06 & -3 \\ -3 & -3.1745 & 6 & -12.5989 & -3 & -3.1745 \\ 0 & 0 & 0.06 & -3 & -0.06 & 3 \\ 0 & 0 & -3 & -3.1745 & 3 & -6.2995 \end{bmatrix} \begin{bmatrix} EIw_1 \\ M_1 \\ EIw_3 \\ M_3 \\ EIw_5 \\ M_5 \end{bmatrix} - \begin{bmatrix} 0 \\ 0 \\ 0 \\ 0 \\ 75 \\ 0 \end{bmatrix} = \begin{bmatrix} 0 \\ 0 \\ 0 \\ 0 \\ 0 \\ 0 \end{bmatrix}$$

Reduziertes Gleichungssystem nach Berücksichtigung der Randbedingungen und Lösung

$$\begin{bmatrix} -6.2995 & -3 & -3.1745 & 0 \\ -3 & -0.12 & 6 & 0.06 \\ -3.1745 & 6 & -12.5989 & -3 \\ 0 & 0.06 & -3 & -0.06 \end{bmatrix} \begin{bmatrix} M_1 \\ EIw_2 \\ M_2 \\ EIw_3 \end{bmatrix} - \begin{bmatrix} 0 \\ 0 \\ 0 \\ 75 \end{bmatrix} = \begin{bmatrix} 0 \\ 0 \\ 0 \\ 0 \end{bmatrix} \Rightarrow \begin{bmatrix} M_1 \\ EIw_3 \\ M_3 \\ EIw_5 \end{bmatrix} = \begin{bmatrix} -60.4214 \\ 160.9488 \\ -32.2024 \\ 521.0708 \end{bmatrix} \Rightarrow \begin{bmatrix} M_1 \\ w_3 \\ M_3 \\ w_5 \end{bmatrix} = \begin{bmatrix} -60.4214 \\ 0.032189 \\ -32.2024 \\ 0.10421 \end{bmatrix}$$

Beispiel 3.13

Der elastisch gebettete Balken aus *Beispiel 3.3* ist näherungsweise mit dem gemischten Verfahren mit quadratischen Ansätzen über Teilbereiche zu berechnen.

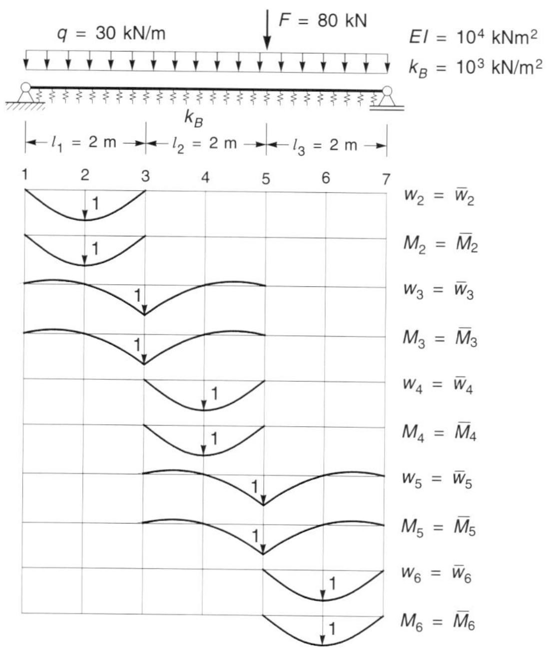

Bild 3.48 Gebetteter Balken mit quadratischen Ansätzen

Aus Gl. (3.53) folgt nach Multiplikation der Matrix mit $3l$ sowie Multiplikation der zweiten, vierten und sechsten Zeile mit EI und Einführung der EI-fachen Verformungen durch Einsetzen der Zahlenwerte mit $l = 2$:

$$\mathbf{g} = \begin{bmatrix} 1600 & 7 & 800 & -8 & -400 & 1 \\ 7 & -0.00016 & -8 & -0.8 \cdot 10^4 & 1 & 0.4 \cdot 10^4 \\ 800 & -8 & 6400 & 16 & 800 & -8 \\ -8 & -0.8 \cdot 10^4 & 16 & -0.00064 & -8 & -0.8 \cdot 10^4 \\ -400 & 1 & 800 & -8 & 1600 & 7 \\ 1 & 0.4 \cdot 10^4 & -8 & -0.8 \cdot 10^4 & 7 & -0.00016 \end{bmatrix}$$

Der Lastvektor folgt aus Gl. (3.48). Es ist zu beachten, dass die Elementmatrix mit $3l$ multipliziert wurde und daher der Lastvektor mit demselben Wert zu multiplizieren ist. Damit ergibt sich:

$$\mathbf{s} = 2\frac{q}{6}\begin{bmatrix} 1 \\ 0 \\ 4 \\ 0 \\ 1 \\ 0 \end{bmatrix} = \begin{bmatrix} 10 \\ 0 \\ 40 \\ 0 \\ 10 \\ 0 \end{bmatrix} \qquad \mathbf{s} \cdot 3l = \begin{bmatrix} 10 \\ 0 \\ 40 \\ 0 \\ 10 \\ 0 \end{bmatrix} \cdot 6 = \begin{bmatrix} 60 \\ 0 \\ 240 \\ 0 \\ 60 \\ 0 \end{bmatrix}$$

Aufbau des Gleichungssystems

Da in den Punkten 1 und 7 sowohl w als auch M gleich null sind, können jeweils die ersten und letzten beiden Zeilen und Spalten gestrichen werden. Gleichungssystem und Lösungsvektor sind nachfolgend angegeben.

Gleichungssystem mit Berücksichtigung der Randbedingungen

$$\begin{bmatrix} g_{11}^1 & g_{12}^1 & g_{13}^1 & & & & \\ g_{21}^1 & g_{22}^1 & g_{23}^1 & & & & \\ g_{31}^1 & g_{32}^1 & g_{33}^1 + g_{33}^2 & g_{34}^2 & g_{35}^2 & & \\ & & g_{43}^2 & g_{44}^2 & g_{45}^2 & & \\ & & g_{53}^2 & g_{54}^2 & g_{55}^2 + g_{55}^3 & g_{56}^3 & g_{56}^3 \\ & & & & g_{65}^3 & g_{66}^3 & g_{67}^3 \\ & & & & g_{75}^3 & g_{76}^3 & g_{77}^3 \end{bmatrix} \begin{bmatrix} z_1 \\ z_2 \\ z_3 \\ z_4 \\ z_5 \\ z_6 \\ z_7 \end{bmatrix} - \begin{bmatrix} s_1^1 \\ s_2^1 \\ s_3^1 + s_3^2 \\ s_4^2 \\ s_5^2 + s_5^3 \\ s_6^3 \\ s_7^3 \end{bmatrix} = \mathbf{0}$$

Reduziertes Gleichungssystem nach Berücksichtigung der Randbedingungen und Lösung

$$\begin{bmatrix} 6400 & 16 & 800 & -8 & 0 & 0 & 0 & 0 & 0 & 0 \\ 16 & -0.00064 & -8 & -0.8\cdot10^4 & 0 & 0 & 0 & 0 & 0 & 0 \\ 800 & -8 & 3200 & 14 & 800 & -8 & -400 & 1 & 0 & 0 \\ -8 & -0.8\cdot10^4 & 14 & -0.00032 & -8 & -0.8\cdot10^4 & 1 & 0.4\cdot10^4 & 0 & 0 \\ 0 & 0 & 800 & -8 & 6400 & 16 & 800 & -8 & 0 & 0 \\ 0 & 0 & -8 & -0.8\cdot10^4 & 16 & -0.00064 & -8 & -0.8\cdot10^4 & 0 & 0 \\ 0 & 0 & -400 & 1 & 800 & -8 & 3200 & 14 & 800 & -8 \\ 0 & 0 & 1 & 0.4\cdot10^4 & -8 & -0.8\cdot10^4 & 14 & -0.00032 & -8 & -0.8\cdot10^4 \\ 0 & 0 & 0 & 0 & 0 & 0 & 800 & -8 & 6400 & 16 \\ 0 & 0 & 0 & 0 & 0 & 0 & -8 & -0.8\cdot10^4 & 16 & -0.00064 \end{bmatrix} \begin{bmatrix} w_2 \\ M_2 \\ w_3 \\ M_3 \\ w_4 \\ M_4 \\ w_5 \\ M_5 \\ w_6 \\ M_6 \end{bmatrix} - \begin{bmatrix} 240 \\ 0 \\ 120 \\ 0 \\ 240 \\ 0 \\ 600 \\ 0 \\ 240 \\ 0 \end{bmatrix} = \mathbf{0} \Rightarrow \begin{bmatrix} w_2 \\ M_2 \\ w_3 \\ M_3 \\ w_4 \\ M_4 \\ w_5 \\ M_5 \\ w_6 \\ M_6 \end{bmatrix} = \begin{bmatrix} 0.016263 \\ 39.138 \\ 0.028752 \\ 64.160 \\ 0.034804 \\ 87.491 \\ 0.032066 \\ 114.746 \\ 0.019132 \\ 63.117 \end{bmatrix}$$

Ermittlung der Querkräfte

Die Querkräfte folgen nach Gl. (3.54) aus der Ableitung der Momentenlinie.

- Bereich 1

$$\begin{bmatrix} V_1 \\ V_3^{li} \end{bmatrix} = \frac{1}{2}\begin{bmatrix} -3 & 4 & -1 \\ 1 & -4 & 3 \end{bmatrix}\begin{bmatrix} 0 \\ 39.138 \\ 64.160 \end{bmatrix} = \begin{bmatrix} 46.196 \\ 17.964 \end{bmatrix}$$

- Bereich 2

$$\begin{bmatrix} V_3^{re} \\ V_5^{li} \end{bmatrix} = \frac{1}{2}\begin{bmatrix} -3 & 4 & -1 \\ 1 & -4 & 3 \end{bmatrix}\begin{bmatrix} 64.160 \\ 87.491 \\ 114.746 \end{bmatrix} = \begin{bmatrix} 21.369 \\ 29.217 \end{bmatrix}$$

- Bereich 3

$$\begin{bmatrix} V_5^{re} \\ V_7 \end{bmatrix} = \frac{1}{2}\begin{bmatrix} -3 & 4 & -1 \\ 1 & -4 & 3 \end{bmatrix}\begin{bmatrix} 114.746 \\ 63.117 \\ 0 \end{bmatrix} = \begin{bmatrix} -45.885 \\ -68.861 \end{bmatrix}$$

Doppelte Teilung

Nachfolgend ist das Ergebnis einer Berechnung für die doppelte Zahl der Teilbereiche angegeben.

$$\begin{bmatrix} w_1 \\ M_1 \\ w_2 \\ M_2 \\ w_3 \\ M_3 \end{bmatrix} = \begin{bmatrix} 0.016251 \\ 39.144 \\ 0.028703 \\ 64.215 \\ 0.034744 \\ 87.453 \end{bmatrix} \qquad \begin{bmatrix} w_4 \\ M_4 \\ w_5 \\ M_5 \end{bmatrix} \begin{bmatrix} 0.032003 \\ 114.706 \\ 0.019109 \\ 63.061 \end{bmatrix}$$

$$\begin{bmatrix} V_1 \\ V_2^{li} \\ V_2^{re} \\ V_3^{li} \\ V_3^{re} \\ V_4^{li} \end{bmatrix} = \begin{bmatrix} 49.973 \\ 28.316 \\ 28.571 \\ 21.571 \\ 22.000 \\ 24.478 \end{bmatrix} \qquad \begin{bmatrix} V_4^{re} \\ V_5^{li} \\ V_5^{re} \\ V_6^{li} \\ V_6^{re} \\ V_7 \end{bmatrix} = \begin{bmatrix} 25.063 \\ 29.443 \\ -50.044 \\ -53.214 \\ -53.006 \\ -73.116 \end{bmatrix}$$

Tabelle 3.6 Ergebnisse für unterschiedliche Verfahren und Teilungen

Verfahren	w_5	M_5	V_1	V_3^{li}	V_3^{re}	V_5^{li}	V_5^{re}	V_7
exakt	0,031998	114,704	51,353	22,569		29,123	–50,873	–74,745
Prinzip der virtuellen Verschiebungen, Hermite-Ansätze, 3 Bereiche	0,032004	114,717	51,391	22,552		29,140	–50,860	–74,775
Gemischtes Verfahren, lineare Ansätze, 3 Bereiche	0,033281	120,269	34,603	34,603	25,532	25,532	–60,135	–60,135
Gemischtes Verfahren, lineare Ansätze, 6 Bereiche	0,032370	116,055	39,797	25,559	23,508	27,191	–52,152	–63,903
Gemischtes Verfahren, quadratische Ansätze, 3 Bereiche	0,032066	114,746	46,196	17,964	21,369	29,369	–45,885	–68,861
Gemischtes Verfahren, quadratische Ansätze, 6 Bereiche	0,032003	114,706	49,973	21,571	22,000	29,443	–50,044	–73,116

In *Tabelle 3.6* sind die Ergebnisse für das Beispiel des gebetteten Balkens angegeben, die sich aus den Berechnungen für die unterschiedlichen Verfahren und Unterteilungen ergeben.

Für die Berechnung mit dem Prinzip der virtuellen Verschiebungen sind die Schnittgrößen angegeben, die aus der Nachlaufrechnung durch Auswertung der Arbeitsgleichung folgen. Wie in Abschnitt 3.1 dargestellt wurde, sind die Ergebnisse durch Ableitung des Verschiebungsansatzes ungenauer und weisen Sprünge an den Bereichsgrenzen auf. Die Genauigkeit der angegebenen Ergebnisse für die Schnittgrößen ist daher nicht typisch für Berechnungen auf Grundlage einer Weggrößenformulierung.

Die Ergebnisse zeigen, dass beim gemischten Verfahren mit linearen Ansätzen eine sehr feine Unterteilung erforderlich ist, um hinreichend genaue Ergebnisse zu erzielen. Bei der Wahl quadratischer Ansätze ist das gemischte Verfahren dem Weggrößenverfahren annähernd gleichwertig, wobei der Berechnungsaufwand für das gemischte Verfahren durch die Elimination des Mittelknotens erheblich reduziert werden kann.

In *Beispiel 3.4* ergaben sich für 3 Bereiche beim Prinzip der virtuellen Verschiebungen 6 Unbekannte. Wäre in *Beispiel 3.13* beim gemischten Verfahren der Mittelknoten eliminiert worden, hätten sich 4 Unbekannte ergeben.

3.3 Numerische Integration

Die in den Abschnitten 3.1 und 3.2 behandelten Näherungsverfahren führen auf Arbeitsgleichungen zurück, für deren Auswertung Integrale zu ermitteln sind.

Wir betrachten exemplarisch das in der Arbeitsgleichung des Prinzips der virtuellen Verschiebungen auftretende Integral:

$$\int EIw''\overline{w}''\,\mathrm{d}x$$

In den behandelten Beispielen konnte dieses Integral analytisch ermittelt werden, da die Biegesteifigkeit EI als konstant vorausgesetzt wurde. Im Allgemeinen, wie bei gevouteten Trägern, ist das Trägheitsmoment und damit die Biegesteifigkeit eine Funktion von x.

Selbst wenn der Funktionsverlauf des Trägheitsmoments $I(x)$ bekannt ist, ist die exakte Berechnung des Integrals sehr umständlich und aufwendig, so dass alternativ eine näherungsweise Berechnung durchgeführt wird.

Die näherungsweise Berechnung von Integralen wird als *numerische Integration* bzw. *numerische Quadratur* bezeichnet. Es existiert eine Vielzahl numerischer Integrationsverfahren, von denen hier nur die sehr effiziente *Gauß-Legendre-Quadratur* betrachtet wird. Dabei wird das Integral durch einfaches Aufsummieren von gewichteten Funktionswerten angenähert:

$$\int_{-1}^{1} f(\xi)\,d\xi \approx \sum_{i=1}^{n} f(\xi_i) w_i \qquad (3.58)$$

In dieser Gleichung ist n der Grad, der die Genauigkeit der numerischen Integration bestimmt, ξ_i die so genannte Stützstelle, und w_i der zugehörige Wichtungsfaktor.

Die Stützstellen und zugehörigen Wichtungsfaktoren sind so ermittelt, dass eine Approximation des Integranden mit Interpolationspolynomen zu einer optimalen Integrationsgenauigkeit führt. Mit der Quadraturformel des Grades n wird ein Polynom des Grades $2n-1$ exakt integriert. Die Stützstellen und Wichtungsfaktoren sind in den Tabellen *3.7* und *3.8* für $n = 1$ bis $n = 5$ angegeben.

In Gl. (3.58) ist ein normiertes Integrationsintervall der Länge 2 zugrunde gelegt. Für eine Anwendung der Gleichung ist eine Variablentransformation durchzuführen. Wir betrachten das Integrationsintervall $[a, b]$ in Bild 3.49.

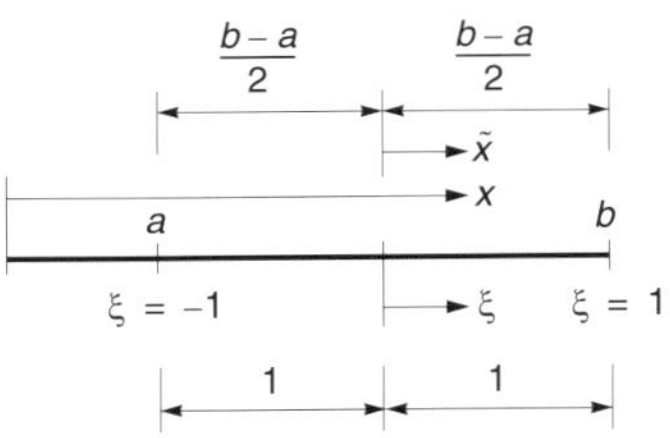

Bild 3.49 Transformationsbeziehungen

Gesucht ist die Beziehung zwischen der Koordinate x und der auf das Intervall $[-1, 1]$ bezogenen Koordinate ξ. Als Zwischenschritt führen wir die Koordinate $\tilde{x}$ ein, die in der Mitte des Intervalls beginnt. Zwischen den Koordinaten ξ und $\tilde{x}$ gilt die Beziehung:

$$\xi = \frac{2}{b-a}\tilde{x}$$

Der Zusammenhang zwischen x und $\tilde{x}$ lautet:

$$\tilde{x} = x - \frac{b-a}{2} - a$$

Damit folgt ξ mit:

$$\xi = \frac{2}{b-a}\left(x - \frac{b-a}{2} - a\right) = \frac{2}{b-a}\left(x - \frac{b+a}{2}\right)$$

$$x = \frac{b-a}{2}\xi + \frac{b+a}{2} \qquad (3.59)$$

Der differenzielle Zusammenhang zwischen x und ξ lautet:

$$dx = \frac{b-a}{2}\,d\xi$$

Damit ergibt sich:

$$\int_a^b f(x)\,dx = \frac{b-a}{2}\int_{-1}^{1} f\left(\frac{b-a}{2}\xi + \frac{b+a}{2}\right)d\xi \qquad (3.60)$$

Für den häufig vorkommenden Fall, dass das Integrationsintervall bei null beginnt, vereinfacht sich die Beziehung zu:

$$\int_0^l f(x)dx = \frac{l}{2}\int_{-1}^{1} f\left(\frac{l}{2}\xi + \frac{l}{2}\right)d\xi \qquad (3.61)$$

Tabelle 3.7 Exakte Stützstellen und Gewichte der Gauß-Legendre-Quadratur ξ

n	ξ_i	w_i
1	0	2
2	$\pm 1/\sqrt{3}$	1
3	0	$8/9$
	$\pm\sqrt{3/5}$	$5/9$
4	$\pm\frac{1}{35}\sqrt{525 - 70\sqrt{30}}$	$\frac{1}{36}(18 + \sqrt{30})$
	$\pm\frac{1}{35}\sqrt{525 + 70\sqrt{30}}$	$\frac{1}{36}(18 - \sqrt{30})$
5	0	$\frac{128}{225}$
	$\pm\frac{1}{21}\sqrt{245 - 14\sqrt{70}}$	$\frac{1}{900}(322 + 13\sqrt{70})$
	$\pm\frac{1}{21}\sqrt{245 + 14\sqrt{70}}$	$\frac{1}{900}(322 - 13\sqrt{70})$

Tabelle 3.8 Stützstellen und Gewichte der Gauß-Legendre-Quadratur

n	ξ_i	w_i
1	0	2
2	±0.5773502691896258	1
3	0	0.8888888888888889
	±0.7745966692414834	0.5555555555555556
4	±0.339981043584856	0.6521451548625461
	±0.8611363115940525	0.3478548451374538
5	0	0.5688888888888889
	±0.538469310105683	0.4786286704993665
	±0.906179845938664	0.2369268850561891

Beispiel 3.14

Das Integral $\int_0^{\pi} \sin^2 x dx$ ist näherungsweise mit der Gauß-Quadratur für eine unterschiedliche Anzahl von Stützstellen zu berechnen.

Der exakte Wert des Integrals lautet:

$$\int_0^{\pi} \sin^2 x dx = \frac{\pi}{2} = 1.5707963268$$

Nach Gl. (3.61) und Gl. (3.58) ergibt sich das Integral zu:

$$\int_0^{\pi} \sin^2 x dx = \frac{\pi}{2}\int_{-1}^{1} f\left(\frac{\pi}{2}\xi + \frac{\pi}{2}\right) d\xi \approx \sum_{i=1}^{n} f(\xi_i) w_i$$

- $n = 1$

$$\int_0^{\pi} \sin^2 x dx = \frac{\pi}{2}\sin^2\left(\frac{\pi}{2}0 + \frac{\pi}{2}\right) \cdot 2 = 3.1415927$$

- $n = 2$

$$\int_0^{\pi} \sin^2 x dx = \frac{\pi}{2}\sin^2\left(\frac{\pi}{2}\left(-\frac{1}{\sqrt{3}}\right) + \frac{\pi}{2}\right) \cdot 1 + \frac{\pi}{2}\sin^2\left(\frac{\pi}{2}\frac{1}{\sqrt{3}} + \frac{\pi}{2}\right) \cdot 1$$
$$= 1.1928336$$

- $n = 3$

$$\int_0^{\pi} \sin^2 x dx = \frac{\pi}{2}\sin^2\left(\frac{\pi}{2}0 + \frac{\pi}{2}\right) \cdot \frac{8}{9}$$
$$+ \frac{\pi}{2}\sin^2\left(\frac{\pi}{2}\left(-\frac{\sqrt{3}}{\sqrt{5}}\right) + \frac{\pi}{2}\right) \cdot \frac{5}{9} + \frac{\pi}{2}\left(\sin^2\left(\frac{\pi}{2}\frac{\sqrt{3}}{\sqrt{5}} + \frac{\pi}{2}\right)\right) \cdot \frac{5}{9}$$
$$= 1.6060673$$

- $n = 4$

$$\int_0^{\pi} \sin^2 x dx =$$
$$\frac{\pi}{2}\sin^2\left(\frac{\pi}{2}\left(-\frac{1}{35}\sqrt{525 - 70\sqrt{30}}\right) + \frac{\pi}{2}\right) \cdot \frac{1}{36}(18 + \sqrt{30})$$
$$+ \frac{\pi}{2}\sin^2\left(\frac{\pi}{2}\left(\frac{1}{35}\sqrt{525 - 70\sqrt{30}}\right) + \frac{\pi}{2}\right) \cdot \frac{1}{36}(18 + \sqrt{30})$$
$$+ \frac{\pi}{2}\sin^2\left(\frac{\pi}{2}\left(-\frac{1}{35}\sqrt{525 + 70\sqrt{30}}\right) + \frac{\pi}{2}\right) \cdot \frac{1}{36}(18 - \sqrt{30})$$
$$+ \frac{\pi}{2}\sin^2\left(\frac{\pi}{2}\left(\frac{1}{35}\sqrt{525 + 70\sqrt{30}}\right) + \frac{\pi}{2}\right) \cdot \frac{1}{36}(18 - \sqrt{30})$$
$$= 1.569119$$

- $n = 5$

$$\int_0^{\pi} \sin^2 x dx = \frac{\pi}{2}\sin^2\left(\frac{\pi}{2}(0) + \frac{\pi}{2}\right) \cdot \frac{128}{225}$$
$$+ \frac{\pi}{2}\sin^2\left(\frac{\pi}{2}\left(\frac{1}{21}\sqrt{245 - 14\sqrt{70}}\right) + \frac{\pi}{2}\right) \cdot \frac{1}{900}(322 + 13\sqrt{70})$$
$$+ \frac{\pi}{2}\sin^2\left(\frac{\pi}{2}\left(-\frac{1}{21}\sqrt{245 - 14\sqrt{70}}\right) + \frac{\pi}{2}\right) \cdot \frac{1}{900}(322 + 13\sqrt{70})$$
$$+ \frac{\pi}{2}\sin^2\left(\frac{\pi}{2}\left(-\frac{1}{21}\sqrt{245 + 14\sqrt{70}}\right) + \frac{\pi}{2}\right) \cdot \frac{1}{900}(322 - 13\sqrt{70})$$
$$+ \frac{\pi}{2}\sin^2\left(\frac{\pi}{2}\left(\frac{1}{21}\sqrt{245 + 14\sqrt{70}}\right) + \frac{\pi}{2}\right) \cdot \frac{1}{900}(322 - 13\sqrt{70})$$
$$= 1.5708447$$

In *Tabelle 3.9* sind die Ergebnisse für bis zu 10 Integrationspunkte angegeben. Für $n = 9$ ist für die angegebene Anzahl von Ziffern der exakte Wert erreicht.

3

Tabelle 3.9 Näherungswerte des Integrals für unterschiedliche Anzahl von Gaußpunkten

n	*I*
1	3.1415926536
2	1.1928336480
3	1.6060673024
4	1.5691189750
5	1.5708447125

n	*I*
6	1.5707953890
7	1.5707963399
8	1.5707963267
9	1.5707963268
10	1.5707963268

Beispiel 3.15

Für den in Bild 3.50 dargestellten Kragträger mit veränderlichem Trägheitsmoment ist die Verformung des freien Endes mit der Gauß-Quadratur für eine unterschiedliche Anzahl von Stützstellen zu berechnen.

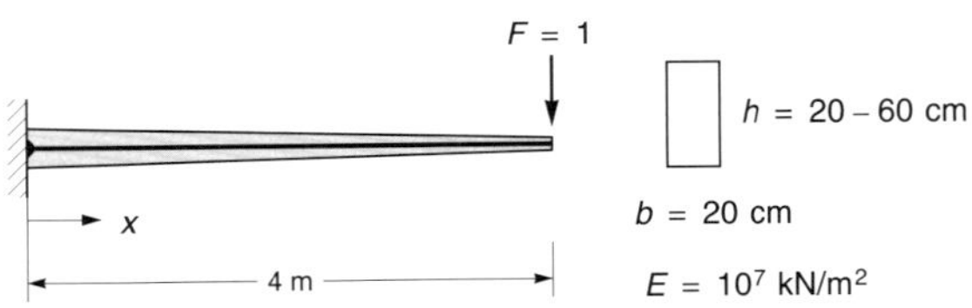

Bild 3.50 Kragträger mit veränderlichem Querschnitt

Die Berechnung der Verformung erfolgt mit dem Prinzip der virtuellen Kräfte. Der benötigte virtuelle Zustand entspricht dem wirklichen Zustand. Der Funktionsverlauf der Momentenlinien ergibt sich mit:

$$M(x) = \bar{M}(x) = x - 4$$

Die Querschnittshöhe als Funktion von x folgt mit:

$$h(x) = -0.1x + 0.6 = 0.1(6-x)$$

Damit folgt der Funktionsverlauf des Trägheitsmoments und der Biegesteifigkeit.

$$I(x) = \frac{b \cdot h^3(x)}{12} = \frac{0.2 \cdot (0.1(6-x))^3}{12}$$
$$= \frac{0.2 \cdot 0.1^3 (6-x)^3}{12} = \frac{(6-x)^3}{60000}$$

$$EI(x) = \frac{(6-x)^3}{60000} \cdot 10^7 = (6-x)^3 \cdot \frac{500}{3}$$

Die Verschiebung folgt aus der Arbeitsgleichung des Prinzips der virtuellen Kräfte mit:

$$\delta = \int_0^l \frac{M(x)\bar{M}(x)}{EI(x)} dx = \frac{3}{500}\int_0^4 \frac{(x-4)^2}{(6-x)^3} dx$$

Das Integral wird nach Gl. (3.61) umgeformt.

$$\int_0^4 \frac{(x-4)^2}{(6-x)^3} dx = \frac{4}{2}\int_{-1}^{1} f\left(\frac{4}{2}\xi + \frac{4}{2}\right) d\xi = 2\int_{-1}^{1} f(2\xi+2)\, d\xi$$
$$= 2\int_{-1}^{1} \frac{(2\xi+2-4)^2}{(6-(2\xi+2))^3} d\xi = 2\int_{-1}^{1} \frac{(2\xi-2)^2}{(-2\xi+4)^3} d\xi$$
$$= 2\int_{-1}^{1} \frac{2^2(\xi-1)^2}{-2^3(\xi-2)^3} d\xi = -\int_{-1}^{1} \frac{(\xi-1)^2}{(\xi-2)^3} d\xi = -\int_{-1}^{1} f(\xi)\, d\xi$$

Die Berechnung wird exemplarisch für $n = 3$ angegeben. Es werden zunächst die Funktionswerte des Integranden an den Stützstellen ermittelt.

$$f(0) = \frac{(0-1)^2}{(0-2)^3} = -0.125$$

$$f(\sqrt{3/5}) = \frac{(\sqrt{3/5}-1)^2}{(\sqrt{3/5}-2)^3} = -0.02761109$$

$$f(-\sqrt{3/5}) = \frac{(-\sqrt{3/5}-1)^2}{(-\sqrt{3/5}-2)^3} = -0.14743471$$

Die Verformung folgt durch Summation der gewichteten Funktionswerte und Multiplikation mit dem Faktor $3/500$.

$$\delta = -\frac{3}{500}\left(-0.125 \cdot \frac{8}{9} - 0.02761109 \cdot \frac{5}{9} - 0.14743471 \cdot \frac{5}{9}\right)$$
$$= 0.00125015 \text{ m} = 1.2501527 \text{ mm}$$

Die Ergebnisse für $n = 1$ bis $n = 13$ sind in *Tabelle 3.10* angegeben. Es sind mindestens 12 Integrationspunkte erforderlich, um die Verformung für die angegebene Anzahl von Ziffern genau zu berechnen. Selbstverständlich ist eine solche Genauigkeit für eine Verformung aus praktischer Sicht unsinnig. Unter diesem Aspekt wären 4 Punkte ausreichend.

Tabelle 3.10 Näherungswerte der Verformung für unterschiedliche Anzahl von Gauß-Punkten

n	*I*
1	1.5000000000
2	1.2441773103
3	1.2501526562
4	1.2568834587
5	1.2581478559
6	1.2583184221
7	1.2583381033
8	1.2583401729
9	1.2583403774
10	1.2583403967
11	1.2583403985
12	1.2583403987
13	1.2583403987

Beispiel 3.16

Der in Bild 3.50 dargestellte Kragträger mit veränderlichem Trägheitsmoment ist näherungsweise mit dem Prinzip der virtuellen Verschiebungen für zwei unterschiedliche Teilungen zu berechnen. Die Elementmatrizen sind durch numerische Integration zu ermitteln.

Nach Gl. (3.15) ergibt sich die Steifigkeitsmatrix bei veränderlicher Biegesteifigkeit mit:

$$\boldsymbol{k} = \int EI(x) \begin{bmatrix} \phi_1'' \\ \phi_2'' \\ \phi_3'' \\ \phi_4'' \end{bmatrix} \begin{bmatrix} \phi_1'' & \phi_2'' & \phi_3'' & \phi_4'' \end{bmatrix} \mathrm{d}x$$

$$= \int EI(x)\,\boldsymbol{\Phi}''(\tilde{\xi})\,\boldsymbol{\Phi}''^T(\tilde{\xi})\,\mathrm{d}x$$

Die Ableitungen der Ansatzfunktionen sind in Gl. (3.14) gegeben.

$$\boldsymbol{\Phi}''(\tilde{\xi}) = \begin{bmatrix} \phi_1'' \\ \phi_2'' \\ \phi_3'' \\ \phi_4'' \end{bmatrix} = \begin{bmatrix} \dfrac{12\tilde{\xi}-6}{l^2} \\ \dfrac{-6\tilde{\xi}+4}{l} \\ \dfrac{-12\tilde{\xi}+6}{l^2} \\ \dfrac{-6\tilde{\xi}+2}{l} \end{bmatrix} \qquad (3.62)$$

Die Biegesteifigkeit ergab sich im vorherigen Beispiel mit:

$$EI(x) = \frac{500}{3}(6-x)^3 \qquad (3.63)$$

Da die Koordinate der Gauß-Quadratur im Intervall $[-1, 1]$ mit ξ bezeichnet wird, wurde hier zur Unterscheidung für die Ansatzfunktionen die im Intervall $[0, 1]$ definierte Koordinate $\tilde{\xi}$ eingeführt.

Zur Durchführung der Gauß-Integration werden die Funktionswerte der Ansatzfunktionen sowie der Biegesteifigkeit an den Stützstellen benötigt. Dafür wird der Zusammenhang zwischen den Koordinaten x, ξ und $\tilde{\xi}$ benötigt. Nach Gl. (3.59) gilt:

$$x = \frac{b-a}{2}\xi + \frac{b+a}{2} \quad \text{bzw.} \quad \tilde{\xi} = \frac{b-a}{2}\xi + \frac{b+a}{2}$$

Der Zusammenhang zwischen ξ und $\tilde{\xi}$ ist von der Unterteilung unabhängig, da es sich um lokale Koordinaten handelt. Es gilt:

$$\tilde{\xi} = \frac{b-a}{2}\xi + \frac{b+a}{2} = \frac{1-0}{2}\xi + \frac{1+0}{2} = \frac{1}{2}\xi + \frac{1}{2} \qquad (3.64)$$

Es wird jeweils eine Berechnung für eine Unterteilung in einen Abschnitt und in zwei Abschnitte durchgeführt.

Die Integranden sind das Produkt der zweifachen Ableitungen zweier Ansatzfunktionen und der Biegesteifigkeit. Da die Ableitungen der Ansatzfunktion lineare Funktionen sind und die Biegesteifigkeit eine kubische Funktion ist, ist der Integrand ein Polynom 5. Ordnung. Die erforderliche Integrationsordnung für ein exaktes Ergebnis ist:

$$2n-1 = 5 \Rightarrow n = 3$$

$$\boldsymbol{k} = \int_0^l EI(x)\,\boldsymbol{\Phi}''(\tilde{\xi})\,\boldsymbol{\Phi}''^T(\tilde{\xi})\,\mathrm{d}x$$

$$= \int_{-1}^{1} EI(\xi)\,\boldsymbol{\Phi}''(\xi)\,\boldsymbol{\Phi}''^T(\xi)\frac{\mathrm{d}x}{\mathrm{d}\xi}\,\mathrm{d}\xi$$

$$\approx \sum_{i=1}^{n} EI(\xi_i)\,\boldsymbol{\Phi}''(\xi_i)\,\boldsymbol{\Phi}''^T(\xi_i)\frac{\mathrm{d}x}{\mathrm{d}\xi}w_i$$

Unterteilung: ein Abschnitt

$$x = \frac{b-a}{2}\xi + \frac{b+a}{2} = \frac{4-0}{2}\xi + \frac{4+0}{2} = 2(\xi+1) \qquad (3.65)$$

Aus dieser Beziehung folgt $\frac{\mathrm{d}x}{\mathrm{d}\xi} = 2$

Um die Funktionswerte zu ermitteln, werden die Koordinaten $\tilde{\xi}$ und x an den Stützstellen ξ_i berechnet.

$$\tilde{\xi}_1 = \frac{1}{2}0 + \frac{1}{2} = 0.5$$

$$\tilde{\xi}_2 = \frac{1}{2}\sqrt{3/5} + \frac{1}{2} = 0.88729833$$

$$\tilde{\xi}_3 = \frac{1}{2}(-\sqrt{3/5}) + \frac{1}{2} = 0.11270167$$

$$x_1 = 2(0+1) = 2$$

$$x_2 = 2(\sqrt{3/5}+1) = 3.5491933$$

$$x_3 = 2(-\sqrt{3/5}+1) = 0.45080666$$

Durch Einsetzen der Koordinaten in Gl. (3.62) und Gl. (3.63) folgt mit $l = 4$

$$\Phi''(\tilde{\xi}_1) = \begin{bmatrix} 0 \\ 0.25 \\ 0 \\ -0.25 \end{bmatrix} \qquad EI(x_1) = 10666.667$$

$$\Phi''(\tilde{\xi}_2) = \begin{bmatrix} 0.29047375 \\ -0.3309475 \\ -0.29047375 \\ -0.8309475 \end{bmatrix} \qquad EI(x_2) = 2453.4426$$

$$\Phi''(\tilde{\xi}_3) = \begin{bmatrix} -0.29047375 \\ 0.8309475 \\ 0.29047375 \\ 0.3309475 \end{bmatrix} \qquad EI(x_3) = 28479.891$$

$$\boldsymbol{k} = EI(x_1)\Phi''(\tilde{\xi}_1)\Phi''^T(\tilde{\xi}_1)\frac{dx}{d\xi}w_1 + EI(x_2)\Phi''(\tilde{\xi}_2)\Phi''^T(\tilde{\xi}_2)\frac{dx}{d\xi}w_2 + EI(x_3)\Phi''(\tilde{\xi}_3)\Phi''^T(\tilde{\xi}_3)\frac{dx}{d\xi}w_3$$

Durch Ausführen der Matrizenoperationen ergibt sich mit $dx/d\xi = 2$, $w_1 = 8/9$ und $w_2 = w_3 = 5/9$:

$$\boldsymbol{k} = \begin{bmatrix} 2900 & -7900 & -2900 & -3700 \\ -7900 & 23333.333 & 7900 & 8266.6667 \\ -2900 & 7900 & 2900 & 3700 \\ -3700 & 8266.6667 & 3700 & 6533.3333 \end{bmatrix}$$

$$\begin{bmatrix} 2900 & 3700 \\ 3700 & 6533.3333 \end{bmatrix}\begin{bmatrix} w \\ \varphi \end{bmatrix} = \begin{bmatrix} 1 \\ 0 \end{bmatrix} \Rightarrow \begin{bmatrix} w \\ \varphi \end{bmatrix} = \begin{bmatrix} 0.0012428662 \\ -0.0007038681 \end{bmatrix}$$

In *Beispiel 3.15* wurde die Verformung mit dem Prinzip der virtuellen Kräfte ermittelt. Die sich daraus ergebende Lösung für eine ausreichende Integrationsordnung ist exakt. Aus der hier durchgeführten Berechnung folgt nicht die genaue Lösung, obwohl die durchgeführte numerische Integration exakt ist.

Der Grund ist der Näherungsansatz als kubisches Polynom, denn die exakte Lösung entspricht einem anderen Funktionsverlauf, der sich aus der Differenzialgleichung mit nicht konstanten Koeffizienten ergibt.

Unterteilung: zwei Abschnitte

- Element 1

Die Beziehung zwischen x und ξ folgt mit:

$$x = \frac{b-a}{2}\xi + \frac{b+a}{2} = \frac{2-0}{2}\xi + \frac{2+0}{2} = \xi + 1$$

Aus dieser Beziehung folgt $\frac{dx}{d\xi} = 1$

Es ergeben sich andere x_i-Werte, die Werte $\tilde{\xi}_i$ bleiben gleich.

$$x_1 = 0 + 1 = 1$$

$$x_2 = \sqrt{3/5} + 1 = 1.7745967$$

$$x_3 = -\sqrt{3/5} + 1 = 0.22540333$$

Durch Einsetzen der Koordinaten in Gl. (3.62) und Gl. (3.63) folgt mit $l = 2$

$$\Phi''(\tilde{\xi}_1) = \begin{bmatrix} 0 \\ 0.5 \\ 0 \\ -0.5 \end{bmatrix} \qquad EI(x_1) = 20833.333$$

$$\Phi''(\tilde{\xi}_2) = \begin{bmatrix} 1.161895 \\ -0.661895 \\ -1.161895 \\ -1.661895 \end{bmatrix} \qquad EI(x_2) = 12573.415$$

$$\Phi''(\tilde{\xi}_3) = \begin{bmatrix} -1.161895 \\ 1.661895 \\ 1.161895 \\ 0.661895 \end{bmatrix} \qquad EI(x_3) = 32093.251$$

Durch Ausführen der Matrizenoperationen ergibt sich mit $dx/d\xi = 1$, $w_1 = 8/9$ und $w_2 = w_3 = 5/9$ die Steifigkeitsmatrix des ersten Elements.

$$\boldsymbol{k}^1 = \begin{bmatrix} 33500 & -39800 & -33500 & -27200 \\ -39800 & 56933.333 & 39800 & 22666.667 \\ -33500 & 39800 & 33500 & 27200 \\ -27200 & 22666.667 & 27200 & 31733.333 \end{bmatrix}$$

- Element 2

Die Beziehung zwischen x und ξ folgt mit:

$$x = \frac{b-a}{2}\xi + \frac{b+a}{2} = \frac{4-2}{2}\xi + \frac{4+2}{2} = \xi + 3$$

Damit folgt $\frac{dx}{d\xi} = 1$

Die Werte x_i ergeben sich zu:

$$x_1 = 0 + 3 = 3$$

$$x_2 = \sqrt{3/5} + 3 = 3.7745967$$

$$x_3 = -\sqrt{3/5} + 3 = 2.2254033$$

Die Vektoren $\Phi''(\tilde{\xi}_i)$ sind dieselben wie beim ersten Element, da die Länge gleich ist. Durch Einsetzen der Koordinaten in Gl. (3.63) ergibt sich:

$$EI(x_1) = 4500$$

$$EI(x_2) = 1836.8553$$

$$EI(x_3) = 8963.1447$$

Durch Ausführen der Matrizenoperationen ergibt sich mit $dx/d\xi = 1$, $w_1 = 8/9$ und $w_2 = w_3 = 5/9$ die Steifigkeitsmatrix des zweiten Elements.

$$\boldsymbol{k}^2 = \begin{bmatrix} 8100 & -10400 & -8100 & -5800 \\ -10400 & 15200 & 10400 & 5600 \\ -8100 & 10400 & 8100 & 5800 \\ -5800 & 5600 & 5800 & 6000 \end{bmatrix}$$

$$\begin{bmatrix} \boldsymbol{k}^1_{11} & \boldsymbol{k}^1_{12} & \\ \boldsymbol{k}^1_{21} & \boldsymbol{k}^1_{22} + \boldsymbol{k}^2_{22} & \boldsymbol{k}^2_{23} \\ & \boldsymbol{k}^2_{32} & \boldsymbol{k}^2_{33} \end{bmatrix} \begin{bmatrix} \boldsymbol{w}_1 \\ \boldsymbol{w}_2 \\ \boldsymbol{w}_3 \end{bmatrix} + \begin{bmatrix} \boldsymbol{0} \\ \boldsymbol{0} \\ \boldsymbol{p}_3 \end{bmatrix} = \boldsymbol{0}$$

Da am Anfangspunkt alle Verformungen gleich null sind, können die ersten beiden Zeilen und Spalten gestrichen werden. Das verbleibende Gleichungssystem und der Lösungsvektor sind nachfolgend angegeben.

$$\begin{bmatrix} 41600 & 16800 & -8100 & -5800 \\ 16800 & 46933.333 & 10400 & 5600 \\ -8100 & 10400 & 8100 & 5800 \\ -5800 & 5600 & 5800 & 6000 \end{bmatrix} \begin{bmatrix} w_2 \\ \varphi_2 \\ w_3 \\ \varphi_3 \end{bmatrix} = \begin{bmatrix} 0 \\ 0 \\ 1 \\ 0 \end{bmatrix}$$

$$\Rightarrow \begin{bmatrix} w_2 \\ \varphi_2 \\ w_3 \\ \varphi_3 \end{bmatrix} = \begin{bmatrix} 0.0002664797 \\ -0.0002914363 \\ 0.0012504219 \\ -0.0006791369 \end{bmatrix}$$

Wie zu erwarten war, ergibt die Unterteilung des Kragträgers mit zwei Elementen einen genaueren Wert für die Verformung.

Tabelle 3.11 enthält neben den hier ermittelten Verformungen die Ergebnisse für zwei weitere Teilungen mit den prozentualen Abweichungen von der exakten Lösung. Weiterhin sind die Verformungen angegeben, die sich ergeben, wenn innerhalb eines Abschnitts das Trägheitsmoment in der Mitte des Abschnitts als konstanter Wert zugrunde gelegt wird. Bei diesem Vorgehen ist eine sehr feine Unterteilung erforderlich, um einigermaßen befriedigende Resultate zu erhalten.

Tabelle 3.11 Verformungen des Kragträgers für unterschiedliche Teilungen

Anzahl der Abschnitte	Numerische Integration		Abschnittsweise konstant	
	w [mm]	$\frac{w}{w_{exakt}}$ [%]	w [mm]	$\frac{w}{w_{exakt}}$ [%]
1	1,2429	1,23	2,0000	58,94
2	1,2504	0,64	1,4886	18,30
4	1,2570	0,11	1,3163	4,61
8	1,2582	0,01	1,2739	1,24

Aufgaben

Die nachfolgend dargestellten Systeme sind mit den angegebenen Näherungsverfahren zu berechnen. Bei den Aufgaben 3.1 bis 3.3 ist der Einfluss der Theorie II. Ordnung zu berücksichtigen.

Aufgabe 3.1

- Lastfall 1: $F_1 = 45$ kN
- Lastfall 2: $F_2 = 22.5$ kN
- Lastfall 3: $q = 5$ kN/m

Es sind Ansätze über das Gesamtgebiet zu wählen.

1. Prinzip der virtuellen Verschiebungen

1.1 Ansatz: Quadratische Parabel

1.2 Ansatz: Polynom 4. Ordnung

Hinweis: Das Polynom ist so zu wählen, dass die 2. Ableitung an den Auflagern gleich null ist.

1.3 Ansatz: Sinusfunktion

2. Gemischtes Verfahren

2.1 Ansatz: Quadratische Parabel

2.2 Ansatz: Sinusfunktion

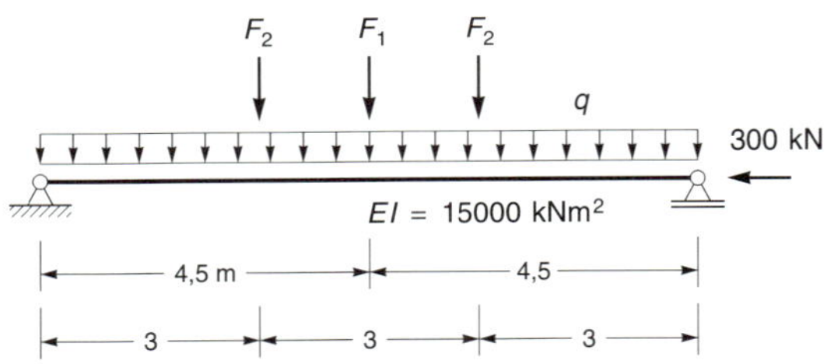

Aufgabe 3.2

Es sind Ansätze über das Gesamtgebiet zu wählen.

1. Prinzip der virtuellen Verschiebungen

1.1 Ansatz: Quadratische Parabel

1.2 Ansatz: Hermite-Polynome

2. Gemischtes Verfahren

2.1 Lineare Ansätze

2.2 Quadratische Ansätze

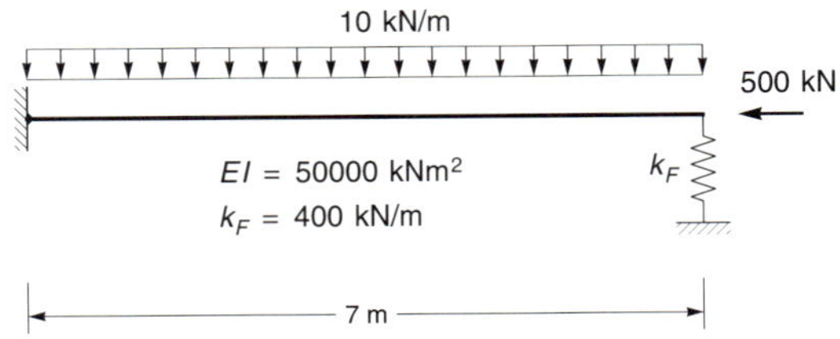

Aufgabe 3.3

Es sind Ansätze über zwei Teilbereiche zu wählen.

1. Prinzip der virtuellen Verschiebungen mit Hermite-Polynomen

2. Gemischtes Verfahren

2.1 Lineare Ansätze

2.2 Quadratische Ansätze

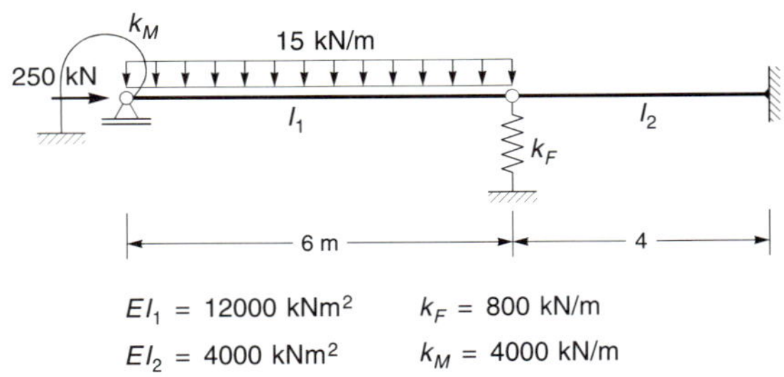

Aufgabe 3.4

Es sind Ansätze über über zwei Teilbereiche zu wählen.

1. Prinzip der virtuellen Verschiebungen mit Hermite-Polynomen

2. Gemischtes Verfahren

2.1 Lineare Ansätze

2.2 Quadratische Ansätze

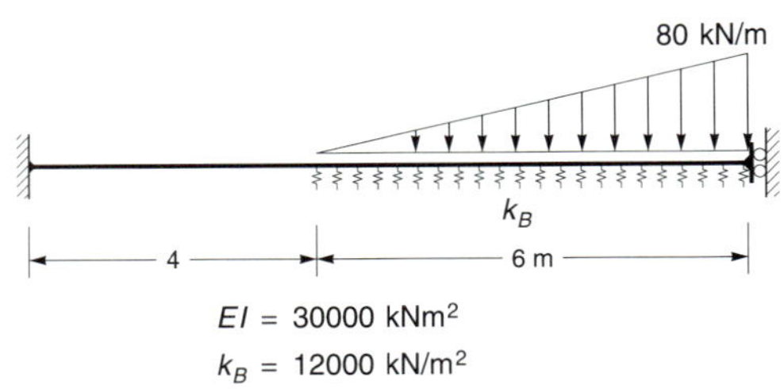

4 Das Reduktionsverfahren der Übertragungsmatrizen

4.1 Einführung

Die Grundlage für das Reduktionsverfahren der Übertragungsmatrizen ist die Lösung der Differenzialgleichung, die die Problemstellung charakterisiert. Das Verfahren ist insbesondere zur Berechnung linienförmiger Strukturen geeignet und führt zur exakten Lösung des Problems. Da es auf der Anwendung von Matrizenoperationen beruht, ist es auf die computergestützte Anwendung zugeschnitten.

Für verzweigte Strukturen, wie Rahmensysteme, ist die Anwendung recht umständlich. In diesem Fall ist das Weggrößenverfahren deutlich überlegen. Es ist daher sinnvoll, die Gesamtstruktur mit dem Weggrößenverfahren zu berechnen und die Vorteile des Übertragungsmatrizenverfahrens bei der Behandlung des einzelnen Stabes zu nutzen.

So kann das Übertragungsverfahren genutzt werden, um die Stabendschnittgrößen der Grundelemente des Weggrößenverfahrens für komplexe Stabbelastungen zu ermitteln. Dies ist insbesondere für Probleme nach Theorie II. Ordnung oder bei gebetteten Stäben von Bedeutung.

Eine weitere Anwendung besteht darin, die Zustandsgrößen der Stabenden nach dem Weggrößenverfahren zu berechnen und mit dem Übertragungsverfahren die Ergebnisse an beliebig vielen Punkten innerhalb des Stabes durch eine Nachlaufrechnung zu ermitteln.

Die Ermittlung der Steifigkeitsmatrix sowie des zugehörigen Lastvektors aus der Formulierung des Übertragungsverfahrens wird in 4.7 angegeben.

4.2 Übertragungsmatrix des Balkens nach Theorie I. Ordnung

Wir betrachten die Differenzialgleichung vierter Ordnung $EIw'''' = q(x)$ und gehen zunächst von einer konstanten Streckenlast q aus. Die Lösung folgt durch vierfache Integration.

$$EIw''''(x) = q(x) = q$$

$$EIw'''(x) = -V(x) = c_1 + qx$$

$$EIw''(x) = -M(x) = c_1 x + c_2 + q\frac{x^2}{2}$$

$$EIw'(x) = -EI\varphi(x) = c_1\frac{x^2}{2} + c_2 x + c_3 + q\frac{x^3}{6}$$

$$EIw(x) = c_1\frac{x^3}{6} + c_2\frac{x^2}{2} + c_3 x + c_4 + q\frac{x^4}{24}$$

Die Integrationskonstanten entsprechen den Zustandsgrößen an der Stelle $x = 0$.

$$c_1 = -V_a = EIw_a'''$$

$$c_2 = -M_a = EIw_a''$$

$$c_3 = -EI\varphi_a$$

$$c_4 = EIw_a$$

Damit folgt der Funktionsverlauf der Zustandsgrößen mit:

$$w(x) = -\frac{x^3}{6EI}V_a - \frac{x^2}{2EI}M_a - \varphi_a x + w_a + q\frac{x^4}{24EI}$$

$$\varphi(x) = \frac{x^2}{2EI}V_a + \frac{x}{EI}M_a + \varphi_a - q\frac{x^3}{6EI}$$

$$M(x) = V_a x + M_a - q\frac{x^2}{2}$$

$$V(x) = V_a - qx$$

Diese Gleichungen werden nun als Matrizenprodukt geschrieben:

$$\begin{bmatrix} w(x) \\ \varphi(x) \\ M(x) \\ V(x) \end{bmatrix} = \begin{bmatrix} 1 & -x & -\frac{x^2}{2EI} & -\frac{x^3}{6EI} \\ 0 & 1 & \frac{x}{EI} & \frac{x^2}{2EI} \\ 0 & 0 & 1 & x \\ 0 & 0 & 0 & 1 \end{bmatrix} \begin{bmatrix} w_a \\ \varphi_a \\ M_a \\ V_a \end{bmatrix} + \begin{bmatrix} q\frac{x^4}{24EI} \\ -q\frac{x^3}{6EI} \\ -q\frac{x^2}{2} \\ -qx \end{bmatrix} \tag{4.1}$$

4

Gl. (4.1) beschreibt den Funktionsverlauf der Zustandsgrößen in Abhängigkeit von den Zustandsgrößen am Anfang des Stabes. Die Zustandsgrößen am Ende des Stabes ergeben sich an der Stelle $x = l$. Damit folgt die Verknüpfung zwischen dem Anfangs- und dem Endpunkt des Stabes mit:

$$\begin{bmatrix} w_b \\ \varphi_b \\ M_b \\ V_b \end{bmatrix} = \begin{bmatrix} 1 & -l & -\dfrac{l^2}{2EI} & -\dfrac{l^3}{6EI} \\ 0 & 1 & \dfrac{l}{EI} & \dfrac{l^2}{2EI} \\ 0 & 0 & 1 & l \\ 0 & 0 & 0 & 1 \end{bmatrix} \begin{bmatrix} w_a \\ \varphi_a \\ M_a \\ V_a \end{bmatrix} + \begin{bmatrix} q\dfrac{l^4}{24EI} \\ -q\dfrac{l^3}{6EI} \\ -q\dfrac{l^2}{2} \\ -ql \end{bmatrix}$$

$$\mathbf{z}_b = \mathbf{U}_a^b \cdot \mathbf{z}_a + \tilde{\mathbf{z}} \qquad (4.2)$$

Mit den Bezeichnungen:

$\mathbf{z}_a$: Vektor der Zustandsgrößen im Punkt *a*

$\mathbf{z}_b$: Vektor der Zustandsgrößen im Punkt *b*

$\mathbf{U}_a^b$: Übertragungsmatrix von *a* nach *b*

$\tilde{\mathbf{z}}$: Zustandsgrößen im Punkt *b* infolge der Stabbelastung

Das Produkt $\mathbf{U}_a^b \cdot \mathbf{z}_a$ ergibt die Zustandsgrößen im Punkt *b* infolge der Zustandsgrößen im Punkt *a*.

Die Übertragungsmatrix $\mathbf{U}_a^b$, die die Zustandsgrößen vom Anfangs- zum Endpunkt eines Abschnitts überträgt, wird auch als *Feldmatrix* bezeichnet. Die Lastanteile $\tilde{\mathbf{z}}$ für andere Belastungen sind in *Tafel A3* angegeben.

4.2.1 Mechanische Interpretation der Elemente der Übertragungsmatrix

Die Unterteilung der Übertragungsmatrix bezüglich der Verformungen und Schnittgrößen ergibt:

$$\begin{bmatrix} w_b \\ \varphi_b \\ M_b \\ V_b \end{bmatrix} = \begin{bmatrix} \mathbf{u}_{11} & \mathbf{u}_{12} \\ \mathbf{u}_{21} & \mathbf{u}_{22} \end{bmatrix} \begin{bmatrix} w_a \\ \varphi_a \\ M_a \\ V_a \end{bmatrix}$$

Die mechanische Bedeutung der vier Untermatrizen in der oberen Beziehung wird nachfolgend erläutert.

- $\mathbf{u}_{11} = \begin{bmatrix} 1 & -l \\ 0 & 1 \end{bmatrix}$

Die Matrix $\mathbf{u}_{11}$ enthält die kinematischen Beziehungen zwischen den Verformungen des Anfangs- und Endpunktes des Stabes. Wie in *Bild 4.1* erkennbar ist, folgt aus der Drehung φ_a des Anfangspunktes ein linearer Zuwachs der Verschiebung im Punkt *b* um $\varphi_a \cdot l$. Damit folgt:

$$w_b = w_a - \varphi_a \cdot l \qquad \varphi_b = \varphi_a \qquad \text{bzw.} \qquad \begin{bmatrix} w_b \\ \varphi_b \end{bmatrix} = \begin{bmatrix} 1 & -l \\ 0 & 1 \end{bmatrix} \begin{bmatrix} w_a \\ \varphi_a \end{bmatrix}$$

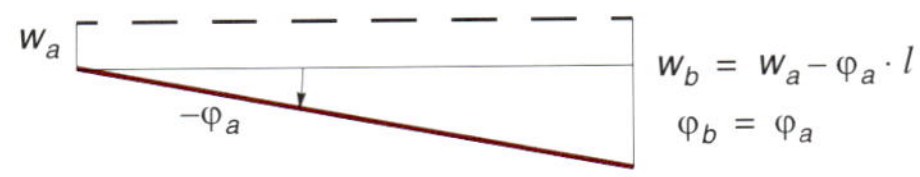

Bild 4.1 Beziehung zwischen den Verformungen

- $\mathbf{u}_{12} = \begin{bmatrix} -\dfrac{l^2}{2EI} & -\dfrac{l^3}{6EI} \\ \dfrac{l}{EI} & \dfrac{l^2}{2EI} \end{bmatrix}$

Die Elemente der Matrix $\mathbf{u}_{12}$ sind Nachgiebigkeiten, nämlich die Verformungen des Endpunktes des Stabes infolge der Schnittgrößen am Anfang. Im Fall eines im Anfangspunkt wirkenden Momentes folgt aus Gleichgewichtsgründen ein entgegen drehendes Moment am Endpunkt und daher ein konstanter Momentenverlauf, siehe *Bild 4.2*.

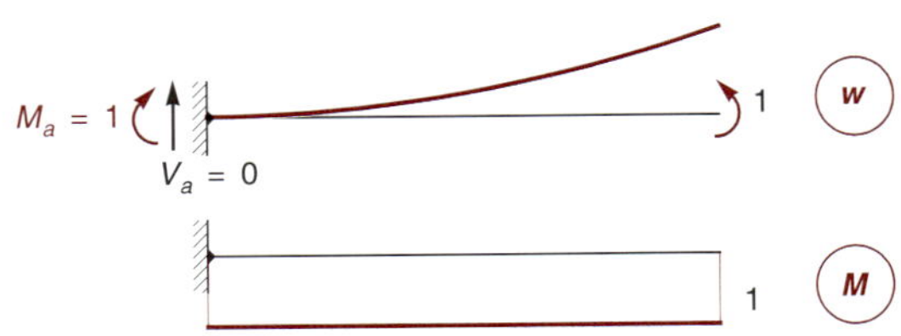

Bild 4.2 Einheitsmoment am Anfang

Aus der Momentenlinie kann die Verschiebung und die Drehung am Endpunkt mit dem Prinzip der virtuellen Kräfte ermittelt werden.

Es folgt:

$$w_b = -\frac{l^2}{2EI} \qquad \varphi_b = \frac{l}{EI}$$

Wirkt im Anfangspunkt eine Querkraft der Größe eins, so folgt aus Gleichgewichtsgründen, dass am Endpunkt nicht nur eine entgegen wirkende Querkraft vorhanden sein muss, sondern auch ein zusätzliches Moment, das dem Kräftepaar aus den Querkräften entgegen dreht, siehe *Bild 4.3*. Da wir hier den Fall betrachten, dass im Anfangspunkt nur eine Querkraft und kein Moment vorhanden ist, muss das Moment am rechten Rand angreifen. Durch eine Verformungsberechnung ergeben sich die Verformungen am Ende mit:

$$w_b = -\frac{l^3}{6EI} \qquad \varphi_b = \frac{l^2}{2EI}$$

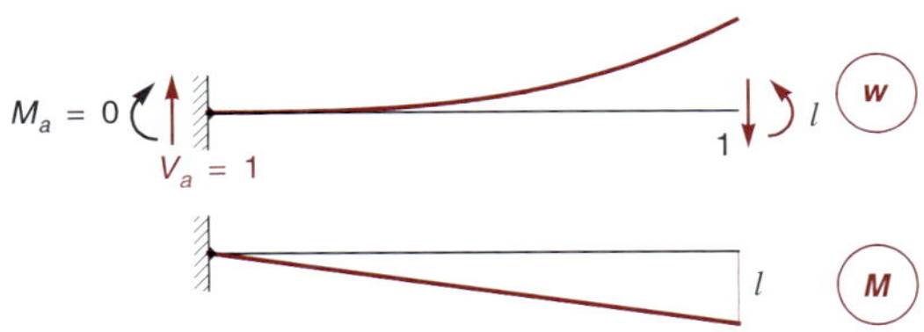

Bild 4.3 Einheitsquerkraft am Anfang

Die Verformungen infolge beider Einwirkungen sind:

$$w_b = -\frac{l^2}{2EI}M_a - \frac{l^3}{6EI}V_a$$

$$\varphi_b = \frac{l}{EI}M_a + \frac{l^2}{2EI}V_a$$

bzw.

$$\begin{bmatrix} w_b \\ \varphi_b \end{bmatrix} = \begin{bmatrix} -\frac{l^2}{2EI} & -\frac{l^3}{6EI} \\ \frac{l}{EI} & \frac{l^2}{2EI} \end{bmatrix} \begin{bmatrix} M_a \\ V_a \end{bmatrix}$$

- $\boldsymbol{u}_{21} = \begin{bmatrix} 0 & 0 \\ 0 & 0 \end{bmatrix}$

Die Matrix $\boldsymbol{u}_{21}$ ist hier gleich null. Im Allgemeinen enthält sie Steifigkeiten, nämlich die Kraftgrößen am Ende infolge der Verformungen am Anfang, siehe Theorie II. Ordnung und Bettung.

- $\boldsymbol{u}_{22} = \begin{bmatrix} 1 & l \\ 0 & 1 \end{bmatrix}$

Die Matrix $\boldsymbol{u}_{22}$ enthält die Gleichgewichtsbeziehungen zwischen den Kraftgrößen des Anfangs- und Endpunktes des Stabes, siehe *Bild 4.2* und *4.3*. Es gilt:

$$M_b = M_a + V_a \cdot l \qquad V_b = V_a \qquad \text{bzw.} \qquad \begin{bmatrix} M_b \\ V_b \end{bmatrix} = \begin{bmatrix} 1 & l \\ 0 & 1 \end{bmatrix} \begin{bmatrix} M_a \\ V_a \end{bmatrix}$$

4.2.2 Erweiterung der Übertragungsmatrix

Formal wird die Identität $1 = 1$ als Gleichung hinzugefügt. Damit kann die Belastung mit in die Matrix geschrieben werden.

$$\begin{bmatrix} w_b \\ \varphi_b \\ M_b \\ V_b \\ 1 \end{bmatrix} = \begin{bmatrix} 1 & -l & -\frac{l^2}{2EI} & -\frac{l^3}{6EI} & q\frac{l^4}{24EI} \\ 0 & 1 & \frac{l}{EI} & \frac{l^2}{2EI} & -q\frac{l^3}{6EI} \\ 0 & 0 & 1 & l & -q\frac{l^2}{2} \\ 0 & 0 & 0 & 1 & -ql \\ 0 & 0 & 0 & 0 & 1 \end{bmatrix} \begin{bmatrix} w_a \\ \varphi_a \\ M_a \\ V_a \\ 1 \end{bmatrix} \tag{4.3}$$

$$\boldsymbol{z}_b = \boldsymbol{U}_a^b \cdot \boldsymbol{z}_a \tag{4.4}$$

Für die Handrechnung ist es vorteilhaft, mit EI_c-fachen Verformungen zu arbeiten. Ausgeschrieben lautet die erste Zeile der Gleichung:

$$w_b = w_a - \varphi_a l - \frac{l^2}{2EI}M_a - \frac{l^3}{6EI}V_a + q\frac{l^4}{24EI}$$

Durch Multiplikation mit EI_c folgt:

$$EI_c w_b = EI_c w_a - EI_c \varphi_a l - \frac{l^2}{2EI}EI_c M_a - \frac{l^3}{6EI}EI_c V_a + qEI_c\frac{l^4}{24EI}$$

Mit $\hat{w} = EI_c w$ und $\hat{\varphi} = EI_c \varphi$ ergibt sich:

$$\hat{w}_b = \hat{w}_a - \hat{\varphi}_a l - \frac{l^2}{2}\frac{I_c}{I}M_a - \frac{l^3}{6}\frac{I_c}{I}V_a + q\frac{l^4}{24}\frac{I_c}{I}$$

Entsprechend wird die zweite Zeile umgeformt. Im Folgenden sind die angegebenen Verformungsgrößen als EI_c-fache Werte zu verstehen, auf eine besondere Kennzeichnung wird der Einfachheit halber verzichtet. Damit folgt die Übertragungsbeziehung in Gl. (4.5).

$$\begin{bmatrix} w_b \\ \varphi_b \\ M_b \\ V_b \\ 1 \end{bmatrix} = \begin{bmatrix} 1 & -l & -\frac{I_c}{I}\frac{l^2}{2} & -\frac{I_c}{I}\frac{l^3}{6} & q\frac{l^4}{24}\frac{I_c}{I} \\ 0 & 1 & \frac{I_c}{I}l & \frac{I_c}{I}\frac{l^2}{2} & -q\frac{l^3}{6}\frac{I_c}{I} \\ 0 & 0 & 1 & l & -q\frac{l^2}{2} \\ 0 & 0 & 0 & 1 & -ql \\ 0 & 0 & 0 & 0 & 1 \end{bmatrix} \begin{bmatrix} w_a \\ \varphi_a \\ M_a \\ V_a \\ 1 \end{bmatrix} \qquad (4.5)$$

4.3 Randbedingungen

Sind die Zustandsgrößen am Anfang bekannt, so können mit der Übertragungsbeziehung die Zustandsgrößen am Ende des Stabes ermittelt werden. Da jedoch kein Anfangswertproblem, sondern ein Randwertproblem vorliegt, sind am Anfang zwei Elemente des Zustandsgrößenvektors unbekannt. Diese werden zunächst gleich eins gesetzt und am Ende des Balkens mit den dortigen Randbedingungen bestimmt.

Randbedingungen am Anfang

Der Vektor der Zustandsgrößen am Anfang kann formal als Matrizenprodukt mit der Einheitsmatrix geschrieben werden.

$$\begin{bmatrix} w_a \\ \varphi_a \\ M_a \\ V_a \\ 1 \end{bmatrix} = \begin{bmatrix} 1 & 0 & 0 & 0 & 0 \\ 0 & 1 & 0 & 0 & 0 \\ 0 & 0 & 1 & 0 & 0 \\ 0 & 0 & 0 & 1 & 0 \\ 0 & 0 & 0 & 0 & 1 \end{bmatrix} \begin{bmatrix} w_a \\ \varphi_a \\ M_a \\ V_a \\ 1 \end{bmatrix} \qquad (4.6)$$

In Abhängigkeit von der Lagerungsbedingung sind zwei der Anfangsgrößen bekannt und die Multiplikation mit den entsprechenden Spalten der Einheitsmatrix ergibt einen zusätzlichen Term, der zur Lastspalte addiert werden kann. Die mit den Unbekannten zu multiplizierende, verbleibende Matrix wird als Randmatrix bezeichnet.

Bild 4.4 zeigt Beispiele verschiedener Lagerungsbedingungen mit vorgeschriebenen Kraft- bzw. Weggrößen. Die zugehörigen Randmatrizen werden nachfolgend erläutert.

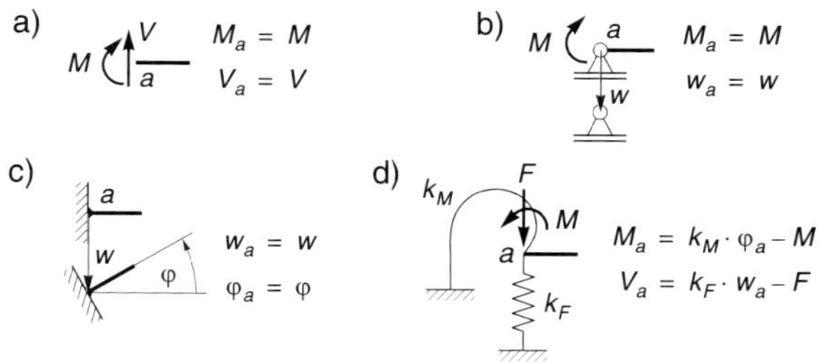

Bild 4.4 Beispiele für Randbedingungen am Anfang

- Ungelagerter Rand in *Bild 4.4* a

Es sind beide Kraftgrößen vorgeschrieben, die beiden Verformungen sind unbekannt. Die eingeprägten Kraftgrößen werden in der letzten Spalte der Matrix berücksichtigt.

$$\begin{bmatrix} 1 & 0 & 0 & 0 & 0 \\ 0 & 1 & 0 & 0 & 0 \\ 0 & 0 & 1 & 0 & 0 \\ 0 & 0 & 0 & 1 & 0 \\ 0 & 0 & 0 & 0 & 1 \end{bmatrix} \begin{bmatrix} w_a \\ \varphi_a \\ M \\ V \\ 1 \end{bmatrix} = \begin{bmatrix} 1 & 0 & 0 \\ 0 & 1 & 0 \\ 0 & 0 & M \\ 0 & 0 & V \\ 0 & 0 & 1 \end{bmatrix} \begin{bmatrix} w_a \\ \varphi_a \\ 1 \end{bmatrix} = \boldsymbol{R}_a \cdot \boldsymbol{x}_a$$

- Gelenkig gelagerter Rand in *Bild 4.4* b

An diesem Rand ist die Verschiebung und das Moment vorgeschrieben, unbekannt ist die Drehung und die Querkraft. Die letzte Spalte der Matrix enthält wieder die eingeprägten Größen.

$$\begin{bmatrix} 1 & 0 & 0 & 0 & 0 \\ 0 & 1 & 0 & 0 & 0 \\ 0 & 0 & 1 & 0 & 0 \\ 0 & 0 & 0 & 1 & 0 \\ 0 & 0 & 0 & 0 & 1 \end{bmatrix} \begin{bmatrix} w \\ \varphi_a \\ M \\ V_a \\ 1 \end{bmatrix} = \begin{bmatrix} 0 & 0 & w \\ 1 & 0 & 0 \\ 0 & 0 & M \\ 0 & 1 & 0 \\ 0 & 0 & 1 \end{bmatrix} \begin{bmatrix} \varphi_a \\ V_a \\ 1 \end{bmatrix} = \boldsymbol{R}_a \cdot \boldsymbol{x}_a$$

- Dreiwertig gelagerter Rand in *Bild 4.4* c

In diesem Fall sind beide Verformungen vorgeschrieben, unbekannt sind beide Kraftgrößen. Die beiden eingeprägten Verformungen werden in der letzten Spalte der Matrix berücksichtigt.

$$\begin{bmatrix} 1 & 0 & 0 & 0 & 0 \\ 0 & 1 & 0 & 0 & 0 \\ 0 & 0 & 1 & 0 & 0 \\ 0 & 0 & 0 & 1 & 0 \\ 0 & 0 & 0 & 0 & 1 \end{bmatrix} \begin{bmatrix} w \\ \varphi \\ M_a \\ V_a \\ 1 \end{bmatrix} = \begin{bmatrix} 0 & 0 & w \\ 0 & 0 & \varphi \\ 1 & 0 & 0 \\ 0 & 1 & 0 \\ 0 & 0 & 1 \end{bmatrix} \begin{bmatrix} M_a \\ V_a \\ 1 \end{bmatrix} = \boldsymbol{R}_a \cdot \boldsymbol{x}_a$$

- Federnd gelagerter Rand in *Bild 4.4* d

An diesem Rand gelten die im Bild angegebenen Zusammenhänge zwischen den durch die Federsteifigkeit gekoppelten Kraftgrößen und Verformungen sowie den äußeren Kräften. Durch Einsetzen der Beziehungen für M_a und V_a folgen die zusätzlichen Anteile der Federsteifigkeiten in den Spalten, die mit den unbekannten Anfangsverformungen multipliziert werden. Die äußeren Kräfte werden in der letzten Spalte angeordnet.

$$\begin{bmatrix} 1 & 0 & 0 & 0 & 0 \\ 0 & 1 & 0 & 0 & 0 \\ 0 & 0 & 1 & 0 & 0 \\ 0 & 0 & 0 & 1 & 0 \\ 0 & 0 & 0 & 0 & 1 \end{bmatrix} \begin{bmatrix} w_a \\ \varphi_a \\ k_M \cdot \varphi_a - M \\ k_F \cdot w_a - F \\ 1 \end{bmatrix} = \begin{bmatrix} 1 & 0 & 0 \\ 0 & 1 & 0 \\ 0 & k_M & -M \\ k_F & 0 & -F \\ 0 & 0 & 1 \end{bmatrix} \begin{bmatrix} w_a \\ \varphi_a \\ 1 \end{bmatrix}$$

Aus der in Gl. (4.7) angegebenen Matrix kann die Randmatrix $\boldsymbol{R}_a$ für alle möglichen Lagerungsbedingungen ermittelt werden. Es sind die Spalten zu streichen, die zu den bekannten Zustandsgrößen gehören. Die letzte Spalte enthält eventuell vorhandene vorgeschriebene Größen.

$$\tilde{\boldsymbol{R}}_a = \begin{bmatrix} 1 & 0 & 0 & 0 & w \\ 0 & 1 & 0 & 0 & \varphi \\ 0 & k_M & 1 & 0 & -M \\ k_F & 0 & 0 & 1 & -F \\ 0 & 0 & 0 & 0 & 1 \end{bmatrix} \qquad (4.7)$$

Randbedingungen am Ende

Die dargestellten Randmatrizen am Anfangspunkt definieren die dortigen Randbedingungen. Für die Randbedingungen am Endpunkt des Stabzuges können ebenfalls Randmatrizen definiert werden, die die Gleichungen für die unbekannten Anfangsgrößen ergeben.

Die möglichen Verformungsrandbedingungen am Endpunkt n lauten:

$$w_n - w = 0$$

$$\varphi_n - \varphi = 0$$

Die Kraftrandbedingungen am Endpunkt ergeben sich aus Gleichgewichtsbedingungen unter Berücksichtigung der Kraftgrößen in den Federn nach *Bild 4.5* mit:

$$M_n - k_M \cdot \varphi_n + M = 0$$

$$V_n - k_F \cdot w_n + F = 0$$

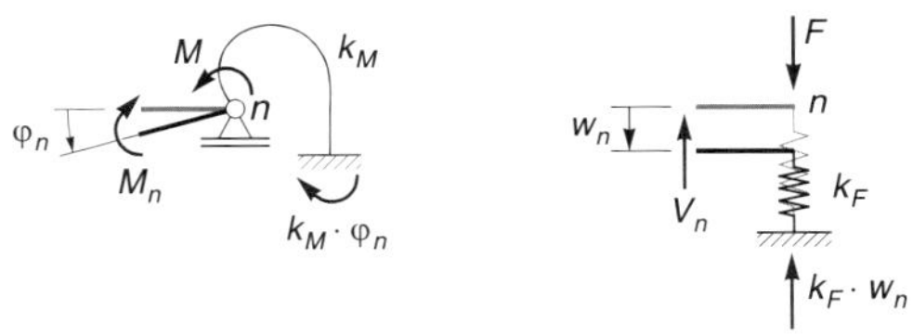

Bild 4.5 Elastisch gelagerter Rand am Endpunkt

In Matrizendarstellung lauten die Randbedingungen:

$$\begin{bmatrix} 1 & 0 & 0 & 0 & -w \\ 0 & 1 & 0 & 0 & -\varphi \\ 0 & -k_M & 1 & 0 & M \\ -k_F & 0 & 0 & 1 & F \\ 0 & 0 & 0 & 0 & 1 \end{bmatrix} \begin{bmatrix} w_n \\ \varphi_n \\ M_n \\ V_n \\ 1 \end{bmatrix} = \begin{bmatrix} 0 \\ 0 \\ 0 \\ 0 \\ 0 \end{bmatrix} \qquad (4.8)$$

$$\tilde{\boldsymbol{R}}_n \cdot \boldsymbol{z}_n = \boldsymbol{0}$$

Die Durchführung des Übertragungsprozesses ergibt am Endpunkt den Zustandsvektor $\boldsymbol{z}_n$, der von den unbekannten Anfangsgrößen abhängt. Mit der aus dem Übertragungsprozess entstandenen Matrix $\boldsymbol{Z}_n$ folgt:

$$\boldsymbol{z}_n = \boldsymbol{Z}_n \cdot \boldsymbol{x}_a$$

Damit lauten die Randbedingungen:

$$\tilde{\boldsymbol{R}}_n \cdot \boldsymbol{z}_n = \tilde{\boldsymbol{R}}_n \cdot \boldsymbol{Z}_n \cdot \boldsymbol{x}_a = \boldsymbol{0} \qquad (4.9)$$

Da am Endpunkt zwei Zustandsgrößen vorgeschrieben sind, ergibt sich das Gleichungssystem zur Ermittlung der unbekannten Anfangsgrößen aus den beiden Zeilen in Gl. (4.9), die der Lagerung des Endpunktes entsprechen. Damit folgt das Gleichungssystem mit:

$$\boldsymbol{R}_n \cdot \boldsymbol{Z}_n \cdot \boldsymbol{x}_a = \boldsymbol{0} \qquad (4.10)$$

Die Ermittlung der Randmatrix $\boldsymbol{R}_n$ wird für die in *Bild 4.6* dargestellten Randbedingungen gezeigt.

Bild 4.6 Randbedingungen am Endpunkt

Die beiden unbekannten Anfangsgrößen im Vektor $\boldsymbol{x}_a$ sind in folgender Gleichung mit x und y bezeichnet, die Elemente der aus dem Übertragungsprozess entstandenen Matrix $\boldsymbol{Z}_n$ mit a_i, b_i und c_i.

$$\begin{bmatrix} w_n \\ \varphi_n \\ M_n \\ V_n \\ 1 \end{bmatrix} = \begin{bmatrix} a_1 & b_1 & c_1 \\ a_2 & b_2 & c_2 \\ a_3 & b_3 & c_3 \\ a_4 & b_4 & c_4 \\ 0 & 0 & 1 \end{bmatrix} \begin{bmatrix} x \\ y \\ 1 \end{bmatrix} = \boldsymbol{Z}_n \cdot \boldsymbol{x}_a$$

Für die Randbedingungen in *Bild 4.6* folgt das Gleichungssystem für die unbekannten Anfangsgrößen mit:

$$\begin{bmatrix} \varphi_n \\ V_n \end{bmatrix} = \begin{bmatrix} a_2 & b_2 & c_2 \\ a_4 & b_4 & c_4 \end{bmatrix} \begin{bmatrix} x \\ y \\ 1 \end{bmatrix} = \begin{bmatrix} a_2 & b_2 \\ a_4 & b_4 \end{bmatrix} \begin{bmatrix} x \\ y \end{bmatrix} + \begin{bmatrix} c_2 \\ c_4 \end{bmatrix} = \begin{bmatrix} 0 \\ 0 \end{bmatrix}$$

Dieses Gleichungssystem kann durch Multiplikation mit der Matrix $\boldsymbol{R}_n$ erhalten werden. $\boldsymbol{R}_n$ ergibt sich dabei aus der 2. und 4. Zeile der Matrix $\tilde{\boldsymbol{R}}_n$ nach Gl. (4.9).

$$\boldsymbol{R}_n \cdot \boldsymbol{Z}_n \cdot \boldsymbol{x}_a = \boldsymbol{0}$$

$$\begin{bmatrix} 0 & 1 & 0 & 0 & 0 \\ 0 & 0 & 0 & 1 & 0 \end{bmatrix} \begin{bmatrix} a_1 & b_1 & c_1 \\ a_2 & b_2 & c_2 \\ a_3 & b_3 & c_3 \\ a_4 & b_4 & c_4 \\ 0 & 0 & 1 \end{bmatrix} \begin{bmatrix} x \\ y \\ 1 \end{bmatrix} = \begin{bmatrix} a_2 & b_2 \\ a_4 & b_4 \end{bmatrix} \begin{bmatrix} x \\ y \end{bmatrix} + \begin{bmatrix} c_2 \\ c_4 \end{bmatrix} = \begin{bmatrix} 0 \\ 0 \end{bmatrix}$$

4.4 Übertragungsverfahren

Der gesamte zu berechnende Stabzug wird in einzelne Abschnitte unterteilt. Für jeden der Abschnitte kann die Übertragungsmatrix in Abhängigkeit von Länge, Biegesteifigkeit und Belastung berechnet werden. Die beiden unbekannten Anfangsgrößen werden durch das Produkt $\boldsymbol{R}_a \cdot \boldsymbol{x}_a$ erfasst, wobei der Unbekanntenvektor $\boldsymbol{x}_a$ bei der Zahlenrechnung nicht mitgeführt wird. Dadurch wird berechnet, wie sich jede der beiden Unbekannten auswirkt, wenn sie die Größe 1 hat.

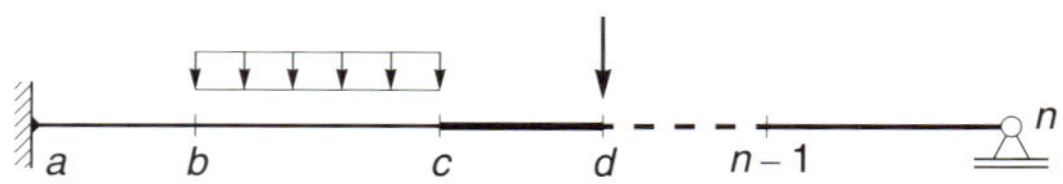

Bild 4.7 Stab mit Abschnitten

Für das Beispiel in *Bild 4.7* ergibt sich der folgende Übertragungsprozess.

$$\boldsymbol{z}_b = \boldsymbol{U}_a^b \cdot \boldsymbol{z}_a = \boldsymbol{U}_a^b \cdot \boldsymbol{R}_a \cdot \boldsymbol{x}_a$$

$$\boldsymbol{z}_c = \boldsymbol{U}_b^c \cdot \boldsymbol{z}_b = \boldsymbol{U}_b^c \cdot \boldsymbol{U}_a^b \cdot \boldsymbol{z}_a = \boldsymbol{U}_a^c \cdot \boldsymbol{z}_a = \boldsymbol{U}_a^c \cdot \boldsymbol{R}_a \cdot \boldsymbol{x}_a$$

...

$$\boldsymbol{z}_{n-1} = \boldsymbol{U}_{n-2}^{n-1} \cdot \boldsymbol{z}_{n-2} = \boldsymbol{U}_{n-2}^{n-1} \cdot \boldsymbol{U}_{n-3}^{n-2} \cdot \ldots \cdot \boldsymbol{U}_b^c \cdot \boldsymbol{U}_a^b \cdot \boldsymbol{z}_a$$

$$= \boldsymbol{U}_a^{n-1} \cdot \boldsymbol{R}_a \cdot \boldsymbol{x}_a$$

$$\boldsymbol{z}_n = \boldsymbol{U}_{n-1}^n \cdot \boldsymbol{z}_{n-1} = \boldsymbol{U}_{n-1}^n \cdot \boldsymbol{U}_{n-2}^{n-1} \cdot \ldots \cdot \boldsymbol{U}_b^c \cdot \boldsymbol{U}_a^b \cdot \boldsymbol{z}_a$$

$$= \boldsymbol{U}_a^n \cdot \boldsymbol{R}_a \cdot \boldsymbol{x}_a$$

Werden die Matrizenmultiplikationen nach dem sehr übersichtlichen Falkschen[1] Schema durchgeführt, ergibt sich das in *Bild 4.8* dargestellte Rechenschema.

$\boldsymbol{U}_a^n$ ist die Gesamtübertragungsmatrix. Sie überträgt die Zustandsgrößen vom Anfangspunkt a in den Endpunkt n. Die Matrizen des mittleren Bereichs ergeben, multipliziert mit $\boldsymbol{x}_a$, den jeweiligen Zustandsvektor $\boldsymbol{z}_i$. Durch die Multiplikation von $\boldsymbol{z}_n = \boldsymbol{U}_a^n \cdot \boldsymbol{R}_a \cdot \boldsymbol{x}_a$ mit der Randmatrix $\boldsymbol{R}_n$ folgt das Gleichungssystem zu Bestimmung der unbekannten Anfangsgrößen $\boldsymbol{x}_a$.

Die Lösung des Gleichungssystems $\boldsymbol{A} \cdot \boldsymbol{x}_a + \boldsymbol{b} = \boldsymbol{0}$ ergibt den Vektor $\boldsymbol{x}_a$. Mit den bekannten Anfangsgrößen

1 Sigurd Falk, em. Professor für Mechanik in Braunschweig

wird nun der Übertragungsprozess noch einmal durchlaufen, um die endgültigen Zustandsvektoren zu bestimmen. Hierfür gibt es zwei Möglichkeiten.

Bei beiden Varianten ergibt sich $\boldsymbol{z}_a$ aus dem Produkt $\boldsymbol{R}_a \cdot \boldsymbol{x}_a$. Die anderen Vektoren können aus dem Produkt der dreispaltigen Matrizen in der Mitte des Schemas mit dem Vektor $\boldsymbol{x}_a$ berechnet werden. Die zweite Möglichkeit besteht darin, die Feld- oder Punktmatrizen auf der linken Seite des Schemas mit dem zuletzt berechneten Zustandsvektor zu multiplizieren.

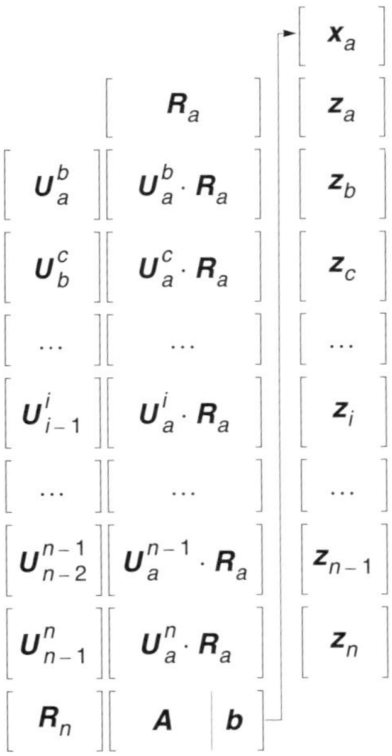

Bild 4.8 Rechenschema des Übertragungsverfahrens

4.4.1 Elastische Zwischenbedingungen

Wir betrachten zunächst nur elastische Stützungen sowie elastische Kopplungen zwischen einzelnen Stäben. Das Ziel ist der Übergang vom Ende eines Abschnittes zum Anfang des nächsten Abschnittes. Die Beziehungen zwischen den Zustandsgrößen links und rechts eines Punktes folgen aus Gleichgewichts- und Verformungsbedingungen. Sie sind im Folgenden für die möglichen Ausbildungen von elastischen Stützungen und Kopplungen angegeben.

Elastische Stützungen

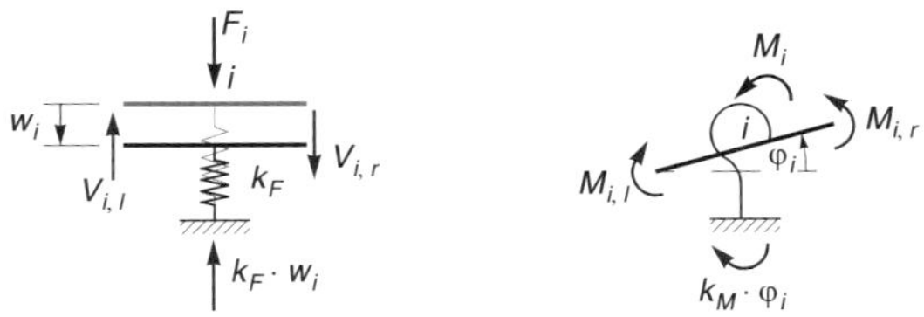

Bild 4.9 Elastische Punktlagerung mit eingeprägten Einzelkraftgrößen

Bei den elastischen Stützungen in *Bild 4.9* treten Sprunggrößen auf, die von der Verformung des Punktes abhängen. An den freigeschnittenen Punkten wirken neben den Schnittgrößen die äußeren Kraftgrößen sowie die unbekannten Kräfte und Momente in den Federn, die durch die Verformungen des Punktes ausgedrückt werden. Die Gleichgewichts- und Verformungsbedingungen werden nach den Zustandsgrößen rechts von Punkt *i* aufgelöst.

- Gleichgewicht

$$V_{i,r} - k_F \cdot w_{i,l} - V_{i,l} + F_i = 0$$
$$V_{i,r} = k_F \cdot w_{i,l} + V_{i,l} - F_i$$

$$M_{i,r} - k_M \cdot \varphi_{i,l} - M_{i,l} + M_i = 0$$
$$M_{i,r} = k_M \cdot \varphi_{i,l} + M_{i,l} - M_i$$

- Verformungsbedingung

$$w_{i,r} = w_{i,l}$$
$$\varphi_{i,r} = \varphi_{i,l}$$

Elastische Kopplungen

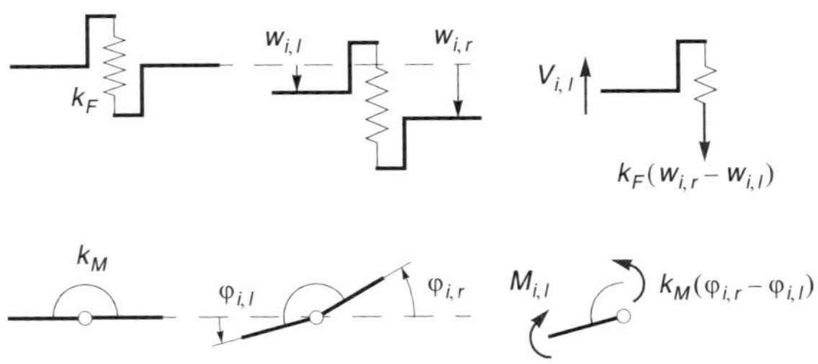

Bild 4.10 Elastische Kopplungen

Bei den elastischen Kopplungen in *Bild 4.9* treten Verformungssprünge auf. Aufgrund dieser Relativverformungen ergeben sich Kraftgrößen in den Federn, die aus Gleichgewichtsgründen gleich den Schnittgrößen des Punktes sind. Die Gleichgewichts- und Verformungsbedingungen werden nach den Zustandsgrößen rechts von Punkt *i* aufgelöst.

- Gleichgewicht

$$V_{i,r} = V_{i,l}$$
$$M_{i,r} = M_{i,l}$$

- Verformungsbedingung

$$w_{i,r} - w_{i,l} = \Delta w_i$$
$$\varphi_{i,r} - \varphi_{i,l} = \Delta\varphi_i$$

Die Relativverformungen werden durch die Schnittgrößen ausgedrückt. Mit den Beziehungen

$$k_F \cdot \Delta w_i = V_{i,l} \Rightarrow \Delta w_i = \frac{V_{i,l}}{k_F} = \delta_F V_{i,l}$$

$$k_M \cdot \Delta\varphi_i = M_{i,l} \Rightarrow \Delta\varphi_i = \frac{M_{i,l}}{k_M} = \delta_M M_{i,l}$$

folgt

$$w_{i,r} = w_{i,l} + \delta_F V_{i,l}$$
$$\varphi_{i,r} = \varphi_{i,l} + \delta_M M_{i,l}$$

mit den Nachgiebigkeiten:

$$\delta_F = \frac{1}{k_F} \text{ und } \delta_M = \frac{1}{k_M}$$

Eingeprägte Relativverformungen

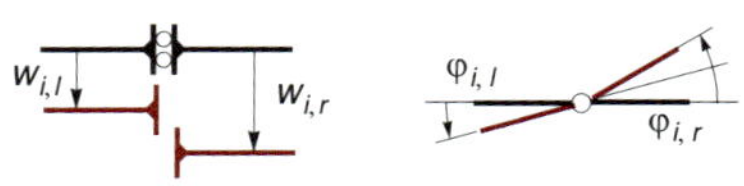

Bild 4.11 Eingeprägte Relativverformungen

Die in *Bild 4.11* dargestellten eingeprägten Relativverformungen werden für die Berechnung von Einflusslinien für Schnittgrößen benötigt.

- Gleichgewicht

$$V_{i,r} = V_{i,l}$$
$$M_{i,r} = M_{i,l}$$

- Verformungsbedingung

$$w_{i,r} = \Delta w_i + w_{i,l}$$
$$\varphi_{i,r} = \Delta\varphi_i + \varphi_{i,l}$$

Damit ist der Zusammenhang zwischen den Zustandsgrößen links und rechts vom Punkt *i* vollständig festgelegt. Zusammengefasst aus sämtlichen Einflüssen folgt:

$$\begin{bmatrix} w_{i,r} \\ \varphi_{i,r} \\ M_{i,r} \\ V_{i,r} \\ 1 \end{bmatrix} = \begin{bmatrix} 1 & 0 & 0 & \delta_F & \Delta w_i \\ 0 & 1 & \delta_M & 0 & \Delta\varphi_i \\ 0 & k_M & 1 & 0 & -M_i \\ k_F & 0 & 0 & 1 & -F_i \\ 0 & 0 & 0 & 0 & 1 \end{bmatrix} \begin{bmatrix} w_{i,l} \\ \varphi_{i,l} \\ M_{i,l} \\ V_{i,l} \\ 1 \end{bmatrix} \qquad (4.11)$$

$$\boldsymbol{z}_r = \boldsymbol{P}_i \cdot \boldsymbol{z}_l$$

Die Matrix $\boldsymbol{P}_i$ wird als *Punktmatrix* bezeichnet.

Für die Einführung der EI_c-fachen Verformungen werden die beiden ersten Zeilen in Gl. (4.11) mit EI_c multipliziert. Die beiden ersten Spalten, die mit den Verformungen multipliziert werden, sind durch EI_c zu dividieren. Damit ergibt sich:

$$\begin{bmatrix} \hat{w}_{i,r} \\ \hat{\varphi}_{i,r} \\ M_{i,r} \\ V_{i,r} \\ 1 \end{bmatrix} = \begin{bmatrix} 1 & 0 & 0 & \hat{\delta}_F & \Delta\hat{w}_i \\ 0 & 1 & \hat{\delta}_M & 0 & \Delta\hat{\varphi}_i \\ 0 & \tilde{k}_M & 1 & 0 & -M_i \\ \tilde{k}_F & 0 & 0 & 1 & -F_i \\ 0 & 0 & 0 & 0 & 1 \end{bmatrix} \begin{bmatrix} \hat{w}_{i,l} \\ \hat{\varphi}_{i,l} \\ M_{i,l} \\ V_{i,l} \\ 1 \end{bmatrix} \qquad (4.12)$$

EI_c-fache Größen sind mit $(\hat{\ })$, $1/(EI_c)$-fache Größen mit $(\tilde{\ })$ gekennzeichnet.

Der grundsätzliche Rechenablauf wird anhand des elastisch gestützten Durchlaufträgers in *Bild 4.12* erläutert.

Bild 4.12 Elastisch gelagerter Durchlaufträger

Ohne die Federn in den Punkten 2 und 3 lautet der Übertragungsvorgang von Punkt 1 zu Punkt 4:

$$\boldsymbol{z}_4 = \boldsymbol{U}_3^4 \cdot \underbrace{\boldsymbol{U}_2^3 \cdot \underbrace{\boldsymbol{U}_1^2 \cdot \boldsymbol{z}_1}_{\boldsymbol{z}_2}}_{\boldsymbol{z}_3}$$

Unter Berücksichtigung der Federn ergeben sich Sprünge der Zustandsgrößen in den Punkten 2 und 3. Es erfolgt zunächst die Übertragung bis zum Endpunkt des ersten Abschnitts, dies ergibt den Zustandsvektor links von Punkt 2. Durch Multiplikation mit der Punktmatrix $\boldsymbol{P}_2$ erfolgt die Übertragung in den Anfang des zweiten Abschnitts, es folgt der Zustandsvektor rechts von Punkt 2. Entsprechend erfolgt die Übertragung an das Ende des zweiten Abschnitts und in den Anfang des dritten Abschnitts.

$$\boldsymbol{z}_4 = \boldsymbol{U}_3^4 \cdot \boldsymbol{P}_3 \cdot \boldsymbol{U}_2^3 \cdot \underbrace{\boldsymbol{P}_2 \cdot \underbrace{\boldsymbol{U}_1^2 \cdot \boldsymbol{z}_1}_{\boldsymbol{z}_{2,l}}}_{\boldsymbol{z}_{2,r}}$$

Mit den Matrizen $\tilde{\boldsymbol{U}}_{i-1}^{i} = \boldsymbol{P}_i \cdot \boldsymbol{U}_{i-1}^{i}$ folgt

$$\boldsymbol{z}_4 = \boldsymbol{U}_3^4 \cdot \tilde{\boldsymbol{U}}_2^3 \cdot \tilde{\boldsymbol{U}}_1^2 \cdot \boldsymbol{z}_1$$

Die Matrix $\tilde{\boldsymbol{U}}_{i-1}^{i}$ überträgt die Zustandsgrößen des Punktes $i-1$ in den Anfangspunkt des nächsten Abschnitts, also rechts von Punkt i. Diese Matrix wird als *Leitmatrix* bezeichnet. Durch die Verwendung der Leitmatrizen wird der Übertragungsprozess verkürzt. Der Gesamtaufwand ist allerdings nicht geringer, da durch die Bildung der Matrizen die Multiplikation vorab durchgeführt werden muss. Der Nachteil besteht darin, dass die Zustandsgrößen am Ende der Abschnitte nachträglich mit einer Nachlaufrechnung ermittelt werden müssen.

In Abschnitt 4.3 wurden vorgeschriebene Größen und Federn bei der Aufstellung der Randmatrizen berücksichtigt. Diese Randgrößen können auch mit Hilfe der Punktmatrizen erfasst werden.

Wir betrachten exemplarisch den Lagerungsfall aus *Bild 4.4 d* und denken uns den Anfangspunkt um ein unendlich kleines Stück nach links versetzt, wie in *Bild 4.13* dargestellt ist. Dann liegt im Punkt a ein freier, unbelasteter Rand vor und die Randmatrix folgt mit

$$\boldsymbol{R}_a = \begin{bmatrix} 1 & 0 & 0 \\ 0 & 1 & 0 \\ 0 & 0 & 0 \\ 0 & 0 & 0 \\ 0 & 0 & 1 \end{bmatrix}$$

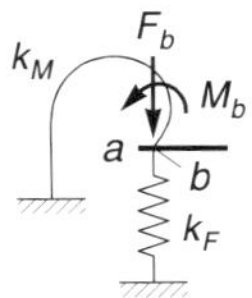

Bild 4.13 Federnd gelagerter Anfangspunkt

Mit der Punktmatrix $\boldsymbol{P}_b$ nach Gl. (4.11) ergibt sich durch die Multiplikation $\boldsymbol{P}_b \cdot \boldsymbol{R}_a$ die für diesen Fall schon in Abschnitt 4.3 ermittelte Randmatrix.

$$\boldsymbol{P}_b \cdot \boldsymbol{R}_a = \begin{bmatrix} 1 & 0 & 0 & 0 & 0 \\ 0 & 1 & 0 & 0 & 0 \\ 0 & k_M & 1 & 0 & -M_b \\ k_F & 0 & 0 & 1 & -F_b \\ 0 & 0 & 0 & 0 & 1 \end{bmatrix} \begin{bmatrix} 1 & 0 & 0 \\ 0 & 1 & 0 \\ 0 & 0 & 0 \\ 0 & 0 & 0 \\ 0 & 0 & 1 \end{bmatrix} = \begin{bmatrix} 1 & 0 & 0 \\ 0 & 1 & 0 \\ 0 & k_M & -M_b \\ k_F & 0 & -F_b \\ 0 & 0 & 1 \end{bmatrix}$$

Beispiel 4.1

Für den dargestellten Balken sind die Zustandsgrößen mit dem Übertragungsmatrizenverfahren zu berechnen.

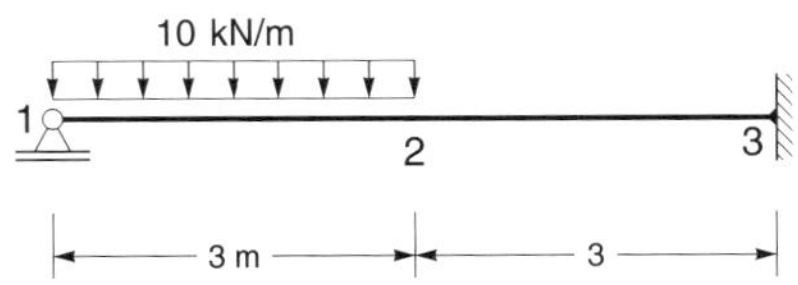

Bild 4.14 Balken mit Teilstreckenlast

Da das Trägheitsmoment konstant ist, ist I_c/I gleich eins und wird im Folgenden weggelassen. Der Balken wird in zwei Abschnitte unterteilt. Die Übertragungsmatrizen nach Gl. (4.5) unterscheiden sich nur durch die Belastungsanteile. Im Punkt 1 ist das Moment und die Durchbiegung gleich null. Die konjugierten Größen V und φ sind unbekannt.

$$\begin{bmatrix} w_2 \\ \varphi_2 \\ M_2 \\ V_2 \\ 1 \end{bmatrix} = \begin{bmatrix} 1 & -l & -\frac{l^2}{2} & -\frac{l^3}{6} & q\frac{l^4}{24} \\ 0 & 1 & l & \frac{l^2}{2} & -q\frac{l^3}{6} \\ 0 & 0 & 1 & l & -q\frac{l^2}{2} \\ 0 & 0 & 0 & 1 & -ql \\ 0 & 0 & 0 & 0 & 1 \end{bmatrix} \begin{bmatrix} w_1 = 0 \\ \varphi_1 \\ M_1 = 0 \\ V_1 \\ 1 \end{bmatrix}$$

Der Vektor der Unbekannten wird nun nach den unbekannten Größen und dem Lastanteil aufgespalten.

$$\begin{bmatrix} w_2 \\ \varphi_2 \\ M_2 \\ V_2 \\ 1 \end{bmatrix} = \begin{bmatrix} 1 & -l & -\frac{l^2}{2} & -\frac{l^3}{6} & q\frac{l^4}{24} \\ 0 & 1 & l & \frac{l^2}{2} & -q\frac{l^3}{6} \\ 0 & 0 & 1 & l & -q\frac{l^2}{2} \\ 0 & 0 & 0 & 1 & -ql \\ 0 & 0 & 0 & 0 & 1 \end{bmatrix} \begin{bmatrix} 0 & 0 & 0 \\ 1 & 0 & 0 \\ 0 & 0 & 0 \\ 0 & 1 & 0 \\ 0 & 0 & 1 \end{bmatrix} \begin{bmatrix} \varphi_1 \\ V_1 \\ 1 \end{bmatrix}$$

Der Vektor, der die Unbekannten enthält, wird in der weiteren Berechnung weggelassen. Durch Einsetzen der Zahlenwerte folgt die Übertragungsmatrix mit:

$$\boldsymbol{U}_1^2 = \begin{bmatrix} 1 & -3 & -4{,}5 & -4{,}5 & 33{,}75 \\ 0 & 1 & 3 & 4{,}5 & -45 \\ 0 & 0 & 1 & 3 & -45 \\ 0 & 0 & 0 & 1 & -30 \\ 0 & 0 & 0 & 0 & 1 \end{bmatrix}$$

Im nächsten Schritt wird nun der Zustandsvektor im Punkt 2 ermittelt.

$$\boldsymbol{z}_2 = \boldsymbol{U}_1^2 \cdot \boldsymbol{z}_1 = \boldsymbol{U}_1^2 \cdot \boldsymbol{R}_1 \cdot \boldsymbol{x}_1$$

$$= \begin{bmatrix} 1 & -3 & -4.5 & -4.5 & 33.75 \\ 0 & 1 & 3 & 4.5 & -45 \\ 0 & 0 & 1 & 3 & -45 \\ 0 & 0 & 0 & 1 & -30 \\ 0 & 0 & 0 & 0 & 1 \end{bmatrix} \begin{bmatrix} 0 & 0 & 0 \\ 1 & 0 & 0 \\ 0 & 0 & 0 \\ 0 & 1 & 0 \\ 0 & 0 & 1 \end{bmatrix} = \begin{bmatrix} -3 & -4.5 & 33.75 \\ 1 & 4.5 & -45 \\ 0 & 3 & -45 \\ 0 & 1 & -30 \\ 0 & 0 & 1 \end{bmatrix}$$

Die Zustandsgrößen im Punkt 2 werden durch Multiplikation mit der Übertragungsmatrix $\boldsymbol{U}_2^3$ in den Punkt 3 übertragen.

$$\boldsymbol{z}_3 = \boldsymbol{U}_2^3 \cdot \boldsymbol{z}_2 = \boldsymbol{U}_2^3 \cdot \boldsymbol{R}_1 \cdot \boldsymbol{x}_1$$

$$= \begin{bmatrix} 1 & -3 & -4.5 & -4.5 & 0 \\ 0 & 1 & 3 & 4.5 & 0 \\ 0 & 0 & 1 & 3 & 0 \\ 0 & 0 & 0 & 1 & 0 \\ 0 & 0 & 0 & 0 & 1 \end{bmatrix} \begin{bmatrix} -3 & -4.5 & 33.75 \\ 1 & 4.5 & -45 \\ 0 & 3 & -45 \\ 0 & 1 & -30 \\ 0 & 0 & 1 \end{bmatrix}$$

$$= \begin{bmatrix} -6 & -36 & 506.25 \\ 1 & 18 & -315 \\ 0 & 6 & -135 \\ 0 & 1 & -30 \\ 0 & 0 & 1 \end{bmatrix}$$

Die unbekannten Anfangsgrößen werden aus den Randbedingungen im Punkt 3 ermittelt. Da beide Verformungen gleich null sind, ergibt sich aus den ersten beiden Zeilen des Vektors $\boldsymbol{z}_3$ das Gleichungssystem

$$\begin{bmatrix} w_3 \\ \varphi_3 \end{bmatrix} = \begin{bmatrix} -6 & -36 \\ 1 & 18 \end{bmatrix} \begin{bmatrix} \varphi_1 \\ V_1 \end{bmatrix} + \begin{bmatrix} 506.25 \\ -315 \end{bmatrix} = \begin{bmatrix} 0 \\ 0 \end{bmatrix}$$

mit der Lösung

$$\begin{bmatrix} \varphi_1 \\ V_1 \end{bmatrix} = \begin{bmatrix} -30.9375 \\ 19.2188 \end{bmatrix} \Rightarrow \boldsymbol{x}_1 = \begin{bmatrix} -30.9375 \\ 19.2188 \\ 1 \end{bmatrix}$$

Zur Berücksichtigung der Lastspalte ist der Lösungsvektor um den Wert eins ergänzt worden. Mit den bekannten Anfangsgrößen im Punkt 1 können die Zustandsgrößen in den Punkten 2 und 3 in einer Nachlaufrechnung ermittelt werden.

$$\boldsymbol{z}_2 = \boldsymbol{U}_1^2 \cdot \boldsymbol{R}_1 \cdot \boldsymbol{x}_1$$

$$= \begin{bmatrix} w_2 \\ \varphi_2 \\ M_2 \\ V_2 \\ 1 \end{bmatrix} = \begin{bmatrix} -3 & -4.5 & 33.75 \\ 1 & 4.5 & -45 \\ 0 & 3 & -45 \\ 0 & 1 & -30 \\ 0 & 0 & 1 \end{bmatrix} \begin{bmatrix} -30.9375 \\ 19.2188 \\ 1 \end{bmatrix} = \begin{bmatrix} 40.0781 \\ -10.5469 \\ 12.6563 \\ -10.7813 \\ 1 \end{bmatrix}$$

$$z_3 = U_2^3 \cdot R_1 \cdot x_1$$

$$= \begin{bmatrix} w_3 \\ \varphi_3 \\ M_3 \\ V_3 \\ 1 \end{bmatrix} = \begin{bmatrix} -6 & -36 & 506.25 \\ 1 & 18 & -315 \\ 0 & 6 & -135 \\ 0 & 1 & -30 \\ 0 & 0 & 1 \end{bmatrix} \begin{bmatrix} -30.9375 \\ 19.2188 \\ 1 \end{bmatrix} = \begin{bmatrix} 0 \\ 0 \\ -19.6875 \\ -10.7813 \\ 1 \end{bmatrix}$$

Die durchgeführte Berechnung ist nachfolgend nochmals übersichtlicher in schematischer Form angegeben. Die Übertragung vom Anfangs- zum Endpunkt erfolgt in den beiden linken Spalten, die Nachlaufrechnung in der rechten Spalte.

		x_1
	R_1	z_1
U_1^2	$U_1^2 \cdot R_1$	z_2
U_2^3	$U_2^3 \cdot U_1^2 \cdot R_1$ $= U_1^3 \cdot R_1$	z_3
R_3	A b	

Die Zahlenrechnung für dieses Schema ist in *Bild 4.16* dargestellt.

Die Ergebnisse der Berechnung zeigt *Bild 4.15.*

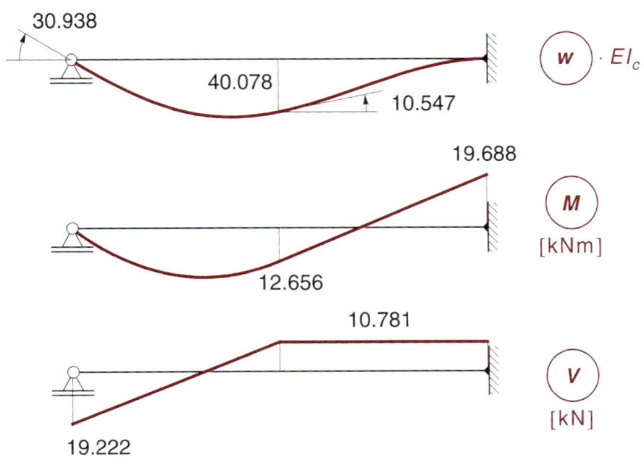

Bild 4.15 Verlauf der Zustandsgrößen

									–30,9375	
									19,2188	x_1
									1	
						0	0	0	0	
						1	0	0	–30,9375	
R_1						0	0	0	0	z_1
						0	1	0	19,2188	
						0	0	1	1	
	1	–3	–4,5	–4,5	33,75	–3	–4,5	33,75	40,0781	
	0	1	3	4,5	–45	1	4,5	–45	–10,5469	
U_1^2	0	0	1	3	–45	0	3	–45	12,6563	z_2
	0	0	0	1	–30	0	1	–30	–10,7813	
	0	0	0	0	1	0	0	1	1	
	1	–3	–4,5	–4,5	0	–6	–36	506,25	0	
	0	1	3	4,5	0	1	18	–315	0	
U_2^3	0	0	1	3	0	0	6	–135	–19,6875	z_3
	0	0	0	1	0	0	1	–30	–10,7813	
	0	0	0	0	1	0	0	1	1	
R_3	1	0	0	0	0	–6	–36	506,25		
	0	1	0	0	0	1	18	–315		

Bild 4.16 Rechenschema für *Beispiel 4.1*

Beispiel 4.2

Für den dargestellten, elastisch gelagerten Balken sind die Zustandsgrößen mit dem Übertragungsmatrizenverfahren zu berechnen.

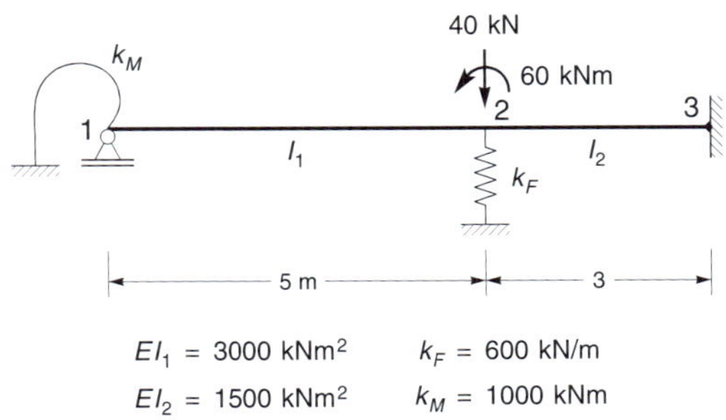

Bild 4.17 Elastisch gelagerter Zweifeldträger mit Knotenlasten

Als Vergleichssteifigkeit wählen wir EI_1. Daraus folgen die Verhältnisse der Trägheitsmomente sowie die bezogenen Federsteifigkeiten $\tilde{k}$.

$$\frac{I_c}{I_1} = 1.0 \qquad \frac{I_c}{I_2} = 2.0$$

$$\tilde{k}_F = \frac{600}{3000} = 0.2 \quad \tilde{k}_M = \frac{1000}{3000} = 1/3$$

Das Rechenschema der Übertragung ist in Bild 4.18 dargestellt. Die Feldmatrizen und die Punktmatrix ergeben sich durch Einsetzen der Zahlenwerte in Gleichung (4.5) bzw. (4.12). In der Randmatrix $\boldsymbol{R}_1$ erscheint die Verdrehung (2. Zeile) und die Querkraft (4. Zeile) als Unbekannte. Die Drehfedersteifigkeit wird in der Spalte für die Verdrehung in der dritten Zeile erfasst. Dies entspricht dem Moment am Anfang in Abhängigkeit von der Verdrehung des Punktes 1, siehe Abschnitt 4.3 .

Die Durchführung der Matrizenmultiplikationen ergibt den Zustandsvektor im Punkt 3 in Abhängigkeit von den unbekannten Anfangsgrößen. Mit Hilfe der Randmatrix $\boldsymbol{R}_3$ werden die Randbedingungen im Punkt 3 formuliert. Da beide Verformungen gleich null sind, ist die erste bzw. zweite Spalte mit eins besetzt. Durch das letzte Matrizenprodukt folgt das Gleichungssystem zur Bestimmung der Unbekannten im Punkt 1.

Die Lösung des Gleichungssystems ergibt den Vektor $\boldsymbol{x}_1$, mit dem nun die Nachlaufrechnung durchgeführt wird. Wie bereits dargestellt wurde, können die endgültigen Zustandsvektoren auf zwei Arten berechnet werden.

Nach der Ermittlung von $\boldsymbol{z}_1$ aus dem Produkt $\boldsymbol{R}_1 \cdot \boldsymbol{x}_1$ ergeben sich die anderen Zustandsvektoren $\boldsymbol{z}_{i+1}$ entweder aus dem Produkt der Matrizen $\boldsymbol{U}_i^{i+1} \cdot \boldsymbol{R}_1 \cdot \boldsymbol{x}_1$ oder aus dem Produkt $\boldsymbol{U}_i^{i+1} \cdot \boldsymbol{z}_i$. Dies gilt entsprechend auch für die Punktmatrizen.

									–44,0620	$\boldsymbol{x}_1$
									14,1857	
									1	
						0	0	0	0	$\boldsymbol{z}_1$
						1	0	0	–44,0620	
					$\boldsymbol{R}_1$	0,33333	0	0	–14,6873	
						0	1	0	14,1857	
						0	0	1	1	
$\boldsymbol{U}_1^2$	1	–5	–12,5	–20,83333	0	–9,16667	–20,83333	0	108,3672	$\boldsymbol{z}_{2,l}$
	0	1	5	12,5	0	2,66667	12,5	0	59,8221	
	0	0	1	5	0	0,33333	5	0	56,2410	
	0	0	0	1	0	0	1	0	14,1857	
	0	0	0	0	1	0	0	1	1	
$\boldsymbol{P}_2$	1	0	0	0	0	–9,16667	–20,83333	0	108,3672	$\boldsymbol{z}_{2,r}$
	0	1	0	0	0	2,66667	12,5	0	59,8221	
	0	0	1	0	–60	0,33333	5	–60	–3,7590	
	0,2	0	0	1	–40	–1,83333	–3,16667	–40	–4,1409	
	0	0	0	0	1	0	0	1	1	
$\boldsymbol{U}_2^3$	1	–3	–9	–9	0	–3,66667	–74,83333	900	0	$\boldsymbol{z}_3$
	0	1	6	9	0	–11,83333	14	–720	0	
	0	0	1	3	0	–5,16667	–4,5	–180	–16,1817	
	0	0	0	1	0	–1,83333	–3,16667	–40	–4,1409	
	0	0	0	0	1	0	0	1	1	
$\boldsymbol{R}_3$	1	0	0	0	0	–3,66667	–74,83333	900		
	0	1	0	0	0	–11,83333	14	–720		

Bild 4.18 Rechenschema für *Beispiel 4.2*

Die Berechnungsergebnisse sind in *Bild 4.19* dargestellt.

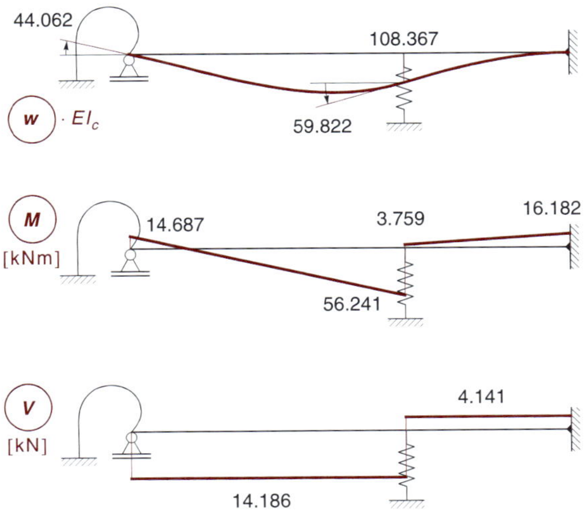

Bild 4.19 Zustandsgrößen für *Beispiel 4.2*

Beispiel 4.3

Die Zustandsgrößen des dargestellten, elastisch gelagerten Balkens sind mit dem Übertragungsmatrizenverfahren zu berechnen.

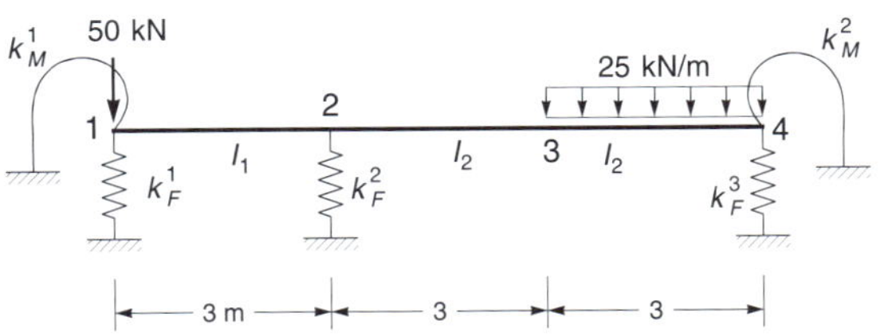

$EI_1 = 2000$ kNm² $\quad k_F^1 = 750$ kN/m $\quad k_M^1 = 500$ kNm

$EI_2 = 5000$ kNm² $\quad k_F^2 = 2500$ kN/m $\quad k_M^2 = 1200$ kNm

$k_F^3 = 1500$ kN/m

Bild 4.20 Elastisch gelagerter Zweifeldbalken

Mit $EI_c = EI_2$ folgen die Verhältnisse der Trägheitsmomente und die bezogenen Federsteifigkeiten.

$$\frac{I_c}{I_2} = 1.0 \qquad \frac{I_c}{I_1} = 2.5$$

$$\tilde{k}_F^1 = \frac{750}{5000} = 0.15 \qquad \tilde{k}_M^1 = \frac{500}{5000} = 0.1$$

$$\tilde{k}_F^2 = \frac{2500}{5000} = 0.5 \qquad \tilde{k}_M^2 = \frac{1200}{5000} = 0.24$$

$$\tilde{k}_F^3 = \frac{1500}{5000} = 0.3$$

Das Rechenschema der Übertragung ist in Bild 4.22 dargestellt. Die Feldmatrizen und die Punktmatrix ergeben sich wiederum durch Einsetzen der Zahlenwerte in Gleichung (4.5) bzw. (4.12).

Bei diesem Beispiel ist die Randmatrix $\boldsymbol{R}_1$ für die Stelle links von Punkt 1 angegeben. Die Berücksichtigung der Federn und der Einzelkraft erfolgt durch die Punktmatrix $\boldsymbol{P}_1$. Alternativ hätte auch das Produkt $\boldsymbol{P}_1 \cdot \boldsymbol{R}_1$ als Randmatrix gewählt werden können. Gleiches gilt für die Randbedingungen im Punkt 4. Auch hier erfolgte eine Übertragung an den freien Rand durch die Punktmatrix $\boldsymbol{P}_4$. Die Randmatrix $\boldsymbol{R}_4$ entspricht der Bedingung, dass die Kraftgrößen rechts vom Punkt 4 gleich null sind.

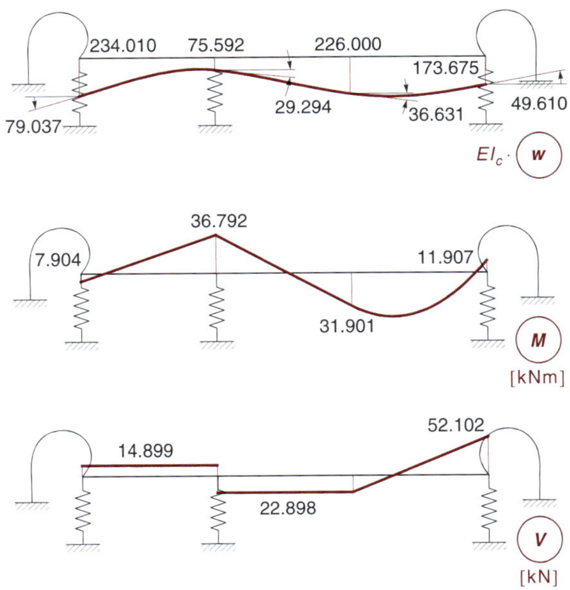

Bild 4.21 Zustandsgrößen für *Beispiel 4.3*

									234,0099	
									79,0366	$\boldsymbol{x}_1$
									1	
						1	0	0		
						0	1	0		
					$\boldsymbol{R}_1$	0	0	0	234,0099	$\boldsymbol{z}_{1,l}$
						0	0	0	79,03662	
						0	0	1	1	
	1	0	0	0	0	1	0	0	234,0099	
	0	1	0	0	0	0	1	0	79,0366	
$\boldsymbol{P}_1$	0	0,1	1	0	0	0	0,1	0	7,9037	$\boldsymbol{z}_{1,r}$
	0,15	0	0	1	–50	0,15	0	–50	–14,8985	
	0	0	0	0	1	0	0	1	1	
	1	–3	–11,25	–11,25	0	–0,6875	–4,125	562,5	75,5922	
	0	1	7,5	11,25	0	1,6875	1,75	–562,5	–29,29428	
$\boldsymbol{U}_1^2$	0	0	1	3	0	0,45	0,1	–150	–36,7919	$\boldsymbol{z}_{2,l}$
	0	0	0	1	0	0,15	0	–50	–14,89852	
	0	0	0	0	1	0	0	1	1	
	1	0	0	0	0	–0,6875	–4,125	562,5	75,59217	
	0	1	0	0	0	1,6875	1,75	–562,5	–29,29428	
$\boldsymbol{P}_2$	0	0	1	0	0	0,45	0,1	–150	–36,7919	$\boldsymbol{z}_{2,r}$
	0,5	0	0	1	0	–0,19375	–2,0625	231,25	22,89756	
	0	0	0	0	1	0	0	1	1	
	1	–3	–4,5	–4,5	0	–6,90313	–0,54375	1884,375	225,9995	
	0	1	3	4,5	0	2,16562	–7,23125	28,125	–36,63095	
$\boldsymbol{U}_2^3$	0	0	1	3	0	–0,13125	–6,0875	543,75	31,90079	$\boldsymbol{z}_3$
	0	0	0	1	0	–0,19375	–2,0625	231,25	22,89756	
	0	0	0	0	1	0	0	1	1	
	1	–3	–4,5	–4,5	84,375	–11,9375	57,825	–1603,125	173,67478	
	0	1	3	4,5	–112,5	0,9	–34,775	2587,5	49,61047	
$\boldsymbol{U}_3^4$	0	0	1	3	–112,5	–0,7125	–12,275	1125	–11,90651	$\boldsymbol{z}_{4,l}$
	0	0	0	1	–75	–0,19375	–2,0625	156,25	–52,10244	
	0	0	0	0	1	0	0	1	1	
	1	0	0	0	0	–11,9375	57,825	–1603,125	173,67478	
	0	1	0	0	0	0,9	–34,775	2587,5	49,61047	
$\boldsymbol{P}_4$	0	0,24	1	0	0	–0,4965	–20,621	1746	0	$\boldsymbol{z}_{4,r}$
	0,3	0	0	1	0	–3,775	15,285	–324,6875	0	
	0	0	0	0	1	0	0	1	1	
$\boldsymbol{R}_4$	0	0	1	0	0	–0,4965	–20,621	–1746		
	0	0	0	1	0	–3,775	15,285	324,6875		

Bild 4.22 Rechenschema für *Beispiel 4.3*

4.4.2 Starre Zwischenbedingungen

Bei starren Zwischenbedingungen sind Komponenten des Zustandsvektors vorgeschrieben, siehe *Bild 4.23*. Im Gegensatz zu elastischen Lagerungen oder Kopplungen können die Sprunggrößen nicht mehr durch schon vorhandene Unbekannte ausgedrückt werden. Die zu der vorgeschriebenen Zustandsgröße gehörende Sprunggröße ist eine neue Unbekannte, sie ist in *Bild 4.23* in Klammern angegeben.

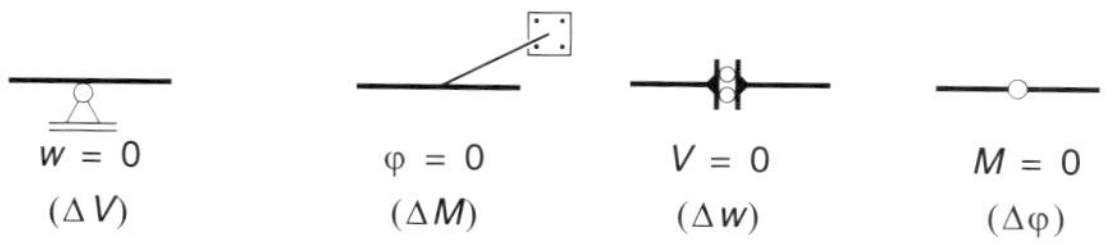

Bild 4.23 Starre Zwischenbedingungen

Für die Berechnung gibt es grundsätzlich zwei Möglichkeiten.

1. Die neue Unbekannte wird in der Rechnung bis zum Ende des Stabzuges mitgeführt und die Zwischenbedingung am Ende mit den äußeren Randbedingungen erfüllt. Dieses Vorgehen wird im Folgenden als *Mitführen der Unbekannten* bezeichnet.

2. Mit der Zwischenbedingung wird eine der vorhandenen Unbekannten durch die neue Unbekannte ersetzt. Dieses Vorgehen wird nachfolgend als *Ablösen der Unbekannten* bezeichnet.

Die Durchführung beider Berechnungsvarianten wird anhand der nachfolgenden Beispiele erläutert.

Beispiel 4.4

Für den dargestellten, starr gestützten Zweifeldträger sind die Zustandsgrößen mit dem Übertragungsmatrizenverfahren zu berechnen.

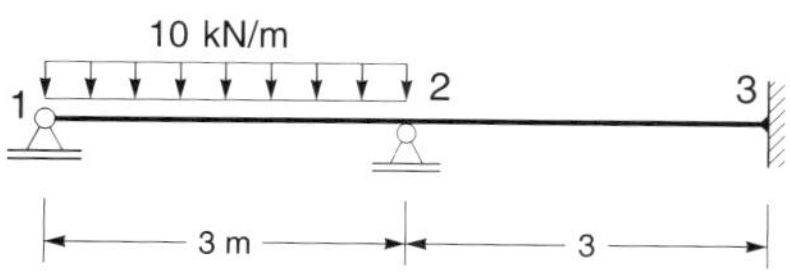

Bild 4.24 Zweifeldträger

- Mitführen der Unbekannten

Die Berechnung ist in *Bild 4.25* dargestellt. In der Randmatrix wird die im Punkt 2 auftretende unbekannte Auflagerkraft ΔV_2 von Anfang an berücksichtigt. Da sie erst bei der Übertragung von Punkt 2 nach Punkt 3 relevant ist, wird sie in der Matrix zunächst mit einer Null berücksichtigt.

$$\boldsymbol{z}_1 = \begin{bmatrix} 0 & 0 & 0 & 0 \\ 1 & 0 & 0 & 0 \\ 0 & 0 & 0 & 0 \\ 0 & 1 & 0 & 0 \\ 0 & 0 & 0 & 1 \end{bmatrix} \begin{bmatrix} \varphi_1 \\ V_1 \\ \Delta V_2 \\ 1 \end{bmatrix}$$

Die Übertragung zum Ende des ersten Abschnitts ergibt den Zustandsvektor $\boldsymbol{z}_{2,l}$. Der Zustandsvektor $\boldsymbol{z}_{2,r}$ unterscheidet sich von $\boldsymbol{z}_{2,l}$ um die Auflagerkraft ΔV_2. Aus diesem Grund wird der zuvor mit einer Null belegte Platz mit einer Eins besetzt und der Übertragungsprozess fortgesetzt.

Aus den beiden Randbedingungen im Punkt 3 ergeben sich durch die Randmatrix $\boldsymbol{R}_3$ wieder zwei Gleichungen. Eine zusätzliche Gleichung folgt aus der Zwischenbedingung $w_2 = 0$. Diese Gleichung ist in *Bild 4.25* grau unterlegt dargestellt. Nach Lösung des Gleichungssystems erfolgt die Nachlaufrechnung mit den bekannten Größen.

- Ablösen der Unbekannten

Diese Berechnungsvariante ist in *Bild 4.26* durchgeführt. Im Gegensatz zur vorherigen Berechnung werden zunächst nur die beiden unbekannten Anfangsgrößen im Vektor $\boldsymbol{x}_1$ berücksichtigt. Nach der Ermittlung des Zustandsvektors $\boldsymbol{U}_1^2 \cdot \boldsymbol{R}_1 = \boldsymbol{Z}_1^{2,l}$ wird die Zwischenbedingung $w_2 = 0$ formuliert. Aus der grau unterlegten Zeile ergibt sich:

$$w_2 = -3\varphi_1 - 4.5\,V_1 + 33.75 = 0$$

Mit dieser Bedingung kann V_1 durch die Unbekannte φ_1 ausgedrückt werden.

$$V_1 = \frac{-3\varphi_1 + 33.75}{4.5} = -0.66667\varphi_1 + 7.5 \qquad (4.13)$$

Durch Einsetzen in den Zustandsvektor

$$\boldsymbol{z}_{2,l} = \boldsymbol{U}_1^2 \cdot \boldsymbol{R}_1 \cdot \boldsymbol{x}_1 = \boldsymbol{Z}_1^{2,l} \cdot \boldsymbol{x}_1$$

ergibt sich:

$$\boldsymbol{z}_{2,l} = \begin{bmatrix} -3\varphi_1 - 4.5\,V_1 + 33.75 \\ 1\varphi_1 + 4.5\,V_1 - 45 \\ 3\,V_1 - 45 \\ V_1 - 30 \end{bmatrix} = \begin{bmatrix} 0 \\ -2\varphi_1 - 11.25 \\ -2\varphi_1 - 22.5 \\ -0.66667\varphi_1 - 22.5 \end{bmatrix}$$

Damit ist $\boldsymbol{z}_{2,l}$ nur noch von der Unbekannten φ_1 abhängig. Durch die farbig markierte Eins wird die neue Unbekannte ΔV_2 eingeführt und für den Zustandsvektor $\boldsymbol{z}_{2,r}$ gilt:

$$\boldsymbol{z}_{2,r} = \boldsymbol{Z}_1^{2,r} \cdot \boldsymbol{x}_2 = \begin{bmatrix} -2 & 0 & 0 \\ -2 & 0 & -11.25 \\ -0.66667 & 0 & -22.5 \\ 0 & 1 & -22.5 \\ 0 & 0 & 1 \end{bmatrix} \begin{bmatrix} \varphi_1 \\ \Delta V_2 \\ 1 \end{bmatrix}$$

Mit der zum neuen Unbekanntenvektor $\boldsymbol{x}_2$ zugehörigen Matrix $\boldsymbol{Z}_1^{2,r}$ wird der Übertragungsprozess fortgesetzt.

Aus den Randbedingungen im Punkt 3 folgt das Gleichungssystem für die Unbekannten φ_1 und ΔV_2. Nach der Lösung kann die eliminierte Unbekannte V_1 aus Gl. (4.13) ermittelt werden.

$$V_1 = -0.66667\varphi_1 + 7.5 = -0.66667(-8.0357) + 7.5$$
$$= 12.8571$$

Es ist zu beachten, dass bis zum Zustandvektor $\boldsymbol{z}_{2,l}$ die Nachlaufrechnung mit dem Vektor $\boldsymbol{x}_1$ durchzuführen ist und danach der Vektor $\boldsymbol{x}_2$ gilt.

$$\boldsymbol{x}_1 = \begin{bmatrix} -8{,}0357 \\ 12{,}8571 \\ 20{,}3571 \\ 1 \end{bmatrix}$$

$$\boldsymbol{R}_1 = \begin{bmatrix} 0 & 0 & 0 & 0 \\ 1 & 0 & 0 & 0 \\ 0 & 0 & 0 & 0 \\ 0 & 1 & 0 & 0 \\ 0 & 0 & 0 & 1 \end{bmatrix} \qquad \boldsymbol{z}_1 = \begin{bmatrix} 0 \\ -8{,}0357 \\ 0 \\ 12{,}8571 \\ 1 \end{bmatrix}$$

$$\boldsymbol{U}_1^2 = \begin{bmatrix} 1 & -3 & -4{,}5 & -4{,}5 & 33{,}75 \\ 0 & 1 & 3 & 4{,}5 & -45 \\ 0 & 0 & 1 & 3 & -45 \\ 0 & 0 & 0 & 1 & -30 \\ 0 & 0 & 0 & 0 & 1 \end{bmatrix} \qquad \begin{bmatrix} -3 & -4{,}5 & 0 & 33{,}75 \\ 1 & 4{,}5 & 0 & -45 \\ 0 & 3 & 0 & -45 \\ 0 & 1 & 0 & -30 \\ 0 & 0 & 0 & 1 \end{bmatrix} \qquad \boldsymbol{z}_{2,l} = \begin{bmatrix} 0 \\ 4{,}8214 \\ -6{,}4286 \\ -17{,}1429 \\ 1 \end{bmatrix}$$

neue Unbekannte: ΔV_2

$$\begin{bmatrix} -3 & -4{,}5 & 0 & 33{,}75 \\ 1 & 4{,}5 & 0 & -45 \\ 0 & 3 & 0 & -45 \\ 0 & 1 & 1 & -30 \\ 0 & 0 & 0 & 1 \end{bmatrix} \qquad \boldsymbol{z}_{2,r} = \begin{bmatrix} 0 \\ 4{,}8214 \\ -6{,}4286 \\ 3{,}2143 \\ 1 \end{bmatrix}$$

$$\boldsymbol{U}_2^3 = \begin{bmatrix} 1 & -3 & -4{,}5 & -4{,}5 & 0 \\ 0 & 1 & 3 & 4{,}5 & 0 \\ 0 & 0 & 1 & 3 & 0 \\ 0 & 0 & 0 & 1 & 0 \\ 0 & 0 & 0 & 0 & 1 \end{bmatrix} \qquad \begin{bmatrix} -6 & -36 & -4{,}5 & 506{,}25 \\ 1 & 18 & 4{,}5 & -315 \\ 0 & 6 & 3 & -135 \\ 0 & 1 & 1 & -30 \\ 0 & 0 & 0 & 1 \end{bmatrix} \qquad \boldsymbol{z}_3 = \begin{bmatrix} 0 \\ 0 \\ 3{,}2143 \\ 3{,}2143 \\ 1 \end{bmatrix}$$

$$\boldsymbol{R}_3 = \begin{bmatrix} 1 & 0 & 0 & 0 & 0 \\ 0 & 1 & 0 & 0 & 0 \end{bmatrix} \qquad \begin{bmatrix} -6 & -36 & -4{,}5 & 506{,}25 \\ 1 & 18 & 4{,}5 & -315 \\ -3 & -4{,}5 & 0 & 33{,}75 \end{bmatrix}$$

Bild 4.25 Rechenschema für *Beispiel 4.4* - Mitführen der Unbekannten

$$x_1 = \begin{bmatrix} -8{,}0357 \\ 12{,}8571 \\ 1 \end{bmatrix}$$

$$R_1: \begin{bmatrix} 0 & 0 & 0 \\ 1 & 0 & 0 \\ 0 & 0 & 0 \\ 0 & 1 & 0 \\ 0 & 0 & 1 \end{bmatrix} \quad z_1 = \begin{bmatrix} 0 \\ -8{,}0357 \\ 0 \\ 12{,}8571 \\ 1 \end{bmatrix}$$

$$U_1^2 = \begin{bmatrix} 1 & -3 & -4{,}5 & -4{,}5 & 33{,}75 \\ 0 & 1 & 3 & 4{,}5 & -45 \\ 0 & 0 & 1 & 3 & -45 \\ 0 & 0 & 0 & 1 & -30 \\ 0 & 0 & 0 & 0 & 1 \end{bmatrix} \quad \begin{bmatrix} -3 & -4{,}5 & 33{,}75 \\ 1 & 4{,}5 & -45 \\ 0 & 3 & -45 \\ 0 & 1 & -30 \\ 0 & 0 & 1 \end{bmatrix} \quad z_{2,l} = \begin{bmatrix} 0 \\ 4{,}8214 \\ -6{,}4286 \\ -17{,}1429 \\ 1 \end{bmatrix}$$

$$x_2 = \begin{bmatrix} -8{,}0357 \\ 20{,}3571 \\ 1 \end{bmatrix}$$

neue Unbekannte: ΔV_2

$$\begin{bmatrix} 0 & 0 & 0 \\ -2 & 0 & -11{,}25 \\ -2 & 0 & -22{,}5 \\ -0{,}66667 & 1 & -22{,}5 \\ 0 & 0 & 1 \end{bmatrix} \quad z_{2,r} = \begin{bmatrix} 0 \\ 4{,}8214 \\ -6{,}4286 \\ 3{,}2143 \\ 1 \end{bmatrix}$$

$$U_2^3 = \begin{bmatrix} 1 & -3 & -4{,}5 & -4{,}5 & 0 \\ 0 & 1 & 3 & 4{,}5 & 0 \\ 0 & 0 & 1 & 3 & 0 \\ 0 & 0 & 0 & 1 & 0 \\ 0 & 0 & 0 & 0 & 1 \end{bmatrix} \quad \begin{bmatrix} 18 & -4{,}5 & 236{,}25 \\ -11 & 4{,}5 & -180 \\ -4 & 3 & -90 \\ -0{,}66667 & 1 & -22{,}5 \\ 0 & 0 & 1 \end{bmatrix} \quad z_3 = \begin{bmatrix} 0 \\ 0 \\ 3{,}2143 \\ 3{,}21423 \\ 1 \end{bmatrix}$$

$$R_3 = \begin{bmatrix} 1 & 0 & 0 & 0 & 0 \\ 0 & 1 & 0 & 0 & 0 \end{bmatrix} \quad \begin{bmatrix} 18 & -4{,}5 & 236{,}25 \\ -11 & 4{,}5 & -180 \end{bmatrix}$$

Bild 4.26 Rechenschema für *Beispiel 4.4* - Ablösen der Unbekannten

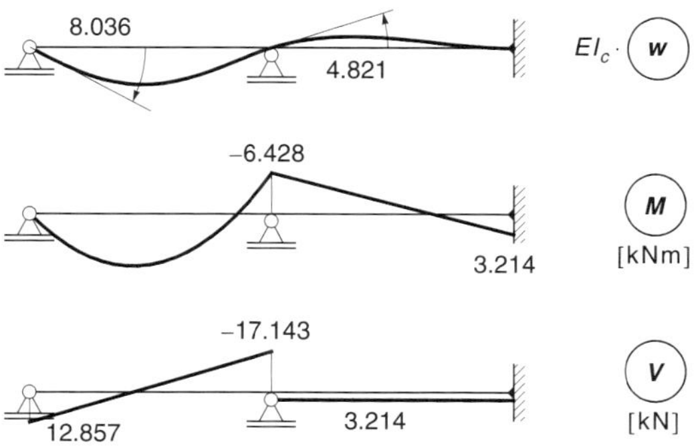

Bild 4.27 Zustandsgrößen für *Beispiel 4.4*

Beispiel 4.5

Für den in *Bild 4.28* dargestellten Zweifeldträger mit Zwischengelenk sind die Zustandsgrößen mit dem Übertragungsmatrizenverfahren zu berechnen.

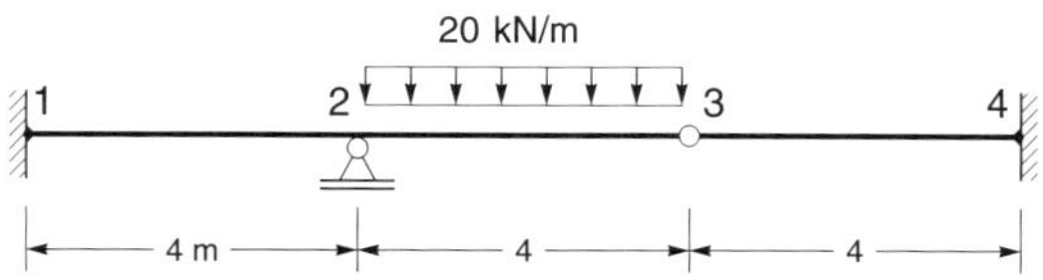

Bild 4.28 Zweifeldträger mit Zwischengelenk

Auch bei diesem Beispiel wird die Berechnung für beide Varianten durchgeführt.

- Mitführen der Unbekannten

Die in *Bild 4.30* dargestellte Berechnung erfolgt grundsätzlich wie beim vorherigen Beispiel. In der Randmatrix $\boldsymbol{R}_1$ sind zwei Sprunggrößen vorzusehen, nämlich die Auflagerkraft ΔV_2 und die Relativdrehung $\Delta\varphi_3$. Dies ist in der Randmatrix durch eine farbige Null gekennzeichnet. Das Ersetzen der Null durch eine Eins erfolgt jeweils zu Beginn der Übertragung rechts von der Sprungstelle zum Ende des Abschnitts, wie im Rechenschema farbig markiert ist. Die neben den beiden Randbedingungen im Punkt 4 benötigten Gleichungen folgen aus der Zwischenbedingung $w_2 = 0$ und $M_3 = 0$, sie sind in *Bild 4.25* wieder grau unterlegt dargestellt. Nach Lösung des Gleichungssystems erfolgt die Nachlaufrechnung mit den bekannten Größen.

- Ablösen der Unbekannten

Die Durchführung dieser Berechnungsvariante ist in *Bild 4.31* dargestellt. Das Ablösen der Unbekannten ist in diesem Beispiel zweimal durchzuführen, da zwei Sprunggrößen auftreten. Im Punkt 2 wird die Unbekannte V_1 durch die neue Unbekannte ΔV_2 ersetzt, im Punkt 3 erfolgt das Ablösen von ΔV_2 durch $\Delta\varphi_3$. Die Zwischenbedingungen sind im Rechenschema grau unterlegt.

Zwischenbedingung $w_2 = 0$ im Punkt 2:

$$w_2 = -8M_1 - 10.6667\,V_1 = 0$$

$$V_1 = \frac{-8M_1}{10.6667} = -0.75\,M_1 \qquad (4.14)$$

$$\boldsymbol{z}_{2,l} = \boldsymbol{U}_1^2 \cdot \boldsymbol{R}_1 \cdot \boldsymbol{x}_1 = \boldsymbol{Z}_1^{2,l} \cdot \boldsymbol{x}_1$$

$$= \begin{bmatrix} -8M_1 - 10.6667\,V_1 \\ 4M_1 + 8V_1 \\ 1M_1 + 4V_1 \\ V_1 \end{bmatrix} = \begin{bmatrix} 0 \\ -2M_1 \\ -2M_1 \\ -0.75\,M_1 \end{bmatrix}$$

Einführung von ΔV_2:

$$\boldsymbol{z}_{2,r} = \boldsymbol{Z}_1^{2,r} \cdot \boldsymbol{x}_2 = \begin{bmatrix} -2 & 0 & 33.75 \\ -2 & 0 & -45 \\ -0.66667 & 0 & -45 \\ 0 & 1 & -30 \\ 0 & 0 & 1 \end{bmatrix} \begin{bmatrix} M_1 \\ \Delta V_2 \\ 1 \end{bmatrix}$$

Zwischenbedingung $M_3 = 0$ im Punkt 3:

$$M_3 = -5M_1 + 4\Delta V_2 - 160 = 0$$

$$\Delta V_2 = \frac{-5M_1 - 160}{-4} = 1.25\,M_1 + 40 \qquad (4.15)$$

$$\boldsymbol{z}_{3,l} = \boldsymbol{U}_2^3 \cdot \boldsymbol{Z}_1^{2,r} \cdot \boldsymbol{x}_2 = \boldsymbol{Z}_2^{3,l} \cdot \boldsymbol{x}_2$$

$$\boldsymbol{z}_{3,l} = \begin{bmatrix} 32M_1 - 10.6667(1.25M_1 + 40) + 213.333 \\ -16M_1 + 8(1.25M_1 + 40) - 213.333 \\ -5M_1 + 4(1.25M_1 + 40) - 160 \\ -0.75M_1 + 1(1.25M_1 + 40) - 80 \end{bmatrix}$$

$$= \begin{bmatrix} 18.6667\,M_1 - 213.3333 \\ -6M_1 + 106.6667 \\ 0 \\ 0.5\,M_1 - 40 \end{bmatrix}$$

$$\boldsymbol{z}_{3,r} = \boldsymbol{Z}_2^{3,r} \cdot \boldsymbol{x}_3 = \begin{bmatrix} 18.6667 & 0 & -213.3333 \\ -6 & 0 & 106.6667 \\ -0.66667 & 0 & 0 \\ 0 & 1 & -40 \\ 0.5 & 0 & 1 \end{bmatrix} \begin{bmatrix} M_1 \\ \Delta\varphi_3 \\ 1 \end{bmatrix}$$

Aus den Randbedingungen im Punkt 3 folgt das Gleichungssystem für die Unbekannten φ_1 und ΔV_2. Nach der Lösung kann die eliminierte Unbekannte V_1 aus Gl. (4.13) ermittelt werden.

$$\Delta V_2 = 1.25\,M_1 + 40 = 1.25(36.3636) + 40 = 85.4545$$

Die Ergebnisse der Berechnung zeigt *Bild 4.29*.

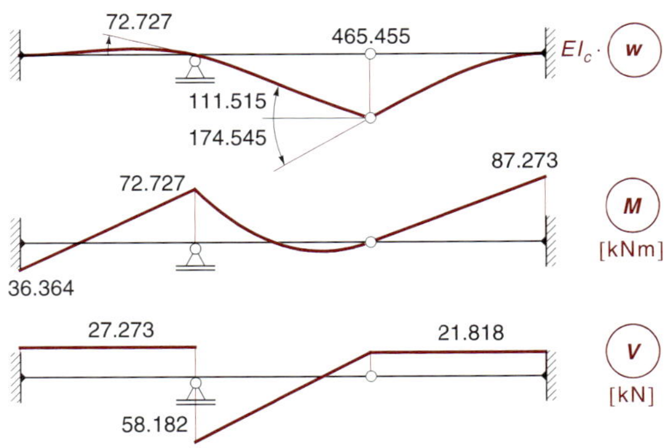

Bild 4.29 Zustandsgrößen für *Beispiel 4.5*

$$\boldsymbol{x}_1 = \begin{bmatrix} 36{,}36364 \\ -27{,}27273 \\ 85{,}45455 \\ 286{,}06061 \\ 1 \end{bmatrix}$$

$$\boldsymbol{R}_1 \quad \begin{bmatrix} 0 & 0 & 0 & 0 & 0 \\ 0 & 0 & 0 & 0 & 0 \\ 1 & 0 & 0 & 0 & 0 \\ 0 & 1 & 0 & 0 & 0 \\ 0 & 0 & 0 & 0 & 1 \end{bmatrix} \begin{bmatrix} 0 \\ 0 \\ 36{,}36364 \\ -27{,}27273 \\ 1 \end{bmatrix} \boldsymbol{z}_1$$

$$\boldsymbol{U}_1^2 \begin{bmatrix} 1 & -4 & -8 & -10{,}6667 & 0 \\ 0 & 1 & 4 & 8 & 0 \\ 0 & 0 & 1 & 4 & 0 \\ 0 & 0 & 0 & 1 & 0 \\ 0 & 0 & 0 & 0 & 1 \end{bmatrix} \begin{bmatrix} -8 & -10{,}6667 & 0 & 0 & 0 \\ 4 & 8 & 0 & 0 & 0 \\ 1 & 4 & 0 & 0 & 0 \\ 0 & 1 & 0 & 0 & 0 \\ 0 & 0 & 0 & 0 & 1 \end{bmatrix} \begin{bmatrix} 0 \\ -72{,}72727 \\ -72{,}72727 \\ -27{,}27273 \\ 1 \end{bmatrix} \boldsymbol{z}_{2,l}$$

neue Unbekannte: ΔV_2

$$\begin{bmatrix} -8 & -10{,}6667 & 0 & 0 & 0 \\ 4 & 8 & 0 & 0 & 0 \\ 1 & 4 & 0 & 0 & 0 \\ 0 & 1 & 1 & 0 & 0 \\ 0 & 0 & 0 & 0 & 1 \end{bmatrix} \begin{bmatrix} 0 \\ -72{,}72727 \\ -72{,}72727 \\ 58{,}18182 \\ 1 \end{bmatrix} \boldsymbol{z}_{2,r}$$

$$\boldsymbol{U}_2^3 \begin{bmatrix} 1 & -4 & -8 & -10{,}6667 & 213{,}3333 \\ 0 & 1 & 4 & 8 & -213{,}3333 \\ 0 & 0 & 1 & 4 & -160 \\ 0 & 0 & 0 & 1 & -80 \\ 0 & 0 & 0 & 0 & 1 \end{bmatrix} \begin{bmatrix} -32 & -85{,}3333 & -10{,}6667 & 0 & 213{,}3333 \\ 8 & 32 & 8 & 0 & -213{,}3333 \\ 1 & 8 & 4 & 0 & -160 \\ 0 & 1 & 1 & 0 & -80 \\ 0 & 0 & 0 & 0 & 1 \end{bmatrix} \begin{bmatrix} 465{,}45455 \\ -111{,}51515 \\ 0 \\ -21{,}81818 \\ 1 \end{bmatrix} \boldsymbol{z}_{3,l}$$

neue Unbekannte: $\Delta\varphi_3$

$$\begin{bmatrix} -32 & -85{,}3333 & -10{,}6667 & 0 & 213{,}3333 \\ 8 & 32 & 8 & 1 & -213{,}3333 \\ 1 & 8 & 4 & 0 & -160 \\ 0 & 1 & 1 & 0 & -80 \\ 0 & 0 & 0 & 0 & 1 \end{bmatrix} \begin{bmatrix} 465{,}45455 \\ 174{,}54545 \\ 0 \\ -21{,}81818 \\ 1 \end{bmatrix} \boldsymbol{z}_{3,r}$$

$$\boldsymbol{U}_3^4 \begin{bmatrix} 1 & -4 & -8 & -10{,}6667 & 0 \\ 0 & 1 & 4 & 8 & 0 \\ 0 & 0 & 1 & 4 & 0 \\ 0 & 0 & 0 & 1 & 0 \\ 0 & 0 & 0 & 0 & 1 \end{bmatrix} \begin{bmatrix} -72 & -288 & -85{,}3333 & -4 & 3200 \\ 12 & 72 & 32 & 1 & -1493{,}3333 \\ 1 & 12 & 8 & 0 & -480 \\ 0 & 1 & 1 & 0 & -80 \\ 0 & 0 & 0 & 0 & 1 \end{bmatrix} \begin{bmatrix} 0 \\ 0 \\ -87{,}27273 \\ -21{,}81818 \\ 1 \end{bmatrix} \boldsymbol{z}_4$$

$$\boldsymbol{R}_4 \begin{bmatrix} 1 & 0 & 0 & 0 & 0 \\ 0 & 0 & 1 & 0 & 0 \end{bmatrix} \begin{bmatrix} -72 & -288 & -85{,}3333 & -4 & 3200 \\ 12 & 72 & 32 & 1 & -1493{,}3333 \\ -8 & -10{,}6667 & 0 & 0 & 0 \\ 1 & 8 & 4 & 0 & -160 \end{bmatrix}$$

Bild 4.30 Rechenschema für *Beispiel 4.5* – Mitführen der Unbekannten

									36,36364	
									−27,27273	$\boldsymbol{x}_1$
									1	
						0	0	0	0	
						0	0	0	0	
$\boldsymbol{R}_1$						1	0	0	36,36364	$\boldsymbol{z}_1$
						0	1	0	−27,27273	
						0	0	1	1	
	1	−4	−8	−10,66667	0	−8	−10,66667	0	0	
	0	1	4	8	0	4	8	0	−72,72727	
$\boldsymbol{U}_1^2$	0	0	1	4	0	1	4	0	−72,72727	$\boldsymbol{z}_{2,l}$
	0	0	0	1	0	0	1	0	−27,27273	
	0	0	0	0	1	0	0	1	1	
									36,36364	
									85,45455	$\boldsymbol{x}_2$
									1	
						0	0	0	0	
						−2	0	0	−72,72727	
						−2	0	0	−72,72727	$\boldsymbol{z}_{2,r}$
neue Unbekannte: ΔV_2						−0.75	1	0	58,18182	
						0	0	1	1	
	1	−4	−8	−10,66667	213,33333	−32	−10,66667	213,33333	465,45455	
	0	1	4	8	−213,33333	−16	8	−213,33333	−111,51515	
$\boldsymbol{U}_2^3$	0	0	1	4	−160	−5	4	−160	0	$\boldsymbol{z}_{3,l}$
	0	0	0	1	−80	−0.75	1	−80	−21,81818	
	0	0	0	0	1	0	0	1	1	
									36,36364	
									286,06061	$\boldsymbol{x}_3$
									1	
						−18,66667	0	−213,33333	465,45455	
neue Unbekannte: $\Delta\varphi_2$						−6	1	106,66667	174,54545	
						0	0	0	0	$\boldsymbol{z}_{3,r}$
						0,5	0	−40	−21,81818	
						0	0	1	1	
	1	−4	−8	−10,66667	0	−37,33333	−4	−213,33333	0	
	0	1	4	8	0	−2	1	−213,33333	0	
$\boldsymbol{U}_3^4$	0	0	1	4	0	2	0	−160	−87,27273	$\boldsymbol{z}_4$
	0	0	0	1	0	0,5	0	−40	−21,81818	
	0	0	0	0	1	0	0	1	1	
$\boldsymbol{R}_4$	1	0	0	0	0	−37,33333	−4	−213,33333		
	0	0	0	0	0	−2	1	−213,33333		

Bild 4.31 Rechenschema für *Beispiel 4.5* – Ablösen der Unbekannten

4.5 Theorie II. Ordnung

Zur Herleitung der Übertragungsmatrix nach Theorie II. Ordnung legen wir die Lösung der Differenzialgleichung in Kapitel 1, Gl. (1.2) zugrunde. Bei der Herleitung wurde die Längskraft H als Zugkraft vorausgesetzt. Da die Übertragungsmatrix für eine Druckbeanspruchung ermittelt werden soll, wird in der Lösung H negativ eingesetzt. Es ist daher im Folgenden unter H der Betrag der Druckkraft zu verstehen. Entsprechend folgt aus der Beziehung in Kapitel 1, Gl. (1.7).

$$T = -EIw''' - Hw'$$

Die Lösung für die Biegelinie und ihre Ableitungen lautet:

$$w(x) = c_1 + c_2 x + c_3 \cos\mu x + c_4 \sin\mu x + \frac{q}{2H}x^2$$

$$w'(x) = c_2 - c_3\mu\sin\mu x + c_4\mu\cos\mu x + \frac{q}{H}x$$

$$w''(x) = -c_3\mu^2\cos\mu x - c_4\mu^2\sin\mu x + \frac{q}{H}$$

$$w'''(x) = c_3\mu^3\sin\alpha x - c_4\mu^3\cos\mu x$$

Die Integrationskonstanten werden durch die Zustandsgrößen am Anfang des Stabes ausgedrückt. Mit den Bedingungen:

$$w(0) = w_a = c_1 + 0c_2 + c_3\cos 0 + c_4\sin 0 + \frac{q}{2H}0$$

$$w'(0) = -\varphi_a = c_2 - c_3\mu\sin 0 + c_4\mu\cos 0 + \frac{q}{H}0$$

$$w''(0) = -\frac{M_a}{EI} = -c_3\mu^2\cos 0 - c_4\mu^2\sin 0 + \frac{q}{H}$$

$$w'''(0) = -\frac{T_a + Hw'(0)}{EI} = c_3\mu^3\sin 0 - c_4\mu^3\cos 0$$

folgen vier Gleichungen für die Konstanten c_i

$$w_a = c_1 + c_3$$

$$-\varphi_a = c_2 + \mu c_4$$

$$\frac{M_a}{EI} = c_3\mu^2 - \frac{q}{H}$$

$$\frac{T_a + H(-\varphi_a)}{EI} = c_4\mu^3$$

Als Lösung folgt:

$$c_1 = w_a - \frac{M_a}{EI\mu^2} - \frac{q}{H\mu^2}$$

$$c_2 = -\frac{T_a}{EI\mu^2}$$

$$c_3 = \frac{M_a}{\mu^2 EI} + \frac{q}{\mu^2 H}$$

$$c_4 = \frac{T_a - H\varphi_a}{\mu^3 EI} = \frac{T_a}{\mu^3 EI} - \frac{\varphi_a}{\mu}$$

Mit $EI\mu^2 = H$ ergibt sich:

$$w(x) = w_a - \frac{M_a}{EI\mu^2} - \frac{q}{EI\mu^4} - \frac{T_a}{EI\mu^2}x + \left(\frac{M_a}{\mu^2 EI} + \frac{q}{\mu^2 H}\right)\cos\mu x + \left(\frac{T_a}{\mu^3 EI} - \frac{\varphi_a}{\mu}\right)\sin\mu x + \frac{q}{2EI\mu^2}x^2$$

$$w(x) = w_a - \varphi_a\frac{\sin\mu x}{\mu} + M_a\frac{\cos\mu x - 1}{EI\mu^2} + T_a\frac{1}{EI\mu^2}\left(\frac{\sin\mu x}{\mu} - x\right) + \frac{q}{EI\mu^4}\left(\cos\mu x + \frac{\mu^2}{2}x^2 - 1\right)$$

$$w'(x) = -\varphi_a\cos\mu x - M_a\frac{\sin\mu x}{EI\mu} + T_a\frac{1}{EI\mu^2}(\cos\mu x - 1) + \frac{q}{EI\mu^3}(-\sin\mu x + \mu x)$$

$$w''(x) = \varphi_a\mu\sin\mu x - M_a\frac{\cos\mu x}{EI} - T_a\frac{1}{EI\mu}\sin\mu x + \frac{q}{H}(-\cos\mu x + 1)$$

$$w'''(x) = \varphi_a\mu^2\cos\mu x + M_a\mu\frac{\sin\mu x}{EI} - T_a\frac{1}{EI}\cos\mu x + \frac{q}{EI\mu}\sin\mu x$$

Um die Zustandsgrößen am Ende des Stabes zu ermitteln, werden die Funktionswerte an der Stelle $x = l$ benötigt, sie folgen mit:

$$w(l) = w_a - \varphi_a\frac{\sin\mu l}{\mu} + M_a\frac{\cos\mu l - 1}{EI\mu^2} + T_a\frac{1}{EI\mu^2}\left(\frac{\sin\mu l}{\mu} - l\right) + \frac{q}{EI\mu^4}\left(\cos\mu l + \frac{\mu^2}{2}l^2 - 1\right)$$

4

$$w'(l) = -\varphi_a \cos\mu l - M_a \frac{\sin\mu l}{EI\mu} + T_a \frac{1}{EI\mu^2}(\cos\mu l - 1) + \frac{q}{EI\mu^3}(-\sin\mu l + \mu l)$$

$$w''(l) = \varphi_a \mu \sin\mu l - M_a \frac{\cos\mu l}{EI} - T_a \frac{1}{EI\mu}\sin\alpha l + \frac{q}{EI\mu^2}(-\cos\mu l + 1)$$

$$w'''(l) = \varphi_a \mu^2 \cos\mu l + M_a \mu \frac{\sin\mu l}{EI} - T_a \frac{1}{EI}\cos\mu l + \frac{q}{EI\mu}\sin\mu l$$

Mit den Beziehungen $H = EI\mu^2$ und $\mu = \frac{\varepsilon}{l}$ ergibt sich:

$$w_b = w(l) = w_a - \varphi_a \frac{l\sin\varepsilon}{\varepsilon} + M_a \frac{\cos\varepsilon - 1}{\varepsilon^2}\frac{l^2}{EI} + T_a \frac{\sin\varepsilon - \varepsilon}{\varepsilon}\frac{l^3}{EI} + \frac{ql^4}{2EI}\frac{2(\cos\varepsilon - 1) + \varepsilon^2}{\varepsilon^4}$$

$$\varphi_b = -w'(l) = \varphi_a \cos\varepsilon + M_a \frac{\sin\varepsilon}{\varepsilon}\frac{l}{EI} + T_a \frac{1-\cos\varepsilon}{\varepsilon^2}\frac{l^2}{EI} + \frac{ql^3}{EI}\frac{\sin\varepsilon - \varepsilon}{\varepsilon^3}$$

$$M_b = -EIw''(l) = \varphi_a \frac{EI}{l}(-\varepsilon\sin\varepsilon) + M_a\cos\varepsilon + T_a \frac{\sin\varepsilon}{\varepsilon} l + ql^2\frac{\cos\varepsilon - 1}{\varepsilon^2}$$

$$T_b = -EIw'''(l) - Hw'(l) = T_a - ql$$

Damit ist der Zusammenhang zwischen den Zustandsgrößen am Anfang und den Zustandsgrößen am Ende mit der Übertragungsmatrix Gl. (4.16) gegeben.

Die Variante der Übertragungsmatrix mit EI_c-fachen Verformungen ist in Gl. (4.17) angegeben. Sie folgt durch Multiplikation der beiden ersten Zeilen mit EI_c und Division der beiden ersten Spalten durch EI_c.

$$\boldsymbol{U} = \begin{bmatrix} 1 & -\frac{\sin\varepsilon}{\varepsilon} l & \frac{\cos\varepsilon - 1}{\varepsilon^2}\frac{l^2}{EI} & \frac{\sin\varepsilon - \varepsilon}{\varepsilon^3}\frac{l^3}{EI} & \frac{ql^4}{EI}\frac{2(\cos\varepsilon - 1) + \varepsilon^2}{2\varepsilon^4} \\ 0 & \cos\varepsilon & \frac{\sin\varepsilon}{\varepsilon}\frac{l}{EI} & \frac{1 - \cos\varepsilon}{\varepsilon^2}\frac{l^2}{EI} & \frac{ql^3}{EI}\frac{\sin\varepsilon - \varepsilon}{\varepsilon^3} \\ 0 & -\frac{EI}{l}\varepsilon\sin\varepsilon & \cos\varepsilon & l\frac{\sin\varepsilon}{\varepsilon} & ql^2\frac{\cos\varepsilon - 1}{\varepsilon^2} \\ 0 & 0 & 0 & 1 & -ql \\ 0 & 0 & 0 & 0 & 1 \end{bmatrix} \qquad (4.16)$$

$$\boldsymbol{U} = \begin{bmatrix} 1 & -\frac{\sin\varepsilon}{\varepsilon} l & \frac{\cos\varepsilon - 1}{\varepsilon^2} l^2 \frac{I_c}{I} & \frac{\sin\varepsilon - \varepsilon}{\varepsilon^3} l^3 \frac{I_c}{I} & ql^4\frac{2(\cos\varepsilon - 1) + \varepsilon^2}{2\varepsilon^4}\frac{I_c}{I} \\ 0 & \cos\varepsilon & \frac{\sin\varepsilon}{\varepsilon} l \frac{I_c}{I} & \frac{1 - \cos\varepsilon}{\varepsilon^2} l^2 \frac{I_c}{I} & ql^3\frac{\sin\varepsilon - \varepsilon}{\varepsilon^3}\frac{I_c}{I} \\ 0 & -\frac{I}{I_c}\frac{\varepsilon\sin\varepsilon}{l} & \cos\varepsilon & l\frac{\sin\varepsilon}{\varepsilon} & ql^2\frac{\cos\varepsilon - 1}{\varepsilon^2} \\ 0 & 0 & 0 & 1 & -ql \\ 0 & 0 & 0 & 0 & 1 \end{bmatrix} \qquad (4.17)$$

Beispiel 4.6

Der in *Bild 4.32* dargestellte Durchlaufträger ist nach Theorie II. Ordnung mit dem Reduktionsverfahren der Übertragungsmatrizen zu berechnen.

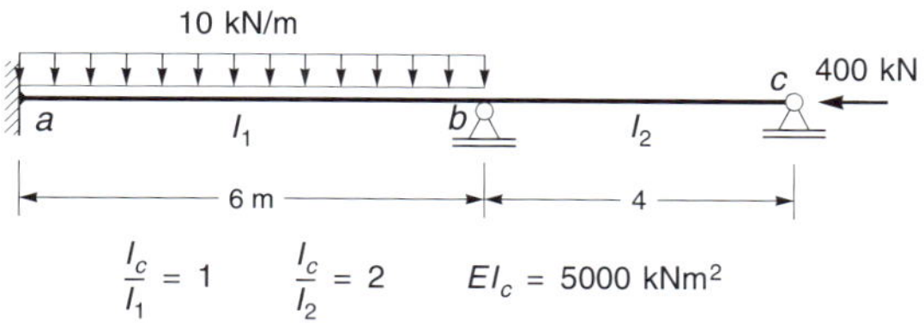

Bild 4.32 Zweifeldträger nach Theorie II. Ordnung

Die in *Bild 4.34* durchgeführte Berechnung erfolgt durch Mitführen der unbekannten Auflagerkraft ΔT am Auflagerpunkt b und verläuft wie bei den vorherigen Beispielen. Mit den Parametern

$$\varepsilon_{a-b} = 6 \cdot \sqrt{\frac{400}{5000}} = 1.69706$$

$$\varepsilon_{b-c} = 4 \cdot \sqrt{\frac{400}{2500}} = 1.6$$

ergeben sich die angegebenen Übertragungsmatrizen nach Gl. (4.17). Als Berechnungsergebnis ist der Momentenverlauf in *Bild 4.33* dargestellt.

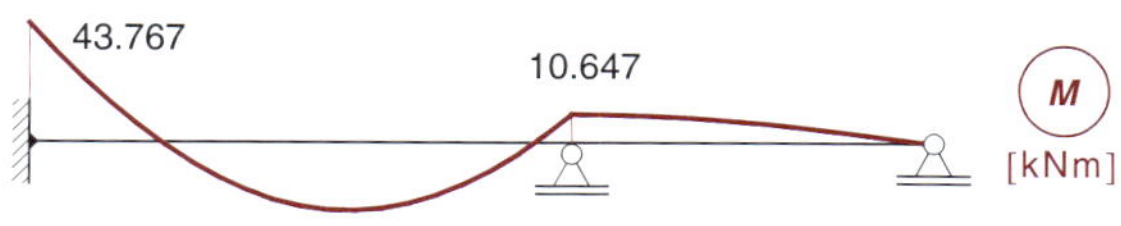

Bild 4.33 Momentenlinie nach Theorie II. Ordnung

$$\begin{bmatrix} -43.7666 \\ 35.5199 \\ 27.1418 \\ 1 \end{bmatrix}$$

$$\boldsymbol{R}_1 \quad \begin{bmatrix} 0 & 0 & 0 & 0 \\ 0 & 0 & 0 & 0 \\ 1 & 0 & 0 & 0 \\ 0 & 1 & 0 & 0 \\ 0 & 0 & 0 & 1 \end{bmatrix} \begin{bmatrix} 0 \\ 0 \\ -43.7666 \\ 35.5199 \\ 1 \end{bmatrix}$$

$$\boldsymbol{U}_1^2 \begin{bmatrix} 1 & -3.5074 & -14.0741 & -31.1576 & 490.7426 \\ 0 & -0.1259 & 3.5074 & 14.0741 & -311.5762 \\ 0 & -0.2806 & -0.1259 & 3.5074 & -140.7406 \\ 0 & 0 & 0 & 1 & -60 \\ 0 & 0 & 0 & 0 & 1 \end{bmatrix} \begin{bmatrix} -14.0741 & -31.1576 & 0 & 490.7426 \\ 3.5074 & 14.0741 & 0 & -311.5762 \\ -0.1259 & 3.50739 & 0 & -140.7406 \\ 0 & 1 & 0 & -60 \\ 0 & 0 & 0 & 1 \end{bmatrix} \begin{bmatrix} 0 \\ 34.8269 \\ -10.6470 \\ -24.4801 \\ 1 \end{bmatrix} \boldsymbol{z}_{2,l}$$

$$\text{neue Unbekannte: } \Delta T_2 \quad \begin{bmatrix} -14.0741 & -31.1576 & 0 & 490.7426 \\ 3.5074 & 14.0741 & 0 & -311.5762 \\ -0.1259 & 3.50739 & 0 & -140.7406 \\ 0 & 1 & 1 & -60 \\ 0 & 0 & 0 & 1 \end{bmatrix} \begin{bmatrix} 0 \\ 34.8269 \\ -10.6470 \\ 2.6617 \\ 1 \end{bmatrix} \boldsymbol{z}_{2,r}$$

$$\boldsymbol{U}_2^3 \begin{bmatrix} 1 & -2.4989 & -12.8650 & -18.7633 & 0 \\ 0 & -0.0292 & 4.9979 & 12.8650 & 0 \\ 0 & -0.1999 & -0.0292 & 2.4989 & 0 \\ 0 & 0 & 0 & 1 & 0 \\ 0 & 0 & 0 & 0 & 1 \end{bmatrix} \begin{bmatrix} -21.2188 & -130.2137 & -18.7633 & 4205.7774 \\ -0.7318 & 29.9835 & 12.8650 & -1466.2047 \\ -0.6975 & -0.4171 & 2.4989 & -83.5378 \\ 0 & 1 & 1 & -60 \\ 0 & 0 & 0 & 1 \end{bmatrix} \begin{bmatrix} 0 \\ -19.9858 \\ 0 \\ 2.6617 \\ 1 \end{bmatrix} \boldsymbol{z}_c$$

$$\boldsymbol{R}_3 \begin{bmatrix} 1 & 0 & 0 & 0 & 0 \\ 0 & 0 & 1 & 0 & 0 \end{bmatrix} \begin{bmatrix} -21.2188 & -130.2137 & -18.7633 & 4205.7774 \\ -0.6975 & -0.4171 & 2.4989 & -83.5378 \end{bmatrix}$$

$$0 \qquad 0 \quad \begin{bmatrix} -14.0741 & -31.1576 & 0 & 490.7426 \end{bmatrix}$$

Bild 4.34 Rechenschema für *Beispiel 4.6* – Mitführen der Unbekannten

4.6 Ermittlung der Übertragungsmatrix aus dem Differenzialgleichungssystem 1. Ordnung

Wir betrachten die Differenzialgleichung 1. Ordnung

$$y' = a(x)y + p(x) \tag{4.18}$$

mit gegebenen Funktionen $a(x)$ und $p(x)$ und ermitteln zunächst die Lösung der homogenen Differenzialgleichung

$$y' = a(x)y$$

Nach Trennung der Variablen mit

$$\frac{dy}{dx} = a(x)\,y$$

$$\frac{dy}{y} = a(x)\,dx$$

folgt durch Integration

$$\int \frac{dy}{y} = \int a(x)\,dx$$

$$\ln|y| = \int a(x)\,dx + \tilde{c}$$

$$y_h(x) = ce^{\int a(x)dx} \tag{4.19}$$

Für konstantes a ergibt sich

$$y(x) = e^{ax} \cdot c_1$$

Die Partikularlösung wird durch Variation der Konstanten ermittelt.

$$y(x) = c(x)e^{\int a(x)dx}$$

$$y'(x) = c'(x)e^{\int a(x)dx} + c(x)a(x)e^{\int a(x)dx}$$

Einsetzen in die Differenzialgleichung (4.18) ergibt

$$y' = a(x)y + p(x)$$

$$c'(x)e^{\int a(x)dx} + c(x)a(x)e^{\int a(x)dx}$$

$$= a(x)c(x)e^{\int a(x)dx} + p(x)$$

$$c'(x)e^{\int a(x)dx} = p(x)$$

$$dc = p(x)e^{-\int a(x)dx}dx$$

$$c(x) = \int p(x)e^{-\int a(x)dx}dx + c_1$$

Durch Einsetzen von $c(x)$ in Gl. (4.19) folgt die allgemeine Lösung der Differenzialgleichung (4.18)

$$y(x) = e^{\int a(x)dx}\int p(x)e^{-\int a(x)dx}dx + c_1 e^{\int a(x)dx}$$

Für konstantes a ergibt sich

$$y(x) = e^{ax}\int p(x)e^{-ax}dx + c_1 e^{ax}$$

Die Ermittlung der Integrationskonstanten c_1 erfolgt durch Anpassen der Lösung an die Randbedingung $y(0) = y_a$.

$$y(0) = y_a = e^0\int p(x)e^{-ax}dx + c_1 e^0 = c_1$$

Das Integral

$$\int p(x)e^{-ax}dx$$

ist gleich null, da durch Einsetzen der Stelle $x = 0$ die Integration über die Länge null erfolgt.

$$y(l) = y_b = e^{al}\int p(x)e^{-ax}dx + y_a e^{al}$$

$$= e^{al}\left(y_a + \int p(x)e^{-ax}dx\right)$$

Die Lösung eines Differenzialgleichungssystems 1. Ordnung erfolgt analog.

$$\frac{d}{dx}\boldsymbol{z} = \boldsymbol{z}' = \boldsymbol{A}\boldsymbol{z} + \boldsymbol{p}(x)$$

$$\boldsymbol{z}_b = e^{\boldsymbol{A}l}\left[\boldsymbol{z}_a + \int_0^l e^{-\boldsymbol{A}x}\boldsymbol{p}(x)\,dx\right]$$

$$= e^{\boldsymbol{A}l}\boldsymbol{z}_a + e^{\boldsymbol{A}l}\int_0^l e^{-\boldsymbol{A}x}\boldsymbol{p}(x)dx = \boldsymbol{U}_a^b \cdot \boldsymbol{z}_a + \tilde{\boldsymbol{z}}_b$$

$e^{\boldsymbol{A}l}$ stellt den Zusammenhang zwischen den Zustandsgrößen am Anfang $\boldsymbol{z}_a$ und den Zustandsgrößen am Ende $\boldsymbol{z}_b$ her. Dies entspricht der Definition der Übertragungsmatrix $\boldsymbol{U}_a^b$.

Ziel ist es nun, die Übertragungsmatrix durch Reihenentwicklung numerisch zu ermitteln. Für die natürliche Exponentialfunktion gilt

$$e^x = 1 + x + \frac{x^2}{2!} + \frac{x^3}{3!} + \ldots$$

Entsprechend ergibt sich für die Übertragungsmatrix:

$$\boldsymbol{U} = e^{\boldsymbol{A}l} = \boldsymbol{I} + \frac{1}{1!}\boldsymbol{A}l + \frac{1}{2!}\boldsymbol{A}^2 l^2 + \frac{1}{3!}\boldsymbol{A}^3 l^3 + \ldots = \sum_{i=0}^{\infty} \frac{1}{i!}(\boldsymbol{A}l)^i \quad (4.20)$$

mit der Einheitsmatrix $\boldsymbol{I}$.

Für die Summanden $\boldsymbol{R}_i$ in Gl. (4.20) gilt das Bildungsgesetz:

$$\boldsymbol{R}_i = \boldsymbol{R}_{i-1} \cdot \frac{\boldsymbol{A}l}{i} \qquad \boldsymbol{R}_0 = \boldsymbol{I}$$

Wir betrachten nun Belastungen $\boldsymbol{p}(x)$, die sich in Potenzen von x entwickeln lassen.

$$\boldsymbol{p}(x) = \sum_{k=0}^{\infty} x^k \cdot \boldsymbol{p}_k$$

$$\tilde{\boldsymbol{z}}_b = e^{\boldsymbol{A}l} \int_0^l \left(e^{-\boldsymbol{A}x} \cdot \sum_{k=0}^{\infty} x^k \cdot \boldsymbol{p}_k \right) dx = \sum_{k=0}^{\infty} \tilde{\boldsymbol{U}}^b_{a,k} \cdot \boldsymbol{p}_k \quad (4.21)$$

Die Lösung des Integrals wird für jede Potenz k getrennt durchgeführt.

Für $k = 0$ ergibt sich

$$\tilde{\boldsymbol{z}}_b = e^{\boldsymbol{A}l} \cdot (-\boldsymbol{A}^{-1}) \cdot e^{-\boldsymbol{A}x}\Big|_0^l \cdot \boldsymbol{p}_0$$

$e^{\boldsymbol{A}l}$ und $\boldsymbol{A}^{-1}$ sind so genannte kommutative Matrizen, es gilt:

$$e^{\boldsymbol{A}l} \cdot \boldsymbol{A}^{-1} = \boldsymbol{A}^{-1} \cdot e^{\boldsymbol{A}l}$$

wie durch Ausrechnen unter Benutzung von Gl. (4.20) einfach nachvollziehbar ist. Damit ergibt sich:

$$\tilde{\boldsymbol{z}}_b = -\boldsymbol{A}^{-1} \cdot e^{\boldsymbol{A}l}(e^{-\boldsymbol{A}l} - \boldsymbol{I}) \cdot \boldsymbol{p}_0 = -\boldsymbol{A}^{-1} \cdot (\boldsymbol{I} - e^{\boldsymbol{A}l}) \cdot \boldsymbol{p}_0$$

$$= -\boldsymbol{A}^{-1} \cdot \left(\boldsymbol{I} - \left(\boldsymbol{I} + \frac{1}{1!}\boldsymbol{A}l + \frac{1}{2!}\boldsymbol{A}^2 l^2 + \frac{1}{3!}\boldsymbol{A}^3 l^3 + \ldots \right) \right) \cdot \boldsymbol{p}_0$$

$$\tilde{\boldsymbol{z}}_b = -\boldsymbol{A}^{-1} \cdot \left(\boldsymbol{I} - \left(\sum_{i=0}^{\infty} \frac{1}{i!}(\boldsymbol{A}l)^i \right) \right) \cdot \boldsymbol{p}_0$$

$$\tilde{\boldsymbol{z}}_b = \boldsymbol{A}^{-1} \sum_{i=1}^{\infty} \frac{1}{i!}(\boldsymbol{A}l)^i \cdot \boldsymbol{p}_0 = \sum_{i=0}^{\infty} \frac{\boldsymbol{A}^i \cdot l^{i+1}}{(i+1)!} \cdot \boldsymbol{p}_0 = \tilde{\boldsymbol{U}}^b_{a,0} \cdot \boldsymbol{p}_0$$

Als Bildungsgesetz für die Summanden in der oberen Reihe ergibt sich:

$$\boldsymbol{R}_i = \boldsymbol{R}_{i-1} \cdot \frac{\boldsymbol{A}l}{i+1} \qquad \boldsymbol{R}_0 = l \cdot \boldsymbol{I}$$

Die Lösung für beliebige Potenzen von k lautet:

$$\tilde{\boldsymbol{U}}^b_{a,k} = \sum_{i=0}^{\infty} \frac{\boldsymbol{A}^i \cdot l^{i+k+1}}{(i+k+1)!} k! \quad (4.22)$$

$$\boldsymbol{R}_i = \boldsymbol{R}_{i-1} \cdot \frac{\boldsymbol{A}l}{i+k+1} \qquad \boldsymbol{R}_0 = \frac{l^{k+1}}{k+1} k! \cdot \boldsymbol{I}$$

In Gl. (4.23) ist das Differenzialgleichungssystem 1. Ordnung des Balkens angegeben. Es beinhaltet die Theorie II. Ordnung sowie den Einfluss von Schubverformungen. Neben der Bettungsziffer k_B ist eine Drehbettung mit dem Parameter k_D enthalten.

$$\frac{d}{dx} \begin{bmatrix} w \\ \varphi \\ M \\ T \end{bmatrix} = \begin{bmatrix} 0 & -1 & 0 & \frac{\kappa_Q}{GA} \\ 0 & 0 & \frac{1}{EI} & 0 \\ 0 & H - k_D & 0 & 1 \\ k_B & 0 & 0 & 0 \end{bmatrix} \begin{bmatrix} w \\ \varphi \\ M \\ T \end{bmatrix} + \begin{bmatrix} 0 \\ -\alpha_T \frac{\Delta T}{h} \\ -m \\ -q \end{bmatrix} \quad (4.23)$$

$$\boldsymbol{z}' = \boldsymbol{A}\boldsymbol{z} + \boldsymbol{p}$$

Beispiel 4.7

Es ist die Übertragungsmatrix des ungebetteten Stabes nach Theorie I. Ordnung aus dem Differenzialgleichungssystem 1. Ordnung zu ermitteln.

Für die Ermittlung der Übertragungsmatrix aus Gl. (4.20) wird die Matrix $\boldsymbol{A}$ benötigt. Sie lautet nach Gl. (4.23) mit der Abkürzung $\delta = 1/(EI)$:

$$\boldsymbol{A} = \begin{bmatrix} 0 & -1 & 0 & 0 \\ 0 & 0 & \delta & 0 \\ 0 & 0 & 0 & 1 \\ 0 & 0 & 0 & 0 \end{bmatrix}$$

4

Es werden nachfolgend die für die Auswertung der Gl. (4.20) benötigten Potenzen von $\boldsymbol{A}$ ermittelt.

$$\begin{bmatrix} 0 & -1 & 0 & 0 \\ 0 & 0 & \delta & 0 \\ 0 & 0 & 0 & 1 \\ 0 & 0 & 0 & 0 \end{bmatrix} \boldsymbol{A}$$

$$\boldsymbol{A} \begin{bmatrix} 0 & -1 & 0 & 0 \\ 0 & 0 & \delta & 0 \\ 0 & 0 & 0 & 1 \\ 0 & 0 & 0 & 0 \end{bmatrix} \begin{bmatrix} 0 & 0 & -\delta & 0 \\ 0 & 0 & 0 & \delta \\ 0 & 0 & 0 & 0 \\ 0 & 0 & 0 & 0 \end{bmatrix} \boldsymbol{A}^2$$

$$\boldsymbol{A} \begin{bmatrix} 0 & -1 & 0 & 0 \\ 0 & 0 & \delta & 0 \\ 0 & 0 & 0 & 1 \\ 0 & 0 & 0 & 0 \end{bmatrix} \begin{bmatrix} 0 & 0 & 0 & -\delta \\ 0 & 0 & 0 & 0 \\ 0 & 0 & 0 & 0 \\ 0 & 0 & 0 & 0 \end{bmatrix} \boldsymbol{A}^3$$

$$\boldsymbol{A}^4 = 0$$

Damit folgt die Übertragungsmatrix nach Gl. (4.20) mit:

$$\boldsymbol{U} = \begin{bmatrix} 1 & 0 & 0 & 0 \\ 0 & 1 & 0 & 0 \\ 0 & 0 & 1 & 0 \\ 0 & 0 & 0 & 1 \end{bmatrix} + \frac{l}{1!} \begin{bmatrix} 0 & -1 & 0 & 0 \\ 0 & 0 & \delta & 0 \\ 0 & 0 & 0 & 1 \\ 0 & 0 & 0 & 0 \end{bmatrix} + \frac{l^2}{2!} \begin{bmatrix} 0 & 0 & -\delta & 0 \\ 0 & 0 & 0 & \delta \\ 0 & 0 & 0 & 0 \\ 0 & 0 & 0 & 0 \end{bmatrix}$$

$$+ \frac{l^3}{3!} \begin{bmatrix} 0 & 0 & 0 & -\delta \\ 0 & 0 & 0 & 0 \\ 0 & 0 & 0 & 0 \\ 0 & 0 & 0 & 0 \end{bmatrix} = \begin{bmatrix} 1 & -l & -\frac{l^2}{2EI} & -\frac{l^3}{6EI} \\ 0 & 1 & \frac{l}{EI} & \frac{l^2}{2EI} \\ 0 & 0 & 1 & l \\ 0 & 0 & 0 & 1 \end{bmatrix}$$

Es werden nun die Vektoren $\tilde{\boldsymbol{z}}_b$ für einen konstanten und einen linearen Verlauf der Einwirkungen des Lastvektors in Gl. (4.23) ermittelt.

- Konstanter Verlauf

Aus Gl. (4.22) folgt für $k = 0$:

$$\tilde{\boldsymbol{U}}^b_{a,0} = \frac{\boldsymbol{A}^0 \cdot l^1}{1!} + \frac{\boldsymbol{A}^1 \cdot l^2}{2!} + \frac{\boldsymbol{A}^2 \cdot l^3}{3!} + \frac{\boldsymbol{A}^3 \cdot l^4}{4!}$$

$$\tilde{\boldsymbol{U}}^b_{a,0} = l \begin{bmatrix} 1 & 0 & 0 & 0 \\ 0 & 1 & 0 & 0 \\ 0 & 0 & 1 & 0 \\ 0 & 0 & 0 & 1 \end{bmatrix} + \frac{l^2}{2!} \begin{bmatrix} 0 & -1 & 0 & 0 \\ 0 & 0 & \delta & 0 \\ 0 & 0 & 0 & 1 \\ 0 & 0 & 0 & 0 \end{bmatrix} + \frac{l^3}{3!} \begin{bmatrix} 0 & 0 & -\delta & 0 \\ 0 & 0 & 0 & \delta \\ 0 & 0 & 0 & 0 \\ 0 & 0 & 0 & 0 \end{bmatrix}$$

$$+ \frac{l^4}{4!} \begin{bmatrix} 0 & 0 & 0 & -\delta \\ 0 & 0 & 0 & 0 \\ 0 & 0 & 0 & 0 \\ 0 & 0 & 0 & 0 \end{bmatrix} = \begin{bmatrix} l & -\frac{l^2}{2} & -\frac{l^3}{6EI} & -\frac{l^4}{24EI} \\ 0 & l & \frac{l^2}{2EI} & \frac{l^3}{6EI} \\ 0 & 0 & l & \frac{l^2}{2} \\ 0 & 0 & 0 & l \end{bmatrix}$$

Der Lastvektor folgt aus Gl. (4.21) mit:

$$\tilde{\boldsymbol{z}}_b = \tilde{\boldsymbol{U}}^b_{a,0} \cdot \boldsymbol{p}_0$$

- Linearer Verlauf

Für $k = 1$ folgt aus Gl. (4.22):

$$\tilde{\boldsymbol{U}}^b_{a,1} = \sum_{i=0}^{\infty} \frac{\boldsymbol{A}^i \cdot l^{i+1+1}}{(i+1+1)!} 1! = \sum_{i=0}^{\infty} \frac{\boldsymbol{A}^i \cdot l^{i+2}}{(i+2)!}$$

$$= \frac{\boldsymbol{A}^0 \cdot l^{0+2}}{(0+2)!} + \frac{\boldsymbol{A}^1 \cdot l^{1+2}}{(1+2)!} + \frac{\boldsymbol{A}^2 \cdot l^{2+2}}{(2+2)!} + \frac{\boldsymbol{A}^3 \cdot l^{3+2}}{(3+2)!}$$

$$\tilde{\boldsymbol{U}}^b_{a,1} = \frac{l^2}{2!} \begin{bmatrix} 1 & 0 & 0 & 0 \\ 0 & 1 & 0 & 0 \\ 0 & 0 & 1 & 0 \\ 0 & 0 & 0 & 1 \end{bmatrix} + \frac{l^3}{3!} \begin{bmatrix} 0 & -1 & 0 & 0 \\ 0 & 0 & \delta & 0 \\ 0 & 0 & 0 & 1 \\ 0 & 0 & 0 & 0 \end{bmatrix} + \frac{l^4}{4!} \begin{bmatrix} 0 & 0 & -\delta & 0 \\ 0 & 0 & 0 & \delta \\ 0 & 0 & 0 & 0 \\ 0 & 0 & 0 & 0 \end{bmatrix}$$

$$+ \frac{l^5}{5!} \begin{bmatrix} 0 & 0 & 0 & -\delta \\ 0 & 0 & 0 & 0 \\ 0 & 0 & 0 & 0 \\ 0 & 0 & 0 & 0 \end{bmatrix} = \begin{bmatrix} \frac{l^2}{2} & -\frac{l^3}{6} & -\frac{l^4}{24EI} & -\frac{l^5}{120EI} \\ 0 & \frac{l^2}{2} & \frac{l^3}{6EI} & \frac{l^4}{24EI} \\ 0 & 0 & \frac{l^2}{2} & \frac{l^3}{6} \\ 0 & 0 & 0 & \frac{l^2}{2} \end{bmatrix}$$

4.7 Ermittlung der Steifigkeitsmatrix aus der Übertragungsmatrix

Die Übertragungsmatrix verknüpft die Zustandsgrößen am Anfang des Stabes mit den Zustandsgrößen am Ende des Stabes. Die Übertragungsbeziehung lautet bei Partitionierung der Zustandgrößen bezüglich der Weg- und Kraftgrößen:

$$\begin{bmatrix} \boldsymbol{v}_b \\ \boldsymbol{s}_b \end{bmatrix} = \begin{bmatrix} \boldsymbol{u}_{11} & \boldsymbol{u}_{12} \\ \boldsymbol{u}_{21} & \boldsymbol{u}_{22} \end{bmatrix} \cdot \begin{bmatrix} \boldsymbol{v}_a \\ \boldsymbol{s}_a \end{bmatrix} + \begin{bmatrix} \tilde{\boldsymbol{v}}_b \\ \tilde{\boldsymbol{s}}_b \end{bmatrix} \tag{4.24}$$

Die Steifigkeitsmatrix verknüpft die Stabendkraftgrößen mit den Stabendverformungen. Diese Beziehung ist für eine Partitionierung der Zustandsgrößen bezüglich Anfangs- und Endpunkt gegeben durch:

$$\begin{bmatrix} \boldsymbol{s}_a \\ \boldsymbol{s}_b \end{bmatrix} = \begin{bmatrix} \boldsymbol{k}_{11} & \boldsymbol{k}_{12} \\ \boldsymbol{k}_{21} & \boldsymbol{k}_{22} \end{bmatrix} \cdot \begin{bmatrix} \boldsymbol{v}_a \\ \boldsymbol{v}_b \end{bmatrix} + \begin{bmatrix} \boldsymbol{s}_a^0 \\ \boldsymbol{s}_b^0 \end{bmatrix} \tag{4.25}$$

Die erste Zeile der Übertragungsgleichung (4.24) wird nach den Schnittgrößen $\boldsymbol{s}_a$ aufgelöst.

$$\boldsymbol{v}_b = \boldsymbol{u}_{11}\boldsymbol{v}_a + \boldsymbol{u}_{12}\boldsymbol{s}_a + \tilde{\boldsymbol{v}}_b$$

$$\boldsymbol{s}_a = \boldsymbol{u}_{12}^{-1}(\boldsymbol{v}_b - \boldsymbol{u}_{11}\boldsymbol{v}_a - \tilde{\boldsymbol{v}}_b)$$

$$\boldsymbol{s}_a = -\boldsymbol{u}_{12}^{-1}\boldsymbol{u}_{11}\boldsymbol{v}_a + \boldsymbol{u}_{12}^{-1}\boldsymbol{v}_b - \boldsymbol{u}_{12}^{-1}\tilde{\boldsymbol{v}}_b \tag{4.26}$$

Einsetzen in die zweite Zeile der Übertragungsgleichung ergibt:

$$\begin{aligned} \boldsymbol{s}_b &= \boldsymbol{u}_{21}\boldsymbol{v}_a + \boldsymbol{u}_{22}\boldsymbol{s}_a + \tilde{\boldsymbol{s}}_b \\ &= \boldsymbol{u}_{21}\boldsymbol{v}_a + \boldsymbol{u}_{22}(-\boldsymbol{u}_{12}^{-1}\boldsymbol{u}_{11}\boldsymbol{v}_a + \boldsymbol{u}_{12}^{-1}\boldsymbol{v}_b - \boldsymbol{u}_{12}^{-1}\tilde{\boldsymbol{v}}_b) + \tilde{\boldsymbol{s}}_b \\ &= \boldsymbol{u}_{21}\boldsymbol{v}_a - \boldsymbol{u}_{22}\boldsymbol{u}_{12}^{-1}\boldsymbol{u}_{11}\boldsymbol{v}_a + \boldsymbol{u}_{22}\boldsymbol{u}_{12}^{-1}\boldsymbol{v}_b - \boldsymbol{u}_{22}\boldsymbol{u}_{12}^{-1}\tilde{\boldsymbol{v}}_b + \tilde{\boldsymbol{s}}_b \\ &= (\boldsymbol{u}_{21} - \boldsymbol{u}_{22}\boldsymbol{u}_{12}^{-1}\boldsymbol{u}_{11})\boldsymbol{v}_a + \boldsymbol{u}_{22}\boldsymbol{u}_{12}^{-1}\boldsymbol{v}_b - \boldsymbol{u}_{22}\boldsymbol{u}_{12}^{-1}\tilde{\boldsymbol{v}}_b + \tilde{\boldsymbol{s}}_b \end{aligned}$$

$$\boldsymbol{s}_b = \boldsymbol{k}_{21}\boldsymbol{v}_a + \boldsymbol{k}_{22}\boldsymbol{v}_b + \boldsymbol{s}_b^0 \tag{4.27}$$

Es ist zu beachten, dass der Übertragungsmatrix die Vorzeichendefinition der Baustatik zugrunde liegt. Das bedeutet, dass das Vorzeichen der Schnittgrößen am linken Stabende umgekehrt werden muss, um die Vorzeichendefinition des Weggrößenverfahrens zu erhalten.

Unter Beachtung der Vorzeichenumkehr folgt aus Gl. (4.26):

$$\boldsymbol{s}_a = \boldsymbol{u}_{12}^{-1}\boldsymbol{u}_{11}\boldsymbol{v}_a - \boldsymbol{u}_{12}^{-1}\boldsymbol{v}_b + \boldsymbol{u}_{12}^{-1}\tilde{\boldsymbol{v}}_b$$

$$\boldsymbol{s}_a = \boldsymbol{k}_{11}\boldsymbol{v}_a + \boldsymbol{k}_{12}\boldsymbol{v}_b + \boldsymbol{s}_a^0 \tag{4.28}$$

Die Gleichungen (4.28) und (4.27) entsprechen der Steifigkeitsbeziehung in Gl. (4.25) mit:

$$\begin{aligned} \boldsymbol{k}_{11} &= \boldsymbol{u}_{12}^{-1}\boldsymbol{u}_{11} \\ \boldsymbol{k}_{12} &= -\boldsymbol{u}_{12}^{-1} \\ \boldsymbol{k}_{21} &= \boldsymbol{u}_{21} - \boldsymbol{u}_{22}\boldsymbol{u}_{12}^{-1}\boldsymbol{u}_{11} \\ \boldsymbol{k}_{22} &= \boldsymbol{u}_{22}\boldsymbol{u}_{12}^{-1} \\ \boldsymbol{s}_a^0 &= \boldsymbol{u}_{12}^{-1}\tilde{\boldsymbol{v}}_b \\ \boldsymbol{s}_b^0 &= -\boldsymbol{u}_{22}\boldsymbol{u}_{12}^{-1}\tilde{\boldsymbol{v}}_b + \tilde{\boldsymbol{s}}_b \end{aligned} \tag{4.29}$$

Beispiel 4.8

Es ist die Steifigkeitsmatrix sowie der Stablastvektor für eine konstante Streckenlast für den ungebetteten Balken nach Theorie I. Ordnung aus der Übertragungsmatrix zu ermitteln.

Die Teilmatrizen der Übertragungsmatrix und die Anteile des Lastvektors nach Abschnitt 4.2 sind nachfolgend angegeben.

$$\boldsymbol{u}_{11} = \begin{bmatrix} 1 & -l \\ 0 & 1 \end{bmatrix} \quad \boldsymbol{u}_{12} = \frac{l}{6EI}\begin{bmatrix} -3l & -l^2 \\ 6 & 3l \end{bmatrix} \quad \tilde{\boldsymbol{v}}_b = \frac{ql^3}{24EI}\begin{bmatrix} l \\ -4 \end{bmatrix}$$

$$\boldsymbol{u}_{21} = \begin{bmatrix} 0 & 0 \\ 0 & 0 \end{bmatrix} \quad \boldsymbol{u}_{22} = \begin{bmatrix} 1 & l \\ 0 & 1 \end{bmatrix} \quad \tilde{\boldsymbol{s}}_b = -\frac{ql}{2}\begin{bmatrix} l \\ 2 \end{bmatrix}$$

Die Inverse von $\boldsymbol{u}_{12}$ folgt mit:

$$\boldsymbol{u}_{12}^{-1} = \frac{2EI}{l^3}\begin{bmatrix} -3l & -l^2 \\ 6 & 3l \end{bmatrix}$$

Damit können die Beziehungen in Gl. (4.29) ausgewertet werden.

$$\boldsymbol{k}_{11} = \boldsymbol{u}_{12}^{-1} \cdot \boldsymbol{u}_{11} = \frac{2EI}{l^3}\begin{bmatrix} -3l & -l^2 \\ 6 & 3l \end{bmatrix}\begin{bmatrix} 1 & -l \\ 0 & 1 \end{bmatrix} = \begin{bmatrix} -\frac{6EI}{l^2} & \frac{4EI}{l} \\ \frac{12EI}{l^3} & -\frac{6EI}{l^2} \end{bmatrix}$$

$$\boldsymbol{k}_{12} = -\boldsymbol{u}_{12}^{-1} = -\frac{2EI}{l^3}\begin{bmatrix} -3l & -l^2 \\ 6 & 3l \end{bmatrix} = \begin{bmatrix} \frac{6EI}{l^2} & \frac{2EI}{l} \\ -\frac{12EI}{l^3} & -\frac{6EI}{l^2} \end{bmatrix}$$

$$\boldsymbol{k}_{21} = \boldsymbol{u}_{21} - \boldsymbol{u}_{22} \cdot \boldsymbol{u}_{12}^{-1} \cdot \boldsymbol{u}_{11}$$

$$= \begin{bmatrix} 0 & 0 \\ 0 & 0 \end{bmatrix} - \begin{bmatrix} 1 & l \\ 0 & 1 \end{bmatrix} \cdot \frac{2EI}{l^3}\begin{bmatrix} -3l & -l^2 \\ 6 & 3l \end{bmatrix} \cdot \begin{bmatrix} 1 & -l \\ 0 & 1 \end{bmatrix}$$

$$= \begin{bmatrix} -\frac{6EI}{l^2} & \frac{2EI}{l} \\ -\frac{12EI}{l^3} & \frac{6EI}{l^2} \end{bmatrix}$$

$$\boldsymbol{k}_{22} = \boldsymbol{u}_{22} \cdot \boldsymbol{u}_{12}^{-1} = \begin{bmatrix} 1 & l \\ 0 & 1 \end{bmatrix} \cdot \frac{2EI}{l^3}\begin{bmatrix} -3l & -l^2 \\ 6 & 3l \end{bmatrix} = \begin{bmatrix} \frac{6EI}{l^2} & \frac{4EI}{l} \\ \frac{12EI}{l^3} & \frac{6EI}{l^2} \end{bmatrix}$$

$$\boldsymbol{u}_{11} = \begin{bmatrix} 1 & -l \\ 0 & 1 \end{bmatrix} \qquad \boldsymbol{u}_{12} = \frac{l}{6EI}\begin{bmatrix} -3l & -l^2 \\ 6 & 3l \end{bmatrix} \qquad \tilde{\boldsymbol{v}}_b = \frac{ql^3}{24EI}\begin{bmatrix} l \\ -4 \end{bmatrix}$$

$$\boldsymbol{u}_{21} = \begin{bmatrix} 0 & 0 \\ 0 & 0 \end{bmatrix} \qquad \boldsymbol{u}_{22} = \begin{bmatrix} 1 & l \\ 0 & 1 \end{bmatrix} \qquad \tilde{\boldsymbol{s}}_b = -\frac{ql}{2}\begin{bmatrix} l \\ 2 \end{bmatrix}$$

$$\boldsymbol{s}_a^0 = \boldsymbol{u}_{12}^{-1} \cdot \tilde{\boldsymbol{v}}_b = \frac{2EI}{l^3}\begin{bmatrix} -3l & -l^2 \\ 6 & 3l \end{bmatrix} \cdot \frac{ql^3}{24EI}\begin{bmatrix} l \\ -4 \end{bmatrix} = \begin{bmatrix} \frac{ql^2}{12} \\ -\frac{ql}{2} \end{bmatrix}$$

$$\boldsymbol{s}_b^0 = -\boldsymbol{u}_{22} \cdot \boldsymbol{u}_{12}^{-1} \cdot \tilde{\boldsymbol{v}}_b + \tilde{\boldsymbol{s}}_b$$

$$= -\begin{bmatrix} 1 & l \\ 0 & 1 \end{bmatrix} \cdot \frac{2EI}{l^3}\begin{bmatrix} -3l & -l^2 \\ 6 & 3l \end{bmatrix} \cdot \frac{ql^3}{24EI}\begin{bmatrix} l \\ -4 \end{bmatrix} - \frac{ql}{2}\begin{bmatrix} l \\ 2 \end{bmatrix} = \begin{bmatrix} -\frac{ql^2}{12} \\ -\frac{ql}{2} \end{bmatrix}$$

$$\boldsymbol{k} = \begin{bmatrix} -\frac{6EI}{l^2} & \frac{4EI}{l} & \frac{6EI}{l^2} & \frac{2EI}{l} \\ \frac{12EI}{l^3} & -\frac{6EI}{l^2} & -\frac{12EI}{l^3} & -\frac{6EI}{l^2} \\ -\frac{6EI}{l^2} & \frac{2EI}{l} & \frac{6EI}{l^2} & \frac{4EI}{l} \\ -\frac{12EI}{l^3} & \frac{6EI}{l^2} & \frac{12EI}{l^3} & \frac{6EI}{l^2} \end{bmatrix} \qquad \boldsymbol{s} = \begin{bmatrix} \frac{ql^2}{12} \\ -\frac{ql}{2} \\ -\frac{ql^2}{12} \\ -\frac{ql}{2} \end{bmatrix}$$

Der Übertragungsmatrix liegt eine andere Reihenfolge der Schnittgrößen als der Steifigkeitsmatrix zugrunde. Die erste und die zweite sowie die dritte und die vierte Zeile sind daher zu tauschen.

$$\boldsymbol{k} = \begin{bmatrix} \frac{12EI}{l^3} & -\frac{6EI}{l^2} & -\frac{12EI}{l^3} & -\frac{6EI}{l^2} \\ -\frac{6EI}{l^2} & \frac{4EI}{l} & \frac{6EI}{l^2} & \frac{2EI}{l} \\ -\frac{12EI}{l^3} & \frac{6EI}{l^2} & \frac{12EI}{l^3} & \frac{6EI}{l^2} \\ -\frac{6EI}{l^2} & \frac{2EI}{l} & \frac{6EI}{l^2} & \frac{4EI}{l} \end{bmatrix} \qquad \boldsymbol{s} = \begin{bmatrix} -\frac{ql}{2} \\ \frac{ql^2}{12} \\ -\frac{ql}{2} \\ -\frac{ql^2}{12} \end{bmatrix}$$

Aufgaben

Aufgabe 4.1

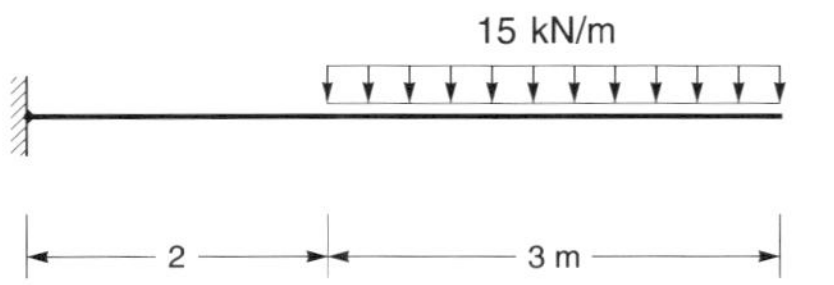

Aufgabe 4.2

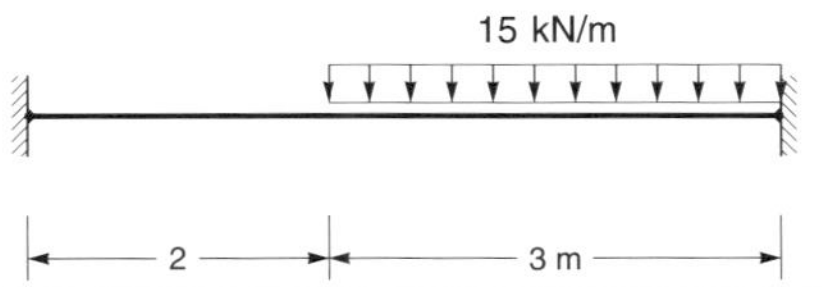

Aufgabe 4.3

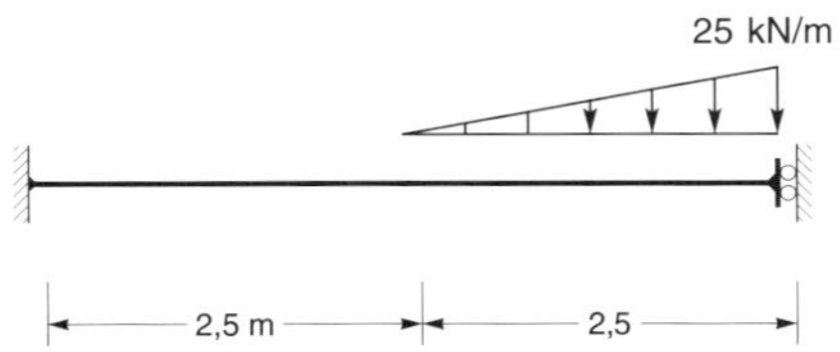

Aufgabe 4.4

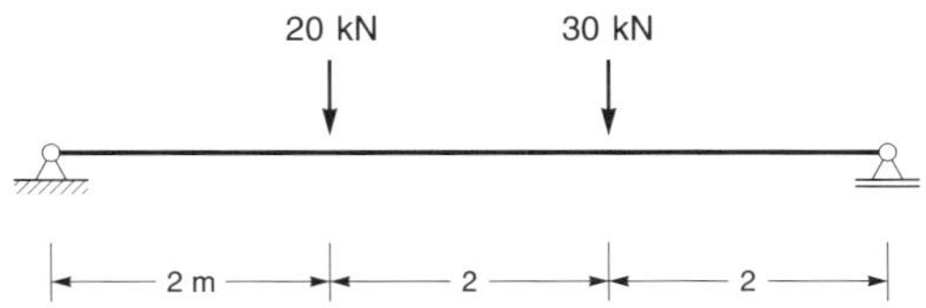

Aufgabe 4.5

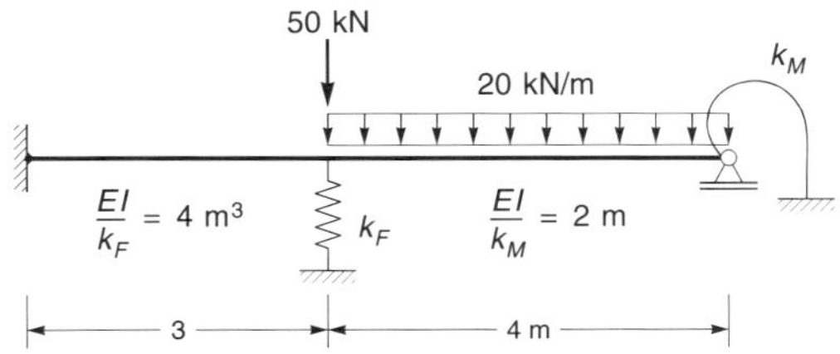

Aufgabe 4.6

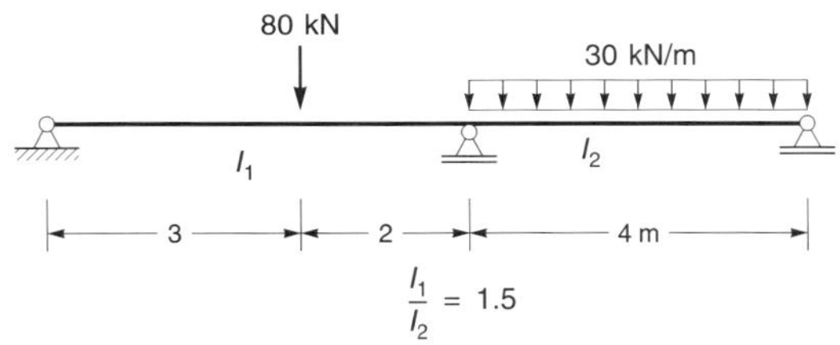

Lösungen

Nachfolgend sind die Lösungen für die am Ende der Kapitel gestellten Aufgaben angegeben. Ausführlichere Darstellungen unter Angabe des Lösungsweges sind im Internet unter http://www.bau.hs-wismar.de/Dallmann verfügbar.

1.1

$$k_F \cdot \delta \cdot l - F_h \cdot \delta - F_v \cdot l = 0 \Rightarrow \delta = \frac{F_v \cdot l}{k_F \cdot l - F_h}$$

$$F_h = k_F \cdot l$$

1.2

$$k_F \cdot \delta \cdot 2l - \frac{F_h \cdot \delta}{l} \cdot 3l - F_v \cdot 2l = 0 \Rightarrow \delta = \frac{F_v \cdot 2l}{k_F \cdot 2l - 3F_h}$$

$$F_h = \frac{2}{3} k_F \cdot l$$

1.3

$$k_M \cdot \frac{\delta}{l} - \frac{F_h \cdot \delta}{l} \cdot 2l - F_v \cdot l = 0 \Rightarrow \delta = \frac{F_v \cdot l}{\frac{k_M}{l} - F_h \cdot 2}$$

$$F_h = \frac{k_M}{2l}$$

1.4

$$k_F \cdot \delta \cdot 1.5h - 2F_v \cdot \delta - \frac{F_v \cdot \delta}{h} \cdot 0.5h - F_h \cdot 1.5h = 0$$

$$\delta = \frac{F_h \cdot 1.5h}{k_F \cdot 1.5h - 2F_v - F_v \cdot 0.5} = \frac{F_h \cdot 1.5h}{k_F \cdot h - \frac{5}{3}F_v}$$

$$F_v = \frac{3}{5} k_F \cdot h$$

Bei den Aufgaben 1.5 bis 1.11 sind die Schnittgrößenverläufe und der zur niedrigsten Versagenslast gehörige Laststeigerungsfaktor λ mit der zugehörigen Knickfigur angegeben.

1.5

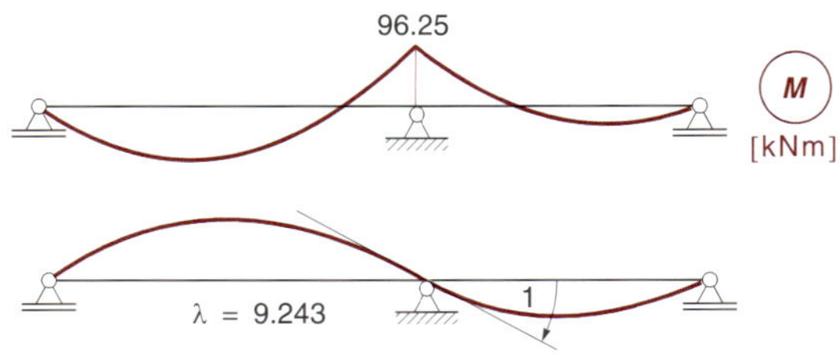

1.6

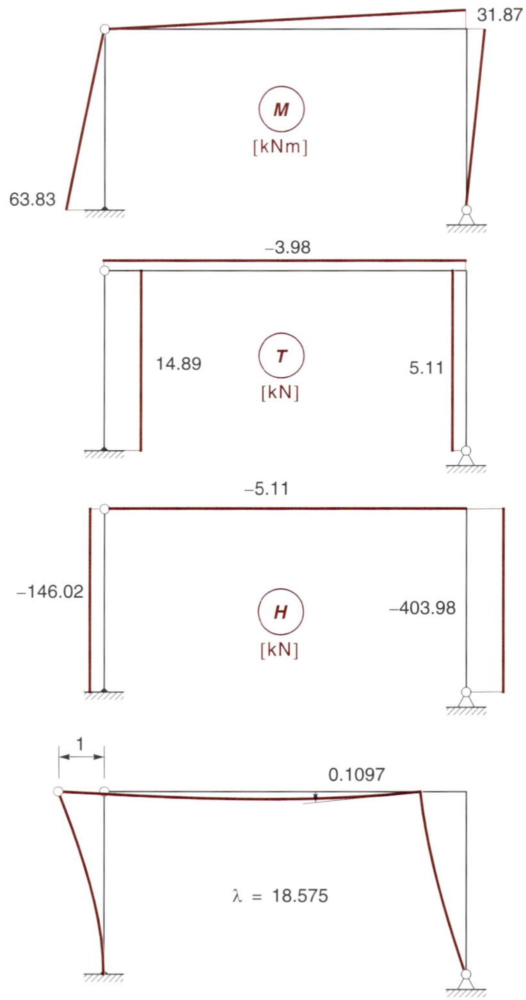

1.7

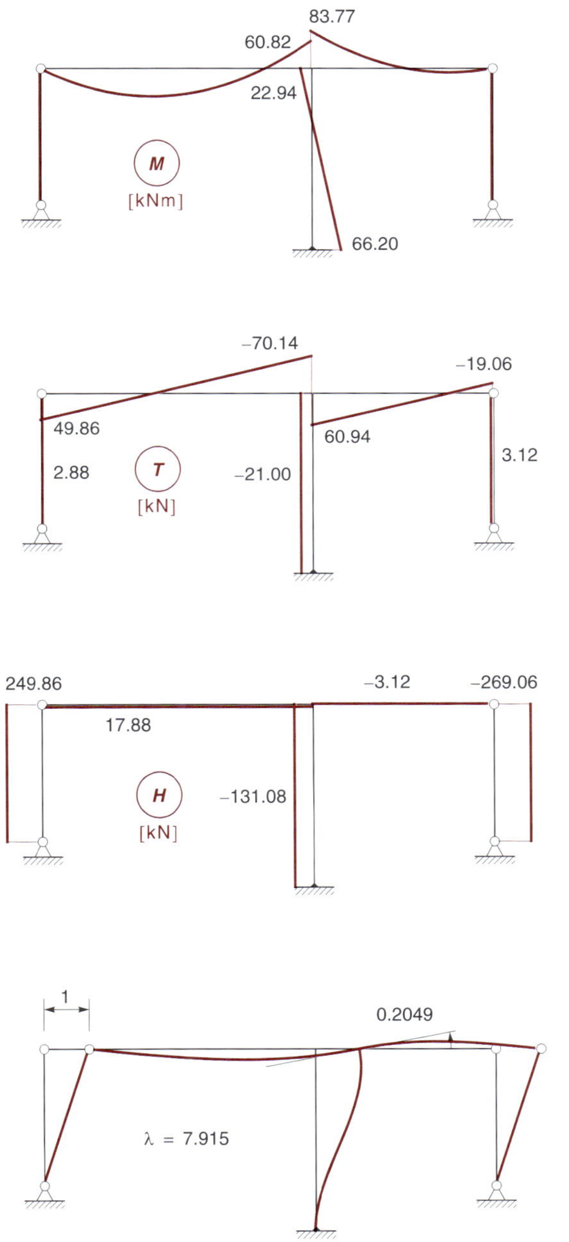
83.77
60.82
22.94
M
[kNm]
66.20
-70.14
-19.06
49.86
60.94
2.88
T
[kN]
-21.00
3.12
249.86
-3.12
-269.06
17.88
H
[kN]
-131.08
1
0.2049
λ = 7.915

1.8

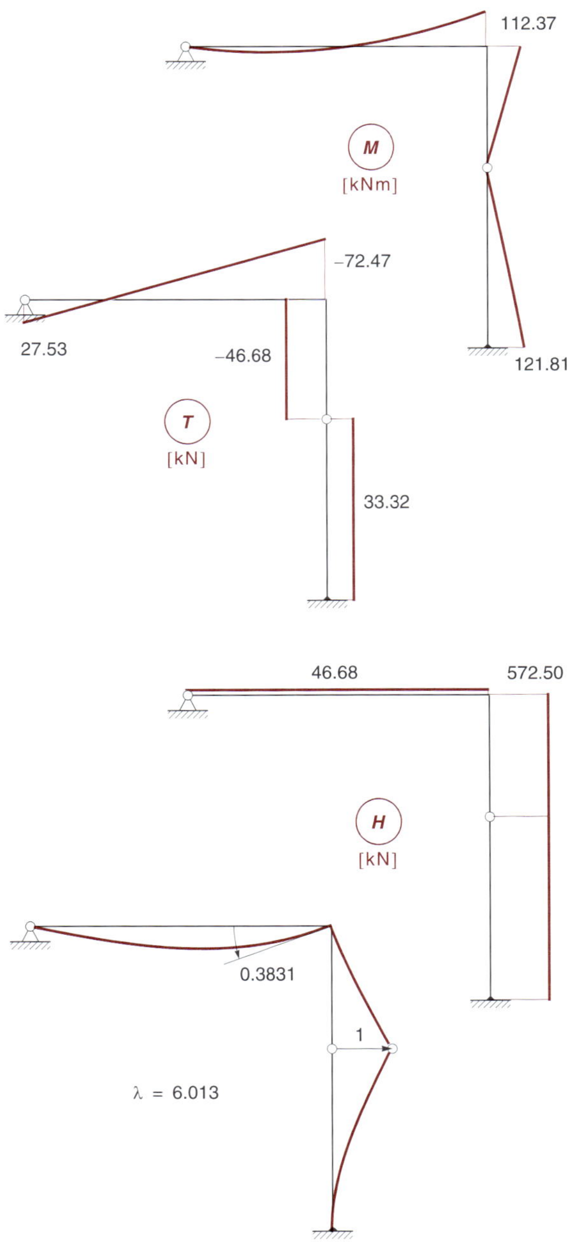
112.37
M
[kNm]
-72.47
27.53
-46.68
121.81
T
[kN]
33.32
46.68
572.50
H
[kN]
0.3831
1
λ = 6.013

1.9

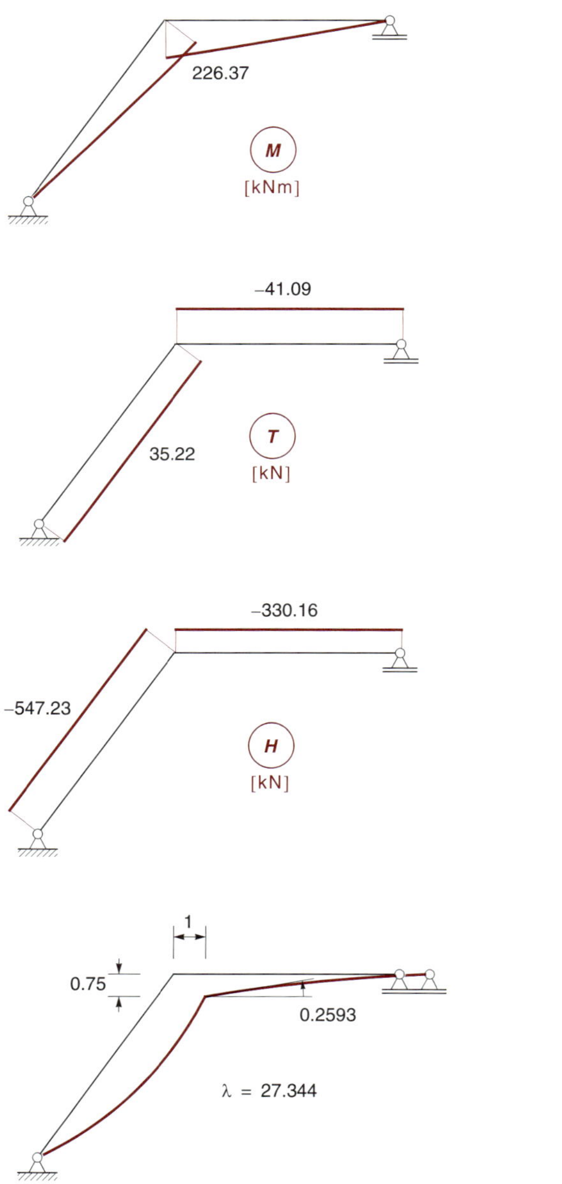
226.37
M
[kNm]
–41.09
35.22
T
[kN]
–330.16
–547.23
H
[kN]
1
0.75
0.2593
λ = 27.344

1.10

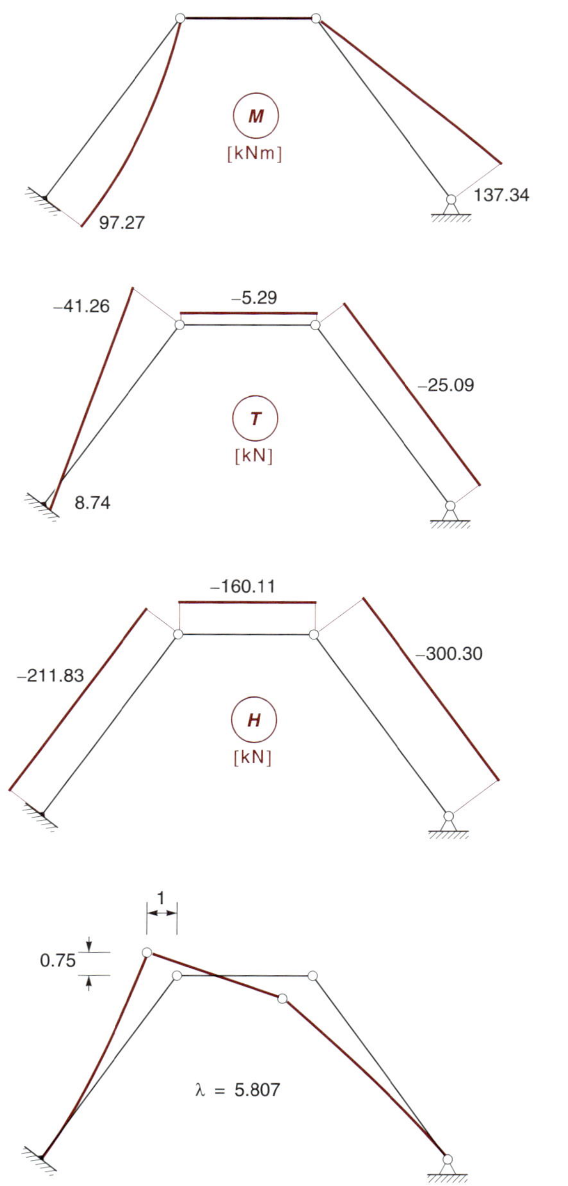
M
[kNm]
97.27
137.34
–41.26
–5.29
–25.09
T
[kN]
8.74
–160.11
–211.83
–300.30
H
[kN]
1
0.75
λ = 5.807

1.11

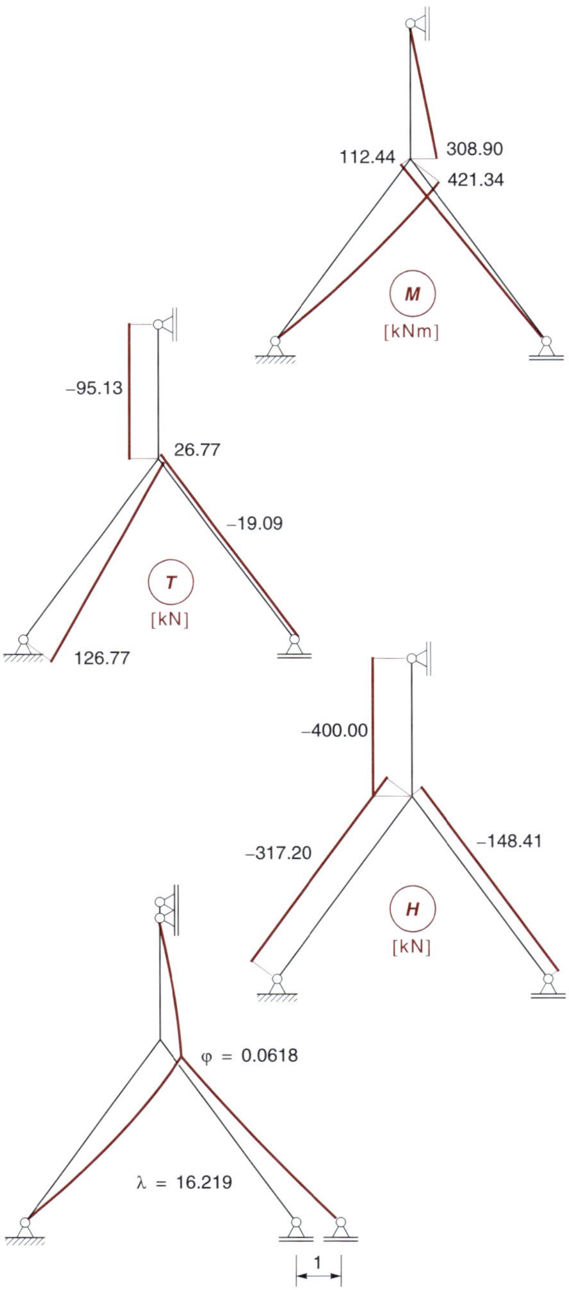
112.44
308.90
421.34
M
[kNm]
–95.13
26.77
–19.09
T
[kN]
126.77
–400.00
–317.20
–148.41
H
[kN]
φ = 0.0618
λ = 16.219
1

2.1

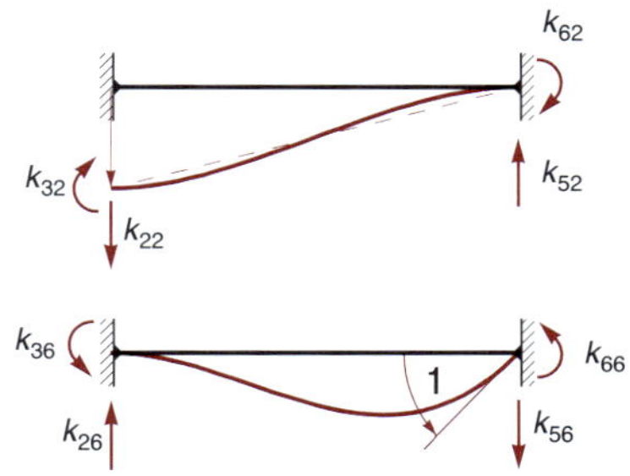
k62
k32
k52
k22
k36
k66
1
k26
k56

2.2

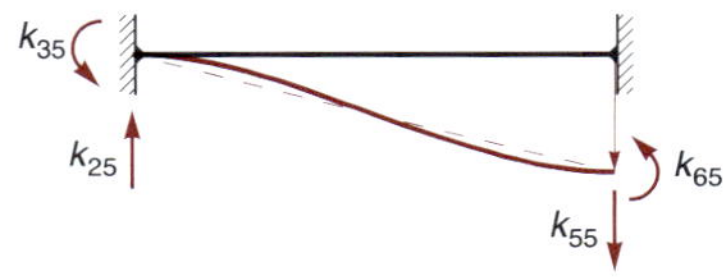
k35
k25
k65
k55

2.3

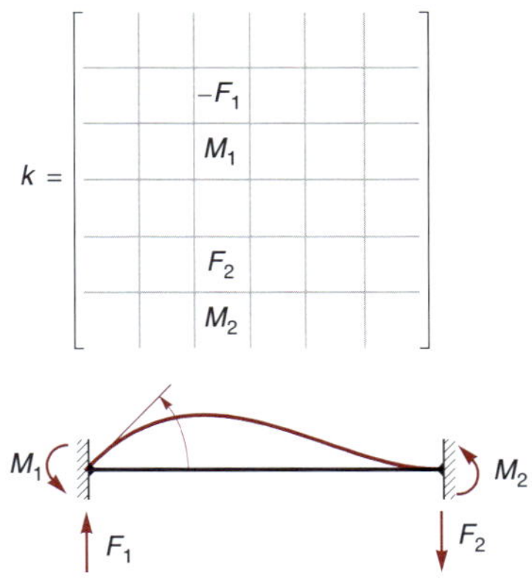
k =
–F1
M1
F2
M2
M1
M2
F1
F2

2.4

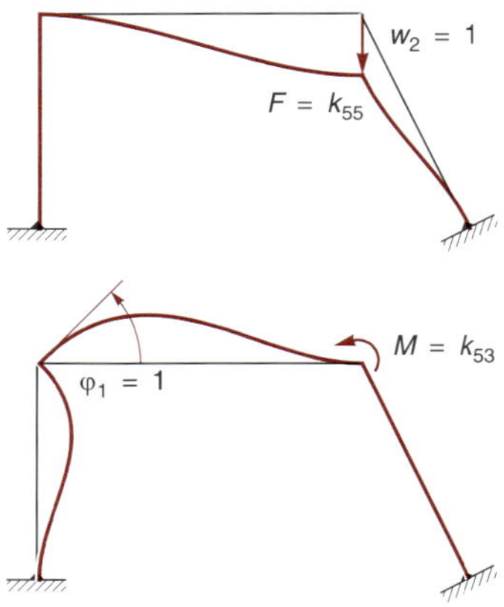

Bei den Verformungsfiguren der Aufgaben 2.5 bis 2.7 sind die angegebenen Knotenverformungen in der Einheiten [m] und [rad] angegeben.

2.5

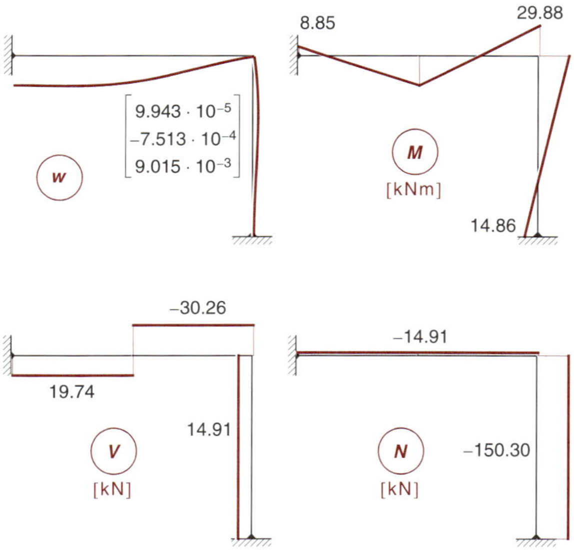

2.6

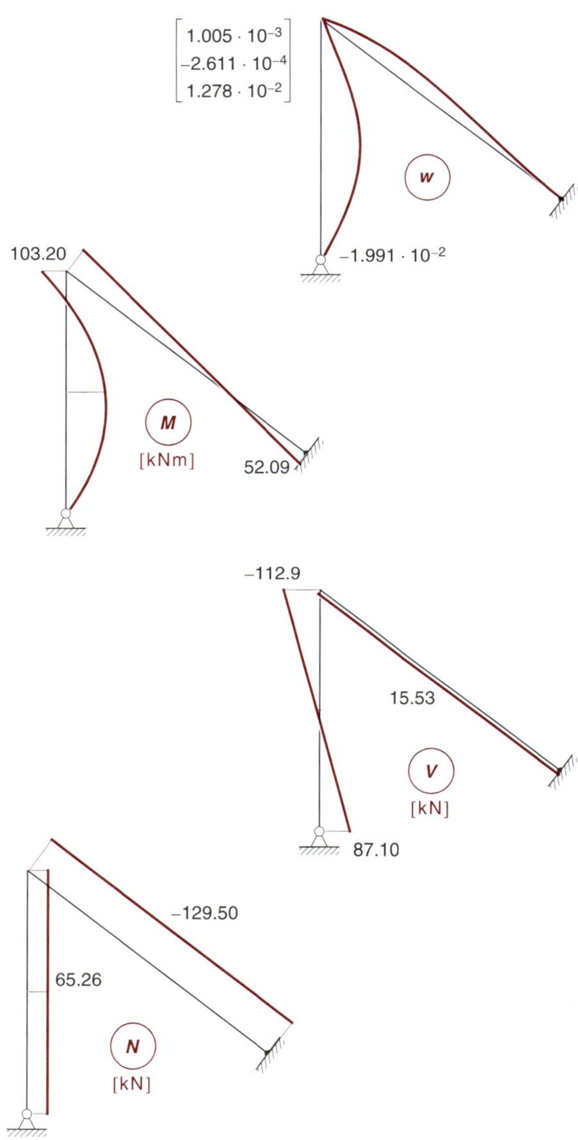

2.7

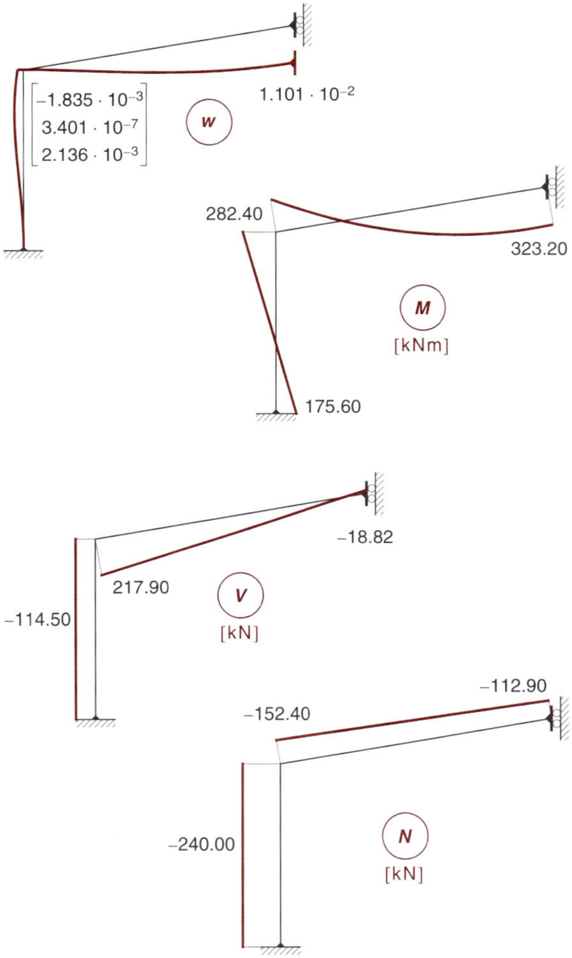

Tabelle 2 Ergebnisse für unterschiedliche Ansätze, LF 2

Ansatz	w_3	$w_{4.5}$	M_3	$M_{4.5}$
exakt	0,04036	0,04645	79,609	81,435
1.1	0,03581	0,04029	59.690	59.690
1.2	0,04020	0,04625	84,099	94,611
1.3	0,04029	0,04652	73.640	85.032
2.1	0.03866	0.04350	71.599	80,549
2.2	0,04029	0,04652	73.640	85.032

Tabelle 3 Ergebnisse für unterschiedliche Ansätze, LF 3

Ansatz	w_3	$w_{4.5}$	M_3	$M_{4.5}$
exakt	0,02961	0,03409	53,883	60,851
1.1	0,02686	0,03022	44.768	44.768
1.2	0,02960	0,03406	53,823	60,551
1.3	0,02962	0,03420	54,133	62.507
2.1	0.02900	0.03262	53.699	60.412
2.2	0,02962	0,03420	54,133	62.507

3.1

Tabelle 1 Ergebnisse für unterschiedliche Ansätze, LF 1

Ansatz	w_3	$w_{4.5}$	M_3	$M_{4.5}$
exakt	0,04645	0,05439	81,435	117,567
1.1	0,03847	0,04328	67.152	67.152
1.2	0,04625	0,05322	84,099	94,611
1.3	0,04652	0,05372	85.032	98.187
2.1	0.04350	0.04893	80.549	90.618
2.2	0,04652	0,05372	85.032	98.187

3.2

Tabelle 4 Ergebnisse für unterschiedliche Ansätze

Ansatz	M_a	w_b
exakt	-165,098	0,03474
1.1	-83,418	0,04088
1.2	-164,885	0,03483
2.1	-139,893	0,04570
2.2	-165,241	0,03468

3.3

Tabelle 5 Ergebnisse für unterschiedliche Ansätze

Verfahren	M_a	w_b	M_b
exakt	-45,414	0,04300	-30,037
1.	-45,065	0,04308	-30,113
2.1	-18,947	0,04737	-35.526
2.2	-45,452	0,04296	-30,128

3.4

Tabelle 6 Ergebnisse für unterschiedliche Ansätze

Verfahren	M_a	w_b	M_b	w_c	M_c
exakt	0.725	0,66551	-8,937	6,6429	19,480
1.	2.421	0.61596	-8.766	5.5948	20,187
2.1	2,739	0,68290	-13,168	6,0942	20,109
2.2	3.130	0.49052	-11,778	5,8406	24,429

Bei den Verformungsfiguren der Aufgaben 4.1 bis 4.6 sind die EI_c-fachen Knotenverformungen angegeben. Als Vergleichsträgheitsmoment I_c wurde das jeweils größte Trägheitsmoment gewählt.

4.1

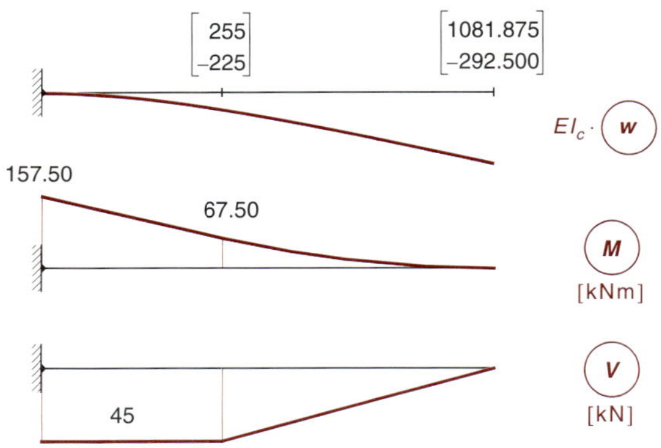

4.2

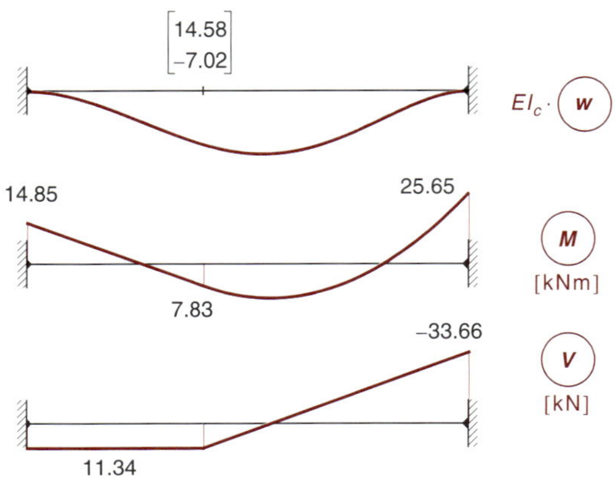

4.3

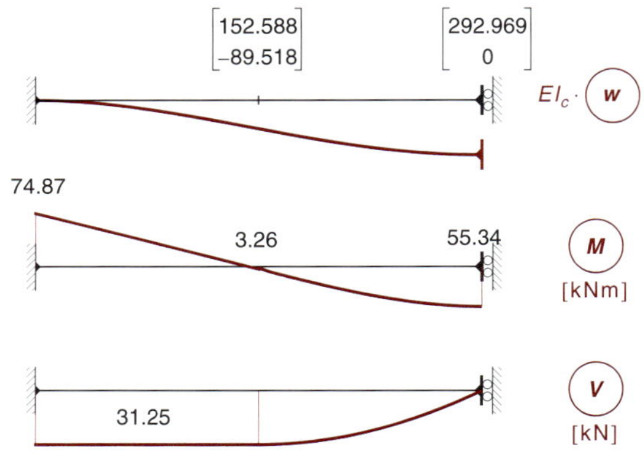

4.4

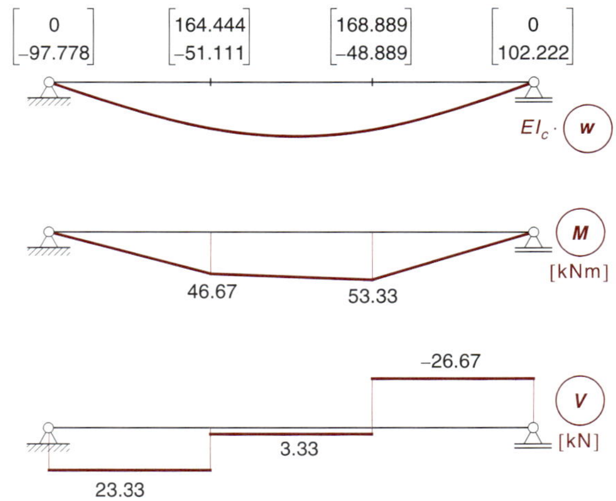

4.5

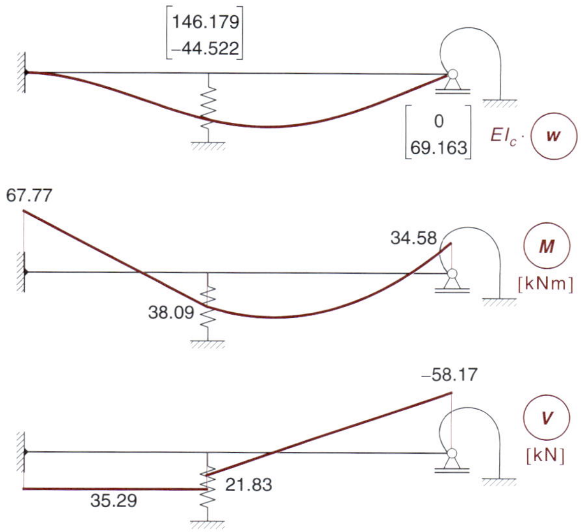
146.179
–44.522
0
69.163
EI_c ·
w
67.77
34.58
38.09
M
[kNm]
–58.17
V
[kN]
21.83
35.29

4.6

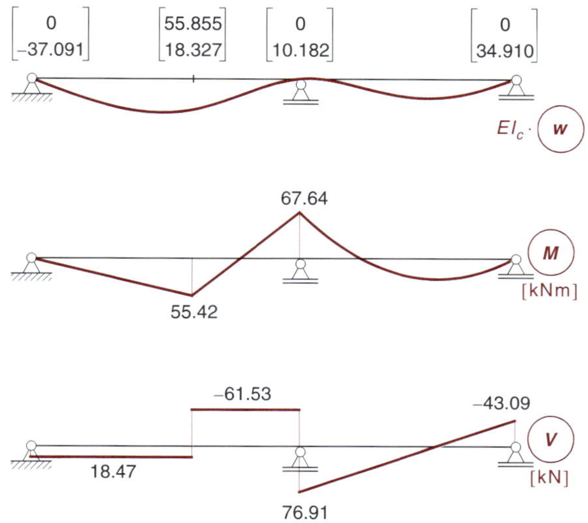
0
–37.091
55.855
18.327
0
10.182
0
34.910
EI_c ·
w
67.64
55.42
M
[kNm]
–61.53
–43.09
18.47
76.91
V
[kN]

Anhang: Tafeln

Tafel A1 Einheitsverformungszustände des Drehwinkelverfahrens nach Theorie II. Ordnung

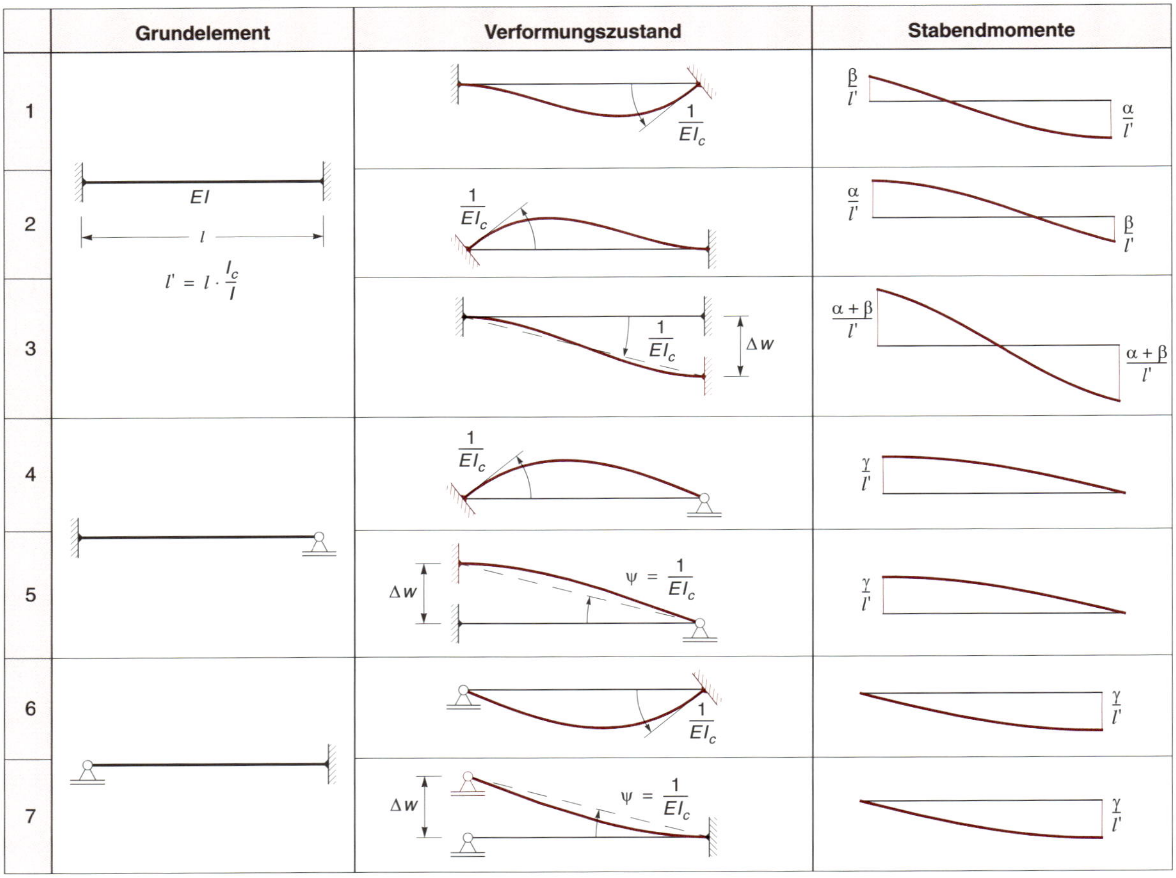

Tabelle A1 Steifigkeitskoeffizienten für Theorie II. Ordnung

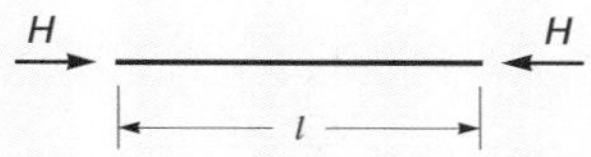

$\varepsilon = l\sqrt{\frac{|H|}{EI}}$

H	Druck	Zug
α	$\frac{\varepsilon \sin\varepsilon - \varepsilon^2 \cos\varepsilon}{2(1-\cos\varepsilon) - \varepsilon \sin\varepsilon}$	$\frac{\varepsilon \sinh\varepsilon - \varepsilon^2 \cos\varepsilon}{2(\cosh\varepsilon - 1) - \varepsilon \sinh\varepsilon}$
β	$\frac{\varepsilon^2 - \varepsilon \sin\varepsilon}{2(1-\cos\varepsilon) - \varepsilon \sin\varepsilon}$	$\frac{\varepsilon^2 - \varepsilon \sinh\varepsilon}{2(\cosh\varepsilon - 1) - \varepsilon \sinh\varepsilon}$
γ	$\frac{\varepsilon^2 \sin\varepsilon}{\sin\varepsilon - \varepsilon \cos\varepsilon}$	$\frac{\varepsilon^2 \sinh\varepsilon}{\varepsilon \cosh\varepsilon - \sinh\varepsilon}$

Tabelle A2 α-, β-, γ-Werte für Druck

ε	α	β	γ
0,00	4,000	2,000	3,000
0,20	3,995	2,001	2,992
0,40	3,979	2,005	2,968
0,50	3,967	2,008	2,950
0,60	3,952	2,012	2,927
0,70	3,934	2,017	2,901
0,80	3,914	2,022	2,870
0,90	3,891	2,028	2,834
1,00	3,865	2,034	2,794
1,10	3,836	2,042	2,749
1,20	3,804	2,050	2,699
1,30	3,769	2,059	2,644
1,35	3,751	2,064	2,615
1,40	3,732	2,070	2,584
1,45	3,712	2,075	2,552
1,50	3,691	2,081	2,518
1,55	3,669	2,086	2,483
1,60	3,647	2,093	2,446
1,65	3,623	2,099	2,407
1,70	3,599	2,106	2,367
1,75	3,574	2,113	2,325
1,80	3,548	2,120	2,282
1,85	3,522	2,127	2,236
1,90	3,494	2,135	2,189
1,95	3,466	2,143	2,140
2,00	3,436	2,152	2,088
2,00	3,436	2,152	2,088
2,04	3,412	2,159	2,046
2,08	3,387	2,166	2,002
2,12	3,362	2,174	1,956
2,16	3,336	2,181	1,909
2,20	3,309	2,189	1,861
2,24	3,282	2,197	1,810
2,28	3,254	2,206	1,758
2,32	3,225	2,215	1,704
2,36	3,196	2,224	1,649
2,40	3,166	2,233	1,591
2,44	3,135	2,242	1,531
2,48	3,104	2,252	1,470
2,52	3,072	2,262	1,406
2,56	3,039	2,273	1,339
2,60	3,005	2,283	1,270
2,64	2,971	2,295	1,199
2,68	2,936	2,306	1,124
2,72	2,900	2,318	1,047
2,76	2,863	2,330	0,967
2,80	2,825	2,342	0,883
2,84	2,787	2,355	0,796
2,88	2,748	2,369	0,705
2,92	2,707	2,383	0,611
2,96	2,666	2,397	0,512
3,00	2,624	2,411	0,408

Tafel A2 Volleinspannmomente nach Theorie II. Ordnung $\varepsilon, \alpha, \beta, \gamma$ nach Tabelle 1

	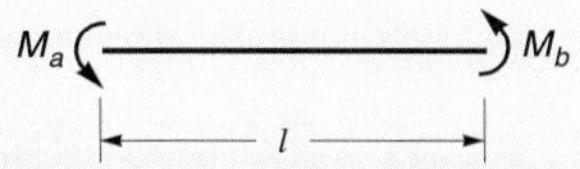	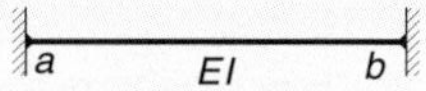		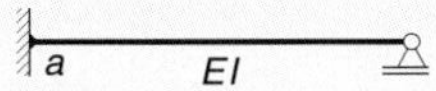	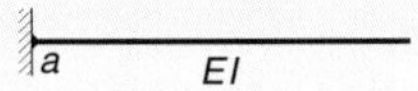
	Lastfall	M_a	M_b	M_a	M_a
1	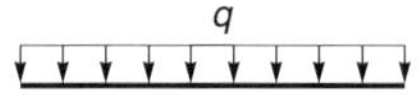	$\frac{ql^2}{2(\alpha+\beta)}$	$-\frac{ql^2}{2(\alpha+\beta)}$	$\frac{ql^2}{2\alpha}$	$\frac{ql^2}{\varepsilon^2}\left(\frac{1-\varepsilon\sin\varepsilon}{\cos\varepsilon}-1\right)$
2	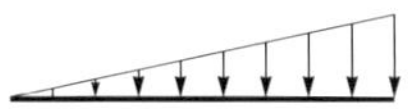	$\frac{ql^2}{4}\left(\frac{1}{\alpha+\beta}-\frac{6-(\alpha+\beta)}{3\varepsilon^2}\right)$	$-\frac{ql^2}{4}\left(\frac{1}{\alpha+\beta}+\frac{6-(\alpha+\beta)}{3\varepsilon^2}\right)$	$-q\frac{l^2}{6}\left(\frac{2}{\varepsilon^2}(\gamma-3)+\frac{3}{\alpha}\right)$	$\frac{ql^2}{\varepsilon^2}\left[\frac{\varepsilon\sin\varepsilon}{\cos\varepsilon}\left(\frac{1}{2}+\frac{1}{\varepsilon^2}\right)-\frac{1}{\cos\varepsilon}\right]$
3	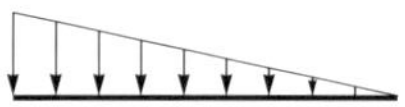	$\frac{ql^2}{4}\left(\frac{1}{\alpha+\beta}+\frac{6-(\alpha+\beta)}{3\varepsilon^2}\right)$	$-\frac{ql^2}{4}\left(\frac{1}{\alpha+\beta}-\frac{6-(\alpha+\beta)}{3\varepsilon^2}\right)$	$q\frac{l^2}{3}\frac{3-\gamma}{\varepsilon^2}$	$\frac{ql^2}{\varepsilon^2}\left[\frac{\varepsilon\sin\varepsilon}{\cos\varepsilon}\left(\frac{1}{\varepsilon^2}-\frac{1}{2}\right)-1\right]$
4	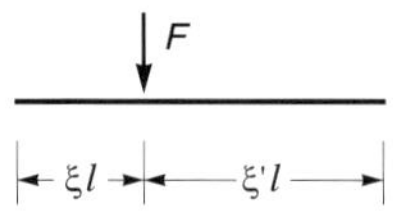	$\frac{Fl}{\varepsilon^2}\left[\left(\frac{\sin(\xi'\varepsilon)}{\sin\varepsilon}-\xi'\right)\alpha-\left(\frac{\sin(\xi\varepsilon)}{\sin\varepsilon}-\xi\right)\beta\right]$	$-\frac{Fl}{\varepsilon^2}\left[\left(\frac{\sin(\xi\varepsilon)}{\sin\varepsilon}-\xi\right)\alpha-\left(\frac{\sin(\xi'\varepsilon)}{\sin\varepsilon}-\xi'\right)\beta\right]$	$-\frac{Fl}{\varepsilon^2}\left(\frac{\sin\xi'\varepsilon}{\sin\varepsilon}-\xi'\right)\gamma$	$\frac{\sin\varepsilon}{\varepsilon\cos\varepsilon}\left(1-\frac{\sin(\varepsilon\xi')}{\sin\varepsilon}\right)Fl$
5	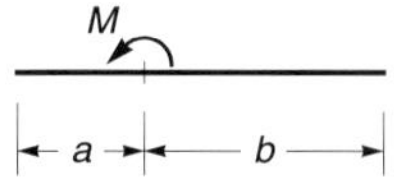	$\frac{M}{\varepsilon^2}\left[\alpha\left(1-\frac{\varepsilon\cos(\varepsilon\xi')}{\sin\varepsilon}\right)+\beta\left(1-\frac{\varepsilon\cos(\varepsilon\xi)}{\sin\varepsilon}\right)\right]$	$-\frac{M}{\varepsilon^2}\left[\beta\left(1-\frac{\varepsilon\cos(\varepsilon\xi')}{\sin\varepsilon}\right)+\alpha\left(1-\frac{\varepsilon\cos(\varepsilon\xi)}{\sin\varepsilon}\right)\right]$	$M\left(\frac{\cos(\varepsilon\xi')}{\sin\varepsilon}-\frac{1}{\varepsilon}\right)\frac{\gamma}{\varepsilon}$	$-\frac{\cos(\varepsilon\xi')}{\cos\varepsilon}M$
6	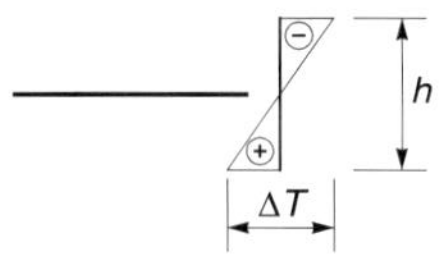	$EI\cdot\alpha_T\cdot\frac{\Delta T}{h}$	$-EI\cdot\alpha_T\cdot\frac{\Delta T}{h}$	$-EI\alpha_T\frac{\Delta T}{h}\left(\frac{\sin\varepsilon-\varepsilon}{\sin\varepsilon-\varepsilon\cos\varepsilon}-1\right)$	$\frac{1-\cos\varepsilon}{\varepsilon^2\cos\varepsilon}l^2H\alpha_T\cdot\frac{\Delta T}{h}$

Tafel A3 Lastgrößen des Übertragungsverfahrens

	Belastung	Theorie I. Ordnung	Theorie II. Ordnung
1	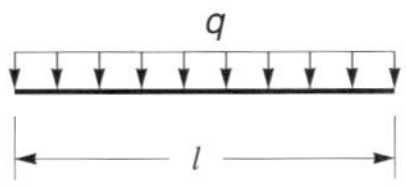	$q\begin{bmatrix}\frac{l^4}{24EI}\\ -\frac{l^3}{6EI}\\ -\frac{l^2}{2}\\ -l\end{bmatrix}$	$q\begin{bmatrix}\frac{l^4}{EI}\frac{2(\cos\varepsilon-1)+\varepsilon^2}{2\varepsilon^4}\\ \frac{l^3}{EI}\frac{\sin\varepsilon-\varepsilon}{\varepsilon^3}\\ l^2\frac{\cos\varepsilon-1}{\varepsilon^2}\\ -l\end{bmatrix}$
2	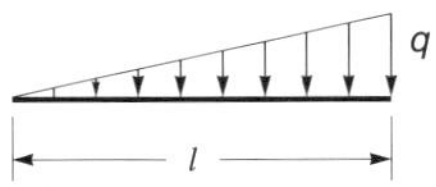	$q\begin{bmatrix}\frac{l^4}{120EI}\\ -\frac{l^3}{24EI}\\ -\frac{l^2}{6}\\ -\frac{l}{2}\end{bmatrix}$	$q\begin{bmatrix}\frac{l^4}{EI}\frac{6(\sin\varepsilon-\varepsilon)+\varepsilon^3}{6\varepsilon^5}\\ -\frac{l^3}{EI}\frac{2(\cos\varepsilon-1)+\varepsilon^2}{2\varepsilon^4}\\ l^2\frac{\sin\varepsilon-\varepsilon}{\varepsilon^3}\\ -\frac{l}{2}\end{bmatrix}$
3	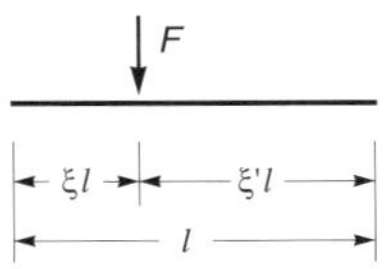	$F\begin{bmatrix}\frac{(\xi' l)^3}{6EI}\\ -\frac{(\xi' l)^2}{2EI}\\ -\xi' l\\ -1\end{bmatrix}$	$F\begin{bmatrix}\frac{l^3}{EI}\frac{\varepsilon\xi'-\sin(\varepsilon\xi')}{\varepsilon^3}\\ \frac{l^2}{EI}\frac{\cos(\varepsilon\xi')-1}{\varepsilon^2}\\ -l\frac{\sin(\varepsilon\xi')}{\varepsilon}\\ -1\end{bmatrix}$
4	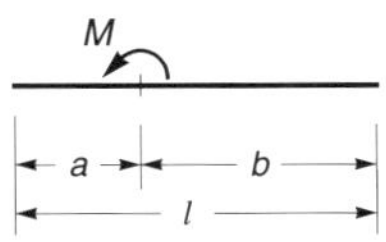	$M\begin{bmatrix}\frac{(\xi' l)^2}{2EI}\\ -\frac{\xi' l}{EI}\\ -1\\ 0\end{bmatrix}$	$M\begin{bmatrix}\frac{l^2}{EI}\frac{1-\cos(\varepsilon\xi')}{\varepsilon^2}\\ -\frac{l}{EI}\frac{\sin(\varepsilon\xi')}{\varepsilon}\\ -\cos(\varepsilon\xi')\\ 0\end{bmatrix}$
5	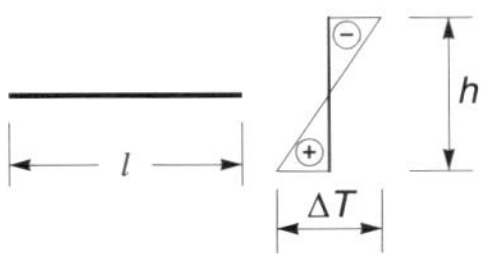	$\alpha_T\cdot\frac{\Delta T}{h}\begin{bmatrix}-\frac{l^2}{2}\\ l\\ 0\\ 0\end{bmatrix}$	$\alpha_T\cdot\frac{\Delta T}{h}\begin{bmatrix}l^2\frac{\cos\varepsilon-1}{\varepsilon^2}\\ l\frac{\sin\varepsilon}{\varepsilon}\\ EI(\cos\varepsilon-1)\\ 0\end{bmatrix}$

A

Literaturverzeichnis

Dallmann, R.: Baustatik 2, Berechnung statisch unbestimmter Tragwerke. Fachbuchverlag Leipzig im Carl Hanser Verlag 2006

Duddeck, H., Ahrens, H.: Statik der Stabtragwerke. In: Betonkalender. Ernst & Sohn, Berlin 1991, 1994, 1998

Graf, W., Vassilev, T.: Einführung in computerorientierte Methoden der Baustatik, Ernst & Sohn, Berlin 2006

Krätzig, W.: Tragwerke 2 – Theorie und Berechnungsmethoden statisch unbestimmter Stabtragwerke, 4. Aufl., Springer-Verlag, Berlin 2005

Ramm, E., Hofmann, T.J.: Stabtragwerke. In: Der Ingenieurbau – Grundwissen, Bd. 5, Baustatik, Baudynamik, Ernst & Sohn, Berlin 1995

Rubin, H., Schneider, K.-J.: Baustatik, Theorie I. und II. Ordnung, Springer-Verlag, Berlin 1999

Wunderlich, W., Kiener, G.: Statik der Stabtragwerke, B.G. Teubner Verlag, Wiesbaden 2004

Sachwortverzeichnis

S